Bewertung der ökologischen Nachhaltigkeit von Produktionsnetzwerkkonfigurationen

Evaluating the Ecological Sustainability of Manufacturing Network Configurations

Von der Fakultät für Maschinenwesen
der Rheinisch-Westfälischen Technischen Hochschule Aachen
zur Erlangung des akademischen Grades eines
D o k t o r s d e r I n g e n i e u r w i s s e n s c h a f t e n
genehmigte Dissertation

vorgelegt von

Martin Norbert Welsing

Berichter/in:

Univ.-Prof. Dr.-Ing. Dipl.-Wirt. Ing. Günther Schuh
apl. Prof. Dr.-Ing. Wolfgang Boos

Tag der mündlichen Prüfung: 15. März 2023

ERGEBNISSE AUS DER PRODUKTIONSTECHNIK

Martin Welsing

Bewertung der ökologischen Nachhaltigkeit von Produktionsnetzwerkkonfigurationen

Herausgeber:
Prof. Dr.-Ing. T. Bergs
Prof. Dr.-Ing. Dipl.-Wirt. Ing. G. Schuh
Prof. Dr.-Ing. C. Brecher
Prof. Dr.-Ing. R. H. Schmitt

Band 15/2023

WZL | RWTH AACHEN UNIVERSITY

Fraunhofer IPT

Bibliografische Information der Deutschen Nationalbibliothek
Die Deutsche Nationalbibliothek verzeichnet diese Publikation in der Deutschen Nationalbibliografie; detaillierte bibliografische Daten sind im Internet über https://portal.dnb.de abrufbar.

Martin Welsing:

Bewertung der ökologischen Nachhaltigkeit von Produktionsnetzwerkkonfigurationen

1. Auflage, 2023

Gedruckt auf holz- und säurefreiem Papier, 100% chlorfrei gebleicht.

Wissenschaftsverlag des Instituts für Industriekommunikation und Fachmedien an der RWTH Aachen
Steinbachstr. 25, 52074 Aachen
Internet: www.apprimus-verlag.de, E-Mail: info@apprimus-verlag.de

CPI Druckdienstleistungen GmbH, Ferdinand-Jühlke-Straße 7 | 99095 Erfurt

ISBN 978-3-98555-155-2

D 82 (Diss. RWTH Aachen University, 2023)

Vorwort

Die vorliegende Dissertation entstand während meiner Tätigkeit als wissenschaftlicher Mitarbeiter am Werkzeugmaschinenlabor (WZL) der RWTH Aachen. Für die Möglichkeit in diesem dynamischen und lehrreichen Umfeld zu promovieren möchte ich besonders meinem Doktorvater Herrn Professor Günther Schuh danken. Für die Übernahme des Koreferats danke ich Herrn Professor Wolfgang Boos. Ferner möchte ich Herrn Professor Georg Jacobs für die Übernahme des Prüfungsvorsitzes sowie Herrn Professor Sebastian Trimpe für die Annahme des Prüfungsbeisitzes danken.

Das Erforschen des Themas und das Erstellen dieser Arbeit war nur mit viel Austausch, Fleiß und Spaß möglich. Für den Austausch danke ich den Industrie-Partnern aus der Global Production Community, den Erfa-Kollegen aus Karlsruhe und St. Gallen sowie ganz besonders den Teammitgliedern der Gruppe Globale Produktion. Für den Fleiß danke ich meinen Hiwis, die mich bei vielen Aufgaben am Institut unterstützt haben, und meinen Abschlussarbeitern, die stetig neue und spannende Literaturquellen identifiziert haben. Für den Spaß danke ich allen Kollegen der Abteilung Produktionsmanagement sowie meinen Freunden, die an anderen Instituten auf dem Campus promovieren. Dank euch bin ich jeden Tag gerne hier „hoch" gefahren.

Der persönlichste Dank gilt meiner Frau, meiner Familie und meinen Freunden. Ohne euch wäre meine Zeit in Aachen niemals so schön und erlebnisreich gewesen. Denn mit euch hat man überall eine gute Zeit.

Aachen, im März 2023

Martin Welsing

Zusammenfassung

Die Ressourcen unserer Welt sind global nicht gleichmäßig verteilt. Deshalb beeinflussen nicht nur Produktionsprozesse, sondern auch deren Standorte die ökologische Nachhaltigkeit von Produkten. Je nach Standort bestehen unterschiedliche Möglichkeiten für den Bezug und die Entsorgung von Materialien, Wasser oder Energie. Dennoch ist es nicht zwangsläufig nachhaltig einen Produktionsprozess an dem Standort mit den bestmöglichen Umweltbedingungen durchzuführen, da so entsprechende Transportaufwände entstehen, die ebenfalls mit ökologischen Konsequenzen verbunden sind. Zur Auflösung dieses Konflikts benötigten Unternehmen eine Methodik zur transparenten Bewertung der ökologischen Nachhaltigkeit von Produktionsnetzwerkkonfigurationen.

Trotz der zunehmenden Bedeutung von Nachhaltigkeit existieren bislang nur unzureichende Ansätze für eine solche Bewertung. Etablierte Bewertungsmethoden für Produktionsnetzwerke fokussieren auf Zielgrößen wie Kosten, Qualität, Flexibilität und Lieferfähigkeit. Bestehende Nachhaltigkeitsbewertungsmethoden betrachten hingegen Produkte, Prozesse oder Unternehmen ohne diese im Kontext wandelbarer Umweltbedingungen zu evaluieren. Deshalb lautet die Forschungsfrage dieser Arbeit: Wie kann die Konfiguration eines globalen Produktionsnetzwerkes in Bezug auf ökologische Nachhaltigkeitsziele aufwandsgerecht und transparent bewertet werden?

Die entwickelte Methodik zur Beantwortung der Forschungsfrage besteht aus drei Phasen. Die erste Phase ermöglicht die strukturierte Analyse des Einflusses von Produktionsnetzwerkkonfigurationen auf ökologische Nachhaltigkeitsziele. Die zweite Phase dient der Modellierung der nachhaltigkeitsrelevanten Eigenschaften von Netzwerkkonfigurationen. Aufbauend auf diesen Ergebnissen erfolgt in der dritten Phase die Bewertung der ökologischen Nachhaltigkeit von Produktionsnetzwerkkonfigurationen.

Summary

The resources of our world are globally not equally distributed. Therefore, not only the production processes themselves, but also their locations, have an impact on environmental sustainability of products. Depending on the location, different opportunities exist for the procurement and disposal of materials, water or energy. However, it is not always sustainable to operate a production process at the location with the best possible environmental conditions, as this results in corresponding transportation efforts that are also associated with ecological consequences. To resolve this trade-off, companies need a methodology to transparently evaluate the ecological sustainability of manufacturing network configurations.

Despite the increasing importance of sustainability, so far only insufficient approaches exist for such an evaluation. Established evaluation methods for manufacturing networks focus on objectives such as cost, quality, flexibility, and delivery capability. Existing sustainability evaluation methods consider products, processes or companies without evaluating them in the context of changing environmental conditions. Therefore, the research question of this thesis is: How can the configuration of a global manufacturing network be evaluated in terms of ecological sustainability while considering effort and transparency?

The methodology developed to answer the research question is composed of three phases. The first phase enables a structured analysis on how manufacturing network configurations influence ecological sustainability objectives. The second phase serves to model the sustainability relevant characteristics of network configurations. Based on these results, the third phase evaluates the ecological sustainability of manufacturing network configurations.

Inhaltsübersicht

Inhaltsverzeichnis

Abbildungsverzeichnis

Tabellenverzeichnis

Formelverzeichnis

Formelzeichenverzeichnis

Formelzeichen für die Netzwerkbilanzierung und -bewertung

$A_{De,PS,BT}$	Menge an deponierten Abfällen des Betriebsstoffs *BT* am Standort *PS*
$A_{De,PS,LT}$	Menge an deponierten Abfällen des Ladungsträgers *LT* am Standort *PS*
$A_{De,PS,PR}$	Menge an deponierten Abfällen des Produktes *PR* am Standort *PS*
$A_{De,PS,VP}$	Menge an deponierten Abfällen der Verpackung *VP* am Standort *PS*
$A_{De,PS}$	Abfallmenge, die deponiert wird, am Standort *PS*
$A_{Ges.}$	Gesamte Abfallmenge, die im Produktionsnetzwerk erzeugt wird
$A_{Ko,PS}$	Abfallmenge, die kompostiert wird, am Standort *PS*
$A_{KoP,PS,BT}$	Menge an kompostierfähigen Abfällen des Betriebsstoffs *BT* am Standort *PS*
$A_{KoP,PS,LT}$	Menge an kompostierfähigen Abfällen des Ladungsträger *LT* am Standort *PS*
$A_{KoP,PS,PR}$	Menge an kompostierfähigen Produktabfällen des Produktes *PR* am Standort *PS*
$A_{KoP,PS,VP}$	Menge an kompostierfähigen Abfällen der Verpackung *VP* am Standort *PS*
$ANs_{PS,AN}$	Skalierungsfaktor der Anlange *AN* am Standort *PS*
$ANw_{PS,AN}$	Skalierungsschwelle der Anlage *AN* am Standort *PS*
$A_{Re,PS}$	Abfallmenge, die recycelt wird, am Standort *PS*

$A_{ReP,PS,BT}$	Menge an recyclingfähigen Abfällen des Betriebsstoffs BT am Standort PS
$A_{ReP,PS,LT}$	Menge an recyclingfähigen Abfällen des Ladungsträgers LT am Standort PS
$A_{ReP,PS,PR}$	Menge an recyclingfähigen Produktabfällen des Produktes PR am Standort PS
$A_{ReP,PS,VP}$	Menge an recyclingfähigen Abfällen der Verpackung VP am Standort PS
$ATf_{AN,AT}$	Wasserverbrauchsfaktor für eine Anlage AN des Typs AT
$ATf_{PS,AN,AT}$	Wasserverbrauchsfaktor der Anlage AN des Typs AT am Standort PS
$ATp_{PS,AN,EA}$	Energieproduktion der Energieart EA der Anlage AN am Standort PS
$ATv_{PS,AN,EA}$	Energieverbrauch der Energieart EA der Anlage AN am Standort PS
$ATw_{PS,AN}$	Wasserbedarf der Anlage AN am Standort PS
$A_{Ve,PS}$	Abfallmenge, die thermisch verwertet wird, am Standort PS
$A_{VeP,PS,BT}$	Menge an thermisch verwertbaren Abfällen des Betriebsstoffs BT am Standort PS
$A_{VeP,PS,LT}$	Menge an thermisch verwertbaren Abfällen des Ladungsträger LT am Standort PS
$A_{VeP,PS,PR}$	Menge an thermisch verwertbaren Produktabfällen des Produktes PR am Standort PS
$A_{VeP,PS,VP}$	Menge an thermisch verwertbaren Abfällen der Verpackung VP am Standort PS
$BAm_{PK,PR,BA}$	Menge des Bedarfs BA der Prozesskette PK für das Produkt PR
$BAm_{PK,PR,PS}$	Benötigte Stückzahl für das Produkt PR aus der Prozesskette PK am Standort PS
$BAm_{PZ,PR,PS}$	Benötigte Stückzahl für das Produkt PR in dem Prozessschritt PZ am Standort PS

$BAm_{PS,PK,BA}$	Benötigte Stückzahl des Bedarfs *BA* für die Prozesskette *PK* am Produktionsstandort *PS*
$BAm_{PS,PK,TR,TS}$	Benötigte Stückzahl der Prozesskette *PK* mit der Transportroute *TR* und Transportstrecke *TS* aus dem Standort *PS*
$BAm_{TR,PR}$	Benötigte Stückzahl des Bedarfes für das Produkt *PR* auf der Route *TR*
$BAu_{PK,PR,BA}$	Ursprungsort des Bedarfs *BA* für die Prozesskette *PK* und das Produkt *PR*
$BTn_{BT,MY}$	Materialanteil des Materials *MY* am Betriebsstoff *BT*
$C_{Anlagen}$	Treibhausgasemissionen aller Anlagen
C_{GWP}	CO_2e eines emittierten Treibhausgases
$C_{Masch.}$	Treibhausgasemissionen aller Maschinen
$CPkb_{CP,PS}$	Anteil an kompostierfähigen Betriebsstoffabfällen, die kompostiert werden, am Standort *PS* mit dem Circularityprofil *CP*
$CPkl_{CP,PS}$	Anteil an kompostierfähigen Ladungsträgerabfällen, die kompostiert werden, am Standort *PS* mit dem Circularityprofil *CP*
$CPkp_{CP,PS}$	Anteil an kompostierfähigen Produktabfällen, die kompostiert werden, am Standort *PS* mit dem Circularityprofil *CP*
$CPkv_{CP,PS}$	Anteil an kompostierfähigen Verpackungsabfällen, die kompostiert werden, am Standort *PS* mit dem Circularityprofil *CP*
$CPrb_{CP,PS}$	Anteil an recyclingfähigen Betriebsstoffabfällen, die recycelt werden, am Standort *PS* mit dem Circularityprofil *CP*
$CPrl_{CP,PS}$	Anteil an recyclingfähigen Ladungsträgerabfällen, die recycelt werden, am Standort *PS* mit dem Circularityprofil *CP*
$CPrp_{CP,PS}$	Anteil an recyclingfähigen Produktabfällen, die recycelt werden, am Standort *PS* mit dem Circularityprofil *CP*
$CPrv_{CP,PS}$	Anteil an recyclingfähigen Verpackungsabfällen, die recycelt werden, am Standort *PS* mit dem Circularityprofil *CP*

$CPsl_{CP,PS,LT,MY}$	Anteil an Rohstoffen für das Material *MY* im Ladungsträger *LT*, welche recycelt wurden, am Standort *PS* mit dem Circularityprofil *CP*
$CPsp_{CP,PS,PR,MY}$	Anteil an Rohstoffen für das Material *MY* im Produkt *PR*, welche recycelt wurden, am Standort *PS* mit dem Circularityprofil *CP*
$CPsr_{CP,PS,BT,MY}$	Anteil an Rohstoffen für das Material *MY* im Betriebsstoff *BT*, welche recycelt wurden, am Standort *PS* mit dem Circularityprofil *CP*
$CPsv_{CP,PS,VP,MY}$	Anteil an Rohstoffen für das Material *MY* in der Verpackung *VP*, welche recycelt wurden, am Standort *PS* mit dem Circularityprofil *CP*
$CPvb_{CP,PS}$	Anteil an thermisch verwertbaren Betriebsstoffabfällen, die thermisch verwertet werden, am Standort *PS* mit dem Circularityprofil *CP*
$CPvl_{CP,PS}$	Anteil an thermisch verwertbaren Ladungsträgerabfällen, die thermisch verwertet werden, am Standort *PS* mit dem Circularityprofil *CP*
$CPvp_{CP,PS}$	Anteil an thermisch verwertbaren Produktabfällen, die thermisch verwertet werden, am Standort *PS* mit dem Circularityprofil *CP*
$CPvv_{CP,PS}$	Anteil an thermisch verwertbaren Verpackungsabfällen, die thermisch verwertet werden, am Standort *PS* mit dem Circularityprofil *CP*
$C_{Trans.}$	Treibhausgasemissionen aller Transportrouten
$C_{ges.}$	Treibhausgasemissionen des Produktionsnetzwerkes
C_i	Emissionsmenge des Treibhausgases *i*
$EAe_{PS,EP,EA}$	Emissionsfaktor der Energieart *EA* am Produktionsstandort *PS* mit dem Energieprofil *EP*
$EAe_{TM,EA}$	Emissionsfaktor der Energieart *EA* des Transportmittels *TM*
$EAf_{TM,EA}$	Energiefaktor der Energieart *EA* des Transportmittels *TM*
$E_{Anlagen}$	Energieverbrauch aller Anlagen

$E_{Masch.}$	Energieverbrauch aller Maschinen
$E_{Trans.}$	Energieverbrauch aller Transportrouten
$E_{ges.}$	Energieverbrauch des Produktionsnetzwerkes
F_{Ein}	Einfluss der Flächennutzung auf die Biodiversität
$F_{Ges.}$	Gesamte Fläche, die von Standorten genutzt wird
$G_{TR,TS,PR}$	Transportiertes Sendungsgewicht für das Produkt *PR* auf der Transportstrecke *TS* und der Transportroute *TR*
$GWP100_i$	Global Warming Potential des Treibhausgases *i* über 100 Jahre
LSz_{LS}	Zertifizierung des Lieferantenstandort *LS*
LTg_{LT}	Gewicht des Ladungsträgers *LT*
$LTn_{LT,MY}$	Anteil des Materials *MY* am Ladungsträger *LT*
LTw_{LT}	Wiederverwendungsfaktor des Ladungsträgers *LT*
$Lb_{TR,TS,PR,LT}$	Boolesche Variable, die angibt, ob ein Ladungsträger *LT* auf der Strecke *TS* und der Route *TR* für das Produkt *PR* eingesetzt wird
$MAo_{MA,PS,PZ}$	OEE Faktor der Maschine *MA* am Standort *PS* für Schritt *PZ*
$MAo_{MA,PS}$	OEE Faktor der Maschine *MA* am Standort *PS*
$MAp_{MA,PS}$	Gesamte Prozesszeit der Maschine *MA* am Standort *PS*
$MAq_{MA,PS}$	Mitarbeitermaschinenquote für die Maschine *MA* am Standort *PS*
$MAr_{MA,PS}$	Gesamte Rüstzeit der Maschine *MA* am Standort *PS*
$M_{Ges.,MY,Re}$	Gesamtmenge an Material *MY* aus Recyclingquellen
$M_{Ges.,MY}$	Bedarf an Material des Typs *MY* im Produktionsnetzwerk
$M_{HumTox,MY}$	Gesamte erzeugte Toxizität des verwendeten Materials *MY*
$M_{MY,PS,BT}$	Materialbedarf des Typs *MY* am Standort *PS* für den Betriebsstoff B*T*
$M_{MY,PS,LT}$	Materialbedarf des Typs *MY* am Standort *PS* für den Ladungsträger *LT*
$M_{MY,PS,PR}$	Materialbedarf des Typs *MY* am Standort *PS* für das Produkt *PR*

$M_{MY,PS,Re}$	Gesamtmenge an Material *MY* aus Recyclingquellen am Standort *PS*
$M_{MY,PS,VP}$	Materialbedarf des Typs *MY* am Standort *PS* für die Verpackung *VP*
$M_{MY,PS}$	Materialbedarf des Typs *MY* am Standort *PS*
$M_{MY,ZT}$	Menge an Material *MY* in Produkten, welches von Lieferanten mit der Zertifizierung *ZT* stammt
$MTb_{MA,PS}$	Wasserbedarf der Maschine *MA* am Standort *PS* während der Produktionsprozesse
$MTf_{MA,MT}$	Wasserverbrauchsfaktor für eine Maschine *MA* des Typs *MT*
$MTf_{PS,MA,MT}$	Wasserverbrauchsfaktor der Maschine *MA* des Typs *MT* am Standort *PS*
$MTp_{MA,PS,EA}$	Energieverbrauch der Energieart *EA* der Maschine *MA* am Standort *PS* während des Produktionszustandes
$MTr_{MA,PS,EA}$	Energieverbrauch der Energieart *EA* der Maschine *MA* am Standort *PS* während des Rüstzustandes
$MTs_{MA,PS,BT}$	Betriebsstoffverbrauch der Art *BT* der Maschine *MA* am Standort *PS* während der Produktionsprozesse
$MTt_{MA,PS,BT}$	Betriebsstoffverbrauch der Art *BT* der Maschine *MA* am Standort *PS* während der Rüstprozesse
$MTw_{MA,PS}$	Wasserbedarf der Maschine *MA* am Standort *PS* während der Rüstprozesse
MYh_{MY}	Maximalmöglicher Anteil an recycelten Rohstoffen, die in das Material *MY* eingebracht werden können
MYg_{MY}	Toxizitätscharakterisierungsfaktor des Materials *MY*
MYk_{MY}	Maximal möglicher Kompostierfaktor für das Material *MY*
MYr_{MY}	Maximal möglicher Recyclingfaktor für das Material *MY*
MYv_{MY}	Maximal möglicher Verwertungsfaktor für das Material *MY*
$PKt_{PS,PK,TR}$	Transportfaktor für die Prozesskette *PK* am Standort *PS* bei der Transportroute *TR*
PRg_{PR}	Gewicht des Produktes *PR*
$PRn_{PR,MY}$	Anteil des Materials *MY* am Produkt *PR*

$PRl_{PR,LT}$	Transportfaktor und Menge des Produktes *PR* pro Ladungsträger *LT*
PSd_{PS}	AWARE Charakterisierungsfaktor des Standorts *PS*
PSf_{PS}	Gesamte Fläche am Standort *PS*
$PSfb_{PS}$	Bürofläche am Standort *PS*
$PSfp_{PS}$	Produktionsfläche am Standort *PS*
$PSfte_{PS}$	Anzahl an FTE am Standort *PS*
$PSfted_{PS}$	Anzahl an direkten FTE am Standort *PS*
$PSftei_{PS}$	Anzahl an indirekten FTE am Standort *PS*
$PSfteif_{PS}$	Ausprägung des Skalierungseinheit für indirekte FTE am Standort *PS*
$PSfteiw_{PS}$	Skalierungsschwelle für indirekte FTE am Standort *PS*
PSj_{PS}	Verfügbare Arbeitszeit je FTE pro Periode am Standort *PS*
$PSma_{PS}$	Anzahl der Maschinen am Standort *PS*
$PSmz_{PS}$	Anzahl der Gesamtmaschinenstunden am Standort *PS*
$PSpp_{PS}$	Anzahl an produzierten Produkten am Standort *PS*
PSr_{PS}	Charakterisierungsfaktor nach Ökoregion von Standort *PS*
$PZa_{PS,PZ}$	Ausschussanteil am OEE Faktor am Standort *PS* für Schritt *PZ*
$PZl_{PR,PK,PZ}$	Losgröße des Prozessschritts *PZ* der Prozesskette *PK* für Bearbeitung eines Produktes *PR*
$PZp_{PR,PK,PZ}$	Prozesszeit des Prozessschritts *PZ* der Prozesskette *PK* für die Bearbeitung eines Produktes *PR*
$PZr_{PR,PK,PZ}$	Rüstzeitzeit des Prozessschritts *PZ* der Prozesskette *PK* für Bearbeitung eines Produktes *PR* in Stunden
$SLb_{PR,SL}$	Produkte, die gemäß Stückliste *SL* im Produkt *PR* allokiert werden
s_{PSf}	Boolescher Operator falls mit der Gesamtfläche skaliert wird
s_{PSfb}	Boolescher Operator falls mit der Bürofläche skaliert wird
s_{PSfp}	Boolescher Operator falls mit der Produktionsfläche skaliert wird
s_{PSfte}	Boolescher Operator falls mit der FTE Anzahl skaliert wird

S_{PSfted}	Boolescher Operator falls mit der direkten FTE Anzahl skaliert wird
S_{PSftei}	Boolescher Operator falls mit der indirekten FTE Anzahl skaliert wird
S_{PSma}	Boolescher Operator falls mit der Anzahl der Maschinen skaliert wird
S_{PSmz}	Boolescher Operator falls mit den Maschinenstunden skaliert wird
S_{PSpp}	Boolescher Operator falls mit der Anzahl der produzierten Produkten skaliert wird
$STj_{PS,MA,ST}$	Anzahl der Arbeitswochen pro Periode an der Maschine *MA* am Standort *PS* mit dem Schichtprofil *ST*
$STs_{PS,MA,ST}$	Anzahl an Stunden pro Schicht an der Maschine *MA* am Standort *PS* mit dem Schichtprofil *ST*
$STw_{PS,MA,ST}$	Anzahl der Schichten pro Arbeitswoche an der Maschine *MA* am Standort *PS* mit dem Schichtprofil *ST*
S_k	Boolescher Operator falls keine Skalierung stattfindet
TMd_{TM}	Energieverbrauch pro Tonnenkilometer für das Transportmittel *TM*, falls durchschnittliche Ladung transportiert wird
TMl_{TM}	Energieverbrauch pro Tonnenkilometer für das Transportmittel *TM*, falls leichte Ladung transportiert wird
TMs_{TM}	Energieverbrauch pro Tonnenkilometer für das Transportmittel *TM*, falls Schüttgut transportiert wird
TRh_{TR}	Herkunftsort der Transportroute *TR*
TRz_{TR}	Zielort der Transportroute *TR*
$TSd_{TR,TS}$	Distanz der Transportstrecke *TS* auf der Transportroute *TR*
$TSr_{TS,TR}$	Reihenfolgenummer der Transportstrecke *TS* in der Transportroute *TR*
$Tb_{TR,TS,PR,TM}$	Boolesche Variable, die angibt, ob ein Transportmittel *TM* auf der Strecke *TS* und der Route *TR* für das Produkt *PR* eingesetzt wird
VPg_{VP}	Gewicht der Verpackung *VP*

$VPn_{VP,MY}$	Anteil des Materials *MY* an der Verpackung *VP*
VPw_{VP}	Wiederverwendungsfaktor der Verpackung *VP*
$Vb_{TR,TS,PR,VP}$	Boolesche Variable, die angibt, ob eine Verpackung *VP* auf der Strecke *TS* und der Route *TR* für das Produkt *PR* eingesetzt wird
$W_{Ges.}$	Gesamtwasserverbrauch des Produktionsnetzwerkes
W_{Knapp}	Wasserknappheits-Fußabdruck
W_{PS}	Wasserverbrauch am Standort *PS*
$WPgi_{PS,WP}$	Anteil Grundwasser an Standort *PS* mit Wasserprofil *WP*
$WPgo_{PS,WP}$	Anteil Abwasser, das ins Grundwasser ausgeleitet wird, an Standort *PS* mit Wasserprofil *WP*
$WPmi_{PS,WP}$	Anteil Meerwasser an Standort *PS* mit Wasserprofil *WP*
$WPmo_{PS,WP}$	Anteil Abwasser, das ins Meerwasser ausgeleitet wird, an Standort *PS* mit Wasserprofil *WP*
$WPni_{PS,WP}$	Anteil Zuführung sonstiges Wasser an Standort *PS* mit Wasserprofil *WP*
$WPno_{PS,WP}$	Anteil Abwasser, das als sonstiges Wasser ausgeleitet, an Standort *PS* mit Wasserprofil *WP*
$WPoi_{PS,WP}$	Anteil Oberflächenwasser an Standort *PS* mit Wasserprofil *WP*
$WPoo_{PS,WP}$	Anteil Oberflächenabwasser an Standort *PS* mit Wasserprofil *WP*
$WPpi_{PS,WP}$	Anteil produziertes Wasser an Standort *PS* mit Wasserprofil *WP*
$WPsi_{PS,WP}$	Anteil Süßwasserzuführung an Standort *PS* mit Wasserprofil *WP*
$WPso_{PS,WP}$	Anteil Abwasser, das als Süßwasser ausgeleitet, an Standort *PS* mit Wasserprofil *WP*
$W_{Raus,m}$	Menge an Abwasser, das ins Meerwasser ausgeleitet wird
$W_{Raus,n}$	Menge an Abwasser, das als sonstiges Wasser ausgeleitet wird

$W_{Raus,o}$	Menge an Abwasser, das ins Oberflächenwasser ausgeleitet wird
$W_{Raus,o}$	Menge an Abwasser, das ins Grundwasser ausgeleitet wird
$W_{Raus,s}$	Menge an Abwasser, das als Süßwasser ausgeleitet wird
W_{Raus}	Gesamtmenge an zurückgeführtem Abwasser
$W_{Rein,g}$	Gesamtmenge an zugeführtem Grundwasser
$W_{Rein,m}$	Gesamtmenge an zugeführtem Meerwasser
$W_{Rein,n}$	Gesamtmenge an sonstigem Wasser, das zugeführt wird
$W_{Rein,o}$	Gesamtmenge an zugeführtem Oberflächenwasser
$W_{Rein,p}$	Gesamtmenge an produziertem Wasser, das zugeführt wird
$W_{Rein,s}$	Gesamtmenge an zugeführtem Süßwasser
W_{Rein}	Gesamtmenge an entnommenem Wasser
$Wai_{AN,AT}$	Gesamtwasserbedarf für eine Anlage AN des Typs AT
Wai_{PS}	Gesamtwasserbedarf für alle Anlagen am Standort PS
$Wao_{AN,AT}$	Gesamtabwasser für eine Anlage AN des Typs AT
Wao_{PS}	Gesamtabwasser für alle Anlagen am Standort PS
$Wmi_{MA,MT}$	Gesamtwasserbedarf für eine Maschine MA des Typs MT
Wmi_{PS}	Gesamtwasserbedarf für alle Maschinen am Standort PS
$Wmo_{MA,MT}$	Gesamtabwasser für eine Maschine MA des Typs MT
Wmo_{PS}	Gesamtabwasser für alle Maschinen am Standort PS

Formelzeichen für das Optimierungsmodell

$ANs_{PS,AN}$	Skalierung der Anlage AN am Standort PS
$ANsf_{PS,AN}$	Faktor zur Skalierung der Anlage AN am Standort PS
$ANsw_{PS,AN}$	Bezugsschwelle für den Faktor zur Skalierung der Anlage AN am Standort PS
$ATb_{PS,AN}$	Verhältnis aus nicht frischem Abwasser und frischem Abwasser an Anlage AN am Standort PS
$ATf_{PS,AN}$	Verhältnis aus Abwassermenge und eingeleitetem Wasser der Anlage AN am Standort PS

$ATs_{PS,AT,ANs}$	Skalierungsmethode zur Bestimmung der benötigten Einheiten des Anlagentyps *AT* am Standort *PS* mit der Skalierung *ANs*
$ATv_{PS,AN,EA}$	Energieverbrauch der Energieart *EA* einer Anlage *AN* am Standort *PS*
$ATw_{PS,AN}$	Wasserinput einer Anlage *AN* am Standort *PS*
$BAl_{PR,TR(i,j)}$	Anzahl der transportierten Ladungsträger des Produktes *PR* auf der Route *TR* von *i* nach *j*
$BAm_{PR,TR(i,j)}$	Anzahl der transportierten Einheiten des Produktes *PR* auf der Route *TR* von *i* nach *j*
$BAm_{PS,PR,MA}$	Anzahl der Einheiten von Produkt *PR* auf Maschine *MA* am Standort *PS*
$BAmi_{PS,PR}$	Anzahl der eingehenden Produkte *PR* in eine Prozesskette am Standort *PS*
$BAmn_{SA,PR}$	Nachfrage am Standort *SA* nach Produkt *PR*
$BAmo_{PS,PR}$	Anzahl der produzierten Produkte *PR* einer Prozesskette am Standort *PS*
$BAmo_{PS}$	Gesamte Produktionsmenge am Standort *PS*
$BAt_{PK,TR(i,j)}$	Kosten für Zölle der Route *TR* für eine Einheit eines Produktes der Prozesskette *PK*
$CPem_{PS,MY}$	Prozentsatz des Materials *MY*, das am Standort *PS* aus erneuerbaren Quellen oder aus dem Recycling stammt
$CPrm_{PS,MY}$	Prozentsatz des Materials *MY*, das am Standort *PS* recycelt wird
$CPrv_{PS,TR(i,j),MY}$	Recyclingquote des Verpackungsmaterials *MY*, das an Standort *PS* über die Route *TR* geliefert wird
$CPsv_{PS,TR(i,j),MY}$	Prozentsatz des Verpackungsmaterials *MY*, das aus Recycling stammt und von Standort *PS* über die Route *TR* geliefert wird
DFz_{PS}	Summe direkte Mitarbeitende am Standort *PS*
EAe_{EA}	THG-Emissionen je *unit* der EnergieArt *EA*
$EAe_{PS,EA}$	Kohlenstoffintensität der Energieart *EA* am Standort *PS*

$EAe_{TM,PRb}$	THG-Emissionen je Tonnenkilometer des Transportmittels *TM*, je Güterart *PRb*
$IFk_{PS,IF}$	Kosten für Mitarbeitende in der indirekten Funktion *IF* am Standort *PS* pro Periode
$IFsw_{PS,IF}$	Faktor zur Berechnung der FTEs mit der indirekten Funktion *IF* am Standort *PS*. *Unit* ist abhängig von der Skalierungsmethode
$IFz_{PS,IF}$	Anzahl indirekte Mitarbeitende mit der Funktion *IF* am Standort *PS*
$LTbi_{PK,TR(i,j),TS,LT}$	Wenn Ladungsträger *LT* auf dem Routenabschnitt *TS* von Route *TR* und Prozesskette *PK* verwendet wird: 1; sonst: 0
$LTgm_{PR,TR(i,j),MY,LT}$	Gewicht des Materials *MY* in den Ladungsträgern *LT* zum Transport von Produkt *PR* auf Route *TR*
M	BigM: Ausreichend großer Zahlenwert (Größer als größter sinnvoller Variablenwert)
$MAh_{MA,PS}$	Maschinenzeit von Maschine *MA* am Standort *PS* als Summe aus Rüst- und Prozesszeit
MAh_{PS}	Summe der Maschinenzeiten am Standort *PS*
$MAa_{PS,MA}$	Abschreibungen der Maschine *MA* eines Maschinentyps in einer Periode am Standort *PS*
$MAd_{PS,MA,ST}$	Anzahl der direkten Mitarbeitenden an Maschine *MA* im Schichtmodell *ST* am Standort *PS*
$MAf_{PS,MA}$	Benötigte Fläche für Maschine *MA* an Standort *PS*
$MAl_{PS,MA}$	Personalkosten der direkten Mitarbeitenden am Maschinentyp *MA* am Standort *PS*
$MAo_{PS,MA}$	OEE der Maschine *MA* am Standort *PS*
$MAp_{MA,PS}$	Benötigte Prozesszeit der Maschine *MA* am Standort *PS*
$MAq_{PS,MA}$	Anzahl der direkten Mitarbeitenden, die zum Betrieb der Maschine *MA* am Standort *PS* benötigt werden
$MAr_{MA,PS}$	Benötigte Rüstzeit der Maschine *MA* am Standort *PS*
$MAz_{PS,MA,ST}$	Anzahl der Maschinen *MA* am Standort *PS* mit dem Schichtmodell *ST*

$MTa_{PS,MA}$	Verhältnis aus nicht frischem Abwasser und frischem Abwasser der Maschine *MA* am Standort *PS*
$MTb_{PS,MA}$	Wasserinput in der Prozesszeit von Maschine *MA* am Standort *PS*
$MTf_{PS,MA}$	Verhältnis aus Abwassermenge und eingeleitetem Wasser der Maschine *MA* am Standort *PS*
$MTp_{PS,MA,EA}$	Verbrauch von Energie *EA* in der Prozesszeit von Maschine *MA* am Standort *PS*
$MTr_{PS,MA,EA}$	Verbrauch von Energie *EA* in der Rüstzeit von Maschine *MA* am Standort *PS*
$MTs_{PS,MA,MY}$	Verbrauch des Betriebsstoffmaterials *MY* von der Maschine *MA* am Standort *PS* in der Prozesszeit
$MTt_{PS,MA,MY}$	Verbrauch des Betriebsstoffmaterials *MY* von der Maschine *MA* am Standort *PS* in der Rüstzeit
$MTw_{PS,MA}$	Wasserinput in der Rüstzeit von Maschine *MA* am Standort *PS*
MYd_{MY}	Masse des Materials *MY* in Bezug zur Einheit in der das Material gemessen wird
$PKk_{PS,PR,PK}$	Materialkosten je hergestellter Einheit in der Prozesskette *PK* für Produkt *PR* am Standort *PS*
$PKm_{PR,PK,MY}$	In einer Prozesskette *PK* für Produkt *PR* hinzugefügtes Gewicht des Materials *MY*
$PKt_{PR,TR(i,j)}$	Anzahl der Einheiten des Produktes *PR*, die auf Route *TR* auf einen Ladungsträger passen
PRg_{PR}	Gewicht einer Einheit des Produktes *PR*
PRb_{PR}	Boolesche Variable für die Güterart des Produktes *PR*
$PRmg_{PR,MY}$	Masse des Material *MY* im Produkt *PR*
$PSbi_{PS}$	Boolesche Variable für den Produktionsstandort *PS*. Standort eröffnet: 1; sonst: 0
PSd_{PS}	Charakterisierungsfaktor für den Wassermangel am Standort *PS*
PSf_{PS}	Maximale Gesamtfläche des Produktionsstandorts *PS*

$PSfb_{PS}$	Bürofläche für indirekte Mitarbeitende am Standort *PS*
$PSfg_{PS}$	Tatsächlich genutzte Gesamtfläche am Standort *PS*
$PSfi_{PS}$	Bürofläche je indirekt Mitarbeitenden am Standort *PS*
$PSfm_{PS}$	Fläche für Maschinen am Standort *PS*
PSj_{PS}	Arbeitszeit je direkter Vollzeitstelle pro Periode am Standort *PS*
PSk_{PS}	Fixe Standortkosten am Standort *PS*
$PSob_{PS}$	Kosten pro Quadratmeter Bürofläche am Standort *PS*
$PSop_{PS}$	Kosten pro Quadratmeter Produktionsfläche am Standort *PS*
PSr_{PS}	Charakterisierungsfaktor für den Verlust nicht endemischer Arten pro Quadratmeter der Okkupierung am Standort *PS*
$PZg_{PS,PR}$	Anteil des Outputs einer Prozesskette für Produkt *PR* am Standort *PS* der weiterverarbeitet oder verkauft werden kann
$PZl_{PS,MT,PR}$	Losgröße für die Produktion des Produktes *PR* auf dem Maschinentyp *MT* am Standort *PS*
$PZp_{PS,MT,PR}$	Prozesszeit für die Produktion einer Einheit des Produktes *PR* auf dem Maschinentyp *MT* am Standort *PS*
$PZr_{PS,MT,PR}$	Rüstzeit für die Produktion eines Loses des Produktes *PR* auf dem Maschinentyp *MT* am Standort *PS*
$SLa_{PR',PR}$	Anzahl der Einheiten des Vorproduktes *PR'* die direkt in das Produkt *PR* einfließen.
STh_{ST}	Stunden im Schichtmodell *ST* pro Periode
$STbi_{PS,MA,ST}$	Boolesche Variable für Schichtmodell *ST* an Standort *PS* und Maschinen *MA*. Ausgewählt: 1; sonst: 0
STj_{ST}	Anzahl der produktiven Wochen in einer Periode im Schichtmodell *ST*
$STk_{PS,ST}$	Kostenmultiplikator für Personalkosten im Schichtmodell *ST* am Standort *PS*
STs_{ST}	Stunden pro Schicht im Schichtmodell *ST*
STw_{ST}	Anzahl der Schichten pro Woche im Schichtmodell *ST*

$TMbi_{TR(i,j),TS,PK,TM}$	Wenn Transportmittel *TM* auf dem Routenabschnitt *TS* von Route *TR* und Prozesskette *PK* verwendet wird: 1; sonst 0
$TRc_{PK,TR(i,j)}$	THG Emissionen für einen Ladungsträger der Prozesskette *PK* auf der Route *TR*
$TRg_{PK,TR(i,j),MY}$	Masse des Materials *MY* in Ladungsträgern und Verpackungen beim Transport eines vollen Ladungsträgers der Prozesskette *PK* auf einer Route *TR* von *i* nach *j*
$TRk_{PK,TR(i,j)}$	Kosten für den Transport eines Ladungsträger in der Prozesskette *PK* auf der Route *TR*
$TSd_{PK,TR(i,j),TS}$	Länge eines Abschnitts *TS* der Route *TR* für die Prozesskette *PK*
$TSg_{TR(i,j),TS.PK}$	Transportiertes Gewicht auf einem Abschnitt *TS* von Route *TR* für Prozesskette *PK*
$VPbi_{VP,PR,TR(i,j),TS}$	Wenn Verpackung *VP* auf einem Abschnitt *TS* von Route *TR* für Produkt *PR* verwendet wird: 1; sonst: 0
$VPg_{VP,MY,PR,TR(i,j)}$	Gewicht des Materials *MY* in Verpackungen *VP* zum Transport von Produkt *PR* auf der Transportroute *TR*
$WPaa_{PS}$	Prozentsatz des Abwassers am Standort *PS*, das aufbereitet wird

Abkürzungsverzeichnis

A4S	Accounting for Sustainability
ABC	Artificial Bee Colony Algorithmus
AbwV	Abwasserverordnung
AG	Aktiengesellschaft
AHP	Analytical Hierarchical Process
APAC	Asia & Pacific
API	Application Programming Interface
AUT	Österreich
AWARE	Available Water Remaining
BBodSchG	Bundesbodenschutzgesetz
BIM	Building Information Modeling
BImSchG	Bundesimmissionsschutzgesetz
BNatSchG	Bundesnaturschutzgesetz
CHN	China
CKD	Completely Knocked Down
CO_2	Kohlenstoffdioxid
CO_2e	Kohlenstoffdioxid-Äquivalent
CRM	Customer Relationship Management
DALY	Disability adjusted life years (verlorene gesunde Lebensjahre)
DFG	Deutschen Forschungsgemeinschaft
DIN	Deutsches Institut für Normung
DNK	Deutscher Nachhaltigkeitskodex
DOI	Digital Object Identifier
DSLV	Bundesverband Spedition und Logistik
EDV	Elektronische Datenverarbeitung

EMA	Elektromagnetismus-Algorithmus
EMAS	Eco Management and Audit Scheme
EMEA	Europe, Middle East & Africa
ERM	Entity-Relationship-Modelle
ERP	Enterprise-Resource-Planning
ESG	Environment, Social, Governance
EU	Europäische Union
EUR	Euro
FTE	Full Time Equivalent (Vollzeitmitarbeitende)
GefStoffV	Gefahrstoffverordnung
GER	Deutschland
GHG	Greenhouse Gas
GoM	Grundsätze der ordnungsgemäßen Modellierung
GPN	Globales Produktionsnetzwerk
GRI	Global Reporting Initiative
GTP	Global Temperatur Potential
GWP	Global Warming Potential
HDI	Human Development Index
HRV	Kroatien
IBM	International Business Machines Corporation
IFEU	Institut für Energie- und Umweltforschung
IGO	Intergovernmental Organisation (Internationale Organisationen)
IKT	Informations- und Kommunikationstechnik
ILP	Integer Linear Program
IMN	International Manufacturing Network
ISO	International Organization for Standardization
IT	Informationstechnik
KPI	Key-Performance-Indicator
KrWG	Kreislaufwirtschaftsgesetz
KSG	Klimaschutzgesetz

LCA	Life Cycle Assessment
LCC	Life Cycle Costing
MADM	Multi Attribut Decision Making
MCDM	Multi Criteria Decision Making
MDLS	Multi-direktionale lokale Suche
MES	Manufacturing Execution System
MILP	Mixed Integer Linear Program
MIPS	Material input per unit of service
MIT	Massachusetts Institute of Technology
MODM	Multi Objective Decision Making
MOMILP	Multi Objektive Mixed Integer Linear Programming
MS	Microsoft
MSCI	Morgan Stanley Capital International
n. Chr.	nach Christus
NGO	Nongovernmental Organisation
NP	Nichtdeterministische polynomielle Zeit
NSGA-II	Non-dominated Sorting Genetic Algorithm II
OEE	Overall Equipment Effectiveness
PCA	Principal Component Analysis
PLM	Product Lifecycle Management
PLNS	Potentially lost nonendemic species
PNK	Produktionsnetzwerkkonfiguration
POL	Polen
PROMTHEE	Preference Ranking Organization METHod for Enrichment of Evaluations
PSL	Potentially Species Lost
PSO	Partikel-Schwarm-Optimierung
QR	Quick Response
RWTH	Rheinisch-Westfälische Technische Hochschule
SAR	Species-Area-Relationship
SASB	Sustainability Accounting Standards Board

SC	Supply Chain
SCFLNDP	Sustainable Capacitated Facility Location/Network Design Problem
SCM	Supply Chain Management Systeme
SDG	Sustainable Development Goals
SEM	Stuttgarter Enterprise Model
SWE	Schweden
THG	Treibhausgase
TOPSIS	Technique for Order Preference by Similarity to ideal Solution
TUR	Türkei
UML	Unified Modeling Language
UN	United Nations
UNCTAD	United Nations Conference on Trade and Development
UNEP	Umweltprogramm der Vereinten Nationen
US	United States
USA	United States of America
USMCA	USA, Mexico & Canada
VDI	Verein Deutscher Ingenieure
VNS	Variable Nachbarschaftssuche
WHG	Wasserhaushaltsgesetz
WMS	Warehouse Management Systeme
WULCA	Water Use in LCA
WWF	World Wide Fund For Nature
WZL	Werkzeugmaschinenlabor WZL der RWTH Aachen University

1 Einleitung

„Sustainability is the primary moral and economic imperative of the 21st century. […] *Nature, society and business are interconnected in complex ways that should be understood by decision makers."* [1]

– MERVYN E. KING, 2009

Dieses Zitat von MERVYN E. KING, dem emeritierten Vorsitzenden der Global Reporting Initiative (GRI) und des United Nations Committee on Governance and Oversight, konsolidiert die Motivation dieser Arbeit. Die detaillierte Motivation und Zielsetzung werden in diesem Kapitel zusammen mit dem forschungsmethodischen Rahmen und Aufbau erläutert.

1.1 Motivation

Globale Produktionsnetzwerke befinden sich zum Beginn des neuen Jahrzehnts in einem perfekten Sturm.[2] Neben den Effekten der Digitalisierung und einer zunehmend protektionistischen Politik stellt der Imperativ der Nachhaltigkeit eine neue Herausforderung für global produzierende Unternehmen dar. Die Dringlichkeit der verbundenen Forderung wird durch die Breite der fordernden Stakeholder verdeutlicht. Investoren achten verstärkt auf nachhaltigkeitsorientierte ESG Kriterien (Environmental, Social, Governance) und die Menge des entsprechend verwalteten Vermögens ist in den letzten 10 Jahren um das 25-fache gestiegen.[3] Ein Grund für dieses Wachstum ist, dass für viele Konsumenten die Erfüllung von Nachhaltigkeitsstandards zu einer

---

1 vgl. King, M. (2009) Special Report: Sustainability, S. 1.

2 vgl. UNCTAD (2020) World Investment Report, S. 121.

3 vgl. Henisz, W. et al. (2019) Five ways that ESG creates value, 3 ff.; Fink, L. (2020) Letter to CEOs, S. 1-2; Bloomberg (2021) ESG assets, S. 3.

Voraussetzung bei Kaufentscheidungen geworden ist. Zudem reagiert die Politik in nahezu allen Wirtschaftsräumen auf der Welt und formuliert entsprechende Nachhaltigkeitsrichtlinien wie den Green Deal in der EU oder den aktuellen 5-Jahres-Plan der Volksrepublik China.[4] Alle diese Nachhaltigkeitsforderungen vereint, dass sie ein Umdenken verlangen, um das Ausmaß des Klimawandels, die Übernutzung der Süßwasserressourcen, die Verschmutzung der Weltmeere und den globalen Biodiversitätsverlust einzudämmen.[5]

Globale Produktionsnetzwerke (GPN) sind von den Forderungen für mehr Nachhaltigkeit direkt betroffen, da die Produktionsnetzwerkkonfiguration (PNK) eines GPNs die ökologische Nachhaltigkeit der Wertschöpfungsketten beeinflusst.[6] Industrielle Wertschöpfung findet heutzutage größtenteils in GPNs statt.[7] Deshalb haben diese Netzwerke auch einen großen Anteil daran, welche Ressourcen weltweit für Produktionsaktivitäten eingesetzt werden. Standortabhängige Faktoren, welche die Umweltauswirkungen einer Fabrik beeinflussen, sind u.a. nationale Strommixe, kommunale Recyclingquoten, regionaler Wassermangel und lokale Artenvielfalt. Die produzierende Industrie und dazugehörige Transporte sind zudem für drei Viertel des weltweiten Energieverbrauches verantwortlich.[8] Durch eine Allokation von Produktionsaktivitäten an Standorte mit grüner Energieversorgung oder eine Umstellung der Energieversorgung bestehender Standorte werden die Umweltfolgen des Energieverbrauches gemindert. Außerdem wird die Hälfte des weltweit produzierten Kunststoffs von der Verpackungsindustrie für Transporte verwendet.[9] Durch die Berücksichtigung dieser Charakteristika bei der Bewertung der PNK können die negativen Umwelteinwirkungen erheblich reduziert werden.[10]

Neben dem Einfluss von Produktionsnetzwerken auf Nachhaltigkeitsfaktoren gilt auch, dass Produktionsnetzwerke selbst von äußeren Faktoren beeinflusst werden.

[4] vgl. Europäische Kommission (2019) Der europäische Grüne Deal, S. 2-5; Bickenbach, F. et al. (2021) Chinas neuer Fünfjahresplan, 3 f.

[5] vgl. UN General Assembly (2015) Transforming our world, S. 14.

[6] vgl. Sihag, N. et al. (2019) Influence of Plant Site Selection on Environmental Impact, S. 190-191.

[7] vgl. Lanza, G. et al. (2019) Global production networks, S. 823.

[8] vgl. EIA (2020) International Energy Outlook.

[9] vgl. Geyer, R. et al. (2017) Production, use, and fate of all plastics ever made, S. 9.

[10] vgl. Reich-Weiser, C. et al. (2009) GHG emission tradeoffs and water scarcity in the supply chain, S. 27.

Ein Blick in die Vergangenheit zeigt, dass die Gestaltung von GPNs stets durch gesellschaftliche und technologische Entwicklungen angetrieben wurde. Ein wesentlicher Antriebsfaktor für den Aufbau der GPNs war die Öffnung der Märkte in Osteuropa und Asien für den Kapitalismus in Kombination mit der Einführung von multilateralen, internationalen Handelsabkommen.[11] Diese Phase der liberalen Wirtschaftspolitik endet allmählich damit, dass die Gesetzgeber in verschiedenen Ländern die Unternehmen zu mehr Verantwortung im Bereich der Nachhaltigkeit drängen und auch die Einführung von CO_2-Grenzsteuern bereits diskutiert wird.[12] Die Forderungen für mehr Nachhaltigkeit verändern die politischen Bedingungen der letzten Jahrzehnte und sorgen damit für einen neuen Handlungsbedarf hinsichtlich der PNK.

Zudem wandeln sich weitere Faktoren, aufgrund des Trends zu mehr Nachhaltigkeit, die den Aufbau von GPNs ermöglicht haben. Ein begünstigender Faktor für GPNs war eine Homogenisierung von Käuferpräferenzen und die damit einhergehende internationale Angleichung der Angebots- und Nachfragebedingungen.[13] Diese hat gleichwohl höhere Kundenerwartungen erzeugt, weshalb Nachhaltigkeit mittlerweile weltweit ein Kaufkriterium ist.[14] Eine effiziente Koordination von internationalen Produktionsstandorten wäre ohne die Fortschritte in der Informations- und Kommunikationstechnik (IKT) nie möglich gewesen.[15] Die Digitalisierung ermöglicht den Kunden aber auch eine bessere Transparenz mittels QR-Codes und Apps für den Verbraucherschutz. Deshalb ist reines Greenwashing nicht mehr möglich in Zeiten, in denen die Konsumenten gesamte Lieferketten nachverfolgen können und wollen.[16] Weitere technologische Entwicklungen haben dazu geführt, dass Kosten für Transporte in den vergangenen 100 Jahren um bis zu 88% gefallen sind und GPNs so wirtschaftlich operieren können.[17] Mit der steigenden Bepreisung von CO_2-Emissionen ist jedoch abzusehen, dass auch die Kosten für die Logistik in Zukunft wieder steigen werden.[18] Ein weiterer befähigender Faktor für GPNs war der Aufbau von Infrastruktur für Verkehr

[11] vgl. Berger, R. (2002) Chancen und Risiken der Internationalisierung, S. 21-22; WTO (2021) The GATT years, S. 2.

[12] vgl. Kafsack, H. (2020) CO2-Grenzsteuer, S. 1-3; Schönsleben, P. (2020) Supply Chain Design, S. 160-162.

[13] vgl. Härtel, H.-H. (1996) Grenzüberschreitende Produktion und Strukturwandel, S. 17.

[14] vgl. Kachaner, N. et al. (2020) Heightening Environmental Awareness, S. 4.

[15] vgl. Merchiers, A. (2008) Bewertung globaler Standortstrukturalternativen, S. 32.

[16] vgl. Schulz, O. (2015) Nachhaltige ganzheitliche Wertschöpfungsketten, S. 329.

[17] vgl. BPB (2017) Transport- und Kommunikationskosten, S. 1.

[18] vgl. Poll, D. (2020) Produktions- und Logistiknetzwerke der Zukunft, S. 1-3.

und Energieversorgung in Schwellenländern.[19] Bei diesem Aufbau wurden jedoch trotz des großen Potentials nur in wenigen Entwicklungsländern ausreichend erneuerbare Energiequellen geschaffen.[20] Auch die Infrastruktur für Recycling und die zugehörigen Umweltschutzauflagen sind in vielen Schwellenländern nicht auf dem Niveau entwickelter Länder.[21] Deshalb muss eine Produktion in diesen Ländern unter den Aspekten der ökologischen Nachhaltigkeit anders bewertet werden als unter ökonomischen Kriterien.

Die genannten Einflussfaktoren zeigen, dass sich globale Produktionsnetzwerke auch in Zukunft verändern werden und dabei das Paradigma der Nachhaltigkeit nicht nur berücksichtigen, sondern konsequent verfolgen müssen. Trotz dieser Erkenntnis wird sowohl in der industriellen Praxis als auch in der wissenschaftlichen Literatur bislang vorrangig auf ökonomische Kennzahlen wie Kosten, Qualität, Flexibilität und Lieferzeiten gesetzt.[22] Bestehende Ansätze beachten ökologische Nachhaltigkeit nur als ein Randthema oder fokussieren auf andere Gestaltungsbereiche wie die Supply Chain.[23] Daher soll die vorliegende Arbeit einen Beitrag dazu leisten globale Produktionsnetzwerke nachhaltiger zu gestalten, indem die ökologische Nachhaltigkeit von PNKs bewertet wird. Diese Bewertung soll den Verantwortlichen dabei helfen, verschiedene Produktionsnetzwerkszenarien zu vergleichen und eine Entscheidung zu treffen, die im Sinne der neuen Anforderungen alle Stakeholder heutiger und zukünftiger Generationen zufrieden stellen kann.

1.2 Zielsetzung

Resultierend aus der Motivation des vorherigen Kapitels wird die Zielsetzung für diese Arbeit formuliert. Damit die Planenden und Entscheidungstragenden von GPNs ihrer Verantwortung gerecht werden können, müssen sie die ökologischen Konsequenzen ihrer Entscheidungen kennen. Insbesondere bei der Auswahl verschiedener strategischer Handlungsalternativen sollen die Vor- und Nachteile der einzelnen Szenarien transparent beurteilt werden. Dafür bedarf es einer Methodik zur Bewertung der ökologischen Nachhaltigkeit von Produktionsnetzwerkkonfigurationen. Die Erarbeitung

---

19 vgl. Merchiers, A. (2008) Bewertung globaler Standortstrukturalternativen, S. 32.

20 vgl. Arndt, C. et al. (2019) Renewable Energy and Developing Countries, S. 162-164.

21 vgl. Wendling, Z. et al. (2021) Environmental Performance Index, S. 17-18.

22 vgl. Friedli, T. et al. (2021) Global Manufacturing Management, S. 8.

23 vgl. Kapitel 3.4 und Abbildung 3.4

einer solchen Methodik ist das Ziel dieser Arbeit. Diese Methodik soll die Anwendenden befähigen, den Einfluss von Produktionsnetzwerken auf Nachhaltigkeitsindikatoren zu identifizieren, die identifizierten Wirkungsbeziehungen aufwandsarm zu modellieren und die Modellierungsergebnisse für eine transparente Bewertung zu nutzen.

Gemäß KUBICEK soll die explorative Forschung durch Fragen an die Realität geleitet werden.[24] Aufbauend auf der beschriebenen Ausgangsituation und Zielsetzung der Arbeit lautet die zentrale Forschungsfrage:

Wie kann die Konfiguration eines globalen Produktionsnetzwerkes in Bezug auf ökologische Nachhaltigkeitsziele aufwandsgerecht und transparent bewertet werden?

Diese zentrale Forschungsfrage ist in weitere Teilforschungsfragen gegliedert, welche die einzelnen Herausforderungen der Arbeit ansprechen und somit auch die Struktur des Vorgehens vorgeben:

- Welche ökologischen Nachhaltigkeitsziele lassen sich mit der Konfiguration von Produktionsnetzwerken signifikant beeinflussen?
- Wie können die ökologisch nachhaltigkeitsrelevanten Eigenschaften der Konfiguration von globalen Produktionsnetzwerken aufwandsgerecht modelliert werden?
- Wie kann die Bewertung der ökologischen Nachhaltigkeit eines Produktionsnetzwerkes mit den passenden Bezugsgrößen und Aggregationsleveln durchgeführt und dargestellt werden?

Zur Beantwortung dieser Forschungsfragen werden neben den Grundlagen der PNK und der ökologischen Nachhaltigkeit auch Methoden der Datenmodellierung, der Systems Dynamics und der mathematischen Optimierung beachtet. Mit dieser Kombination von Produktionsmanagement und Informatik leistet die Arbeit einen wissenschaftlichen Beitrag zum Exzellenzcluster „Internet of Production“ (Förderkennzeichen: 390621612) der RWTH Aachen University, das von der Deutschen Forschungsgemeinschaft (DFG) gefördert wird.

[24] vgl. Kubicek, H. (1976) Heuristische Bezugsrahmen, S. 14-15.

1.3 Forschungsmethodischer Rahmen

Nach BINDER UND KANTOWSKY ist der wissenschaftliche Forschungsprozess vergleichbar mit dem Bild einer Reise. Für die Nachvollziehbarkeit der dabei gewonnenen Erkenntnisse müssen deshalb sowohl der Ausgangspunkt als auch die Mittel der Reise beschrieben werden.[25] Nach KUHN wird jede wissenschaftliche Disziplin von einem oder mehreren Forschungsparadigmen geleitet, die definieren, woraus die anerkannten wissenschaftlichen Leistungen bestehen.[26] Für die Forschenden stellen die Paradigmen die Erkenntnisperspektive dar. Sie sind somit wertegebunden und können nicht vollständig überprüft werden. Vielmehr müssen sie als fundamentale Überzeugungen akzeptiert werden.[27] Damit ein Forschungsprozess und dessen Ergebnis überprüft werden kann, wird eine Offenlegung dieser Wertevorstellungen benötigt.[28] Diesem Zweck dient das vorliegende Unterkapitel 1.3.

Gemäß LAKATOS wird zwischen positiven und negativen Heuristiken von Forschungsparadigmen unterschieden. Positive dienen dem Erkenntnisgewinn, während negative bestimmen, was zu vermeiden ist.[29] In Abbildung 1.1 sind etablierte Forschungsparadigmen und deren erkenntnistheoretischen Überlegungen eingeordnet, je nachdem, ob die Wissensbildung eher durch das menschliche Denken (mentale Konstruktion) oder die menschlichen Sinne (Beobachtung) stattfindet. Die vorliegende Arbeit ist dem kritischen Rationalismus und dem Pragmatismus zugeordnet. Der kritische Rationalismus zielt auf eine beschränkte Induktion ab, wonach eine Theorie nie vollständig wahr, sondern nur vorläufig richtig sein kann.[30] Globale Produktionsnetzwerke sind komplexe Systeme, deren vollständige Beobachtung nicht möglich ist, weshalb der kritische Rationalismus ein passendes Forschungsparadigma darstellt. Gemäß dem Pragmatismus und nach KUBICEK ist der Maßstab für den wissenschaftlichen Erkenntnisgewinn nicht primär die reine Erkenntnissicherung, sondern der Zuwachs

---

25 vgl. Binder, V. et al. (1996) Technologiepotentiale, S. 3.

26 vgl. Kuhn, T. et al. (1994) Structure of scientific revolutions, 24 ff.; Grimen, H. (2003) Theorie wissenschaftlicher Revolutionen, S. 43-54.

27 vgl. Guba, E. et al. (1994) Competing paradigms in qualitative research, S. 108.

28 vgl. Ulrich, H. et al. (2001) Systemorientiertes Management, S. 126-129.

29 vgl. Lakatos, I. (1974) Methodologie wissenschaftlicher Forschungsprogramme, S. 129-131.

30 vgl. Ulrich, P. et al. (1976) Wissenschaftstheoretische Grundlagen der Betriebswirtschaftslehre, S. 345-346.

im Verständnis und die dadurch mögliche Beherrschung der Realität.[31] Die vorliegende Arbeit ist im Bereich der „angewandten“ Ingenieurwissenschaften angesiedelt und steht im direkten Praxiszusammenhang. Sie soll für die Gestaltung von sozialen und technischen Systemen passende Bewertungsmodelle entwickeln.[32] Gemäß dieser Zielstellung gilt somit auch der Pragmatismus als weiteres relevantes Forschungsparadigma.

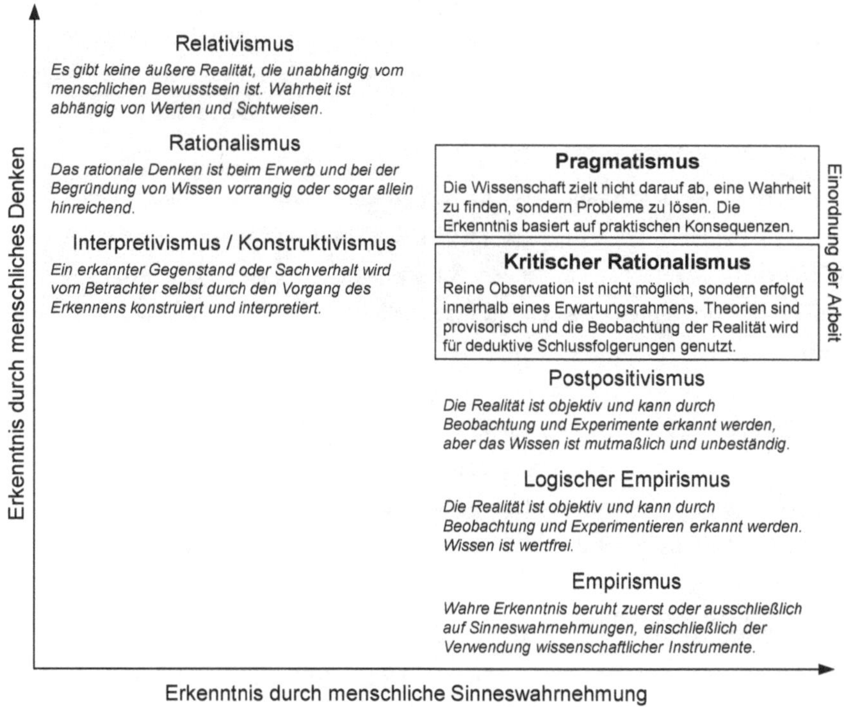

Abbildung 1.1: Forschungsparadigmen und erkenntnistheoretische Überlegungen[33]

Für die Einordnung der Erkenntnisperspektive gilt nach POPPER, dass die wissenschaftliche Erkenntnisgewinnung nicht mit der Wahrnehmung, Beobachtung oder

[31] vgl. Kubicek, H. (1976) Heuristische Bezugsrahmen, S. 7-9.

[32] vgl. Ulrich, P. et al. (1976) Wissenschaftstheoretische Grundlagen der Betriebswirtschaftslehre, S. 305.

[33] vgl. Blaikie, N. (2006) Designing social research, 87–121; Bryman, A. et al. (2011) Business research methods, S. 10-39; Despeisse, M. (2013) Sustainable manufacturing tactics, S. 13.

Sammlung von Daten und Tatsachen, sondern mit Problemen beginnt.[34] Das entsprechende methodische Vorgehen in dieser Arbeit orientiert sich daher an dem explorativen Forschungszyklus nach TOMCZAK. Diesem Zyklus folgend entsteht auf Basis eines nicht vollständig gelösten Problems in der Praxis ein theoretisches Vorverständnis, um eine Frage an die Realität zu entwickeln. Für die Beantwortung der Frage müssen Daten in der Realität und aus der wissenschaftlichen Literatur gesammelt werden. So wird eine Grundlage für eine kritische Reflexion des Bildes der Realität geschaffen. Dieses wird differenziert und abstrahiert, um so einen Perspektivenwechsel zu schaffen und das bereits vorhandene, theoretische Vorverständnis weiterzuentwickeln. Dieses Vorgehen kann iterativ so oft wiederholt werden bis die untersuchte Problemsituation beherrschbar ist.[35]

Die vorliegende Dissertation ist während der Tätigkeit des Autors als wissenschaftlicher Mitarbeiter in der Gruppe „Globale Produktion“ am Werkzeugmaschinenlabor WZL der RWTH Aachen entstanden. Zu den Tätigkeiten gehörte die Arbeit an Beratungs- und Forschungsprojekten mit Fragestellungen der PNK sowie die Organisation eines Arbeitskreises im Themenfeld der globalen Produktion. Dies hat den Autoren maßgeblich dabei befähigt, das Problemverständnis zu vertiefen und benötigte Lösungen zu konzeptionieren. Zudem konnte der Autor auf Arbeitserfahrungen bei Beratungsunternehmen und global agierenden Industriekonzernen zurückgreifen, die vor seiner Tätigkeit am WZL entstanden sind. Die kritische Reflexion der Arbeit wurde durch den Austausch mit Experten aus Industrie und Wissenschaft erreicht.

1.4 Aufbau der Arbeit

Der Aufbau der Arbeit ist gemäß der anwendungsorientierten Forschung nach ULRICH ET AL. strukturiert und weist eine starke Praxisorientierung auf. In Abbildung 1.2 sind die Kapitel der Arbeit den Phasen der Forschung nach ULRICH ET AL. gegenübergestellt.[36]

[34] vgl. Popper, K. (1962) Die Logik der Sozialwissenschaften, S. 216.

[35] vgl. Tomczak, T. (1992) Forschungsmethoden, S. 84.

[36] vgl. Ulrich, H. et al. (1984) Management, S. 192-195.

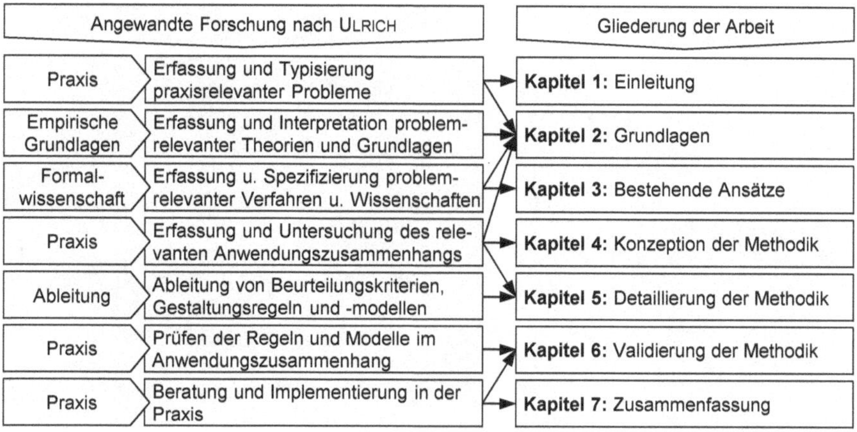

Abbildung 1.2: Aufbau der Arbeit[37]

Kapitel 1 bietet mit der Vorstellung von Motivation und Zielsetzung eine Einleitung in die Arbeit und eine erste Erfassung der praxisrelevanten Probleme. Im Grundlagenkapitel 2 werden diese weiter vertieft und mit problemrelevanten Theorien und Verfahren aus der Wissenschaft kombiniert. Insbesondere die Grundlagen der PNK und der ökologischen Nachhaltigkeit werden dabei illustriert. Bestehende Ansätze aus der Wissenschaft zur Lösung dieser Probleme werden in Kapitel 3 diskutiert und bewertet.

Mit der Erfassung des relevanten Anwendungszusammenhangs und der Ableitung von Kriterien und Modellen aus diesem wird in Kapitel 4 und 5 die Methodik zur Bewertung der ökologischen Nachhaltigkeit von Produktionsnetzwerkkonfigurationen konzipiert und detailliert. Eine Prüfung dieser Methodik im Anwendungszusammenhang erfolgt mit der Validierung an zwei Fallbeispielen in Kapitel 6. Abschließend wird die Arbeit in Kapitel 7 zusammengefasst und ein Ausblick zur Implementierung der Arbeit in der Praxis gegeben.

[37] vgl. Ulrich, H. et al. (1984) Management, S. 193.

2 Grundlagen und Herausforderungen des Betrachtungs- und Gestaltungsbereichs

Die Kenntnis und Untersuchung des Objektbereichs ist gemäß TOMCZAK ein Bestandteil guter Forschung.[38] Deshalb dient das vorliegende Kapitel dazu, die Grundlagen des Betrachtungsbereichs der Arbeit vorzustellen und auf die relevante Literatur des Objektbereiches hinzuweisen. In Kapitel 2.1 werden die Grundlagen der Produktionsnetzwerkkonfiguration erläutert und in Kapitel 2.2 die der ökologischen Nachhaltigkeit. Theoretische Grundlagen, die im Kontext mit der zu erarbeitenden Lösung benötigt werden, sind Inhalt des Kapitels 2.3. Abschließend werden in Kapitel 2.4 und 2.5 die Herausforderungen aus der Praxis und der zugehörige Handlungsbedarf abgeleitet.

2.1 Grundlagen der Produktionsnetzwerkkonfiguration

Der Betrachtungsbereich der globalen Produktionsnetzwerke bietet das notwendige Hintergrundwissen für die Bewertung von Produktionsnetzwerkkonfigurationen. Dafür stellt das nachfolgende Kapitel die historische Entwicklung, geltende Terminologien und relevante Eigenschaften vor.

2.1.1 Historische Entwicklung

Die Entstehung von globalen Produktionsnetzwerken ist eng mit der Geschichte der Globalisierung verknüpft. Sowohl der Umfang als auch die Geschwindigkeit beider Entwicklungen weisen Parallelen auf. Erste nachgewiesene globale Operationen werden in die Zeit des römischen Reichs verortet.[39] Zu dieser Zeit existierten bereits staatliche und religiöse Gemeinschaften mit globalen Strategien und Strukturen, denen

---

[38] vgl. Tomczak, T. (1992) Forschungsmethoden, S. 82 ff.

[39] vgl. Schreiber, W. (2000) Vom Imperium Romanum zum Global Village, S. 38 ff.

sich lokale Organisationen anpassen mussten.[40] Produktionstechnisch überwog zu dieser Zeit jedoch die Subsistenzwirtschaft und nur ein Teil der Überschussproduktion konnte für die Versorgung der militärischen Truppen aufgewendet werden.[41] Das eigentliche Zusammenwachsen von Märkten, die Zunahme von grenzüberschreitenden Unternehmungen und die resultierende Entwicklung von weltweiten Netzwerken wurde erst wesentlich später erreicht, wie Abbildung 2.1 zu entnehmen ist.[42] Demnach war die industrielle Revolution der Anstoß für die Entwicklung von globalen Produktionsnetzwerken, welche sich seitdem zunehmend beschleunigt hat. Diese Entwicklung wird in fünf Phasen eingeteilt.[43]

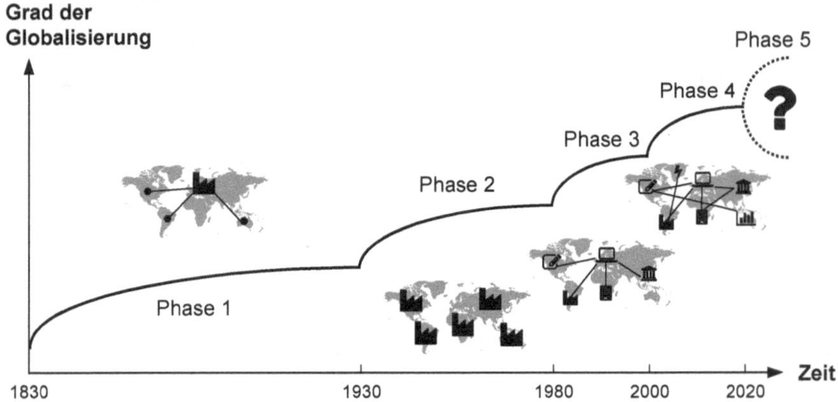

Abbildung 2.1: Phasen der Entwicklung globaler Produktionsnetzwerke[44]

Die erste Phase der Entwicklung globaler Produktionsnetzwerke (ca. 1830-1930) wurde eingeläutet durch die Erfindung der Dampfmaschine und des Telegrafen.[45] Dank der Dampfmaschine konnten Produktion und Gütertransporte automatisiert und beschleunigt werden. Dies war wichtig, da dank der Massenproduktion lokal

40 vgl. Ostertag, M. (2000) Globalisierung unter Aspekten der Wirtschaftsgeographie, S. 37 f.

41 vgl. Schreiber, W. (2000) Vom Imperium Romanum zum Global Village, S. 168.

42 vgl. Härtel, H.-H. (1996) Grenzüberschreitende Produktion und Strukturwandel, S. 17.

43 vgl. Abele, E. et al. (2008) Global Production, S. 4; Errasti, A. (2013) Global production networks, S. 9; Ambrosius, G. (2018) Globalisierung, X–XI; Lanza, G. et al. (2019) Global production networks, S. 823.

44 i.A.a. Abele, E. et al. (2008) Global Production, S. 3-4; Lanza, G. et al. (2019) Global production networks, S. 824.

45 vgl. Errasti, A. (2013) Global production networks, S. 9.

mehr Güter hergestellt als verbraucht wurden. Unternehmen starteten daher den Aufbau ausländischer Verkaufsstellen für das Exportgeschäft. Eine Produktion im Ausland wurde während dieser Phase selten angestrebt, da die Möglichkeiten zur Kommunikation und Koordination trotz des Telegrafen nicht ausreichend waren.[46]

Auch die zweite Phase dieser Entwicklung (ca. 1930-1989) wurde durch den technischen Fortschritt befeuert. Technologien, die im Rahmen der Rüstungsbemühungen des I. und II. Weltkrieges erprobt wurden, fanden in den nachfolgenden Jahren ihren Weg zur zivilen Nutzung.[47] Eine Konsequenz dieser Verbesserungen waren immense Kostensenkungen für Seefracht (60%), Flugreisen (82%) und für internationale Telefongespräche (98%).[48] Unternehmen nutzten die neuen Möglichkeiten, um produzierende Auslandsstandorte zu eröffnen. Diese Standorte hatten ein erhebliches Maß an Freiheiten und dienten vor allem der Versorgung der jeweiligen lokalen Märkte. Eine strikte Steuerung und Koordination im Sinne heutiger Netzwerke war zu dieser Zeit nicht gegeben.[49]

Die dritte Phase (ca. 1980-2000) wurde geprägt von Konzernen, die einen Großteil ihrer Produktion von den eigentlichen Absatzmärkten wegverlagerten. Ziel dabei war die Ausnutzung von Faktorkostendifferenzen.[50] Ermöglicht wurden diese Verlagerungen durch neue politische und gesellschaftliche Entwicklungen, wie die Öffnung der Weltmärkte nach dem Ende des kalten Krieges.[51] Insbesondere China und Staaten des ehemaligen Ostblocks starteten zu dieser Zeit ihre Teilnahme am internationalen Wettbewerb und boten den Unternehmen erheblich günstigere Faktorkosten.[52]

In der vierten Phase (ca. 2000-2020) der Entwicklung globaler Produktionsnetzwerke folgten kleinere und mittlere Unternehmen dem Beispiel der bereits globalisierten Konzerne. Diese Strategie war notwendig, da sie als Lieferanten der Konzerne ihren Kunden um den Globus folgen mussten.[53] Gleichzeitig wurden die Unternehmen zu-

[46] vgl. Abele, E. et al. (2008) Global Production, S. 3-4.
[47] vgl. Polt, W. et al. (2014) Technisierung und Industrialisierung des Krieges, S. 7.
[48] vgl. Huwart, J.-Y. et al. (2013) Economic Globalisation, S. 36.
[49] vgl. Abele, E. et al. (2008) Global Production, S. 5.
[50] vgl. Lanza, G. et al. (2019) Global production networks, S. 823.
[51] vgl. Berger, R. (2002) Chancen und Risiken der Internationalisierung, S. 21-22.
[52] vgl. Ceglowski, J. et al. (2012) Does China still have a labor cost advantage?, S. 8-12.
[53] vgl. Lanza, G. et al. (2019) Global production networks, S. 823.

nehmend durch ausländische Wettbewerber unter Druck gesetzt und waren somit gezwungen mit einer Internationalisierung der eigenen Geschäftstätigkeiten zu reagieren.[54] Diese Phase markiert das Erreichen einer nahezu vollständigen Globalisierung, wobei dies kein stabiler Zustand, sondern eine Prozessphase ist.[55]

Für die nächste Phase (ab ca. 2020) ist es unklar, ob eine Fortführung der Expansion oder eine Rückverlagerung stattfinden wird. Neue Trends, wie ein steigendes Nachhaltigkeitsbewusstsein, verlangen eine höhere lokale Präsenz und die Reduktion von Transporten, welche zudem zunehmend mit CO_2-Steuern bepreist werden.[56] Neben dem weltweiten Aufkommen von CO_2-Abgaben ist laut UNCTAD auch mit einer verstärkten Unsicherheit in Bezug auf politische Handelshindernisse und Strafzölle zu rechnen.[57] Zudem profitiert eine lokale Produktion von neuen flexibleren Fertigungstechnologien, wie dem 3D-Druck, und bietet den Unternehmen eine größere Kontrolle im Vergleich zu globalen Lieferketten, die sich während der Corona-Pandemie als fragil herausgestellt haben.[58] Abbildung 2.2 zeigt diese Veränderungen und ihre Einflussfaktoren im Überblick.

Wachstumstreiber (1980 – 2020)	**Abschwächungsfaktoren** (2020 – X)
Liberalisierung und exportorientierte Wachstumspolitik	Rückkehr von Protektionismus und politischer Unsicherheit
Faktorkostenunterschiede und sinkende Handelskosten	Allmählicher Rückgang der Rendite auf ausländische Direktinvestitionen
Technologische Fortschritte als Befähiger	Digitale Technologien begünstigen leichte Formen von Ressourcennutzung
Sinkende Transport- und Reisekosten	Verbreitung der CO_2-Besteuerung von fossilen Treibstoffen
Risikodiversifikation durch global verteilte Absatzmärkte	Abhängigkeiten durch weltweit verstreute Lieferketten

Abbildung 2.2: Einflussfaktoren auf das Wachstum von GPN[59]

---

[54] vgl. Varandani, R. (2014) Managementkomplexität globaler Produktionsnetzwerke, S. 22.

[55] vgl. Huwart, J.-Y. et al. (2014) Die Globalisierung, S. 22-23; Ambrosius, G. (2018) Globalisierung, X–XI.

[56] vgl. Errasti, A. (2013) Global production networks, S. 29; Turken, N. et al. (2017) Facility location under carbon tax and emissions limits, S. 40; Brandenburg, M. et al. (2019) Sustainable Supply Chain, S. 1-2; Eslami, Y. et al. (2020) Sustainability in manufacturing organisations, S. 1.

[57] vgl. Bekkers, E. et al. (2020) An economic analysis of the US-China trade conflict, S. 15-16; UNCTAD (2020) World Investment Report, S. 120; World Bank (2020) State and Trends of Carbon Pricing, S. 11.

[58] vgl. Christodoulou, P. (2007) Making the right things in the right places, S. 42; Chen, Z. et al. (2020) How 3D Printing Subverts Global Production Networks, S. 1-2; Guan, D. et al. (2020) Global supply-chain effects of COVID-19, S. 581.

[59] Eigene Darstellung i.A.a. UNCTAD (2020) World Investment Report, S. 126.

2.1.2 Terminologien

Der Begriff *globale Produktionsnetzwerke* wird von zwei Wissenschaftsdisziplinen in einem unterschiedlichen Kontext verwendet. Sozialwissenschaftler und Wirtschaftsgeografen nutzen den Begriff, um die Wirkungsmechanismen der gesamten Globalisierung in Volkswirtschaften und Industriebranchen zu beschreiben.[60] Dies ist jedoch nicht der Fokus dieser Arbeit, welche sich auf die Konfiguration des Produktionsnetzwerkes eines einzelnen Unternehmens bezieht. Auch in diesem Kontext des Produktionsmanagements existiert keine einheitliche Definition, jedoch hat in den vergangenen Jahrzehnten eine Annäherung des Begriffsverständnisses stattgefunden.

Eine der ersten Definitionen wurde 1998 von SHI ET AL. aufgestellt und 2015 von den Autoren überarbeitet.[61] Aufbauend auf dieser Definition und Arbeiten von FERDOWS und RUDBERG ET AL. definierten CHENG ET AL. ein GPN bzw. International Manufacturing Network als *„...coordinated aggregation (network) of plants/factories owned by one company but located in different places...“*[62]. Diese Art der Definition wurde in der deutschen Forschung übernommen, wie die Definition von SAGER zeigt: *„Ein globales Produktionsnetzwerk besteht aus mindestens zwei geographisch verteilten Standorten eines Unternehmens, die primär Fertigungs- und Montagevorgänge durchführen“*[63]. Im Rahmen dieser Arbeit soll die Definition nach PROTE gelten, welche die zuvor aufgeführten Definitionen spezifiziert: *„Ein globales Produktionsnetzwerk setzt sich aus geografisch verteilten Produktionsstandorten eines Unternehmens zusammen, die vorrangig Fertigungs- und Montageumfänge durchführen und durch Leistungs-, Informations- und Wissensverflechtungen in Beziehung zueinanderstehen“*[64].

60 vgl. Henderson, J. et al. (2002) Global production networks, S. 444-445; Coe, N. et al. (2008) Global production networks, S. 272-273; Carstensen, L. et al. (2016) Theorie Globaler Produktionsnetzwerke, S. 353-355; Fuller, C. et al. (2018) Multinational enterprise in global production networks, S. 140-141.

61 vgl. Shi, Y. et al. (1998) International manufacturing networks, S. 212; Shi, Y. (2015) Global Manufacturing Network, S. 1.

62 vgl. Ferdows, K. (1989) Mapping international factory networks, S. 3-21; Rudberg, M. et al. (2003) Manufacturing networks and supply chains, S. 24-25; Cheng, Y. et al. (2015) International manufacturing network, S. 396.

63 vgl. Sager, B. (2019) Konfiguration globaler Produktionsnetzwerke, S. 10.

64 vgl. Prote, J.-P. (2017) Bewertung von Standortalternativen in Produktionsnetzwerken, S. 12.

Ein solches Verständnis von GPN fokussiert sich somit sowohl auf die einzelnen Produktionsstandorte als auch deren Verbindungen. Die Abgrenzung zur Supply Chain wird in Abbildung 2.3 verdeutlicht, in der Produktionssysteme nach Anzahl der Organisationen und Standorte differenziert werden.[65] Anders als bei einer Supply Chain oder einem unternehmensübergreifenden Netzwerk, handelt es sich bei einem GPN um ein unternehmensinternes Netzwerk, welches lediglich aus mehreren Standorten einer Organisation besteht. Nach SCHUH ET AL. wird die Betrachtung von Beschaffungs- und Absatzmärkten dabei ebenfalls ausgeklammert oder nur peripher betrachtet.[66] Als Synonyme zum Produktionsnetzwerk werden in der Literatur auch die Begriffe des Wertschöpfungs- oder Unternehmensnetzwerkes verwendet.[67]

Abbildung 2.3: Klassifizierung von Produktionssystemen[68]

Das Management globaler Unternehmen wird nach PORTER in die Kategorien Koordination und Konfiguration unterteilt.[69] Diese Unterscheidung gilt auch für das Management globaler Produktionsnetzwerke, welches nach FRIEDLI ET AL. zusätzlich über den Gestaltungsbereich Strategie verfügt.[70] Die einzelnen Gestaltungsbereiche sind, wie in Abbildung 2.4 dargestellt, in weitere Entscheidungsdimensionen unterteilt.

---

[65] vgl. Rudberg, M. et al. (2003) Manufacturing networks and supply chains, S. 14-15.
[66] vgl. Schuh, G. et al. (2012) Produktionsplanung und -steuerung, S. 426-427.
[67] vgl. Varandani, R. (2014) Managementkomplexität globaler Produktionsnetzwerke, S. 15.
[68] i.A.a. Rudberg, M. et al. (2003) Manufacturing networks and supply chains, S. 24.
[69] vgl. Porter, M. (1986) International Competition, S. 19.
[70] vgl. Friedli, T. et al. (2021) Global Manufacturing Management, S. 26 ff.

Die Strategie des Produktionsnetzwerkes leitet sich von der Unternehmensstrategie ab und verfolgt die Vorgabe von Differenzierungsfaktoren wie z.B. eine höhere Qualität, schnellere Lieferfähigkeit oder günstigere Kostenstruktur als die der Wettbewerber.[71]

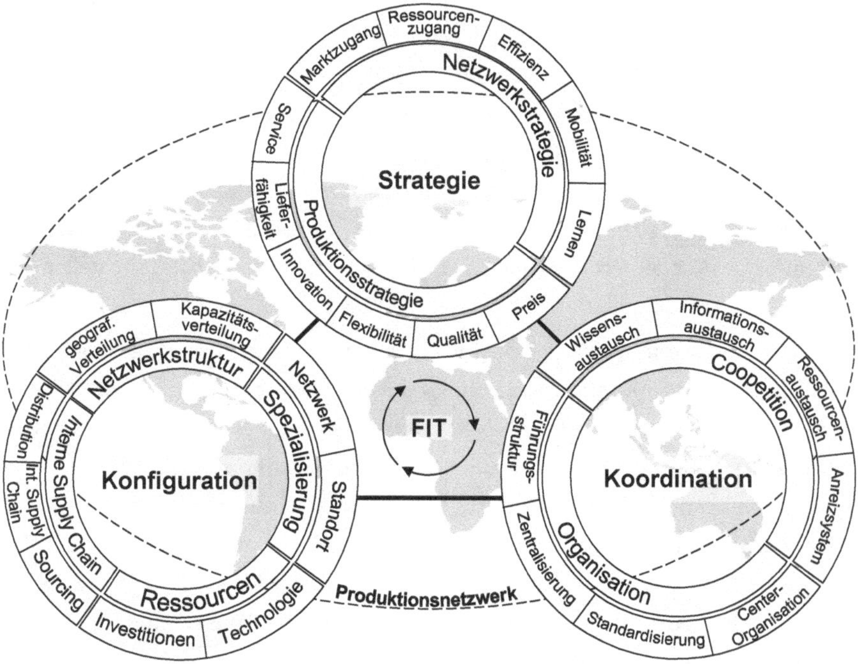

Abbildung 2.4: Managementrahmen für globale Produktionsnetzwerke[72]

Mit der Koordination werden die Regeln für die Interaktion zwischen den Akteuren an den Standorten und in der Unternehmenszentrale festgelegt. Dabei wird auch beeinflusst, ob die einzelnen Standorte eher im Wettbewerb zueinanderstehen oder durch einen stärkeren Informations- und Wissensaustausch eine engere Zusammenarbeit anstreben. Ein bestimmender Faktor für das Zusammenspiel ist die Incentivierung der Standortleiter sowie deren Entscheidungsautonomie und Zugang zu Ressourcen im Netzwerk.[73]

[71] vgl. Thomas, S. et al. (2013) Produktionsnetzwerksysteme, S. 52-59.

[72] vgl. Friedli, T. et al. (2013) Management globaler Produktionsnetzwerke, S. 46.

[73] vgl. Ferdows, K. (2006) Transfer of Changing Production Know-How, S. 3-4; Friedli, T. et al. (2013) Management globaler Produktionsnetzwerke, S. 56-57

Die Konfiguration beschreibt die physische Gestaltung des Netzwerkes und der Standorte. Die Konfigurationsplanung beinhaltet deshalb Fragestellungen, wie viele Produktionswerke an welchen Orten benötigt werden und welche Produktionsressourcen den jeweiligen Werken zur Verfügung gestellt werden. Somit umfasst die Konfiguration die Netzwerkstruktur, welche die geographische Verteilung von Standorten und die Kapazitäten an den Standorten beschreibt. Die Kapazitäten sind abhängig von den lokal verorteten Technologien und Investitionen, welche auch Ressourcen genannt werden. Die Kombination dieser Eigenschaften bedingt die Spezialisierung des Netzwerkes und der Standorte. Auch der Umfang und die Art der Materialflüsse zwischen den Standorten sowie zu Kunden und von Lieferanten ist Teil der Konfigurationsplanung. Die Materialflüsse von den Lieferanten werden als Sourcing bezeichnet und die zum Kunden als Distribution. Beide Materialflüsse sind Schnittstellen der PNK zu anderen Unternehmen.[74]

Der Fokus der vorliegenden Arbeit liegt – wie im Titel bereits vorweggenommen – auf den Aspekten der Konfiguration von Produktionsnetzwerken. Ein Grund dafür ist, dass die Konfiguration vielfältige Möglichkeiten bietet, um die ökologische Nachhaltigkeit eines Netzwerkes zu steigern.[75] So kann z.B. bestimmt werden, auf welche lokalen Ressourcen ein Unternehmen zugreift und wie viele Transportaufwände benötigt werden. Zudem besteht eine hohe wissenschaftliche Relevanz des Themas, da sich ein großer Teil der Veröffentlichungen im Kontext globaler Produktionsnetzwerke auf die Konfiguration bezieht.[76] Darüber hinaus erlaubt die Fokussierung auf die Konfiguration eine tiefergehende Untersuchung der wissenschaftlichen Fragestellung aus Kapitel 1.2 als es bei der Betrachtung aller drei Bereiche möglich wäre.

Synonym für die Konfiguration wird auch von strukturellen Komponenten eines Produktionssystems gesprochen.[77] Damit soll für diese Arbeit die folgende Definition gelten: *Eine Produktionsnetzwerkkonfiguration beinhaltet alle physischen Elemente des Produktionsnetzwerkes, die ein Unternehmen für die Produktion und den Transport seiner Produkte benötigt.* Entsprechend dieser Definition wird im Rahmen der Arbeit

---

[74] vgl. Friedli, T. et al. (2013) Management globaler Produktionsnetzwerke, S. 50; Schuh, G. et al. (2019) Gestaltung von Produktionsnetzwerken, S. 7-8.

[75] vgl. Sihag, N. et al. (2019) Influence of Plant Site Selection on Environmental Impact, S. 186-187.

[76] vgl. Mundt, A. (2012) The Architecture of Manufacturing Networks, S. 21-22.

[77] vgl. Colotla, I. et al. (2003) Operation and performance, S. 1187-1188.

die Konfiguration als ein physischer Zustand des Produktionsnetzwerkes verstanden und nicht als Prozess zur Gestaltung dieser.

Die Bewertung einer Konfiguration bezieht sich auf den aktuellen oder auf potentiell zukünftige Zustände, welche Szenarien genannt werden. Das Ziel einer Bewertung ist grundsätzlich der Vergleich von Alternativen, welche letztendlich entsprechend der Präferenzen der Bewertenden eingeordnet werden.[78] In der Praxis werden sowohl qualitative als auch quantitative Faktoren für den Vergleich eingesetzt. Qualitative Faktoren kommen zum Einsatz, wenn eine vollständige Abbildung der Realität nicht möglich ist.[79] Quantitative Faktoren ermöglichen hingegen einen detaillierten Vergleich und benötigen dafür Bewertungskennzahlen, welche Teilaspekte der Realität darstellen.[80] Im Rahmen dieser Arbeit wird die Bereitstellung von Bewertungskennzahlen für den transparenten und quantitativen Vergleich als Bewertung verstanden.

2.1.3 Eigenschaften der Produktionsnetzwerkkonfiguration

Die Eigenschaften einer PNK werden nachfolgend anhand der Konzepte von Strukturebenen, Spezialisierungen sowie Entscheidungs- und Zieldimensionen vorgestellt. So wird eine strukturierte Übersicht über den Betrachtungs- und Gestaltungsbereich ermöglicht.

2.1.3.1 Strukturebenen

Bei der Beschreibung der PNK wird nach EVERSHEIM ET AL. oder RUDBERG ET AL. zwischen einer Standort- und einer Netzwerkperspektive unterschieden.[81] Für eine differenziertere Darstellung der Elemente und Prozesse in solchen Netzwerken bietet sich die Unterteilung in mehrere Ebenen an. Ein Ansatz für die hierarchische Gliederung wurde von WIENDAHL ET AL., NYHUIS ET AL. und WESTKÄMPER im ressourcenorientierten Ebenenmodell der Produktion vorgestellt. Die oberste Ebene dieses Modells ist das Produktionsnetzwerk gefolgt von den Standorten, Segmenten, Linien und Zellen bis

---

[78] vgl. Büssow, C. (2004) Prozessbewertung in der Logistik, S. 55-64; Sudhoff, W. (2008) Bewertung standortübergreifender Mobilität in der Produktion, S. 35.

[79] vgl. Merchiers, A. (2008) Bewertung globaler Standortstrukturalternativen, S. 75-81.

[80] vgl. Kinkel, S. (2009) Erfolgsfaktor Standortplanung, S. 33-37.

[81] vgl. Eversheim, W. et al. (2000) Produktion in globalen Netzwerken, S. 185; Rudberg, M. et al. (2003) Manufacturing networks and supply chains, S. 3-4.

hin zum Arbeitsplatz und Prozess.[82] Formalisiert wurde dieser Ansatz von TAUTERAT ET AL. und HARTKOPF ET AL. als das Stuttgarter Enterprise Model (SEM).[83] Auf diesem Modell beruht auch die Unterteilung in Strukturebenen einer PNK, die durch PROTE und KREBS erarbeitet wurde und im Kontext dieser Arbeit gelten soll.[84] Wie Abbildung 2.5 entnommen werden kann, stellt das Netzwerk die oberste Ebene dar und beinhaltet sowohl die Produktionsstandorte als auch die Materialflüsse zwischen den Standorten.[85] Die Gestaltung eines Produktionswerkes findet in der darunterliegenden Standortebene statt. Eine weitere Unterteilung des Standorts in Systeme, Segmente und Zellen erfolgt auf der Systemebene. Als System wird die Konzeption von Produktionstechniken und deren unterstützenden Funktionalitäten bezeichnet. Eine selbständige und räumlich getrennte Produktionsumgebung wird als Segment beschrieben und eine Zelle umfasst einzelne Arbeitsplätze oder Maschinen.[86] Die unterste Ebene beinhaltet alle technischen und wirtschaftlichen Prozesse, die innerhalb einer Zelle, eines Segments oder Systems stattfinden.[87]

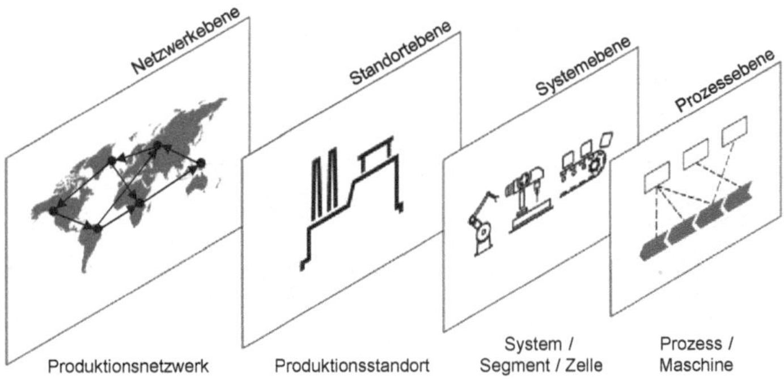

Abbildung 2.5: Strukturebenen einer Produktionsnetzwerkkonfiguration[88]

---

[82] vgl. Nyhuis, P. et al. (2006) Factory transformability, S. 150; Westkämper, E. (2007) Digital Manufacturing In The Global Era, S. 11; Wiendahl, H.-P. et al. (2007) Changeable Manufacturing, S. 785.

[83] vgl. Hartkopf, M. et al. (2012) Plant developments, S. 123; Tauterat, T. et al. (2014) Stuttgart Enterprise Model, S. 46.

[84] vgl. Krebs, P. (2012) Bewertung vernetzter Produktionsstandorte, S. 7; Prote, J.-P. (2017) Bewertung von Standortalternativen in Produktionsnetzwerken, S. 17.

[85] vgl. Merchiers, A. (2008) Bewertung globaler Standortstrukturalternativen, S. 71-72.

[86] vgl. Wiendahl, H.-P. et al. (2007) Changeable Manufacturing, S. 785-786.

[87] vgl. Prote, J.-P. (2017) Bewertung von Standortalternativen in Produktionsnetzwerken, S. 16-17.

[88] vgl. Prote, J.-P. (2017) Bewertung von Standortalternativen in Produktionsnetzwerken, S. 17.

2.1.3.2 Standortspezialisierungen

Die Verteilung von Produktionsleistungen im Netzwerk auf Standorte erfolgt auf verschiedene Arten und nach verschiedenen Kriterien. Abbildung 2.6 zeigt die Leistungsverteilung nach HAGEDORN, welche die Dimensionen Leistungstiefe, -menge und -breite beinhaltet.[89] Eine Verteilung nach der Dimension Leistungsbreite wird Artenteilung genannt und sieht die Zuweisung verschiedener Produkte auf verschiedene Standorte vor. Eine Prozessteilung beschreibt die Aufteilung der einzelnen Wertschöpfungsschritte auf unterschiedliche Standorte. Falls jeder Standort im Netzwerk alle Produkte und Prozesse realisieren kann, jedoch nicht das gesamte Produktionsvolumen abwickelt, wird von einer Mengenteilung gesprochen.[90]

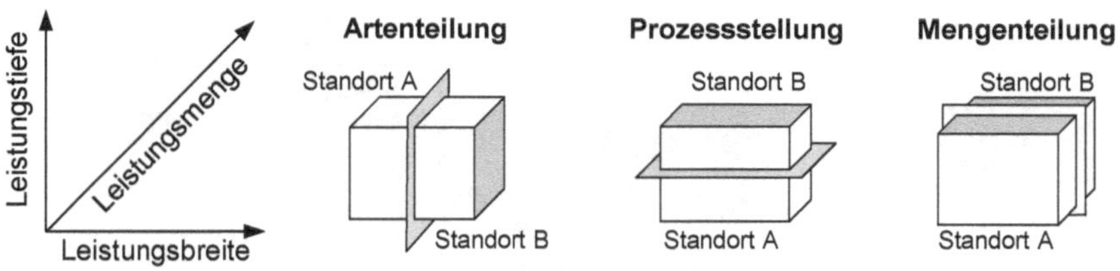

Abbildung 2.6: Klassifizierung der Leistungsverteilung auf Standorte[91]

Entscheidend für die Leistungsverteilung sind die Kompetenzen der jeweiligen Standorte sowie die strategischen Ziele, die mit dem Standort verfolgt werden. Nach FERDOWS werden diese Kriterien – Kompetenzen und strategische Ziele – genutzt, um Standortrollen zu beschreiben. Standorte mit einer geringen Kompetenz haben sogenannte Offshore-, Outpost- und Server-Rollen. Bei einer höheren Kompetenz wird je nach strategischer Bedeutung zwischen Source-, Contributor- und Lead-Fabriken unterschieden.[92] Die Kompetenz eines Standorts bezieht sich dabei auf dessen Entscheidungsautonomie in den Bereichen Produktion, Beschaffung und Entwicklung.[93] Weitere Konzepte der Standortrollen von WHITE ET AL., PORTER, ENRIGHT ET AL. oder

[89] vgl. Hagedorn, A. (1994) Modellgestützte Planung und Kontrolle von Produktionsstandorten, S. 17.

[90] vgl. Harre, J. (2006) Strategische Standortstrukturplanung, S. 47.

[91] vgl. Hagedorn, A. (1994) Modellgestützte Planung und Kontrolle von Produktionsstandorten, S. 17; Harre, J. (2006) Strategische Standortstrukturplanung, S. 48.

[92] vgl. Ferdows, K. (1997) Making the Most of Foreign Factories, S. 76-77.

[93] vgl. Bartlett, C. et al. (1986) Tap your Subsidiaries, S. 7.

RANDØY ET AL. differenzieren diese zudem nach Wissens- und Materialfluss, Abhängigkeiten oder der Verortung von Aufgaben.[94]

2.1.3.3 Netzwerkspezialisierungen

Ebenso wie Produktionsstandorte durch ihre Eigenschaften verschiedene Rollen annehmen, wird auch bei PNK zwischen verschiedenen Netzwerktypen unterschieden. Sowohl die Leistungsverteilung auf die Standorte als auch die Lieferbeziehungen zwischen den Standorten sind konstituierend für den Typ eines Netzwerkes. So definieren FELDMANN ET AL. in Abhängigkeit der Materialflüsse und der Produktstruktur die PNK-Typen Linear, Divergierend, Konvergierend und Gemixt.[95] Nach STREMME und MEYER werden Phänotypen von Produktionsnetzwerken in Bezug zu äußeren Effekten beschrieben (siehe Abbildung 2.7).[96]

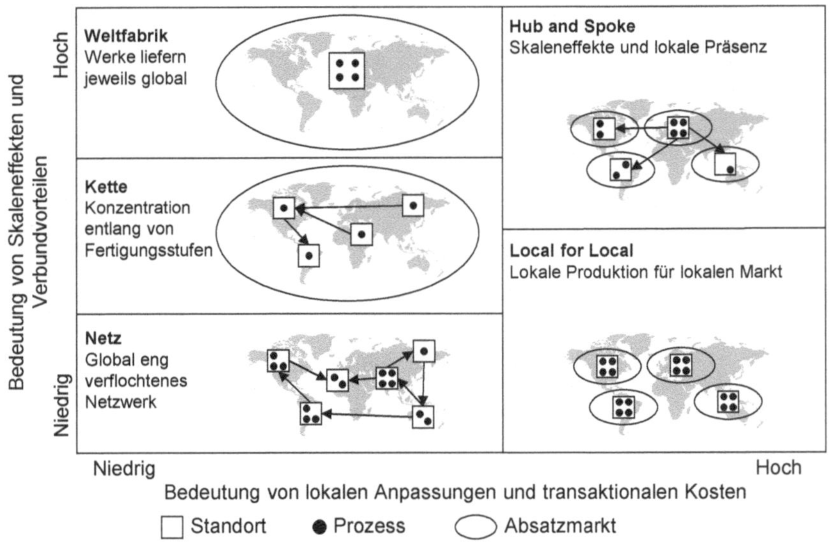

Abbildung 2.7: Phänotypen von Produktionsnetzwerkkonfigurationen[97]

---

[94] vgl. White, R. et al. (1984) Strategies for Foreign-Owned Subsidiaries, S. 2; Porter, M. (1986) International Competition, S. 19; Randøy, T. et al. (1998) Network Integration, S. 82; Enright, M. et al. (2007) MNC subsidiary typology, S. 911-912.

[95] vgl. Feldmann, A. et al. (2019) A taxonomy of international manufacturing networks, S. 174.

[96] vgl. Stremme, U. (2000) Internationales strategisches Produktionsmanagement, S. 56; Meyer, T. (2006) Globale Produktionsnetzwerke, S. 130.

[97] vgl. Meyer, T. (2006) Globale Produktionsnetzwerke, S. 130.

Bei einer hohen Bedeutung von Skaleneffekten und einer geringen Notwendigkeit für lokale Anpassungen bietet sich die zentrale „Weltfabrik" zur Belieferung aller Märkte an.[98] In einer gegenteiligen Ausgangssituation wird hingegen eine „Local for Local" Produktionsnetzwerkkonfiguration angestrebt.[99] Beide Netzwerktypen haben einen geringen Grad an Komplexität im Vergleich zu den Konfigurationen „Netz" oder „Hub and Spoke". Unter der Berücksichtigung von Absatz- und Beschaffungsmärkten erweitert HARRE diese Netzwerktypen um die Completely Knocked Down (CKD)-, Satellitenwerke- und Transplant-Struktur.[100]

2.1.3.4 Entscheidungsdimensionen

Entscheidungen mit Bezug zur Netzwerkkonfiguration betreffen unmittelbar die Elemente und Ebenen eines Produktionsnetzwerkes, die in Kapitel 2.1.3.1 vorgestellt wurden.[101] Abbildung 2.8 bietet eine Übersicht über die häufigsten Entscheidungen und die damit verbundenen Planungsaufgaben sowie deren Bezug zueinander. Die einzelnen Entscheidungsaufgaben sind die Standortallokation, Technologieallokation, Produktallokation und Mengenallokation. Der Begriff Allokation kommt vom lateinischen „allocare" (dt. platzieren) und bezeichnet die Zuweisung oder Verteilung von Mitteln in der Wirtschaft.[102] Die Standortallokation ist die erste Entscheidung, die getroffen werden muss, und beinhaltet die Anzahl der benötigten Standorte für das Produktionsnetzwerk sowie deren geographische Verteilung. In Bezug zu einem bestehenden Netzwerk kommt somit die Schließung, die Eröffnung und der Erhalt von Standorten in Frage.[103] Die Bestimmung der Standorte ist die Voraussetzung dafür, dass diesen Produktionstechnologien zugeteilt werden. Die Technologieallokation beinhaltet Investitionsvorhaben in Maschinen, Anlagen oder ähnliche Produktionsressourcen. Wenn entschieden ist, welche Standorte über welche Technologien verfügen, werden die verschiedenen Produkte oder Komponenten allokiert.[104]

---

[98] vgl. Henzler, H. et al. (1985) Aufbruch in denAufbruch in den Weltmarkt, S. 169.

[99] vgl. Lanza, G. et al. (2019) Produktionsnetzwerke und Fabriktypen, S. 798.

[100] vgl. Harre, J. (2006) Strategische Standortstrukturplanung, S. 205.

[101] vgl. Rodemann, N. et al. (2021) Systematization of Adaptation, S. 653-655.

[102] vgl. Duden (2021) Allokation; Wiktionary (2021) Allokation.

[103] vgl. Meijboom, B. et al. (2003) International operations and location decisions, S. 464-465; Chen, L. et al. (2013) Manufacturing facility location, S. 154.

[104] vgl. Friedli, T. et al. (2013) Management globaler Produktionsnetzwerke, S. 19-22; Schuh, G. et al. (2018) Continuous Production Network Design, S. 250-251.

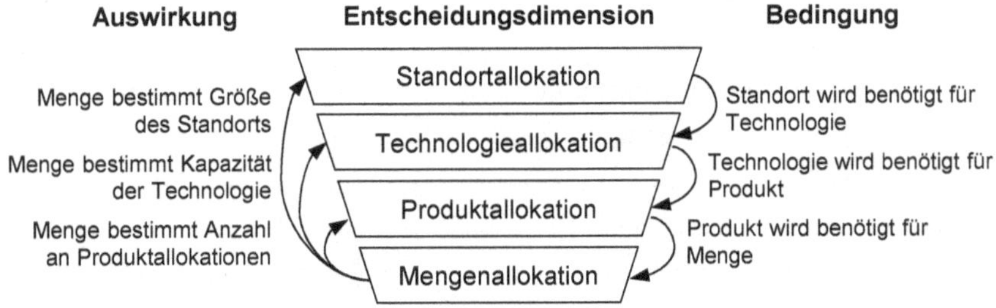

Abbildung 2.8: Allokationsentscheidungen der Netzwerkkonfiguration[105]

Diese Zuordnung ist eng mit der Entscheidung verknüpft, welche Menge an einem Standort gefertigt werden soll. Sobald die Mengenallokation erfolgt ist, wird daraus abgeleitet, ob weitere Produktallokationen benötigt werden, wie hoch der Kapazitätsbedarf für die einzelnen Fertigungstechnologien ist und wie groß ein Standort und dessen logistische Anbindung sein muss.[106] Diese starken Interdependenzen zwischen den Entscheidungen zeigen, dass neben einer sequentiellen Abfolge auch eine simultane oder kombinierte Entscheidungsfindung mit Hilfe von Szenarien zielführend ist.[107]

Die vorgestellten Allokationsentscheidungen entsprechen dem Verständnis der wissenschaftlichen Literatur, wie in Tabelle 2.1 dargestellt. Die gewählte Bezeichnung der Mengenallokation wird von manchen Autoren auch als Kapazität bezeichnet. Zudem ist die Produktallokation eng mit der vertikalen Integration verbunden, welche entscheidet, ob ein Produkt vom Unternehmen gefertigt wird oder die Produktion fremdvergeben wird.[108] Die Ergebnisse aus Tabelle 2.1 sind in Einklang mit einer Untersuchung von SAGER, der eine ähnliche Relevanz der genannten Entscheidungsaufgaben nachweisen konnte.[109]

---

105 Eigene Darstellung basierend auf Tabelle 2.1.
106 vgl. Olhager, J. et al. (2001) Long-term capacity management, S. 215-217.
107 vgl. Eppen, G. et al. (1989) A Scenario Approach to Capacity Planning, S. 519.
108 vgl. Rudberg, M. et al. (2003) Manufacturing networks and supply chains, S. 8-9.
109 vgl. Sager, B. (2019) Konfiguration globaler Produktionsnetzwerke, S. 44.

Tabelle 2.1: Allokationsentscheidungen der Netzwerkkonfiguration[110]

Quelle	Standort-allokation	Technologie-allokation	Produkt-allokation	Mengen-allokation
HAYES ET AL. (1984)	✓	✓	✓	✓
FINE ET AL. (1985)	✓	✓	✗	✓
HAYES ET AL. (1988)	✓	✓	✓	✓
SAMSON (1991)	✓	✓	✓	✓
MILTENBURG (1995)	✓	✓	✓	✓
SKINNER (1996)	✓	✓	✓	✓
HILL (2000)	✓	✓	✓	✓
SLACK ET AL. (2002)	✓	✓	✓	✓
HAYES ET AL. (2005)	✓	✓	✓	✓
SCHUH (2006)	✓	✓	✓	✓
UDE (2010)	✓	✗	✓	✓
GÖLZER ET AL. (2015)	✗	✓	✓	✓
CHOPRA ET AL. (2016)	✓	✗	✓	✓
RITTSTIEG (2018)	✓	✓	✓	✓
LANZA ET AL.(2019)	✓	✓	✓	✓

✓ Entscheidungsdimension berücksichtigt ✗ Entscheidungsdimension nicht berücksichtigt

2.1.3.5 Zieldimensionen

Die Ziele der Konfiguration von Produktionsnetzwerken leiten sich aus der Unternehmensstrategie und der Produktionsstrategie ab (vgl. Kapitel 2.1.2). Diese vorrangigen Ziele werden weiter differenziert in Unterziele, Kriterien oder Fähigkeiten, die eine PNK erfüllen soll. Dies führt dazu, dass Einflussfaktoren auf die Hauptziele selbst zu Unterzielen werden, um die Hauptzielerreichung sicherzustellen. Zu den strategischen Hauptzielen der Produktion gehören die Kosten, Qualität, Lieferfähigkeit und

110 Eigene Darstellung basierend auf Leong, G. et al. (1990) Manufacturing strategy, S. 113; Rudberg, M. et al. (2003) Manufacturing networks and supply chains, S. 25; Friedli, T. et al. (2013) Management globaler Produktionsnetzwerke, S. 19 erweitert um Schuh, G. (2006) Produktionsplanung und -steuerung, S. 31-37; Ude, J. (2010) Konfiguration globaler Wertschöpfungsnetzwerke, S. 9; Gölzer, P. et al. (2015) Designing Global Manufacturing Networks, S. 192; Chopra, S. et al. (2016) Supply chain management, S. 108; Rittstieg, M. (2018) Leistungsfähigkeit von Produktionsstandorten, S. 19; Lanza, G. et al. (2019) Global production networks, S. 825.

Flexibilität.[111] Kosten und Qualität wurden historisch zuerst in der wissenschaftlichen Literatur behandelt und später um weitere Zielgrößen ergänzt.[112]

Unter der Zielgröße Kosten wird verstanden, dass ein Unternehmen zu gleichen oder günstigeren monetären Aufwendungen als die Wettbewerber produzieren kann. Kostenvorteile waren in der Vergangenheit das wichtigste Ziel bei der Gestaltung globaler Produktionsnetzwerke.[113] Mit dem Ziel Qualität wird angestrebt, dass die Produkteigenschaften die gesetzlichen Anforderungen und die Erwartungen des Kunden erfüllen oder übertreffen.[114] Eine gute Lieferfähigkeit verlangt vom Produktionsnetzwerk, dass Produkte schnell und zuverlässig für die Kunden zur Verfügung gestellt werden.[115] Die Flexibilität eines Produktionsnetzwerkes bestimmt, wie schnell und aufwandsarm dieses auf veränderte Einflussgrößen reagieren kann. Dabei wird unterschieden zwischen einer Volumen- und Variantenflexibilität.[116] Neben diesen etablierten Zielgrößen nennen MILTENBURG, SANSONE ET AL. und SLACK ET AL. auch den Service- und den Innovationsgrad der Produktion und des Netzwerkes als Wettbewerbsdifferenzierungsfaktor.[117]

Nach einer Umfrage des WZLs im Jahre 2016 gehören Zielgrößen wie „Nachhaltigkeit“, „Wasserverbrauch“ oder „Schadstoffausstoß“ zu den nebensächlicheren Kennzahlen bei der Bewertung von Standorten im Produktionsnetzwerk.[118] Dies deckt sich mit den Ergebnissen und Einschätzungen von Autoren wie PRINZ, BEAMON, KAPLAN ET AL. oder GUNASEKARAN ET AL., welche Ziele mit Nachhaltigkeitsbezug als sekundär betrachten.[119] Andere Untersuchungen, wie die Literaturanalysen von SAGER oder

[111] vgl. Mengel, S. et al. (2017) International Manufacturing Networks, S. 5.

[112] vgl. Mourtzis, D. et al. (2012) Decentralized manufacturing systems review, S. 114.

[113] vgl. Abele, E. et al. (2008) Global Production, S. 14; Schuh, G. et al. (2012) Produktionsplanung und -steuerung, S. 457.

[114] vgl. Hassan, A. et al. (2000) Quality engineering research, S. 859-860.

[115] vgl. Thomas, S. et al. (2013) Produktionsnetzwerksysteme, S. 54; Benninghaus, C. et al. (2019) Digitalization International Manufacturing Networks, S. 18; Kumar, M. et al. (2020) Developing distributed manufacturing, S. 6.

[116] vgl. Schuh, G. et al. (2020) Flexibilitätssteigerungen im Produktionsnetzwerk, S. 581.

[117] vgl. Miltenburg, J. (2009) Setting manufacturing strategy, S. 6186; Slack, N. et al. (2011) Operations Strategy, S. 223; Sansone, C. et al. (2017) Critical operations capabilities, S. 811.

[118] Konsortial-Benchmarking „Gestaltung globaler Produktionsnetzwerke“, welches 2016 am Werkzeugmaschinenlabor der RWTH Aachen durchgeführt wurde. In der Studie wurden 57 Unternehmen befragt.

[119] vgl. Kaplan, R. et al. (1996) The balanced scorecard, S. 8-10; Beamon, B. (1999) Measuring supply chain performance, S. 281-284; Gunasekaran, A. et al. (2007) Performance measures and metrics, S. 2835-2837; Prinz, A. (2016) Optimierung der Wertschöpfungsverteilung, S. 45-49.

HOCHDÖRFER ET AL., zeigen jedoch einen Wandel. Wissenschaftliche Veröffentlichungen, die Nachhaltigkeitsziele im Kontext globaler Produktionsnetzwerke oder Supply Chains berücksichtigen, verzeichneten demnach in den vergangenen Jahren das stärkste Wachstum.[120] Da nach neueren Untersuchungen Nachhaltigkeit zunehmend zu den Produktionsstrategien von Unternehmen gehört, wird diese Zielgröße in Zukunft weiter auf die Ziele von GPNs kaskadieren.[121]

Die vorgestellten Ziele, die bei der Produktionsnetzwerkkonfiguration verfolgt werden, sind von einer Vielzahl von Einflussfaktoren abhängig.[122] Nach MEYER werden diese Einflussfaktoren als Prozess- und Standortfaktoren differenziert. Prozessfaktoren werden durch die Eigenschaften eines Produktes oder dessen Fertigungstechnik und -prozesse bestimmt. Standortfaktoren werden hingegen durch den geographischen Ort und dessen Gebietszugehörigkeit bestimmt (siehe Abbildung 2.9).[123] Der Einfluss auf die Zielgrößen kann bei quantitativen Faktoren über mathematische Funktionen ausgedrückt werden. Für qualitative Faktoren ist dies nicht direkt möglich, weshalb eine getrennte Betrachtung empfohlen wird.[124] Nachfolgend wird dieses Prinzip beispielhaft an den Faktoren Personalkosten und Logistikkosten dargestellt.

---

[120] vgl. Hochdörffer, J. et al. (2015) Evaluation of global manufacturing networks, S. 3; Sager, B. (2019) Konfiguration globaler Produktionsnetzwerke, S. 45.

[121] vgl. Macchi, M. et al. (2020) Sustainability within manufacturing strategy, S. 2-4; Dohale, V. et al. (2021) 52 Years of manufacturing strategy, 10 ff.; Friedli, T. et al. (2021) Global Manufacturing Management, S. 25-29.

[122] vgl. Derungs, C. (2011) Standortentscheidungsprozess, S. 174-175; Mishra, S. et al. (2019) Evaluating indicators for international manufacturing networks, S. 836.

[123] vgl. Meyer, T. (2006) Globale Produktionsnetzwerke, S. 27.

[124] vgl. Meyer, T. (2006) Globale Produktionsnetzwerke, S. 28; Kinkel, S. (2009) Erfolgsfaktor Standortplanung, S. 51.

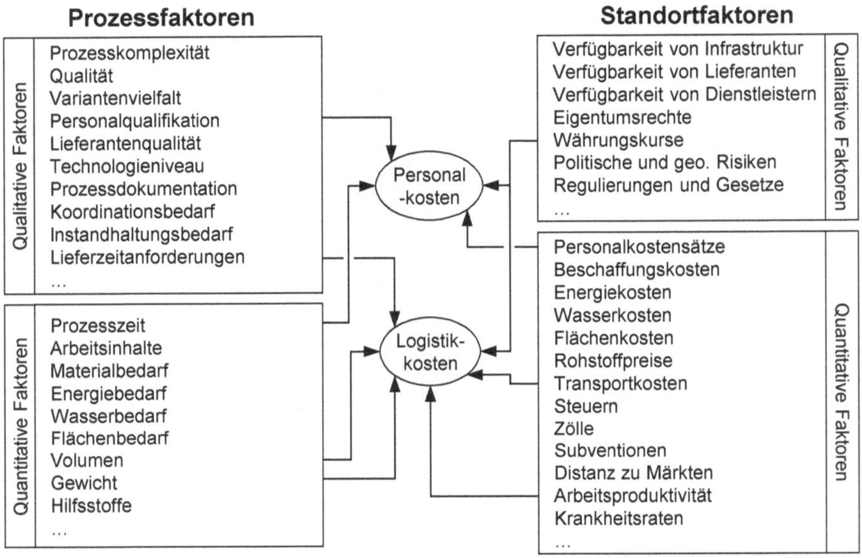

Abbildung 2.9: Exemplarische Einflussfaktoren auf Netzwerkzielgrößen[125]

Abbildung 2.9 visualisiert exemplarisch den Einfluss der Faktoren Personalqualifikation, Prozesszeit, Währungskurse und Personalkostensätze auf die Unterzielgröße Personalkosten und Logistikkosten. Es wird deutlich, dass die Standortfaktoren die Prozessfaktoren gewichten und ein Standortfaktor erst in der Kombination mit einem Prozessfaktor aussagekräftig wird. So sind z.B. für die Allokation von Produktionsprozessen mit vielen manuellen Arbeitsinhalten die lokalen Lohnkosten von einer höheren Bedeutung als bei automatisierten Prozessen, die eher ein hohes Ausbildungsniveau verlangen. Produktionsziele, die nur auf Prozessfaktoren beruhen, sind für die Produktionsnetzwerkkonfiguration nicht von Bedeutung, da diese auch nicht durch Allokationsentscheidungen beeinflusst werden.[126] Dieser Mechanismus muss bei der Untersuchung des Einflusses der PNK auf die ökologische Nachhaltigkeit berücksichtigt werden.

[125] Eigene Darstellung in Anlehnung an Meyer, T. (2006) Globale Produktionsnetzwerke, S. 27; Prote, J.-P. (2017) Bewertung von Standortalternativen in Produktionsnetzwerken, S. 28.

[126] vgl. Witthohn, C. (2019) Konfiguration globaler Produktionsnetzwerke, S. 25-26.

2.2 Grundlagen der ökologischen Nachhaltigkeit

Für eine Bewertung von ökologischer Nachhaltigkeit ist ein Verständnis der historischen Entwicklungen und Terminologien notwendig. Diese werden zusammen mit Modellen und Methoden zur Bewertung sowie einzelnen Kategorien im nachfolgenden Unterkapitel vorgestellt.

2.2.1 Historische Entwicklung

Der Begriff Nachhaltigkeit hat in den letzten Jahren eine enorme Aufmerksamkeitssteigerung in der öffentlichen Wahrnehmung erfahren. Dies verdeutlicht Abbildung 2.10, die zeigt, wie häufig das Wort „Nachhaltigkeit" in deutschsprachigen Veröffentlichungen in den vergangenen Jahrzehnten verwendet wurde. Die erste dokumentierte Nennung des Begriffs erfolgte im frühen 18. Jahrhundert im Bereich der Forstwirtschaft durch den Oberberghauptmann VON CARLOWTIZ in dessen Buch *Sylvicultura oeconomica.*[127] Das dort erläuterte Prinzip der Nachhaltigkeit besagt, dass nicht mehr Holz gefällt werden darf als nachwachsen kann, und wurde sogar in früheren Quellen bereits erwähnt.[128] Damit ist Nachhaltigkeit bereits im Ursprung ein Konzept, welches auf den Umgang mit ökonomischen und ökologischen Ressourcen ausgelegt ist.

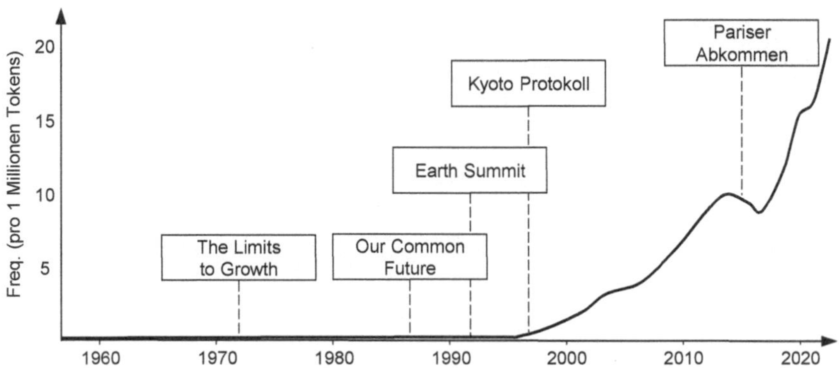

Abbildung 2.10: Häufigkeit der Nennung des Begriffs „Nachhaltigkeit"[129]

[127] vgl. Carlowitz, H.-C. v. (1732) Sylvicultura Oeconomica, S. 105; Mauch, C. (2014) Mensch und Umwelt, S. 27-29.

[128] vgl. Evelyn, J. (1664) Sylva, S. 107-108; Mantel, K. et al. (1990) Wald und Forst.

[129] vgl. DWDS (2021) Nachhaltigkeit Verlaufskurve, S. 1.

Die Endlichkeit oder Begrenzung von natürlichen Ressourcen und die damit einhergehenden Herausforderungen waren bereits in den 1960er Jahren ein zentrales Thema in Politik und Wissenschaft. Besonders einflussreich für den öffentlichen Diskurs war der Bericht *The Limits to Growth*, der vom Club of Rome in Zusammenarbeit mit Forschenden vom Massachusetts Institute of Technology (MIT) erarbeitet wurde.[130] Basierend auf Computersimulationen untersuchten die Autoren verschiedene Szenarien für die Weiterentwicklung der Weltwirtschaft und prognostizierten dabei negative Folgen für Mensch und Umwelt für den Fall eines unveränderten Wachstums.[131]

Das heutige Verständnis von Nachhaltigkeit ist maßgeblich geprägt durch den 1987 veröffentlichen Abschlussbericht *Our Common Future* der Weltkommission für Umwelt und Entwicklung der Vereinten Nationen. Dieser Bericht wird häufig auch nach der Vorsitzenden der Kommission benannt, der ehemaligen norwegischen Ministerpräsidentin GRO BRUNDTLAND.[132] Im Kontext der Entwicklungshilfe wurde in diesem Bericht eine Definition geschaffen, welche die ökologischen Anforderungen der Nachhaltigkeit mit ökologischen und sozialen Aspekten vereint: „*… the ability to make development sustainable to ensure that it meets the needs of the present without compromising the ability of future generations to meet their own needs*“.[133]

Ein weiterer wichtiger Meilenstein in der Geschichte der Nachhaltigkeit war 1992 die *Earth Summit* Konferenz der Vereinten Nationen in Rio de Janeiro. Dort wurden die Vorschläge des BRUNDTLAND-Berichts in Konventionen und Abkommen überführt, wie z.B. die Agenda 21, die Konvention zur Bewahrung der biologischen Vielfalt und die Rahmenkonvention über Klimaveränderungen.[134] Eine der direkten Folgen der Rahmenkonvention über Klimaveränderungen war die Verabschiedung des *Kyoto Protokolls* zur Reduktion von Treibhausgasemissionen im Jahre 1997.[135] Neuere Entwicklungen im Bereich der internationalen Zusammenarbeit für mehr Nachhaltigkeit sind der Beschluss der Sustainable Development Goals (SDGs) und das *Pariser Abkommen*.[136]

---

[130] vgl. Dusseldorp, M. (2017) Zielkonflikte der Nachhaltigkeit, S. 11-13.
[131] vgl. Meadows, D. (1972) Grenzen des Wachstums.
[132] vgl. Mayer, K. (2020) Nachhaltigkeit, S. 1-3.
[133] vgl. Brundtland, G. (1987) Our common future, S. 16.
[134] vgl. UN General Assembly (1992) Conference on Environment and Development, S. 1-5.
[135] vgl. UNFCCC (1997) Kyoto Protocol, S. 1-11.
[136] vgl. United Nations (2015) Adoption of the Paris Agreement, S. 2-6.

2.2.2 Terminologien

Bedingt durch die langjährige und politische Entwicklung existieren weit über 300 Definitionen für den Begriff der Nachhaltigkeit.[137] Im Rahmen dieser Arbeit soll die Definition nach BRUNDTLAND gelten, da diese von den meisten anderen Definitionen aufgegriffen wird. Die größte inhaltliche Gemeinsamkeit bezieht sich auf die Unterteilung in eine ökologische, eine soziale und eine ökonomische Dimension.[138] Die *ökologische Nachhaltigkeit* zielt auf eine Erhaltung der Natur bzw. des ökologischen Systems ab, damit dieses die Lebensgrundlage für alle menschlichen Aktivitäten bildet.[139] Diese Dimension der Nachhaltigkeit soll im Fokus der vorliegenden Arbeit stehen und wird nachfolgend genauer erläutert. Die *soziale Nachhaltigkeit* sieht vor, dass Humankapital erhalten wird, indem die Menschenwürde geachtet, eine freie Persönlichkeitsentfaltung ermöglicht und der solidarische Zusammenhalt gestärkt wird.[140] Dabei muss beachtet werden, dass dieser Aspekt aufgrund seiner Vielschichtigkeit und schweren Messbarkeit am wenigsten einheitlich definiert ist.[141] Die *ökonomische Nachhaltigkeit* hat das Ziel, Wirtschaftsaktivitäten zu erhalten und damit das Erreichen einer gewünschten Lebensqualität zu ermöglichen. Im volkswirtschaftlichen Sinne bedeutet dies insbesondere eine Stärkung von Innovationen, Investitionen und Produktivität.[142] Betriebswirtschaftlich wird hingegen das Erwirtschaften von Gewinnen und eine Sicherung der Wettbewerbsposition angestrebt.[143]

Das Verständnis von ökologischer Nachhaltigkeit ist eng mit den Begriffen der Ökologie und der Ökosysteme verbunden. Die Ökologie wurde 1866 von HAECKEL, als Wissenschaft von den Beziehungen von Organismen zueinander und zu der umgebenden Außenwelt definiert.[144] Die wichtigsten und verbreitetsten Organismen sind

---

[137] vgl. Tremmel, J. (2004) Nachhaltigkeit, S. 29; Johnston, P. et al. (2007) Definition sustainability, S. 60.

[138] vgl. Elkington, J. (1998) Cannibals with forks, S. 73 ff.

[139] vgl. Hauff, M. v. (2014) Nachhaltige Entwicklung, S. 33.

[140] vgl. Enquete-Kommission (1998) Nachhaltigkeit, S. 22; Nowak, A. (2018) Soziale Nachhaltigkeit, S. 1.

[141] vgl. Hutchins, M. et al. (2008) Measures of social sustainability, S. 1688-1689; Ahmadi, H. et al. (2017) Assessing the social sustainability, S. 99-102.

[142] vgl. Hauff, M. v. (2014) Nachhaltige Entwicklung, S. 34.

[143] vgl. Langer, G. (2011) Unternehmen und Nachhaltigkeit, S. 1-5.

[144] vgl. Haeckel, E. (1866) Morphologie der Organismen, S. 8; Remmert, H. (1984) Ökologie, S. 1.

Bakterien, Pilze, Pflanzen, Tiere und Menschen.[145] Die Außenwelt wird in anthropogene und natürliche Faktoren unterteilt. Dabei bestehen natürliche Faktoren aus biotischen und abiotischen, also belebten und unbelebten Elementen.[146] Darauf basierend sind Ökosysteme definiert als ein Wirkungsgefüge aus energetischen und stofflichen Austauschbeziehungen zwischen Umweltfaktoren und Organismen. Die Organismen bilden so eine Lebensgemeinschaft, die auch als Biozönose bezeichnet wird. Die Biozönose existiert im Lebensraum, also dem unbelebten Teil, auch Biotop genannt.[147] Für einen dauerhaft funktionellen und somit nachhaltigen Kreislauf benötigt ein Ökosystem Produzenten, Konsumenten und Destruenten. Produzenten sind Pflanzen, Konsumenten sind Tiere und Destruenten sind kleinere Lebewesen wie Pilze und Bakterien. Ökosysteme verfügen über die Fähigkeit zur Regulation, wie z.B. die Wechselwirkung von Räuber- und Beutepopulationen.[148] Bei einer „stabilen" Regulation wird in der Wissenschaft auch vom ökologischen Gleichgewicht gesprochen.[149]

RAMADE definiert ein Ökosystem als gesund und nachhaltig, wenn sich die Anzahl und Verteilung der Spezies nicht verändert.[150] Dies passt zu der Definition von EHRENFELD, wonach Nachhaltigkeit die Wahrscheinlichkeit für die unbegrenzte Fortdauer aller Lebensformen darstellt.[151] Entsprechend gilt für die vorliegende Arbeit die folgende Definition: *Ökologische Nachhaltigkeit bedeutet, dass menschliche Aktivitäten so stattfinden, dass die Funktionen der Ökosysteme der Erde konserviert werden.*[152] Die damit verbundene Herausforderung besteht darin, die Folgen von menschlichen Eingriffen in die Natur abzuschätzen. Dabei gilt es zu beachten, ob die erfolgten Veränderungen reversibel sind oder nicht und ob diese die Reproduktionsfähigkeit der Ökosysteme gefährden.[153]

Die Frage, ob die drei Dimensionen der Nachhaltigkeit – Ökologie, Soziales und Ökonomie – gleichwertig zu betrachten sind oder nicht, wird in der Literatur kontrovers

---

[145] vgl. Margulis, L. et al. (2010) Five Kingdoms, S. 17 ff.; Kalusche, D. (2016) Ökologie in Zahlen, S. 65-66.

[146] vgl. Begon, M. et al. (2017) Ökologie, S. 85; Nentwig, W. et al. (2017) Ökologie kompakt, S. 7.

[147] vgl. Schaefer, M. (2012) Wörterbuch der Ökologie, S. 204 f.

[148] vgl. Lotka, A. (1925) Elements of Physical Biology, S. 135-139.

[149] vgl. Nentwig, W. et al. (2017) Ökologie kompakt, S. 80-87.

[150] vgl. Ramade, F. (1995) Defining a Healthy Ecosystem, S. 45.

[151] vgl. Ehrenfeld, J. (2005) The roots of sustainability, S. 24.

[152] vgl. Internationale Organisation für Normung (2019) ISO 15392, S. 5.

[153] vgl. Aarts, B. (1999) Ecological sustainability and biodiversity, S. 91; Jacob, M. (2019) Digitalisierung & Nachhaltigkeit, S. 14 f.

diskutiert. Dieser Diskurs wird am Konzept der schwachen und starken Nachhaltigkeit deutlich, welches die beiden Paradigmen anschaulich erklärt.[154] Als schwache Nachhaltigkeit wird demnach die Vorstellung bezeichnet, dass natürliche Ressourcen durch Human- oder Sachkapital ersetzt werden können. Eine Nachhaltigkeit ist in diesem Falle auch gegeben, wenn ein Rückgang von Rohstoffen durch ein steigendes Kapital in anderen Bereichen ausgeglichen wird. Bei einer starken Nachhaltigkeit ist dies nicht der Fall, da die Möglichkeiten zur Substitution deutlich begrenzter eingeschätzt werden. Aus diesem Grund steht bei einer starken Nachhaltigkeit die Ökologie über den anderen Dimensionen, da sie die Grundlage für soziale und ökonomische Aktivitäten bildet.[155]

Um die genannten Ziele einer nachhaltigen Entwicklung zu erreichen, existieren drei Leitstrategien: Effizienz, Konsistenz und Suffizienz.[156] Die Effizienzstrategie sieht vor, dass für die Herstellung eines Produktes weniger Ressourcen benötigt werden. Dafür werden vor allem technische Innovationen im Bereich der Produktionstechnologie und Produktentwicklung benötigt.[157] Das hohe Potential dieser Strategie wird jedoch teilweise durch Rebound-Effekte reduziert. Rebound-Effekte bedeuten, dass aufgrund der besseren Effizienz des Prozesses noch mehr Rohstoffe anstelle von weniger verbraucht werden.[158] So stieg z.B. der Elektrizitätsbedarf in England mit der Erfindung der Wolframwendel-Glühlampe, obwohl diese nur ein Viertel der Energie konventioneller Lampen benötigte, da anschließend wesentlich mehr Glühlampen eingesetzt wurden.[159] Die Konsistenzstrategie – oder auch Substitutionsstrategie – forderte eine Veränderung der Qualität von allen anthropogen bedingten Stoff- und Energieströmen.[160] Dies bedeutet einen grundlegenden Systemwechsel, in welchem der Lebenszyklus von Produkten im Einklang mit natürlichen Stoffkreisläufen steht und fossile Ressourcen durch erneuerbare Stoffe substituiert werden. Ein solcher Systemwechsel

---

[154] vgl. Hofer, P. et al. (1998) Nachhaltige Entwicklung, S. 58-62; Gibson, B. (2013) Sustainability Assessment, S. 55-58.

[155] vgl. Döring, R. (2004) Schwache starke Nachhaltigkeit, S. 4-8.

[156] vgl. Rösch, C. et al. (2020) Bioökonomie im Selbststudium, S. 6-8.

[157] vgl. Walther, G. (2010) Nachhaltige Wertschöpfungsnetzwerke, S. 10.

[158] vgl. Semmling, E. et al. (2015) Rebound-Effekte, S. 18-19.

[159] vgl. Herring, H. (2000) Energy Efficiency, S. 313.

[160] vgl. Grunwald, A. (2017) Bioökonomie, S. 206-207.

bietet ein hohes Potential ist jedoch auch mit entsprechend herausfordernden Ansprüchen an industrielle Prozesse und bestehende Produktionsweisen verbunden.[161] Die Suffizienzstrategie sieht sozial- und umweltverträgliche Grenzen für wirtschaftliche Aktivitäten vor. Der Lebensstil und die Werteorientierung der Menschen sollen dabei so geändert werden, dass immaterielle Dinge gegenüber materiellen Gütern bevorzugt werden. Hintergedanke dieser Strategie ist, dass eine höhere Lebensqualität auch ohne ein konstantes Wirtschaftswachstum erreicht wird.[162]

Die positive Zielsetzung des Nachhaltigkeitsgedankens für Umweltschutz und globale Gerechtigkeit wird gesellschaftlich mit einer breiten Zustimmung beantwortet.[163] Falls jedoch zum Erreichen dieser Ziele betriebliche Prozesse, volkswirtschaftliche Mechanismen oder individuelles Verhalten geändert werden sollen, kommt es zu massiven Interessenskonflikten.[164] Dies ist wenig verwunderlich, da der Begriff „Nachhaltigkeit“ durch einen jahrelangen Diskurs geprägt wurde und somit vielseitig interpretierbar und für spezifische Interessen instrumentalisierbar ist.[165] Trotz dieser Schwächen wurde der Begriff institutionalisiert und in die Agenden von Politikern sowie die Strategien großer Unternehmen aufgenommen. Denn die Widersprüche und Vieldeutigkeit des Begriffs haben es nicht verhindert, dass die Bezeichnung und das Konzept neben anderen großen Ideen wie z.B. Demokratie, Gerechtigkeit oder Freiheit fortwährend existiert.[166]

2.2.3 Modelle und Methoden zur Bewertung

Damit das Konzept der Nachhaltigkeit in wissenschaftlichen Arbeiten und unternehmerischen Entscheidungen berücksichtigt werden kann, werden konkrete Ziele und Bewertungssysteme benötigt. Diese sind zusammen mit entsprechenden Modellen

[161] vgl. Rogall, H. (2008) Ökologische Ökonomie, S. 136-137.

[162] vgl. Linz, M. (2004) Weder Mangel noch Übermaß, S. 10-13; Weizsäcker, E. v. (2009) Factor five, S. 345-354; Schneidewind, U. et al. (2014) Economy of sufficiency, S. 15-18.

[163] vgl. Rösch, C. et al. (2020) Bioökonomie im Selbststudium, S. 1.

[164] vgl. Dusseldorp, M. (2017) Zielkonflikte der Nachhaltigkeit, S. 7-9.

[165] vgl. Eblinghaus, H. et al. (1998) Nachhaltigkeit und Macht, S. 37; Conrad, J. et al. (2015) Soziale Diskurse und Ziele, S. 10.

[166] vgl. O'Riordan, T. (1993) The politics of sutainability, S. 48.

und Methoden eine Voraussetzung für die Überprüfung der Zielerreichung.[167] Abbildung 2.11 bietet einen Überblick über die hierarchischen Beziehungen der Begrifflichkeiten im Kontext der Nachhaltigkeitsbewertung.[168] Demnach bietet ein Ordnungsrahmen eine übergeordnete Struktur, in der die einzelnen Unterelemente einander zugeordnet werden. Das nachfolgende Unterelement der Methodologie beschreibt die Theorie der zugehörigen Methoden und das Vorgehen, wie die jeweilige Bewertung oder Forschung durchgeführt werden sollte. Zudem werden auch der Betrachtungsumfang und die adressierten Nachhaltigkeitsaspekte in der Methodologie bestimmt.[169] Eine Methode besteht aus einer Auswahl an Modellen, Werkzeugen und Indikatoren, welche die Berechnung von Zielgrößen ermöglichen. Dabei dient das Modell zur Beschreibung eines Systems, das Zielgrößen oder Indikatoren berechnen kann (siehe Kapitel 2.3.1). Das Werkzeug dient zur Unterstützung bei der Ausführung des beschriebenen Systems und ist in der Regel als Softwareanwendung realisiert. Ein Indikator ist ein messbarerer Parameter oder abgeleiteter Wert, der eine Information über den Zustand eines Sachverhalts bietet.[170]

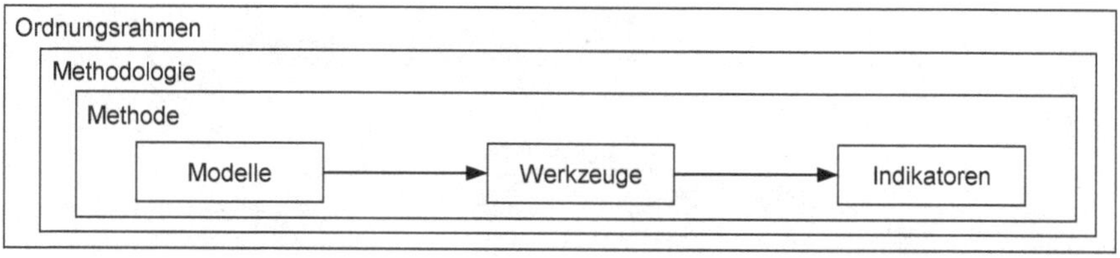

Abbildung 2.11: Begriffshierarchie für die Nachhaltigkeitsbewertung[171]

Die existierenden Methoden zur Nachhaltigkeitsbewertung unterscheiden sich teilweise sehr stark voneinander, je nachdem welche Nachhaltigkeitsaspekte durch die Methodologie vorgegeben werden und welche Systeme betrachtet werden sollen.[172] Die meisten Methoden versuchen eine Stoff- oder Energiebilanz zu erheben. Dabei sollen alle relevanten stofflichen oder energetischen Austauschbeziehungen zwischen

[167] vgl. Bond, A. (2012) Sustainability Assessment, S. 3-5; Morrison-Saunders, A. et al. (2015) Handbook of Sustainability Assessment, S. 3-10.

[168] vgl. Sala, S. et al. (2013) Progress in sustainability science, S. 1663-1664.

[169] vgl. Lang, D. et al. (2014) Methoden und Methodologie, S. 115-116.

[170] vgl. Dalal-Clayton, B. (2014) Sustainability Appraisal, S. 90-92; Andes, L. (2019) Methodensammlung zur Nachhaltigkeitsbewertung, S. 52-53.

[171] vgl. Sala, S. et al. (2013) Progress in sustainability science, S. 1664.

[172] vgl. Ness, B. et al. (2007) Categorising tools for sustainability assessment, S. 499-501.

einem abgegrenzten System und seiner Umwelt erfasst und dargestellt werden. Möglich ist dabei u.a. die Betrachtung von Systemen mit einem Bezug zu:

- Produkten (z.B. Komponenten, Produktgruppen, Verpackungen...)
- Technologien (z.B. Werkstätten, Anlagen, Prozesse, Verfahren…)
- Unternehmen (z.B. Konzerne, Betriebe, Standorte…)
- Staaten (z.B. Länder, Regionen, Branchen…)[173]

Ein Überblick über verschiedene Methoden bietet Abbildung 2.12. Die vorgestellten Methoden werden sowohl hinsichtlich ihres Systembezugs als auch der betrachteten Zieldimensionen differenziert. In der Praxis werden am häufigsten Systeme mit einem Produkt- oder Unternehmensbezug bewertet.[174] Aus diesem Grund werden die zugehörigen Methoden im Folgenden genauer erläutert.

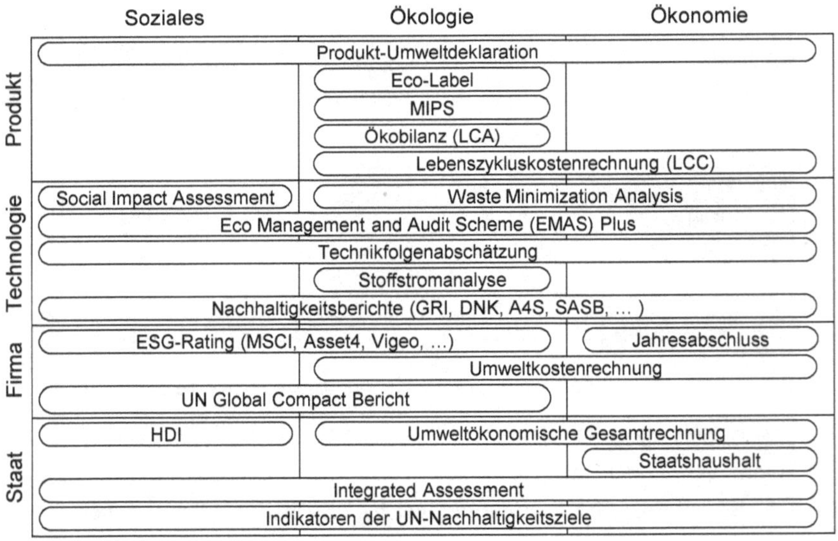

Abbildung 2.12: Überblick über Methoden zur Nachhaltigkeitsbewertung[175]

[173] vgl. Dyckhoff, H. et al. (2008) Nachhaltige Unternehmensführung, S. 165; Finkbeiner, M. (2016) Special Types of Life Cycle Assessment, S. 298-299.

[174] vgl. Dyckhoff, H. et al. (2008) Nachhaltige Unternehmensführung, S. 165-166.

[175] Eigene Darstellung i.A.a. Hofstetter, P. (1998) Perspectives in life, S. 23; Andes, L. (2019) Methodensammlung zur Nachhaltigkeitsbewertung, S. 78; Frischknecht, R. (2020) Lehrbuch der Ökobilanzierung, S. 19.

2.2.3.1 Produktbezogene Nachhaltigkeitsbewertung

Die wichtigste Methode für die produktbezogene Nachhaltigkeitsbewertung ist die Lebenszyklusanalyse (engl. Life Cycle Assessment/LCA), die auch als Ökobilanz bekannt ist. Der dabei betrachtete physikalische Lebenszyklus eines Produktes unterscheidet sich von dem im Marketing oder in der Produktentwicklung beschriebenen Zyklus.[176] In der Regel umfasst ein LCA den gesamten stofflichen Weg eines Produktes von der Rohstoffentnahme aus der Natur bis hin zur Rückführung der Stoffe in die Natur über die Abfallentsorgung. Dabei wird auch berücksichtigt, welche Rohstoffe für den Transport oder die Bearbeitung des Produktes benötigt werden. Diese Betrachtung ist auch unter dem Begriff „cradle-to-grave" bekannt. Falls es gelingt die Stoffe in einen Kreislauf zur Wiederverwendung zu führen, wird dies entsprechend als „cradle-to-cradle" Prinzip bezeichnet.[177] Die Gesamtbetrachtung des Lebenszyklus hilft dabei, kritische Elemente zu erkennen und eine Verlagerung von schädlichen Aktivitäten zu vermeiden.[178] Dennoch ist es für bestimmte Zielstellungen sinnvoll, nur einen Teil des Produktlebenszyklus zu untersuchen. Ein Beispiel dafür ist die Betrachtung in einem einzelnen Unternehmen, welche „gate-to-gate" genannt wird. Denn wie in Abbildung 2.13 dargestellt, nimmt der Einfluss eines Produzenten mit zunehmender Distanz der Liefer- oder Distributionskette ab.

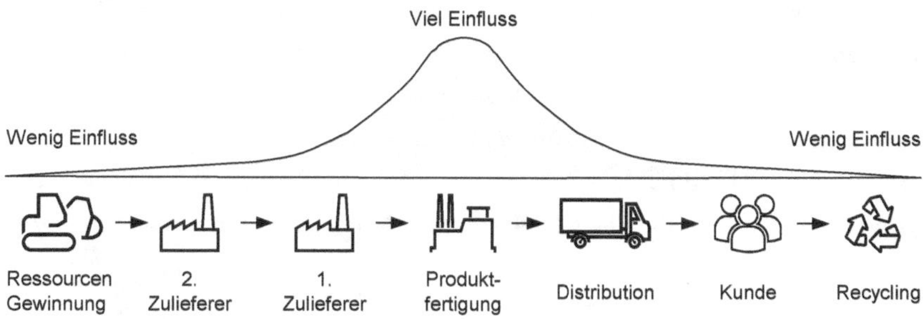

Abbildung 2.13: Einfluss des Produzenten auf die Lebenszyklusphasen[179]

[176] vgl. Kloepffer, W. (2008) Life cycle sustainability assessment of products, S. 90.
[177] vgl. McDonough, W. et al. (2002) Cradle to cradle, S. 27 ff.
[178] vgl. Schebek, L. et al. (2007) Von der Wiege bis zur Bahre, S. 5.
[179] vgl. Kim, J. et al. (2007) Development of Sustainability Network Theory, S. 171.

Das exakte Vorgehen für eine Ökobilanz ist mit der ISO 14044 genormt.[180] Gemäß dieser Norm besteht die Ökobilanz aus den folgenden vier Phasen: Festlegung des Ziels und des Untersuchungsrahmens, Sachbilanz, Wirkungsabschätzung und Auswertung.[181] Für die Festlegung des Ziels und des Untersuchungsrahmens gilt das Axiom, dass eine Proportionalität zwischen Input und Output bestehen muss.[182] Deshalb muss die Leistung des zu untersuchenden Systems eindeutig als funktionale Einheit abgebildet werden, z.B. die Anzahl produzierter Lampen oder Leuchtkraft je Lampe.[183] In der Sachbilanz werden die Austauschbeziehungen zwischen dem abgegrenzten System und dessen zugehöriger Umwelt erhoben. Die wichtigsten Flüsse sind die Material-, Stoff- und Energieströme, aber auch finanzielle und manuelle Leistungen können erfasst werden.[184] Diese Betrachtung fokussiert nach Bedarf auch auf einzelne „Fußabdrücke" wie z.B. die CO_2-, Land- oder Wasser-Fußabdrücke.[185]

Für die Ökobilanz im allgemeinen und die Sachbilanz im speziellen gilt dabei das Theorem, dass es sich um eine quantitative Methode handelt und eine entsprechend umfangreiche Datenerhebung benötigt wird.[186] Die Erhebung der Daten kann nach einem Top-down- oder Bottom-up-Ansatz durchgeführt werden und mittels Messung, Berechnung, Recherche oder Schätzung erfolgen.[187] Die dritte Phase des LCA ist die Wirkungsabschätzung für die das Theorem gilt, dass die Ökobilanz die tatsächlich auftretenden Umweltbelastungen nicht voraussagt, sondern nur abschätzt. Für diese Abschätzung müssen die Ergebnisse der Sachbilanz ausgewählten Wirkungskategorien zugeordnet und anschließend über passende Charakterisierungsmodelle und Midpoints mit den eigentlichen Wirkungsendpunkten verbunden werden.[188] So kann z.B. die Nutzung von Land zu einem Artensterben und damit auch zum Verlust von Ökosystemen führen (vgl. Kapitel 2.2.4.4). In der letzten Phase der Auswertung erfolgt

[180] vgl. DIN Deutsches Institut für Normung e. V. (2018) Umweltmanagement - Ökobilanz, S. 7 ff.

[181] vgl. DIN Deutsches Institut für Normung e. V. (2018) Umweltmanagement - Ökobilanz, S. 36.

[182] vgl. Klostermann, J. et al. (1998) Product Innovation and, S. 182.

[183] vgl. DIN Deutsches Institut für Normung e. V. (2018) Umweltmanagement - Ökobilanz, S. 17; Arzoumanidis, I. et al. (2020) Functional Unit Definition, S. 1-3.

[184] vgl. DIN Deutsches Institut für Normung e. V. (2018) Umweltmanagement - Ökobilanz, S. 22.

[185] vgl. Finkbeiner, M. et al. (2010) Towards Life Cycle Sustainability Assessment, S. 3311 f.

[186] vgl. Klostermann, J. et al. (1998) Product Innovation and, S. 181.

[187] vgl. Guinée, J. et al. (2011) Life cycle assessment, 92–94; Zimmer, K. (2016) Lieferketten unter Berücksichtigung von Nachhaltigkeitsaspekten, S. 90.

[188] vgl. Verones, F. et al. (2017) LCIA framework and, S. 10.

eine Bewertung der Ergebnisse und eine Schlussfolgerung mit Empfehlungen.[189] Grundsätzlich gilt, dass mit einer Ökobilanz das Überschreiten von Grenzwerten nicht kontrolliert wird.[190] Zudem beachtet die Ökobilanzierung zwar die Beziehung von System und Umwelt, jedoch nicht die Zusammenhänge im Inneren eines Prozessmoduls, das als Blackbox vereinfacht wird.[191]

2.2.3.2 Unternehmensbezogene Nachhaltigkeitsbewertung

Seit 2017 verpflichtet die Richtlinie 2014/95 der Europäischen Union börsennotierte Unternehmen, mit mehr als 500 Beschäftigten, zur Nachhaltigkeitsberichterstattung.[192] Für die Erstellung von solchen Berichten werden Methoden zur Nachhaltigkeitsbewertung mit Unternehmensbezug benötigt. Solche Methoden bedienen sich einer Vielzahl von Indikatoren, die in Leistungs-, Management- und Zustandsindikatoren unterteilt werden.[193] *Leistungskennzahlen* quantifizieren die vom Unternehmen eingesetzten Inputmengen und die resultierenden Outputs, wie z.B. Emissionen oder Abfälle. *Managementkennzahlen* beziffern die Aufwände und Aktivitäten, die zur Verbesserung der Leistungskennzahlen betrieben werden. Passende Beispiele dafür sind u.a. Mitarbeiterschulungen oder Umweltschutzprojekte.[194] Der tatsächliche Status von Wasser, Boden oder ähnlichen Aktiva im Unternehmensbesitz wird mit *Zustandskennzahlen* beschrieben.[195]

Die existierenden Standards für die Nachhaltigkeitsberichterstellung geben vor, welche Kennzahlen wie am besten eingesetzt werden können. Wichtige Standards und Plattformen für die Offenlegung von Unternehmenskennzahlen mit Nachhaltigkeitsbezug sind u.a. die Global Reporting Initiative (GRI), die EcoVadis Plattform, der deutsche Nachhaltigkeitskodex (DNK), das Greenhouse Gas (GHG) Protocol, der UN

---

[189] vgl. DIN Deutsches Institut für Normung e. V. (2018) Umweltmanagement - Ökobilanz, S. 35.
[190] vgl. Frischknecht, R. (2020) Lehrbuch der Ökobilanzierung, S. 15-16.
[191] vgl. Dyckhoff, H. et al. (2008) Nachhaltige Unternehmensführung, S. 169.
[192] vgl. EU (2014) Richtlinie 2014/95/EU, S. 4-5; Stoll, B. et al. (2015) Corporate responsibility, S. 8.
[193] vgl. Haubach, C. (2013) Umweltmanagement in globalen Wertschöpfungsketten, S. 33-35.
[194] vgl. DIN Deutsches Institut für Normung e. V. (2015) DIN EN ISO 14001, S. 29; VDI (2017) VDI 4605 Nachhaltigkeitsbewertung, S. 7-8
[195] vgl. Both, G. (1997) Betriebliche Umweltkennzahlen, S. 5-6.

Global Compact Fortschrittsbericht und die ISO 26000.[196] Die einzelnen Standards basieren teilweise aufeinander oder sind miteinander integriert und weisen deshalb ein hohes Maß an ähnlichen Inhalten auf.

Der de facto Standard für die Nachhaltigkeitsberichterstattung von großen Unternehmen ist der GRI Report. Von den 250 größten Unternehmen weltweit publizierten im Jahre 2020 96% einen Nachhaltigkeitsbericht und 73% von ihnen verwendeten dafür den GRI Standard.[197] Die Vorgaben der GRI wurden seit den 1990er Jahren kontinuierlich weiterentwickelt und sind seit 2016 ein modulares Set an Kennzahlen, welche den Einfluss des Unternehmens auf die Wirtschaft, Gesellschaft und Umwelt quantifizieren.[198] Der modulare Aufbau der Berichte wird in die 100er, 200er, 300er und 400er Standards unterteilt. Die 100er Standards sehen die Angabe von Kontextinformationen zu Unternehmen und Management vor. Die anderen Reihen beziehen sich respektive auf wirtschaftliche, umweltbezogene und soziale Kennzahlen.[199] Tiefergehende Informationen zu den ökologischen Inhalten der 300er Standards sind in Kapitel 2.2.4 zu finden.

Die veröffentlichten Berichte der Unternehmen bilden die Grundlage für externe Bewertungen, die durch Ratingagenturen für den Finanzmarkt erstellt werden. Unter dem Schlagwort ESG (Environmental, Social, Governance) versuchen diese Agenturen zusätzlich zu finanziellen Kennzahlen auch die Nachhaltigkeits-Performance von großen Unternehmen zu bewerten.[200] Anders als bei Berichten gibt es für die ESG Bewertung noch keine Standards, weshalb die Ratingagenturen eigene Methoden verwenden und diese größtenteils geheim halten. Ein Effekt der fehlenden Standards ist, dass dieselben Firmen von unterschiedlichen Agenturen unterschiedlich bewertet werden.[201] Zudem versuchen die Agenturen eine Gesamtkennzahl für die Nachhaltigkeit einer Firma zu berechnen, was aufgrund der Mehrdimensionalität und Viel-

---

[196] vgl. Smith, B. (2004) Greenhouse gas protocol, S. 10-12; DIN Deutsches Institut für Normung e. V. (2011) ISO 26000, S. 14; Barrow, M. et al. (2013) Technical Guidance, S. 5-12; United Nations (2014) Global Compact, 7–10; EcoVadis (2017) EcoVadis CSR Rating, S. 2-3; GSSB (2019) GRI Sustainability Reporting Standards, S. 3; Harrlandt, F. (2020) Der Deutsche Nachhaltigkeitskodex, S. 16-18.

[197] vgl. McKenzie, M. (2020) KPMG Survey of Sustainability Reporting, S. 10-25.

[198] vgl. Henrich, J. (2018) Compliance im GRI-Berichtsstandard, S. 92-95.

[199] vgl. GSSB (2019) GRI Sustainability Reporting Standards, S. 3-4.

[200] vgl. Escrig-Olmedo, E. et al. (2019) Rating the Raters, S. 915-916.

[201] vgl. Dorfleitner, G. et al. (2015) Comparison of different ESG rating approaches, S. 454-458; Berg, F. et al. (2019) Divergence of ESG Ratings, S. 15 ff.

schichtigkeit von Nachhaltigkeitskennzahlen die Ergebnisse noch stärker voneinander abweichen lässt. Die Hauptgründe für das Abweichen können anhand der einzelnen Vorgehensschritte der ESG Bewertung erklärt werden. So betrachten die verschiedenen Agenturen unterschiedliche Umfänge an Aspekten und Kriterien für ihre Bewertung. Beispielweise werden elektromagnetische Emissionen nur von sehr wenigen Agenturen berücksichtigt. Ein weiterer Grund für Ergebnisdifferenzen ist die Auswahl der Indikatoren. So wird z.B. versucht die Gleichberechtigung im Unternehmen sowohl über Lohndifferenzen oder Frauenquoten zu messen. Die anschließende Aggregation der einzelnen Indikatoren zu Gesamtbewertungskennzahlen muss mit einer ausgewählten Gewichtung erfolgen, die ebenfalls je Anbieter anders ausfällt.[202] Diese Herausforderungen hinsichtlich der Vergleichbarkeit von ESG Bewertungen sind einer der Gründe, warum bei ursprünglichen Anwendungen lediglich eine Klassifizierung und Filterung von negativen oder positiven Extrema (z.B. Waffen oder Windenergie) durchgeführt wurde.[203] Trotz des abweichenden Objektbereichs ist ein Verständnis dieser Hausforderungen auch die für die ökologische Bewertung von PNKs relevant.

[202] vgl. Berg, F. et al. (2019) Divergence of ESG Ratings, S. 13-14.

[203] vgl. Escrig-Olmedo, E. et al. (2010) Socially responsible investing, S. 444; Dorfleitner, G. et al. (2015) Comparison of different ESG rating approaches, S. 451.

2.2.4 Kategorien der ökologischen Nachhaltigkeit

Breits 200 n. Chr., als ca. 250 Mio. Menschen auf der Erde lebten, schrieb TERTULLIAN: *„Wir sind eine Belastung für die Erde, die Ressourcen reichen nicht aus".*[204] Diese Einschätzung hat sich bislang als falsch herausgestellt. Einen vielversprechenderen Ansatz zur Bewertung der Belastbarkeit der Erde und deren Ökosysteme bietet das Konzept der planetaren Grenzen von ROCKSTRÖM ET AL.[205] Demnach sind die Lebensbedingungen auf der Erde seit ca. 10.000 Jahren relativ stabil. Diese Phase wird geologisch auch Holozän genannt.[206] Seit der industriellen Revolution wurde diese Ära durch das Anthropozän abgelöst. Im Anthropozän sind die Aktivitäten des Menschen der Hauptgrund für Veränderungen der Umwelt.[207] Dadurch entsteht die Gefahr, dass die Lebensbedingungen auf der Erde aus den Zuständen des Holozäns hinausgesteuert werden.[208] Nach ROCKSTRÖM ET AL. gibt es neun planetare Grenzen, die sich auf zusammenhängende Subsysteme der Erde beziehen.[209] Jedes dieser Systeme kann eine Schwelle überschreiten, ab der es in einen Zustand gelangt, der potentiell desaströse Konsequenzen für das menschliche Leben auf der Erde bedeutet. Auch wenn die Identifikation dieser Schwellen nicht eindeutig ist, wurde der Status der planetaren Grenzen von den über 28 beteiligten Experten abgeschätzt. Abbildung 2.14 zeigt den Status aller Grenzen nach einer Überarbeitung durch STEFFEN ET AL. im Jahre 2015.

---

[204] vgl. Townsend, C. et al. (2009) Ökologie, S. 466.
[205] vgl. Rockström, J. et al. (2009) Planetary boundaries, S. 2-8.
[206] vgl. Dansgaard, W. et al. (1993) Instability of past climate, S. 218.
[207] vgl. Crutzen, P. (2002) Geology of mankind, S. 23; Steffen, W. et al. (2007) The Anthropocene, S. 616-617.
[208] vgl. Rockström, J. et al. (2009) A safe operating space for humanity, S. 472-473.
[209] vgl. Rockström, J. et al. (2009) Planetary boundaries, S. 4 ff.

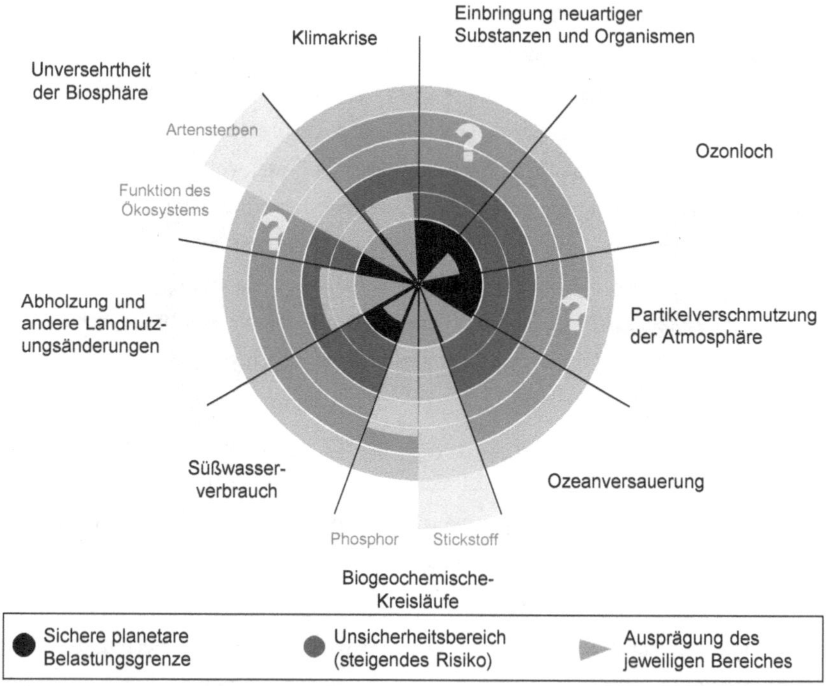

Abbildung 2.14: Status der planetarischen und ökologischen Belastungsgrenzen[210]

Wie in Kapitel 2.2.3 erläutert, wird im Rahmen einer Ökobilanz mit Wirkungskategorien gearbeitet, um die Auswirkungen von Produktionsaktivitäten auf die Umwelt und somit auch auf die planetaren Grenzen abzuschätzen. Daher wird der ökologische Einfluss von Individuen und Organisationen am besten quantifiziert, indem die Austauschbeziehungen mit der Umwelt betrachtet werden.[211] Die wichtigsten, quantitativ beschreibbaren Aspekte sind Energie und Emissionen, Wassernutzung, Materialien und Abfälle sowie die Landnutzung und Biodiversität. Diese Einteilung beruht auf den Prinzipien der GRI und anderer Bewertungsmethoden (vgl. Kapitel 2.2.3). Eine detaillierte empirische Herleitung dieser Einteilung und die zugehörigen Indikatoren befindet sich in Kapitel 5.1.1. Jede der einzelnen Dimensionen soll im Folgenden kurz vorgestellt werden.

[210] vgl. Steffen, W. et al. (2015) Planetary boundaries, S. 736.

[211] vgl. Hauschild, M. et al. (2018) Life Cycle Assessment, S. 62-65.

2.2.4.1 Energie und Emissionen

Sowohl die Aktivitäten an Produktionsstandorten als auch die Warentransporte zwischen Standorten benötigen Energie.[212] Die Begriffe Energiebedarf und Energieverbrauch werden im Rahmen dieser Arbeit wirtschaftssprachlich verwendet und bezeichnen die Energieumwandlung für die Nutzanwendung, welche im physikalischen Sinne eine Entropieerzeugung oder einen Exergieverbrauch darstellt.[213] Ein Großteil der Energieversorgung, insbesondere für Transporte, basiert auf fossilen Brennstoffträgern. Dies ist aus ökologischer Sicht kritisch anzusehen, da im Zuge der Energieumwandlung Treibhausgase emittiert werden, die den Klimawandel beschleunigen, die Atmosphäre mit Partikeln verschmutzen und das Ozonloch vergrößern.[214]

Es existieren verschiedene Treibhausgase, die die Atmosphäre unterschiedlich beeinflussen. Kohlenstoffdioxid (CO_2) gilt angesichts der signifikanten emittierten Menge als das wichtigste Gas, weshalb die Klimafolgen anderer Gase auch in Kohlenstoffdioxidäquivalente (CO_2e) umgerechnet werden.[215] Eine solche Umrechnung ist notwendig, da der Einfluss der einzelnen Gase auf den Klimawandel sich teilweise um den Faktor 10.000 unterscheidet.[216]

Gemäß dem GHG-Protokoll und der ISO 14064 wird bei der Bilanzierung der Treibhausgasemissionen einer Organisation zwischen verschiedenen Bilanzgrenzen bzw. Scopes unterschieden.[217] Der sogenannte Scope 1 umfasst alle Emissionen, die direkt durch Anlagen und Fahrzeuge im Eigentum der Organisation erzeugt werden. Emissionen, die durch den Energiebezug (Elektrizität, Dampf, Kühl- und Heizenergie) generiert werden, sind Teil der Scope 2 Bilanz. Scope 3 beinhaltet abschließend alle Emissionen, die durch weitere Geschäftstätigkeiten der Organisation erzeugt oder beeinflusst werden. Diese können u.a. die Transporte durch Dienstleister, Mitarbeiterfahrten zur Arbeit oder auf Dienstreisen und die Verarbeitung oder Nutzung von gekauften oder verkauften Gütern sein.[218]

---

212 vgl. Möller, K. et al. (2011) Paradigmen des Produktionsstandorts Deutschland, S. 23.

213 vgl. Buchholz, M. (2016) Energie, S. 28-48.

214 vgl. Manabe, S. et al. (1967) Thermal Equilibrium of, S. 241 ff.; Schönwiese, C.-D. (1997) Globale Klimaänderungen, S. 1-3; Tokarska, K. et al. (2016) The climate response, S. 851 ff.

215 vgl. UNFCCC (1997) Kyoto Protocol, S. 22; Sadrnia, A. et al. (2013) Supply Chain Networks, S. 1; Heinrichs, H. et al. (2014) Nachhaltigkeitswissenschaften, S. 435.

216 vgl. Stocker, T. et al. (2013) Climate Change Physical Science Basis, S. 731.

217 vgl. Smith, B. (2004) Greenhouse gas protocol, S. 27; Internationale Organisation für Normung (2019) ISO 14064, S. 26.

218 vgl. Barrow, M. et al. (2013) Technical Guidance, S. 5-6.

2.2.4.2 Wasser und Abwasser

Die Verfügbarkeit von Süßwasser, die Versauerung der Ozeane und die Störung der bioorganischen Kreisläufe sind drei planetare Grenzen, die durch die Wassernutzung beeinflusst werden. Um zu beschreiben, ob der menschliche und ökologische Süßwasserbedarf an einem Ort erfüllt wird, wurde der Indikator des Wasserstresses entwickelt. Dieser Indikator setzt sich aus den Faktoren Wasserverfügbarkeit, Wasserqualität und Wasserzugänglichkeit zusammen.[219] Das Water Use in LCA (WULCA) Modell bietet Möglichkeiten zur Darstellung der Wasserverfügbarkeit bzw. -knappheit.[220] Dieses Modell bewertet in Abhängigkeit des restlichen, verfügbaren Wassers für eine Region die Kritikalität der lokalen Wassernutzung und beinhaltet Faktoren für jede Weltregion. Das Intervall des Available Water Remaining (AWARE) Faktors liegt zwischen 0,1 und 100.[221] Regionen, welche die gleiche verfügbare Wassermenge wie der globale Durchschnitt haben, werden mit einer 1 bewertet. Regionen mit kleineren Werten haben weniger Probleme mit Wasserknappheit und größere Werte stehen für Wasserknappheit im globalen Vergleich.[222]

Die Wasserqualität ist nicht nur für den Gebrauch, sondern auch für die negativen Folgen nach der Rückführung von gebrauchtem Wasser entscheidend. Ausschlaggebend für die Wasserqualität sind die physischen, chemischen, biologischen und geschmacklichen Eigenschaften des Wassers.[223] Für eine einfachere Bewertung wird nach gängigen Reporting Standards zwischen Süßwasser und anderem Wasser unterschieden. Dabei gilt Wasser mit einem Filtrattrockenrückstand von weniger als 1000 mg/l als Süßwasser und ist geeignet für die Aufbereitung zu Trinkwasser.[224] Die Wasserzugänglichkeit bezeichnet die Situation, ob die Menschen in der Lage sind, das verfügbare Wasser auch zu nutzen. Dies ist insbesondere von der lokalen Infrastruktur wie Pumpstationen, Aufbereitungsanlagen und dem Rohrnetz abhängig.[225]

---

[219] vgl. Schulte, P. (20114) Corporate Water Disclosure, S. 83.

[220] vgl. Boulay, A.-M. et al. (2018) The WULCA consensus, S. 370.

[221] vgl. Boulay, A.-M. et al. (2015) Assessment of water consumption, S. 579-582.

[222] vgl. Boulay, A.-M. et al. (2018) The WULCA consensus, S. 374-375.

[223] vgl. GSSB (2019) GRI Sustainability Reporting Standards, S. 215.

[224] vgl. WHO (2017) Guidelines for drinking-water quality, S. 228; GSSB (2019) GRI Sustainability Reporting Standards, S. 225.

[225] vgl. Karger, R. et al. (2013) Wasserversorgung, S. 1-2.

2.2.4.3 Materialien und Abfälle

Der Abbau und insbesondere die Entsorgung von Materialen tangiert die planetaren Grenzen der Einbringung neuartiger Substanzen, die Störung von biogeochemischen Kreisläufen und die Funktionalität von Ökosystemen.[226] Dabei ist zu beachten, dass die industrielle Produktion ein Vielfaches mehr an Abfall erzeugt als der private Konsum.[227] Für die Quantifizierung des Umwelteinflusses von Abfällen ist dessen Zusammensetzung und die Art der Abfallbehandlung entscheidend. Nach der Basel Konvention wird zwischen gefährlichen und nicht gefährlichen Abfällen unterschieden. Zu gefährlichen Abfällen gehören demnach u.a. giftige, brennbare und explosive Stoffe.[228] Bei der Abfallbehandlung wird für eine möglichst positive Umweltbilanz ein Wiedergebrauch oder ein Recycling der Materialien angestrebt.[229] Auch eine Energierückgewinnung durch Verbrennung wird im Sinne eines LCA positiv bewertet, da so weniger Stoffe in die Umwelt gelangen und keine anderen Stromquellen benötigt werden.[230] In einem globalen Produktionsnetzwerk sind die Möglichkeiten zur Abfallentsorgung abhängig von den lokal verfügbaren Partnern oder innerbetrieblichen Einrichtungen sowie den gesetzlichen Auflagen.[231]

Die Wiederverwendung von Materialen ist neben der Vermeidung von Abfällen auch positiv, da die negativen Umweltfolgen durch Rohstoffabbau und -verarbeitung vermieden werden. Maßnahmen zur Verbesserung der Materialbilanz sind neben Recycling auch die Produktwiederverwendung, -reparatur, -wiederaufbereitung und -überholung. Solche Maßnahmen sind Teil einer Kreislaufwirtschaft (engl. „Circular Economy“) und werden mit entsprechenden Indikatoren gemessen.[232] Für die meisten Indikatoren wie z.B. dem „Linear Flow Indicator“ der Ellen MacArthur Foundation sind die Mengen an recycelten Materialinputs und Neumaterial (engl. „virgin material“), die entscheidenden Faktoren.[233]

---

226 vgl. Watson, R. et al. (2005) Ecosystems and Human, S. 50 f.

227 vgl. Kaza, S. et al. (2019) What a waste, S. 19-36.

228 vgl. United Nations Environment Programme (UNEP) et al. (1989) Basel Convention, S. 51-53.

229 vgl. BMJV (2012) Kreislaufwirtschaftsgesetz, § 7.

230 Berechnung mit OpenLCA, Datenbank: Ecoinvent, Methode: Impact 2002+.

231 vgl. Degischer, H. P. et al. (2014) Nachhaltige Produktion, S. 1143-1148.

232 vgl. MacArthur, E. (2013) Towards the circular economy, S. 24; Geissdoerfer, M. et al. (2017) The Circular Economy, S. 759; Moraga, G. et al. (2019) Circular economy indicators, S. 455-458.

233 vgl. Ashby, M. et al. (2015) Circularity Indicators, S. 23; Mayer, A. (2019) Measuring Circular, S. 67.

2.2.4.4 Landnutzung und Biodiversität

Auch durch die Veränderung der Landnutzung und die resultierenden Einflüsse auf die Biodiversität und Funktionsfähigkeit der Ökosysteme besteht die Gefahr, dass die planetaren Grenzen überschritten werden. Als Biodiversität wird die Vielfalt an Arten, der Ökosysteme in denen diese leben und der verbundenen Systemprozesse bezeichnet.[234] Die menschliche Nutzung von Land ist der Hauptgrund für den Verlust der Artenvielfalt.[235] Dieser Verlust bedeutet auf lokaler Ebene einen Rückgang der Leistungsfähigkeit der Ökosysteme und auf globaler Ebene einen Rückgang der genetischen Vielfalt.[236]

Die Anzahl an Spezies auf einer Fläche kann durch Species-Area-Relationship (SAR) Modelle bestimmt werden, die auch dazu dienen, Vorhersagen für das Aussterben von Spezies zu treffen.[237] Zur Präzisierung dieser Vorhersagen wird von BAAN ET AL. eine Differenzierung nach Region und Art der Landnutzung empfohlen.[238] Für die regionale Differenzierung bieten sich die 867 definierten Ökoregionen von OLSON ET AL. und dem WWF an.[239] Die Nutzungsart ist dabei in Landwirtschaft, Weidefläche, bewirtschaftete Wälder, urbane Flächen und natürliche Lebensräume unterteilt, wobei Produktionsstätten als urbane Fläche betrachtet werden.[240] Eine quantitative Größe für den Einfluss auf die Biodiversität ist die Menge potenziell verlorener Spezies pro Quadratmeter der Landtransformation.[241] Der Flächenbedarf für die industrielle Produktion ist nicht so umfangreich wie etwa für die landwirtschaftliche Produktion, jedoch bieten Fabrikgelände auch weniger Lebensräume. Zudem besteht im Kontext globaler Produktionsnetzwerke die Möglichkeit zu entscheiden, in welcher Ökoregion die Produktionsaktivitäten stattfinden sollen und somit auch wie viele Spezies vom Flächenverlust betroffen sind.

---

[234] vgl. Miller, G. et al. (2008) Living in the Environment, S. 78-80.

[235] vgl. Baan, L. de et al. (2013) Land use impacts on biodiversity in LCA, S. 1216.

[236] vgl. Chaudhary, A. et al. (2015) Quantifying Land Use Impacts on Biodiversity, S. 9987.

[237] vgl. MacArthur, R. et al. (1963) An Equilibrium Theory, S. 375 ff.

[238] vgl. Baan, L. de et al. (2013) Land use impacts on biodiversity in LCA, S. 1217.

[239] vgl. Olson, D. et al. (2001) Terrestrial Ecoregions of the World, S. 934-936.

[240] vgl. Koellner, T. et al. (2013) Principles for life cycle inventories of land use, S. 1208-12010.

[241] vgl. Baan, L. de et al. (2013) Land Use in Life Cycle Assessment, S. 9283.

2.3 Theoretische Grundlagen für den Lösungskontext

Für die Entwicklung einer Bewertungsmethodik wird ein Grundverständnis von Modelltheorien, Datenmodellierung und mathematischen Optimierungen benötigt. Diese und weitere Grundlagen des Lösungskontextes werden nachfolgend vorgestellt.

2.3.1 Modell- und Systemtheorie

Als Modelle werden vereinfachte Abbilder der Realität bezeichnet. Nach STACHOWIAK gelten für Modelle drei konstituierende Merkmale: das Abbildungsmerkmal, das Verkürzungsmerkmal und das pragmatische Merkmal.[242] Das Abbildungsmerkmal besagt, dass in Modellen die Attribute von natürlichen oder künstlichen Originalen abgebildet werden. Als Attribute werden sowohl die Eigenschaften als auch die Relationen des Originals bezeichnet.[243] Das Modell verbindet die Attribute des Originals mit denen im Modell und stellt somit eine Ähnlichkeit sicher. Das Verkürzungsmerkmal beschreibt die Tatsache, dass nicht alle Attribute eines Originals abgebildet werden, sondern lediglich die, die als relevant erachtet werden. Zudem können auch Attribute im Modell existieren, die nicht im Original vorhanden sind. Somit besteht immer eine Differenz zwischen Original und Modell. Das dritte Merkmal ist das pragmatische Merkmal. Nach diesem Merkmal bildet das Modell einen Ersatz für das Original, um für eine definierte Anwendung einen vorbestimmten Zweck zu erfüllen. Die Bestimmung dieses Zwecks und der verbundenen Funktion ist ein notwendiger Teil des Aufbaus von Modellen. Die häufigste Funktion von Modellen ist die Komplexitätsreduktion des Originals, um dieses für das menschliche Verständnis leichter zugänglich zu beschreiben. So bieten Modelle die Möglichkeit zur Deduktion und Interpretation. Erkenntnisse, die am Modell gewonnen werden, können eindeutig nachvollzogen und auf das Original zurückübertagen werden.[244]

Modelle werden nach PATZAK hinsichtlich des gewählten Abbildungsmediums sowie ihres Verwendungszwecks differenziert. Mögliche Medien für die Abbildung sind ma-

[242] vgl. Stachowiak, H. (1973) Allgemeine Modelltheorie, S. 131-133.

[243] vgl. Stachowiak, H. (1973) Allgemeine Modelltheorie, S. 134 f.

[244] vgl. Stachowiak, H. (1973) Allgemeine Modelltheorie, S. 138-140; Kallrath, J. (2002) Modellierung in der Praxis, S. 8.

terielle, verbale, formale oder mathematische Formen. Als Verwendungszwecke kommen die Beschreibung, Erklärung, Prognose und Entscheidung in Frage.[245] Beschreibungsmodelle bilden Objekte und Prozesse ab, ohne eine Erläuterung für deren Ursachen oder die daraus resultierenden Konsequenzen zu beinhalten. Eine passende Erweiterung mit solchen Inhalten bieten Erklärungsmodelle, welche die Wirkungszusammenhänge zwischen Objekten und Zuständen beschreiben. Prognosemodelle nutzen diese Wirkungszusammenhänge, um eine Vorhersage über mögliche zukünftige Zustände zu erstellen. Entscheidungsmodelle bilden auf diese Weise alternative Handlungsmöglichkeiten ab und bewerten sie.[246]

Für die Modellierung von Systemen wird nach ROPOHL zwischen den drei in Abbildung 2.15 dargestellten Denkmodellen unterschieden, welche jeweils einen ausgewählten Systemaspekt betonen.[247] Das funktionale Systemmodell betrachtet ein System als eine Blackbox, die durch ihre Eingangs- und Ausgangsgrößen (Inputs und Outputs) beschrieben wird. Dabei steht besonders die Funktion, also welche Inputs welche Outputs zur Folge haben, im Fokus der Modellierung.[248] Das strukturale Systemmodell bildet den inneren Aufbau eines Systems ab, indem es dieses als eine Menge verknüpfter Elemente darstellt, welche wiederum die Systemstruktur bestimmen. Dieses Vorgehen beruht auf der Annahme, dass die Systemeigenschaften durch die Interdependenzen der Elemente bestimmt werden. Ein hierarchisches Systemmodell fokussiert auf den Aspekt, dass jedes System selbst Teil eines größeren Systems ist.[249] Das Ziel dieser Modellierung ist es, das Original überschaubarer abzubilden.

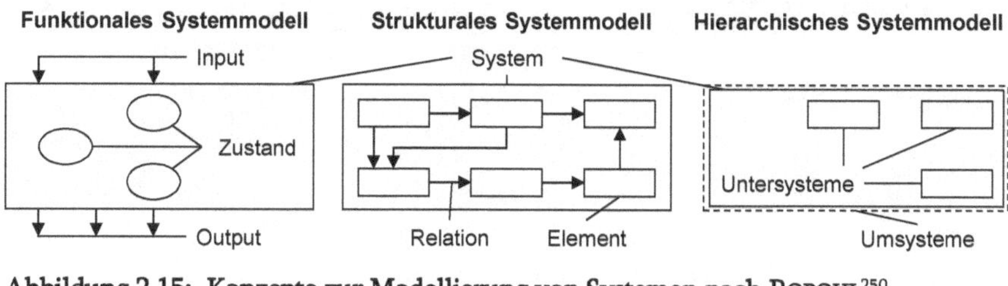

Abbildung 2.15: Konzepte zur Modellierung von Systemen nach ROPOHL[250]

[245] vgl. Patzak, G. (1982) Systemtechnik, S. 311-315.
[246] vgl. Patzak, G. (1982) Systemtechnik, S. 313-314; Zelewski, S. (2008) Grundlagen, S. 45-49.
[247] vgl. Ropohl, G. (2009) Systemtheorie der Technik, S. 76-81.
[248] vgl. Ashby, W. (2015) Introduction to cybernetics, S. 86-88.
[249] vgl. Hanssmann, F. (2018) Einführung in die Systemforschung, S. 54 ff.
[250] vgl. Ropohl, G. (2009) Systemtheorie der Technik, S. 76.

2.3.2 Datenmodellierung

Als Daten werden Abfolgen von Zeichen oder Ziffern bezeichnet, welche syntaktischen Regeln und Zusammenhängen folgen.[251] Die Datenerzeugung ist somit die Anordnung von Zeichen in einem regelbasierten Zusammenhang.[252] Sind diese Daten für einen Menschen interpretierbar, werden sie auch Informationen genannt und stellen eine Grundlage für die Wissensbildung dar.[253] Datenmodelle dienen der abstrahierten Beschreibung von Objekten anhand bestehender Datenstrukturen. In der Informatik werden für diesen Zweck u.a. Entity-Relationship-Modelle (ERM) genutzt.[254] Eine Entity stellt dabei ein abgegrenztes Objekt dar, das entweder real oder imaginär ist. Ein solches Objekt wird durch Attribute beschrieben und durch Relationship-Typen mit anderen Objekten in Verbindung gebracht (vgl. Kapitel 2.3.1).[255] In der Regel folgt die Modellierung mit ERM dem Top-down-Ansatz, indem zunächst die Datenobjekttypen gebildet und in Beziehung zueinander gesetzt werden. Anschließend werden den Objekten ihre Attribute zugeordnet.[256]

Bei der Datenmodellierung wird zwischen der konzeptionellen, der logischen und der physischen Ebene unterschieden.[257] Konzeptionelle Modelle unterstützen die Kommunikation zwischen Programmierenden und nicht-technischen Beteiligten und bieten gleichzeitig eine unterstützende Dokumentation.[258] Logische Modelle überführen das konzeptionelle Modell in Strukturen, die mit einer Datenbank erzeugbar sind. Diese wiederum arbeiten mit physischen Datenmodellen, welche sich auf die Umsetzung im Datenbanksystem beziehen.[259] Im Kontext dieser Arbeit ist vor allem die konzeptionelle Modellierung relevant, da die Forschungsfrage auf eine methodische Herausforderung abzielt.

---

251 vgl. Gadatsch, A. (2017) Datenmodellierung für Einsteiger, S. 1-3.

252 vgl. Krcmar, H. (2015) Informationsmanagement, S. 11-12.

253 vgl. Aamodt, A. et al. (1995) Different roles and, S. 197.

254 vgl. Ferstl, O. et al. (2013) Grundlagen der Wirtschaftsinformatik, S. 140.

255 vgl. Ferstl, O. et al. (2013) Grundlagen der Wirtschaftsinformatik, S. 145; van Randen, H. et al. (2016) Einführung in UML, S. 6.

256 vgl. Ferstl, O. et al. (2013) Grundlagen der Wirtschaftsinformatik, S. 151.

257 vgl. Simsion, G. et al. (2009) Data modeling essentials, S. 16.

258 vgl. Czuchra, W. (2010) UML in logistischen, S. 23 ff.

259 vgl. Simsion, G. et al. (2009) Data modeling essentials, S. 17.

Für die konzeptionelle Modellierung von Daten bieten sich UML-Diagramme an. UML ist die Abkürzung für die Unified Modeling Language, welche der de facto Standard für die grafische Modellierung von objektorientierten Systemen ist.[260] Die UML verfügt über eine Vielzahl von Diagrammtypen für unterschiedliche Anwendungszwecke. Für die Beschreibung von Datenmodellen ist besonders das Klassendiagramm geeignet.[261] In Klassendiagrammen werden Objekte, welche dieselben Attribute haben und strukturell gleich sind, zu Klassen zusammengefasst.[262] In Abbildung 2.16 sind die wichtigsten Elemente für die Notation von Klassendiagrammen mit den UML-Standards abgebildet. Eine Assoziation stellt eine allgemeine Beziehung zwischen zwei Klassen dar.[263] Eine Aggregation ist eine spezielle Assoziation, die bedeutet, dass eine Klasse in der verbundenen Klasse enthalten ist.[264] Eine noch stärkere Verbindung besteht bei einer Komposition, da in diesem Fall die eine Klasse nicht ohne die andere existieren kann.[265] Die Multiplizität gibt an, wie viele Instanzen einer Klasse jeweils miteinander verbunden sein können.[266] Mögliche Multiplizitäten sind *eins-zu-eins* (1:1), *eins-zu-viele* (1:N) und *viele-zu-viele* (M:N).

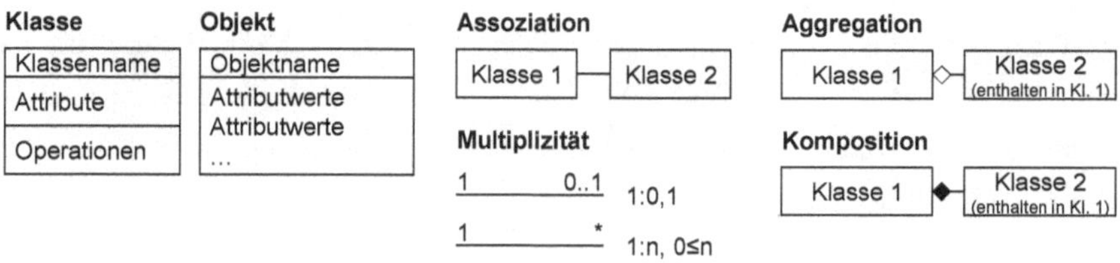

Abbildung 2.16: Darstellungsformen gemäß dem UML-Standard[267]

[260] vgl. Fowler, M. et al. (1999) UML distilled, S. 1-4; Anke, J. et al. (2019) UML Hochschullehre, S. 3.
[261] vgl. Object Management Group (2017) Unified Modeling Language Version 2.5.1, S. 1 ff.
[262] vgl. Staud, J. (2019) Unternehmensmodellierung, S. 21 ff.
[263] vgl. Rumpe, B. (2011) Modellierung mit UML, S. 19.
[264] vgl. Booch, G. et al. (2004) Unified modeling language user guide, S. 65.
[265] vgl. Staud, J. (2019) Unternehmensmodellierung, S. 80-83.
[266] vgl. van Randen, H. et al. (2016) Einführung in UML, S. 9.
[267] vgl. Jonas, C. et al. (2000) Rechnergestützte Planung, S. 77.

2.3.3 Systems Dynamics

Systems Dynamics ist eine Methodik zur Modellierung und Analyse dynamischer Systeme, welche in der 1950er Jahren von FORRESTER entwickelt wurde.[268] Das Systemverständnis wird dabei erreicht, indem Wirkungsketten zwischen Kernelementen des Systems quantitativ und qualitativ dargestellt werden. Auf dieser Basis ist auch eine Simulation der Zusammenhänge zwischen den dynamischen Variablen möglich, aber nicht zwingend notwendig.[269] Inhaltlich baut Systems Dynamics auf der Regelungstheorie und der deskriptiven Entscheidungstheorie auf. Diese Theorien werden zudem auf soziale und ökonomische Systeme übertragen. Für die qualitative Modellierung von Systemen werden in dieser Methodik Kausalkreisdiagramme verwendet, wie in Abbildung 2.17 dargestellt. Solche Diagramme visualisieren geschlossene Rückmeldesysteme, in denen Wirkungsbeziehungen zwischen den einzelnen Systemelementen mit einem Pfeil dargestellt werden. Die Art der Wirkbeziehung wird zudem mit einem positiven oder negativen Vorzeichen charakterisiert.[270] Diese Art der Darstellung ermöglicht die schnelle Erfassung von Hypothesen in Bezug zu Wirkungszusammenhängen.[271] Eine Erweiterung dieser Darstellung bietet die Methodik des vernetzten Denkens nach PROBST, welche die Option beinhaltet, die abgebildeten Systemelemente in lenkbare und nicht-lenkbare Elemente sowie Indikatoren einzuteilen.[272] System Dynamics wird heutzutage bei langfristigen Strategieplanungen mit teilweise hohen Abstraktionsgraden eingesetzt.[273] Ein bekanntes Beispiel für den Einsatz der Methodik ist die Analyse *Grenzen des Wachstums* zur Entwicklung der Weltwirtschaft im Auftrag des Club of Rome (vgl. Kapitel 2.2.1).

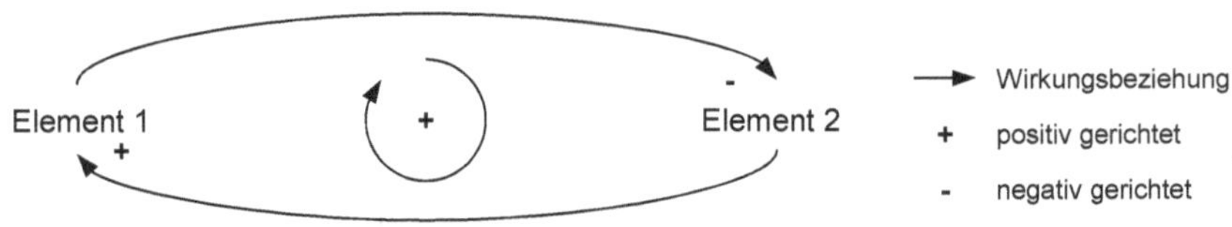

Abbildung 2.17: Exemplarische Darstellung eines Kausalkreisdiagramms

[268] vgl. Forrester, J. (1993) System Dynamics, S. 199-200.
[269] vgl. Sandrock, J. (2006) System Dynamics in der strategischen Planung, S. 63-65.
[270] vgl. Forrester, J. (1972) Grundzüge einer Systemtheorie, S. 15-21.
[271] vgl. Sterman, J. (2000) Business Dynamics, S. 137-147.
[272] vgl. Probst, G. et al. (1991) Vernetztes Denken, S. 35-36.
[273] vgl. Grigoryev, I. (2016) Course in simulation modeling, S. 101.

2.3.4 Mathematische Optimierungsmodelle

Eine Optimierung beschreibt das Anstreben von Verbesserungen und ist daher ein zentraler Aspekt in der Gestaltung globaler Produktionsnetzwerke.[274] Erste Ansätze zur Optimierung linearer Gleichungssysteme wurden im Jahre 1827 von FOURIER veröffentlicht. Eine entscheidende Weiterentwicklung dieser Ansätze erfolgte während und nach dem zweiten Weltkrieg durch KANTOROVICH, KOOPMAN und DANTZIG.[275]

Im Fokus dieser Arbeit soll die Betrachtung von Problemen mit linearen Zielfunktionen und Nebenbedingungen stehen, da diese die Realität im Maße der notwendigen Anwendung vereinfachen (vgl. Kapitel 2.3.1).[276] Die Standardform eines solchen linearen Optimierungsmodells besteht aus vier Komponenten: den Entscheidungsvariablen, der Zielfunktion, den Nebenbedingungen und den Nichtnegativitätsbedingungen.[277] Die Entscheidungsvariablen sind positive reelle Zahlen $x_1 \ldots x_n$, welche in der Zielfunktion mit den Koeffizienten c_j verrechnet werden, siehe Formel 2.1. Die Nebenbedingungen sind lineare Ungleichheiten, welche neben den Entscheidungsvariablen die Koeffizienten a_{ij} beinhalten. Es existieren auch Modelle mit anderen Formulierungen, die jedoch zur vorgestellten Standardform umgeformt werden können.[278]

Formel 2.1: Beispielhafte Inhalte eines Optimierungsmodells

$$\max c_1x_1 + \cdots + c_nx_n$$

$$a_{i1}x_1 + \cdots + a_{in}x_n \leq b_i$$

$$i \in \{1, \ldots, m\}; j \in \{1, \ldots, n\}$$

Die Annahme, dass alle Variablen reelle Zahlen sind, ist für viele Anwendungsfälle falsch, weshalb die Verwendung von ganzzahligen Variablen notwendig wird.[279] Solche Modelle werden diskrete lineare Programme oder auch Integer Linear Program (ILP) genannt. Je nach Anwendungsfall ist auch der Einsatz gemischt ganzzahliger

---

[274] vgl. Grimme, C. et al. (2018) Einführung in die Optimierung, S. 1-2.

[275] vgl. Dantzig, G. (1983) Origins of Linear Programming, S. 78-82; Sierksma, G. et al. (2015) Linear and Integer Optimization, S. 1 f.

[276] vgl. Dantzig, G. (2016) Linear Programming and Extensions, S. 6-7.

[277] vgl. Sierksma, G. et al. (2015) Linear and Integer Optimization, S. 5-11.

[278] vgl. Sierksma, G. et al. (2015) Linear and Integer Optimization, S. 12-14.

[279] vgl. Gomory, R. (2002) Early Integer Programming, S. 78; Domschke, W. et al. (2015) Einführung in Operations Research, S. 128.

Programme (engl. „Mixed Integer Linear Programming“ MILP) möglich und sinnvoll.[280] Die Lösung von ganzzahligen Problemen ist deutlich anspruchsvoller, da diese aufgrund ihrer Ganzzahligkeitsbedingungen nicht konvex sind.[281] Probleme mit nicht konvexen Eigenschaften können auf deterministischen Turing Maschinen nicht in polynominaler Zeit gelöst werden und gehören daher zur Klasse der NP-schweren Probleme.[282] Probleme dieser Klasse können gegebenenfalls nicht mit exakten Methoden gelöst werden.[283] In der Praxis bieten sich jedoch verschiedene heuristische Methoden und Algorithmen für die Lösung an, wie der Branch-and-Bound Algorithmus oder die Cutting-Plane Methode.[284]

Im Kontext der ökologischen Nachhaltigkeit müssen mehrere Ziele verfolgt werden (vgl. Kapitel 2.2.4). Eine Entscheidungsfindung bei mehrfacher Zielsetzung wird auch multikriterielle Entscheidungsunterstützung oder Multi Criteria Decision Making (MCDM) genannt.[285] Dabei wird versucht, aus einer Menge möglicher Optionen die beste Option auszuwählen. Auch die Bestimmung einer Teilmenge „guter“ Optionen oder die Anordnung der Optionen in einer Rangliste stellt eine Lösung für ein MCDM Problem dar.[286] Falls die Lösungsmenge aus einer Liste diskreter Möglichkeiten besteht, wird auch von einem Multi Attribute Decision Making (MADM) Problem gesprochen. Für den Fall, dass die Lösungsmenge in Form von mathematischen Modellen gegeben ist, wird das zugehörige Problem als Multi Objective Decision Making (MODM) bezeichnet. Wird ein solches Problem mit dem beschriebenen MILP kombiniert, handelt es sich um ein multiobjektives, gemischt ganzzahliges, lineares Optimierungsmodell, welches im Englischen als „Multi Objektive Mixed Integer Linear Programming“ (MOMILP) bezeichnet wird.[287]

---

[280] vgl. Littger, K. (1992) Optimierung, S. 13-16; Sierksma, G. et al. (2015) Linear and Integer Optimization, S. 279-280.

[281] vgl. Santis, M. de et al. (2020) Convex Optimization Problems, S. 3122-3123.

[282] vgl. Garey, M. et al. (1979) Computers and intractability, S. 13.

[283] vgl. Sierksma, G. et al. (2015) Linear and Integer Optimization, S. 406; Scholz, D. (2018) Optimierung interaktiv, S. 217-218.

[284] vgl. Vielma, J. (2015) Mixed Integer Linear Programming Formulation, S. 7.

[285] vgl. Hwang, C.-L. et al. (1979) Multiple Objective Decision Making, S. 1-11; Greco, S. et al. (2016) Multiple Criteria Decision Analysis, S. 4-12.

[286] vgl. Roy, B. (1990) Decision-Aid and Decision-Making, S. 18-23.

[287] vgl. Zimmermann, H.-J. et al. (1991) Multi-Criteria Analyse, S. 25 ff.

Die Lösungsmethoden für MODM-Probleme werden in a priori und a posteriori Ansätze unterteilt, je nachdem wann die Informationen zu den zugehörigen Zielkonflikten benötigt werden. A priori Methoden benötigen bereits vor der Berechnung Informationen über die Bewertungspräferenzen in Bezug zu den einzelnen Zielgrößen. Zu diesen Methoden gehören u.a. die Zielprogrammierung, die Nutzwertberechnung und der Einsatz von Anspruchsniveaus.[288] A posteriori Methoden benötigen Informationen über Präferenzen erst nachdem Optima berechnet wurden. Etablierte a posteriori Ansätze sind parametrische Methoden, wie die ϵ-Bedingung, Multi Objective Linear Programming Methoden oder die Global Criterion Methode.[289] Ein Vorteil aller a posteriori Methoden ist, dass der entscheidungsbefugten Person ein besseres Gesamtbild über alle möglichen Lösungen vermittelt wird.[290]

Die Lösungen, die mit den genannten Methoden gefunden werden, sind in dominierte und nicht-dominierte Lösungen unterteilt. Nicht-dominierte Lösungen werden auch als effizient oder Pareto-optimal bezeichnet. Eine Lösung ist effizient, falls es keine andere Lösung gibt, bei der alle Zielfunktionswerte verbessert werden können.[291] Die Menge aller Pareto-optimalen Punkte wird auch als vollständige Lösung oder Pareto-Kurve bezeichnet. Diese Menge ist teilweise sehr groß, kann jedoch bei zwei Zielfunktionen noch visualisiert werden, wie in Abbildung 2.18 gezeigt.[292]

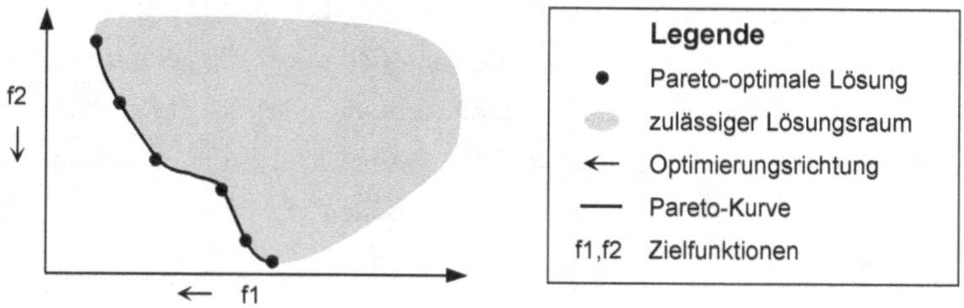

Abbildung 2.18: Pareto-Kurve von zwei konkurrierenden Zielfunktionen[293]

[288] vgl. Zimmermann, H.-J. et al. (1991) Multi-Criteria Analyse, 30–31.
[289] vgl. Hwang, C.-L. et al. (1979) Multiple Objective Decision Making, S. 5-10.
[290] vgl. Mavrotas, G. (2009) Implementation of the ε-constraint, S. 455.
[291] vgl. Ehrgott, M. (2005) Multicriteria Optimization, S. 50.
[292] vgl. Pardalos, P. et al. (2004) Interactive Decision Maps, S. 9-10.
[293] i.A.a. Ehrgott, M. (2005) Multicriteria Optimization, S. 27.

2.4 Herausforderungen aus der Praxis

Die Weiterentwicklung der Globalisierung und die damit verbundenen Rahmenbedingungen für globale Produktionsnetzwerke sind mit einer großen Unsicherheit behaftet (vgl. Kapitel 2.1.1). Ein unendliches Wachstum und eine unbegrenzte Zunahme der Vernetzung ist sowohl aus ökologischen als auch aus logischen Gründen unmöglich.[294] Gleichzeitig ist diese These der Wachstumskritik genauso alt wie die Entwicklung der Globalisierung selbst und hat sich bisher noch nicht bewahrheitet.[295] Zudem erwarten Experten für die langfristige Zukunft ein solides wirtschaftliches Wachstum in allen Weltregionen.[296] Unabhängig von der Art und dem Umfang des Wachstums werden verschiedene Trends die Zukunft globaler Wertschöpfungsnetzwerke maßgeblich prägen. Dazu gehören neue Technologien und wirtschaftspolitische Entscheidungen, die bereits in der Vergangenheit ein fundamentaler Einflussfaktor für die Gestaltung von Produktionsnetzwerken waren.[297] Der Trend Nachhaltigkeit wird diese Entwicklungen voraussichtlich komplementieren und sich auf verschiedenen Arten auf GPNs auswirken (vgl. Kapitel 1.1). Absehbar ist, dass es mehr Richtlinien und Vorschriften mit Bezug zu Nachhaltigkeitszielen geben wird, wie z.B. CO_2-Steuern oder -Zölle.[298] Die gesellschaftlichen Absichten, die hinter solchen politischen Entscheidungen stehen, werden auch marktseitige Veränderungen bewirken. Für eine steigende Anzahl an Konsumierenden ist der Nachweis von Nachhaltigkeit ein entscheidendes Kaufkriterium.[299] Dieser Anspruch wird langfristig über die gesamte Lieferkette von Produkten kaskadieren und dazu führen, dass auch Transportaufwände und andere vorgelagerte Prozesse kritisch hinterfragt werden.[300] Aus diesen Gründen ist es notwendig, dass in Zukunft Kriterien und Kennzahlen mit Bezug zur Nachhaltigkeit bei der Planung der PNK beachtet werden.[301]

In der Praxis etablierte Methoden zur Gestaltung von PNK betrachten lediglich Kriterien mit Bezug zu ökonomischen Wettbewerbsvorteilen wie z.B. Kosten, Flexibili-

---

294 vgl. Meadows, D. (1972) Grenzen des Wachstums, S. 73-74.
295 vgl. Georgescu-Roegen, N. (1971) The Entropy Law and the Economic Process, S. 316-318.
296 vgl. OECD (2021) Economic Outlook, S. 2 ff.
297 vgl. UNCTAD (2020) World Investment Report, S. 138.
298 vgl. Cernicky, J. et al. (2020) Tax or tariff for the climate, S. 2 ff.
299 vgl. Haller, K. et al. (2020) Consumers driving change, S. 1-3.
300 vgl. Spiller, P. (2021) Making supply-chain decarbonization happen, S. 4-7.
301 vgl. Benfer, M. et al. (2021) Operations Research in International Manufacturing Networks, S. 229-230.

tät, Lieferfähigkeit und Qualität (vgl. Kapitel 2.1.3.5). Die meisten Modelle zur Netzwerkbewertung bilden zwar die Systemelemente von globalen Produktionsnetzwerken ab, jedoch nicht deren nachhaltigkeitsrelevanten Attribute. Ausschließlich Eigenschaften für die Berechnung von wirtschaftlichen Kennzahlen, wie Kosten von Arbeitszeit, Materialien und anderen Produktionsressourcen, werden als Attribute berücksichtigt (vgl. Kapitel 2.1.3). Dazu passt, dass nach einer Studie der Beratung Ramboll, 95% der befragten Unternehmen Nachhaltigkeit als einen langfristigen Erfolgsfaktor sehen, aber die Hälfte angibt, dass es ihnen an Ressourcen und Kapazitäten fehlt, um dieses Ziel zu erreichen. Insbesondere die schlechte Messbarkeit der nachhaltigkeitsbezogenen Wertschöpfung und des konkreten Nutzens wird als Herausforderung angegeben.[302] Dabei verfügen die meisten Elemente in einer PNK auch über quantifizierbare Eigenschaften, die einen direkten Einfluss auf Nachhaltigkeitszielgrößen ausüben, wie den Energie-, Wasser- und Materialbedarf oder die Erzeugung von Abfall und Emissionen (vgl. Kapitel 2.2.4). Für etablierte Methoden zur Nachhaltigkeitsbewertung werden Informationen zu diesen Eigenschaften zwingend benötigt. Jedoch ist das Systemverständnis dieser Methoden entweder zu abstrakt oder zu detailliert, um es auf ein komplexes und mehrschichtiges System wie ein globales Produktionsnetzwerk anzuwenden. Insbesondere die Vielschichtigkeit von globalen Produktionsnetzwerken, die sowohl eine lokale Produkt- und Prozessbetrachtung als auch eine globale Standortverteilung beinhalten und dabei in verschiedenen Umweltbedingungen operieren, stellt eine Herausforderung dar (vgl. Kapitel 2.2.3).

Es besteht daher seitens der Praxis der Bedarf für eine Methodik zur Bewertung der ökologischen Nachhaltigkeit von PNKs.[303] Aufgrund der Größe und der Komplexität von solchen Netzwerken sowie der Multidimensionalität von ökologischer Nachhaltigkeit, müssen die zugehörigen Modelle datenbasiert und skalierbar gestaltet werden.[304] Wichtige Grundlagen, Theorien und Werkzeuge zur Entwicklung einer solchen Methodik bieten die vorgestellten Grundlagenwissenschaften in Kapitel 2.3. Die Entwicklung der benötigten Methodik ist mit Herausforderungen verbunden, die im Folgenden genauer erläutert werden.

---

302 vgl. Haubensak, J. (2020) Managing Sustainability, S. 13-14.
303 vgl. Eslami, Y. et al. (2020) Sustainability in manufacturing organisations, S. 8-22.
304 vgl. Saxena, P. et al. (2020) Sustainability Assessment for Manufacturing Operations, S. 1-4.

2.4.1 Herausforderung: Komplexität der Einflussbeziehungen

Die erste große Herausforderung bei der Gestaltung der Methodik ist die Komplexität des Einflusses der PNK auf die Nachhaltigkeitsziele. Diese wird zunächst durch die Vielzahl der Zielgrößen erzeugt. Der menschliche Einfluss auf Ökosysteme kann durch eine Vielzahl an Kennzahlen quantifiziert werden, welche zwar voneinander abhängig sind, aber trotzdem in sehr unterschiedlichen Einheiten und Wirkungsdimensionen existieren (vgl. Kapitel 2.2.4). Aufgrund dieser Vielzahl an Interdependenzen und Dimensionen wird Nachhaltigkeit von manchen Experten sogar als nicht messbar bezeichnet.[305] Trotz dieser Einschätzung existieren über Hunderte von Kennzahlen zur Quantifizierung der ökologischen Nachhaltigkeit von Produktionsaktivitäten.[306] Diese werden um Charakterisierungsfaktoren zur Wirkungsabschätzungen im Sinne der Ökobilanz ergänzt, welche für eine vollständige Nachhaltigkeitsbewertung ebenfalls berücksichtigt werden müssen. Auch in diesem Bereich wurden von der Wissenschaft schon über Hunderte von Charakterisierungsfaktoren und Wirkungskategorien entwickelt.[307] Bei dieser Vielzahl von Indikatoren ist eine Überschneidungsfreiheit und Unabhängigkeit zwangsläufig unmöglich.[308] Damit trotzdem keine Redundanzen in der Bewertung entstehen und Korrelationen zwischen den Indikatoren vermieden werden, müssen die jeweiligen Indikatoren an den Anwendungsfall und das betrachtete Produktionssystem angepasst werden.[309] Diese Aufgabe ist gekennzeichnet von der Herausforderung durch die *Multidimensionalität der ökologischen Nachhaltigkeitsziele*.

Die Anpassung der Indikatoren an die PNK erweitert die Komplexität der Ökosysteme um die des GPNs, welches nachhaltig gestaltet werden soll.[310] GPNs gehören zu den komplexesten von Menschen geschaffenen Systemen und beinhalten eine entsprechende Vielzahl an potentiellen Einflusselementen.[311] Für eine holistische Betrachtung der PNK müssen alle technischen Systeme, welche direkt und indirekt an der

[305] vgl. Bell, S. et al. (2010) Measuring the immeasurable, S. 196-199.
[306] vgl. Ahmad, S. et al. (2018) Sustainability indicators for manufacturing sectors, S. 330.
[307] vgl. Esnouf, A. et al. (2019) Selection of impact categories for LCA, S. 769.
[308] vgl. Merino-Saum, A. et al. (2020) Systematic analysis of measurement initiatives, S. 11-15.
[309] vgl. Cai, W. et al. (2021) Sustainability assessment of mechanical manufacturing systems, S. 3-8.
[310] vgl. Czwick, C. et al. (2020) Resource Efficient Production Networks, S. 279-284.
[311] vgl. Váncza, J. (2019) Production Networks, S. 1.

Produktion beteiligt sind, miteinbezogen werden. Die Varianz dieser Maschinen und Anlagen erzeugt bereits auf dem Standortlevel im Zusammenspiel mit den jeweiligen Energie- und Stoffströmen eine erhebliche Komplexität.[312] Das gleiche gilt für die Elemente der beteiligten Logistikoperationen, welche ebenfalls eine bedeutende Komplexität vorweisen.[313] Globale Lieferketten bestehen aus unterschiedlichen und wechselnden Transportmitteln, Ladungsträgern und Dienstleistern, sodass die exakte Abbildung aller Lieferungen für keinen der Beteiligten mehr möglich ist.[314] Daher ist eine weitere Herausforderung, die *Vielzahl und Komplexität von Systemelementen innerhalb der PNK* soweit zu reduzieren, dass planbare Szenarien für eine Bewertung erstellt werden können.[315]

Zudem müssen nicht nur die Elemente innerhalb des Netzwerkes betrachtet werden, sondern auch Elemente außerhalb des Netzwerkes. Denn lokale Umweltfaktoren können durch die Wahl des Standorts beeinflusst oder ausgetauscht werden.[316] Der Umfang und die potentiellen Ausprägungen der lokalen Faktoren sind dabei nahezu unüberschaubar, da die Möglichkeiten zur Wahl eines internationalen Standorts buchstäblich unbegrenzt sind.[317] Die für die ökologische Nachhaltigkeit relevanten Umweltfaktoren sind dabei stark abhängig von dem lokal existierenden Klima sowie der Infrastruktur und den Partnerunternehmen. Jeder dieser Aspekte ist dabei so komplex, dass er nicht vollständig betrachtet werden kann und Vereinfachungen vorgenommen werden müssen.[318] So ist z.B. eine exakte Prognose des Anteils von Ökostrom an einem Standort oder der Recyclingquoten der lokalen Abfallentsorgung nicht realisierbar.[319] Deshalb besteht der Bedarf, dass PNK Szenarien, die für die Bewertung modelliert werden sollen, die Umweltfaktoren nur in dem Grad einbeziehen, der für den Einfluss auf die ökologische Nachhaltigkeit relevant und vergleichbar ist. So soll die Herausforderung durch die *Vielzahl und Komplexität von Systemelementen außerhalb der PNK* beherrschbar gemacht werden.

---

[312] vgl. Cai, W. et al. (2021) Sustainability assessment of mechanical manufacturing systems, S. 4.

[313] vgl. Nilsson, F. (2019) A complexity perspective on logistics management, S. 687-694.

[314] vgl. Muchna, C. et al. (2021) Grundlagen der Logistik, S. 86-124.

[315] vgl. Schuh, G. et al. (2018) Continuous Production Network Design, S. 246-248.

[316] vgl. May, N. et al. (2020) Site-dependent Aspects in Environmental Assessment, S. 3-5.

[317] vgl. Verhaelen, B. et al. (2021) Site Selection Processes in Global Production Networks, S. 105-106.

[318] vgl. Beemsterboer, S. et al. (2020) Simplification practices in the LCA literature, S. 2156-2164.

[319] vgl. Brodny, J. et al. (2020) Forecasting the Structure of Energy Production from Renewable Energy Sources, S. 24-27; Scrucca, F. et al. (2020) Uncertainty in LCA, S. 1-4.

2.4.2 Herausforderung: Aufwand der Modellierung

Die zweite Herausforderung ist der Aufwand für die Modellierung der Nachhaltigkeitseigenschaften eines Produktionsnetzwerkes. Der Mehrwert von Informationen, die durch eine detailliertere Modellierung gewonnen werden, muss stets im Verhältnis zu den damit verbundenen, steigenden Aufwänden stehen.[320] Oft werden neue Modelle entwickelt, anstelle bestehende Modelle zu erweitern und somit den Aufwand für die Informationsbeschaffung gering zu halten.[321] Ein weiterer Grund für den Aufwand der Datenerhebung ist, dass die Zusammenhänge zwischen den entscheidungsrelevanten Parametern häufig nicht transparent oder bekannt sind.[322] Insbesondere Modelle, die nur bei einer vollständigen Informationseingabe Ergebnisse liefern, obwohl theoretisch auch geringere Informationsmengen für ein Ergebnis ausreichend sind, erhöhen den Aufwand in einem unverhältnismäßigen Maß.[323] Deshalb besteht bei der Modellierung die Herausforderung, dass das *Verhältnis vom Informationsmehrwert zum Modellierungsaufwand* positiv ist.

Produktionsnetzwerke beinhalten sehr viele Systemelemente, die nicht alle bei einer Modellierung berücksichtigt werden können. Dabei ist das passende Abstraktionslevel stark von der jeweiligen Aufgabenstellung und dem untersuchten System abhängig, sodass keine einheitliche Definition erfolgen kann.[324] Ansätze, die ein hohes Aggregationslevel haben, können die exakten Wirkungsmechanismen im Netzwerk nicht abbilden.[325] Andererseits haben Ansätze mit einem hohen Detaillierungsgrad einen so großen Informationsbedarf, dass sie ebenfalls nicht praxistauglich sind.[326] Die Herausforderung, dass *kein einheitliches Abstraktionslevel für den Betrachtungsumfang* existiert, führt deshalb zu dem Bedarf ein Datenmodell zu entwickeln, welches dank passender Syntax und Semantik ein flexibles Aggregationslevel ermöglicht.

Ein weiterer Aufwandstreiber ist, dass viele der benötigten Informationen mit Nachhaltigkeitsbezug aktuell in Unternehmen nicht gesammelt werden und erst mit einem

---

[320] vgl. Reuter, C. et al. (2015) Aggregation of Production Data, S. 464.
[321] vgl. Benfer, M. et al. (2021) Digital Twins for Production Network Management, S. 1269.
[322] vgl. Gützlaff, A. (2022) Kontinuierliche Gestaltung von Produktionsnetzwerken, S. 58.
[323] vgl. Sager, B. (2019) Konfiguration globaler Produktionsnetzwerke, S. 60 u. 167.
[324] vgl. Benfer, M. et al. (2019) Abstraction level in production network models, S. 199-201.
[325] vgl. Ferdows, K. (2018) Complexity of managing global operations, S. 395.
[326] vgl. Gützlaff, A. (2022) Kontinuierliche Gestaltung von Produktionsnetzwerken, S. 57-58.

entsprechenden Aufwand erhoben werden müssen.[327] Zudem werden viele Informationen, die benötigt werden, oft noch einmal vollständig neu erhoben, obwohl sie bereits im Unternehmen vorhanden sind. Hintergrund dafür ist, dass die Möglichkeiten der digitalen Datenverarbeitung nur wenig genutzt werden. Stattdessen werden Daten mit Excel und ähnlichen manuellen Schnittstellen übertragen, insbesondere wenn der Datenbedarf des neuen Modells nicht eindeutig definiert und dokumentiert ist.[328] Die zugehörige Herausforderung ist somit die *fehlende Verfügbarkeit von Informationen mit Nachhaltigkeitsbezug.*

2.4.3 Herausforderung: Transparenz der Bewertung

Die transparente Bewertung des Netzwerkes unter Berücksichtigung von Zielkonflikten und Interdependenzen stellt die dritte große Herausforderung dar. Viele Ziele der ökologischen Nachhaltigkeit stehen in Konflikt zueinander.[329] Ein Beispiel für einen solchen Konflikt ist, dass wiederverwendbare Ladungsträger aufgrund ihres höheren Gewichts zu mehr Transportemissionen führen, dafür aber die Menge an Verpackungsmüll reduzieren. Zudem sind Entscheidungsprozesse für GPNs meist unstrukturiert und projektorientiert.[330] Diese fehlende Struktur wird in vielen Unternehmen mit einer Unklarheit kombiniert, wie die Konflikte zwischen ökonomischen und ökologischen Zielen gehandhabt werden.[331] Ursache für diese Unklarheit ist, dass die Einflussfaktoren auf die Nachhaltigkeitsgrößen und die resultierenden gegenseitigen Abhängigkeiten meist unbekannt sind.[332] Daher besteht in der Praxis die Gefahr, dass lediglich einzelne Kennzahlen, wie die Scope 1 CO_2-Emissionen, in den Vordergrund gestellt werden und andere Bewertungsgrößen vernachlässigt werden.[333] Ein solches Betonen von positiven Nachhaltigkeitsaspekten und Weglassen von negativen Folgen ist bei vielen Unternehmen verbreitet.[334] Es fehlt dementsprechend eine Übersicht

---

[327] vgl. Bicalho, T. et al. (2017) LCA data quality, S. 893-894.

[328] vgl. Benfer, M. et al. (2021) Digital Twins for Production Network Management, S. 1271-1274.

[329] vgl. Dusseldorp, M. (2017) Zielkonflikte der Nachhaltigkeit, S. 16-26.

[330] vgl. Prote, J.-P. (2017) Bewertung von Standortalternativen in Produktionsnetzwerken, S. 51; Gützlaff, A. (2022) Kontinuierliche Gestaltung von Produktionsnetzwerken, S. 60.

[331] vgl. Kravchenko, M. et al. (2021) Trade-Off for Conflicting Sustainability Indicators, S. 2-26.

[332] vgl. Chen, X. et al. (2020) Environmental Sustainability of Digitalization in Manufacturing, S. 2-6.

[333] vgl. Pucker, K. (2021) Overselling Sustainability Reporting, S. 6-10.

[334] vgl. Freitas Netto, S. de et al. (2020) Concepts and forms of greenwashing, S. 6-9.

darüber wie sich alle Zielgrößen in Abhängigkeit zu einander entwickeln, da *Zielkonflikte zwischen ökologischen Nachhaltigkeitszielen* für die meisten Entscheidenden nicht transparent nachvollziehbar oder sogar unbekannt sind.[335]

Die Bewertung einer PNK ist zudem stark abhängig von den persönlichen Werten der beteiligten Stakeholder.[336] In globalen Produktionsnetzwerken, die in unterschiedlichen kulturellen Räumen agieren, herrscht eine starke Heterogenität der Stakeholder und somit auch Diskrepanz zwischen deren Zielpräferenzen.[337] Aufgrund der großen Anzahl an Stakeholdern können deshalb nicht alle Präferenzen zu jeder Zielgröße der ökologischen Nachhaltigkeit ermittelt werden.[338] Die Normalisierung und Gewichtung dieser Kategorien ist zudem eine offene Herausforderung auf die die Wissenschaft viele Antworten geliefert, aber noch keine einheitliche Lösung gefunden hat.[339] Statistische Methoden der Gewichtung haben den Nachteil, dass sie die Präferenzen der Stakeholder nicht berücksichtigten.[340] Präferenzbasierte Methoden der Gewichtung berücksichtigen die Ansichten und Werte der befragten Stakeholder.[341] Jedoch können diese im Umfeld von GPNs nicht angewendet werden, da, wie bereits erwähnt, die Anzahl und Diversität der Stakeholder zu groß ist. Somit ist die Aggregation der verschiedenen Nachhaltigkeitsindikatoren zu einer einzelnen Zielgröße auch aufgrund der potentiellen Zielkonflikte zwischen Stakeholdern nicht sinnvoll. Vielmehr wird eine Transparenz über die Ausprägung aller relevanter Zielgrößen je Handlungsoption benötigt.[342] Diese Transparenz wird aktuell sowohl für lokale Produktionssysteme als auch globale Supply Chains nur bedingt erreicht.[343] Es besteht somit die Herausforderung, dass die Bewertung von PNKs einem *Transparenzbedarf in Bezug zu Stakeholderdifferenzen* gerecht wird, welcher alle potentiellen Interessen berücksichtigt.

---

335 vgl. Wicher, P. et al. (2019) Sustainability performance assessment of industrial corporation, S. 2-12.

336 vgl. Sohn, J. et al. (2020) Including Stakeholder Perspectives, S. 1-3.

337 vgl. Kim, E. et al. (2019) Multinational companies and the corporate social responsibility, S. 2387-2389.

338 vgl. Khojastehpour, M. et al. (2020) Addressing the complexity, S. 304-306.

339 vgl. Gan, X. et al. (2017) When to use what, S. 492-494; Delesposte, J. et al. (2021) Use of multicriteria decision aid methods, S. 514-518.

340 vgl. Lindén, D. et al. (2021) Statistical analysis and stakeholders' preferences, S. 2-5.

341 vgl. Biedermann, A. et al. (2022) Sustainability improvement in complex systems, S. 103.

342 vgl. Ays, J. (2021) Gestaltung agiler Produktionsnetzwerke, S. 57-59.

343 vgl. Barletta, I. et al. (2021) Organisational sustainability readiness, S. 1-11; Montecchi, M. et al. (2021) Supply chain transparency, S. 4-25.

Hinzu kommt eine fehlende Referenz bei den Bewertungen, da die Arbeit mit ökologischen Kennzahlen für viele Verantwortliche neu ist und somit nicht auf Erfahrungswerte, wie sie im Umgang mit finanziellen Größen bestehen, zurückgegriffen werden kann.[344] Dabei gilt, dass eine absolute Kennzahl, wie z.B. die vollständigen CO_2-Emissionen, nur bedingt aussagekräftig ist. Vielmehr wird eine relative Größe benötigt, die eine Einordnung und Bewertung der absoluten Größe ermöglicht.[345] Die Wahl des richtigen Vergleichsmaßstabes ist jedoch eine Herausforderung, da nur ähnliche Prozesse und Branchen verglichen werden sollten. Selbst Unternehmen der gleichen Branche können aufgrund von unterschiedlicher Wertschöpfungstiefen oder abweichender Messmethoden nur bedingt direkt miteinander verglichen werden.[346] Eine andere Option ist daher der Vergleich mit dem, was theoretisch als Optimum möglich wäre. Dieser Vergleich fehlt jedoch in der Praxis für PNK oft, da die optimale Konfiguration je Nachhaltigkeitsziel unbekannt ist.[347] Für den Fall, dass Vergleichsszenarien ermittelt werden, müssen diese zudem durch eine Referenz zu den Netzwerkeigenschaften, wie den Maschinenstunden oder der Anzahl produzierter Produkte, vergleichbar bewertet werden. Somit besteht die Herausforderung, den *passenden Bezug zu Referenzgrößen und Aggregationsumfängen* für die Bewertung von PNK-Szenarien zu ermitteln.

2.5 Zwischenfazit: Handlungsbedarf aus der Praxis

Die Herausforderungen zur Bewertung der ökologischen Nachhaltigkeit einer PNK wurden in den vorherigen Unterkapiteln auf Basis der aktuellen Fach- und Forschungsliteratur erläutert. In Abbildung 2.19 sind diese gemäß ihren Kategorien zusammengefasst.

[344] vgl. Schuh, G. et al. (2014) Grundlagen des Produktionsmanagements, S. 16-18; Bertels, S. et al. (2016) CEO decision-making for sustainability, S. 3; Hristov, I. et al. (2019) Role of Sustainability Key Performance Indicators, S. 9-13; Lacy, P. et al. (2019) CEO Study on Sustainability, S. 22-25; Dzhengiz, T. et al. (2020) Competences for Environmental Sustainability, S. 892-898.

[345] vgl. Ahmad, S. et al. (2018) Sustainability indicators for manufacturing sectors, S. 328-330.

[346] vgl. Steinhöfel, E. et al. (2019) Sustainability Reporting in German Manufacturing SMEs, S. 615-617.

[347] vgl. Bhinge, R. et al. (2015) Sustainability Optimization for Global Supply Chain, S. 323-324; Mourtzis, D. et al. (2015) A toolbox for the design of manufacturing networks, S. 274-282.

Komplexität der Einflussbeziehungen

- Multidimensionalität der ökologischen Nachhaltigkeitsziele
- Vielzahl und Komplexität von Systemelementen innerhalb der PNK
- Vielzahl und Komplexität von Systemelementen außerhalb der PNK

Aufwand der Modellierung

- Verhältnis vom Informationsmehrwert zum Modellierungsaufwand
- Kein einheitliches Abstraktionslevel für den Betrachtungsumfang
- Fehlende Verfügbarkeit von Informationen mit Nachhaltigkeitsbezug

Transparenz der Bewertung

- Zielkonflikte zwischen ökologischen Nachhaltigkeitszielen
- Transparenzbedarf in Bezug zu Stakeholderdifferenzen
- Passender Bezug zu Referenzgrößen und Aggregationsumfängen

Abbildung 2.19: Herausforderungen aus der Praxis

Die genannten Handlungsbedarfe und Herausforderungen bestärken die Relevanz der in Kapitel 1.2 entwickelten Forschungsfrage, die lautet:

Wie kann die Konfiguration eines globalen Produktionsnetzwerkes in Bezug auf ökologische Nachhaltigkeitsziele aufwandsgerecht und transparent bewertet werden?

Existierende Ansätze zur Beantwortung dieser Frage sollen im folgenden Kapitel 3 hinsichtlich der genannten Herausforderungen näher untersucht werden.

3 Bestehende Ansätze

Das vorliegende Kapitel dient der Vorstellung bestehender und relevanter Forschungsarbeiten. In Kapitel 3.1 werden die Kriterien für die Bewertung basierend auf dem Handlungsbedarf aus Kapitel 2.4 hergeleitet. Das verwendete Auswahlverfahren für die Identifikation der vorzustellenden Ansätze wird in Kapitel 3.2 erläutert. Die eigentliche Vorstellung der existierenden Ansätze erfolgt in Kapitel 3.3 und ist unterteilt nach den Hintergründen der Arbeiten hinsichtlich Produktionsnetzwerke (Kapitel 3.3.1), Supply Chains (Kapitel 3.3.2) und Produktion (Kapitel 3.3.3). Die Diskussion und Bewertung der vorgestellten Ansätze mit den zuvor definierten Kriterien erfolgen in Kapitel 3.4. Darauf aufbauend werden in Kapitel 3.5 das Forschungsdefizit und der Handlungsbedarf abgeleitet.

3.1 Anforderungskriterien an bestehende Ansätze

Die Herausforderungen und der Handlungsbedarf aus der Praxis (Kapitel 2.4 und 2.5) sowie die Grundlagen des Betrachtungs- und Gestaltungsbereichs (Kapitel 2.1, 2.2 und 2.3) bilden die Basis für die Anforderungskriterien an bestehende Ansätze. Um eine transparente Bewertung zu ermöglichen, werden die Anforderungen als objektiv messbare Kriterien formuliert. Dafür bedarf es einer Übertragung der offen formulierten Herausforderungen in zielgerichtete, inhaltliche Kriterien, die ein Lösungspotential für die genannten Herausforderungen bieten. Die Anforderungskriterien beziehen sich je nach Kategorie auf die betrachteten Objekte, eingesetzten Methoden oder adressierten Ziele. Abbildung 3.1 verdeutlicht die Herleitung der Kriterien.

Die Kriterien des Objektbereichs definieren, was ein Ansatz betrachten soll. Das erste Kriterium des Objektbereichs ist das *Verständnis eines globalen Produktionsnetzwerkes als intraorganisationales Netzwerk*, wie es in Kapitel 2.1.2 beschrieben wurde. Weitere Kriterien sind, dass die in Kapitel 2.1.3.4 beschriebenen Allokationsentscheidungen berücksichtigt werden. Diese Entscheidungen sind die *Standort-, Technologie-, Produkt- und Mengenallokation*. Durch den Fokus auf diesen Objektbereich soll erreicht werden, dass die Herausforderungen durch die Komplexität der Einflussbeziehungen zwischen Nachhaltigkeitszielen und Produktionsnetzwerkelementen beherrscht werden. Auch die Herausforderungen der aufwandsgerechten Modellierung und transparenten Bewertungen können nur gelöst werden, wenn der passende Objektbereich betrachtet wird. Die Kriterien des Objektbereichs gelten als vollständig erfüllt, wenn ein Ansatz das Netzwerk bzw. die Allokationsentscheidungen entsprechend der Definitionen dieser Arbeit beschreibt. Eine teilweise Erfüllung der Kriterien liegt vor, falls Aspekte des jeweiligen Objekts genannt werden. Werden die Aspekte in keiner Weise erwähnt, gilt das zugehörige Kriterium als nicht erfüllt.

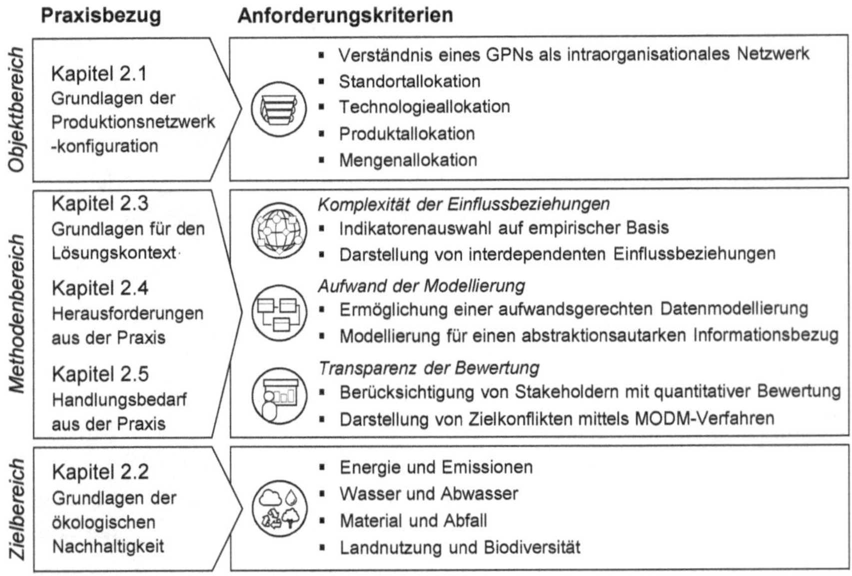

Abbildung 3.1: Herleitung der Anforderungskriterien an bestehende Ansätze

Die Kriterien des Methodenbereichs bewerten, wie ein Ansatz eine Herausforderung zu lösen versucht und weisen somit eine enge Verknüpfung zu den Herausforderungen der Praxis auf. Die Methoden für eine *Indikatorenauswahl auf empirischer Basis* sind geeignet, um der Multidimensionalität von Nachhaltigkeitszielen mit einer Auswahl passender Kennzahlen gerecht zu werden. Des Weiteren werden Methoden zur Komplexitätsreduktion durch die *Darstellung von interdependenten Einflussbeziehungen* benötigt (vgl. Kapitel 2.3.3). Damit sollen die Komplexität und Vielzahl von

Systemelementen und externen Einflussfaktoren adressiert werden. Auch die Herausforderungen in Bezug auf Zielkonflikte zwischen ökologischen Nachhaltigkeitszielen werden mit einer solchen Darstellung überwunden, wenn sie die in Kapitel 2.1.3 vorgestellten Netzwerkentscheidungen mit den Nachhaltigkeitskategorien aus Kapitel 2.2.4 verbinden. Das Kriterium der *Ermöglichung einer aufwandsgerechten Datenmodellierung* überprüft, ob Methoden eingesetzt werden, die den Aufwand der Modellierung reduzieren. Dafür muss eine klare Datenstruktur vorgeben werden, welche die Beziehungen zwischen den enthaltenen Objekten mittels Assoziationsregeln und Formeln definiert. Dies ist die Grundlage für das Kriterium der *Modellierung für einen abstraktionsautarken Informationsbezug*. Diese Anforderung berücksichtigt, ob das Modell unterschiedliche Detaillevel von Produktionsressourcen darstellen kann und auch bei fehlenden Informationen eine eingeschränkte Funktionsfähigkeit vorweisen kann. Wichtige Grundlagen zu diesen Anforderungskriterien der Modellierung werden in Kapitel 2.3.1 und 2.3.2 vorgestellt.

Ein weiteres Kriterium ist die *Berücksichtigung von Stakeholdern mit einer quantitativen Bewertung*, welche die unterschiedlichen Interessen widerspiegelt. Der Einsatz von quantitativen Bewertungen benötigt dafür einen definierten Aggregationsumfang und den Bezug zu Referenzgrößen. Dieses Kriterium folgt den in Kapitel 2.2.3 vorgestellten und etablierten Werkzeugen von Methoden zur Nachhaltigkeitsbewertung. Die *Darstellung von Zielkonflikten mittels MODM-Verfahren* adressiert die Widersprüche zwischen ökologischen Nachhaltigkeitszielen und kombiniert diese mit den in Kapitel 2.3.4 beschriebenen Verfahren. Daher sind sie ein weiteres Anforderungskriterium für die Entwicklung einer transparenten Bewertung. Die Kriterien des Methodenbereichs gelten als vollständig erfüllt, wenn der jeweilige Ansatz die zugehörigen Anforderungen als Motivation für die Arbeit nennt und begründet, warum die zugehörige Methode diese erfüllt. Die Kriterien gelten als teilweise erfüllt, wenn die Anforderungen zwar nicht genannt werden, der Ansatz aber dennoch Mechanismen beinhaltet, welche diesen zumindest teilweise gerecht werden. Falls die jeweiligen Ansätze keinerlei Bezug zu den genannten Anforderungen aufweisen, gilt das zugehörige Kriterium als nicht erfüllt.

Die Kriterien des Zielbereichs definieren, welche Ziele im zuvor bestimmten Objektbereich verfolgt werden. Entsprechend der in Kapitel 2.2.4 vorgestellten Quantifizierung von ökologischer Nachhaltigkeit sollen diese Kategorien jeweils als Anforderungskriterium gelten. Die genannten Kategorien und Kriterien sind *Energie und*

Emissionen, Wasser und Abwasser, Material und Abfall sowie die *Landnutzung und Biodiversität*. Nur wenn ein Ansatz mindestens zwei dieser Kriterien erfüllt, ist es möglich, dass die Herausforderungen der Multidimensionalität von Nachhaltigkeitszielen sowie der Berücksichtigung von Zielkonflikten zwischen diesen gelöst werden. Die Kriterien des Zielbereichs werden als vollständig erfüllt gewertet, wenn ein Ansatz mindestens vier Indikatoren in der jeweiligen Kategorie vorweisen kann oder mindestens eine Zielfunktion für ein MODM-Verfahren formuliert. Werden keine Aspekte der jeweiligen ökologischen Nachhaltigkeitskategorie erwähnt, gilt das Kriterium als nicht erfüllt. Eine teilweise Erfüllung der Kriterien wird erreicht, wenn die Kategorie zwar erwähnt wird, aber weniger als vier Indikatoren und keine Zielfunktion genannt werden.

3.2 Auswahl der relevanten Ansätze

Für die Auswahl der in diesem Kapitel vorgestellten Ansätze wurde das in Abbildung 3.2 dargestellte Verfahren angewandt. Zunächst erfolgte eine Stichwörtersuche in den lokalen Bibliotheken der RWTH Aachen und des WZLs sowie in den Datenbanken *Scopus* und *Web of Science*. Die verwendeten Stichwörter sind in Tabelle 9.1 im Anhang 9.1 aufgelistet. Zudem wurden im *Web of Science* die im Anhang genannten Domänenfilter eingesetzt. Die Suche erfolgte über einen Zeitraum von Sommer 2020 bis zu Beginn 2022. Dabei wurden erste Suchergebnisse gelesen und bzgl. ihrer Relevanz bewertet, damit eine Einschätzung der verwendeten Suchbegriffe vorgenommen werden konnte. Anschließend wurden die jeweils ersten 1.000 Suchergebnisse von jeder Stichwortkombination in das Machine-Learning basierte Auswertungsprogramm ASReview importiert. Das Programm erlaubt es, relevante Ansätze zu markieren und schlägt auf Basis von Titel, Autor und Abstract weitere möglicherweise relevante Arbeiten vor. Jeder Vorschlag wird dann erneut bewertet, um die Vorschlagsgenauigkeit des Programms zu trainieren.[348] Die vollständigen Details der Auswertung mittels ASReview sind ebenfalls Teil von Anhang 9.1. Alle als relevant bewerteten Ansätze wurden vollständig gelesen. Nach der Identifikation von relevanten Arbeiten mittels ASReview wurde das „Snowballing"-Verfahren angewendet. Dieses

[348] vgl. van de Schoot, R. et al. (2021) Machine learning framework for transparent systematic reviews, S. 127.

sieht vor, dass die Quellen von relevanten Veröffentlichungen sowie weitere Arbeiten, welche diese zitieren, untersucht werden.[349] Abschließend wurde der gesammelte Satz von Arbeiten erneut gelesen, um eine finale Auswahl der wichtigsten, relevanten Ansätze zu bestimmen. Diese Auswahl umfasst 23 Arbeiten, die im folgenden Kapitel präsentiert und diskutiert werden.

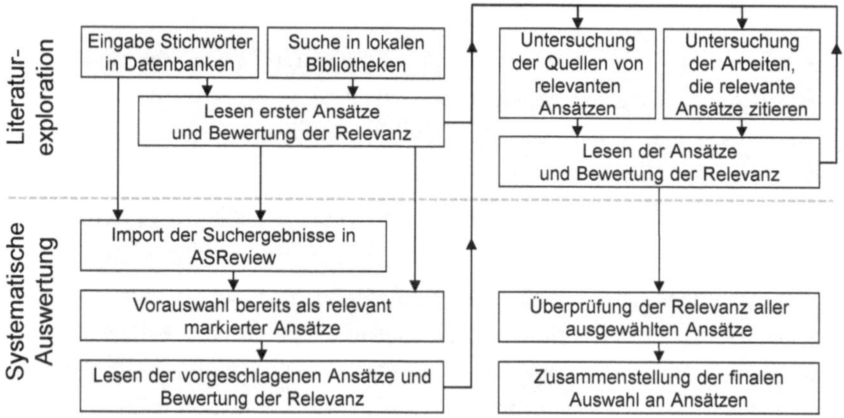

Abbildung 3.2: Vorgehen für die Literaturrecherche

3.3 Vorstellung der bestehenden relevanten Ansätze

Die mit dem Vorgehen aus Kapitel 3.2 identifizierten Ansätze werden nachfolgend vorgestellt. Dabei sind die Ansätze gemäß ihren Hintergründen und fachlichen Orientierung nach Produktionsnetzwerken, Supply Chains oder Produktion sortiert. Diese Unterteilung basiert auf der Klassifizierung in Kapitel 2.1.2 sowie den Ergebnissen der Recherche.

3.3.1 Produktionsnetzwerkorientierte Ansätze

Die Auswahl der produktionsnetzwerkorientierten Ansätze beinhaltet Arbeiten, welche vor dem Hintergrund der in Kapitel 2.1 beschriebenen GPN verfasst wurden. Dieses Unterkapitel soll untersuchen, ob bestehende Bewertungsverfahren für GPN die Anforderungen aus Kapitel 3.1 erfüllen.

[349] vgl. Geissdoerfer, M. et al. (2017) The Circular Economy, S. 759-763.

3.3.1.1 Ansatz nach MERCHIERS (2008)

Der Ansatz von MERCHIERS bietet ein szenariobasiertes Konzept zur quantitativen Bewertung von Produktionsnetzwerkkonfigurationen mit einem Fokus auf Maschinenbaubetriebe. Dabei folgt die Arbeit der Hypothese, dass mit mehreren Standorten die Herstellkosten reduziert werden können, die Koordinationskosten jedoch steigen.[350] Auf Basis einer Ursache-Wirkungs-Analyse wurden in der Arbeit die verschiedenen Kostenverursacher im Produktionsnetzwerk auf die drei Ebenen Produktionsmodul, Standortmodul und Netzwerkmodul verteilt.[351] Für jedes Modul wurden Gleichungen entwickelt, die eine Quantifizierung der jeweiligen Kosten und anderen finanziellen Kennzahlen über mehrere Perioden ermöglichen. Diese Kennzahlen müssen für jedes Szenario miteinander verglichen werden, damit eine abschließende Entscheidung getroffen werden kann.

Die Modellierung und das Verständnis des Produktionsnetzwerkes entsprechen den in Kapitel 3.1 genannten Anforderungen. Zudem wurden bei den betrachteten Kostenarten auch Elemente berücksichtigt, die einen direkten Einfluss auf Nachhaltigkeitsaspekte haben, wie z.B. die Energie-, Transport- und Verpackungskosten. Trotzdem wurden diese Größen nur für die monetäre Bewertung verwendet.[352] Das Gleiche gilt für die Untersuchung der interdependenten Wirkungsbeziehungen, die zwar ausführlich und umfangreich ist, jedoch nur Elemente mit Bezug zur ökonomischen Nachhaltigkeit des Produktionsnetzwerkes beinhaltet.[353]

3.3.1.2 Ansatz nach KREBS (2012)

Die Methode zur Bewertung vernetzter Produktionsstandorte unter Berücksichtigung multidimensionaler Unsicherheiten von KREBS dient ebenfalls dazu, verschiedene Alternativen von globalen Produktionsnetzwerken zu vergleichen. Im ersten Schritt der Methode werden sowohl die Zielgrößen definiert als auch die Ausprägungen von Lösungsalternativen, womit es sich bei der Arbeit um ein MADM-Problem handelt.[354] Darauf basierend sieht die Methode die Identifikation von Einflussfaktoren und die

[350] vgl. Merchiers, A. (2008) Bewertung globaler Standortstrukturalternativen, S. 136.
[351] vgl. Merchiers, A. (2008) Bewertung globaler Standortstrukturalternativen, S. 147.
[352] vgl. Merchiers, A. (2008) Bewertung globaler Standortstrukturalternativen, S. 170.
[353] vgl. Merchiers, A. (2008) Bewertung globaler Standortstrukturalternativen, S. 170-188.
[354] vgl. Krebs, P. (2012) Bewertung vernetzter Produktionsstandorte, S. 37-46.

anschließende Modellierung von quantitativer und qualitativer Unsicherheit vor. Die berechneten Kennzahlen werden sowohl für eine Sensitivitätsanalyse als auch eine abschließende Bewertung genutzt.[355] Validiert wurde dieses Vorgehen mit dem Vergleich von Produktionsalternativen in Deutschland und Indien für Windanlagen der Siemens AG. Dabei wurde trotz der Möglichkeit zur Betrachtung von multidimensionalen Unsicherheiten lediglich die Bewertungsgröße „Market Value Added" (dt. Marktwertzuwachs) verwendet.[356]

Für die Handhabung der benötigten Datenmengen wurde von KREBS ein Datenmodell entwickelt, welches als UML-Klassendiagramm präsentiert wird. Die beinhalteten Klassen sind jedoch als Kalkulationsmodul, Unsicherheitsmodul oder Einflussfaktor generisch formuliert und können nicht ohne Transferleistung praktisch angewendet werden.[357] Dennoch bietet das Modell eine funktionierende Struktur für die Analyse von interdependenten Wirkungsbeziehungen, auch wenn diese nicht die Wirkungskategorien von ökologischen Nachhaltigkeitskennzahlen beinhaltet.

3.3.1.3 Ansatz nach SCHUH ET AL. (2012)

Das Softwaretool *OptiWo* stellt den Kern des von SCHUH ET AL. entwickelten Lösungsansatzes zur datenbasierten Produktionsnetzwerkbewertung dar. Entwickelt wurde das Tool ursprünglich in Zusammenarbeit mit der Siemens AG.[358] Dabei wurde zunächst das Ziel verfolgt die Verantwortlichen mit den Ergebnissen einer genetischen Optimierung zu unterstützen.[359] Das Tool selbst bietet deshalb die Möglichkeit, ein Produktionsnetzwerk nach einem vorgegebenen Datenmodell zu modellieren. Die benötigten Daten können von den Anwendenden selbst eingetragen werden und aus den betrieblichen IT-Systemen ausgeleitet werden.[360] Einmal erfasst, werden die jeweiligen Daten zur Simulation von alternativen Szenarien entsprechend angepasst. Benö-

---

[355] vgl. Krebs, P. (2012) Bewertung vernetzter Produktionsstandorte, S. 95-96.

[356] vgl. Krebs, P. (2012) Bewertung vernetzter Produktionsstandorte, S. 137-150.

[357] vgl. Krebs, P. (2012) Bewertung vernetzter Produktionsstandorte, S. 99-102.

[358] vgl. Reuter, C. et al. (2014) Industrie 4.0 im Management, S. 960-963.

[359] vgl. Schuh, G. et al. (2012) Evolutionary Production Network Optimisation, S. 384-385; Schuh, G. et al. (2012) Die Welt als grüne Wiese, S. 36-38.

[360] vgl. Schuh, G. et al. (2013) Innovative Approaches for Global Production Networks, S. 389-395; Reuter, C. et al. (2015) Aggregation of Production Data, S. 462-467.

tigte Datensätze für die Netzwerkmodellierung sind u.a. Standort-, Produkt- Ressourcen-, Prozessketten- und Transportdaten.[361] Die Daten werden vom Modell in verschiedenen Klassen abgebildet. Zentrale Klasse sind die Produktionsstandorte, an denen Maschinen verortet werden. Diese Maschinen können Prozessschritte durchführen, welche wiederum Teil von Prozessketten sind. Die Klasse der Prozesskette ist mit der Klasse der Produkte verknüpft, welche von dem Prozess benötigt oder hergestellt werden. Welcher Produktionsstandort wie oft diese Produkte herstellt wird über die Bedarf Klasse beschrieben. Bedarfe bestimmen dabei zudem, welche Transportrouten zwischen den Standorten benötigt werden und welche weiteren Kostenfunktionen an den Standorten aktiviert werden.[362] Das zentrale Kostenmodell für die Netzwerkbewertung ist in variable, sprungfixe und fixe Kosten unterteilt. Die zentrale Bewertungsgröße sind Gesamtlandekosten (engl. Total Landed Cost), welche die Standort-, Transport-, Zoll- und Produktionskosten beinhalten. Aufgrund des Einsatzes in Forschungs- und Industrieprojekten wird sowohl das Tool als auch die Methodik kontinuierlich weiterentwickelt.[363]

Der Ansatz von SCHUH ET AL. beinhaltet alle Produktionsnetzwerkelemente, die für die Abbildung der in Kapitel 2.1.3.4 vorgestellten Allokationsaufgaben benötigt werden. Zudem bietet die IT-basierte Lösung eine klare Datenmodellierung und Kennzahlenberechnung, die teilweise mit Optimierungsansätzen kombiniert wird. Aufgrund des Fokus auf die Kostenberechnung, bietet der Ansatz jedoch keine Möglichkeit zur Abbildung von Wirkungsbeziehungen im Kontext der ökologischen Nachhaltigkeit. Die beteiligten Einflussfaktoren und -elemente werden zwar teilweise modelliert, jedoch ohne Attribute mit den benötigten Informationen zur Berechnung von Nachhaltigkeitskennzahlen.

3.3.1.4 Ansatz nach MOURTZIS ET AL. (2015)

Die Arbeit von MOURTZIS ET AL. beinhaltet eine Softwarelösung, die aus verschiedenen Werkzeugen besteht und das Ziel hat, die optimale Gestaltung von Produktionsnetzwerken zu ermitteln, die in der Lage sind, individuelle Produkte nach Kundenwunsch

---

[361] vgl. Varandani, R. (2014) Managementkomplexität globaler Produktionsnetzwerke, S. 137-140.

[362] vgl. Varandani, R. (2014) Managementkomplexität globaler Produktionsnetzwerke, S. 201-214; Reuter, C. et al. (2015) Aggregation of Production Data, S. 465-467.

[363] vgl. Schuh, G. et al. (2019) Gestaltung von Produktionsnetzwerken, S. 8-9.

zu fertigen. Die Methode berücksichtigt dabei die verfügbaren Standorte, deren Fähigkeiten sowie die zu verarbeitenden Produktvarianten und die zugehörigen Prozess- und Stücklisten. Das betrachtete Problem gehört zu der Klasse der MODM und ein Aspekt der Veröffentlichung ist der Vergleich von drei möglichen Lösungsalgorithmen.[364] Die berücksichtigen Kriterien sind die Produktions- und Transportkosten, die Durchlaufzeit, die Qualität, die Zuverlässigkeit, die dynamische Komplexität sowie die ökologischen Kennzahlen CO_2-Emissionen und Energieverbrauch.[365] Die Entscheidungsparameter sind, ob ein Partner im Netzwerk etwas produziert und wie diese Ware transportiert wird.[366] Die gesamte Methode wurde als Webanwendung implementiert und zusammen mit einem europäischen Werkzeugmaschinenbauer validiert.[367]

Auch wenn nachhaltigkeitsbezogene Ziele berücksichtigt wurden, fehlen in der Arbeit die Aspekte der Wassernutzung, Materialien, Abfälle und Biodiversität. Das Produktionsnetzwerk wird zudem als Verbund mehrerer Unternehmen betrachtet und entspricht nicht der Definition eines intraorganisationalen Netzwerkes. Die Bewertung der ermittelten Konfigurationen ist transparent und zeigt jedes Kriterium auf, ohne jedoch die verbundenen Interdependenzen tiefergehend zu analysieren.[368]

3.3.1.5 Ansatz nach GOVINDAN ET AL. (2016)

Der Ansatz von GOVINDAN ET AL. fokussiert sich auf den Effekt der Berücksichtigung von Nachhaltigkeitskriterien bei der Standortwahl von Produktionsunternehmen.[369] Dafür wurde zunächst eine Literaturrecherche durchgeführt, um die relevantesten Kennzahlen zu ermitteln und diese in einer Vorauswahl zusammenzufassen. Für die Auswahl der finalen Kriterien und deren Gewichtung wurde eine Umfrage durchgeführt. Die Ergebnisse daraus wurden mit den MCDM Methoden des Analytical Hierarchical Process (AHP) und der Technique for Order Preference by Similarity to Ideal Solution (TOPSIS) ausgewertet.[370] Zudem wurde die Principal Component Analysis (PCA) für die Untersuchung der gegenseitigen Abhängigkeiten und die Einteilung in

[364] vgl. Mourtzis, D. et al. (2015) A toolbox for the design of manufacturing networks, S. 276-277.
[365] vgl. Mourtzis, D. et al. (2015) A toolbox for the design of manufacturing networks, S. 277.
[366] vgl. Mourtzis, D. et al. (2015) A toolbox for the design of manufacturing networks, S. 278.
[367] vgl. Mourtzis, D. et al. (2015) A toolbox for the design of manufacturing networks, S. 280.
[368] vgl. Mourtzis, D. et al. (2015) A toolbox for the design of manufacturing networks, S. 283-285.
[369] vgl. Govindan, K. et al. (2016) Sustainability enhancing indicators on location selection, S. 517-518.
[370] vgl. Govindan, K. et al. (2016) Sustainability enhancing indicators on location selection, S. 520-522.

unabhängige Kategorien verwendet. So konnte gezeigt werden, dass die Berücksichtigung von Nachhaltigkeitskriterien die Ergebnisse der Standortwahl beeinflussen kann und deren Gewichtung für die Entscheidungsfindung essentiell ist.

Das betrachtete Problem wird als MADM gestaltet, weshalb keine Modellierung von Standortalternativen notwendig ist. Auch die Entscheidungsaufgabe wird auf den Aspekt der Standortallokation reduziert. Diese Einschränkung ist im Rahmen des Ansatzes jedoch sinnvoll, da neben der ökonomischen und ökologischen auch die soziale Nachhaltigkeit berücksichtigt wird.[371]

3.3.1.6 Ansatz nach PROTE (2017)

Die verursachungsgerechte Bewertung von Standortalternativen in Produktionsnetzwerken nach PROTE bietet Möglichkeiten, die wirtschaftlichen Konsequenzen von Produktionsverlagerungen abzubilden. Dazu folgt die Arbeit dem Kerngedanken, dass zunächst der Ressourcenverbrauch modelliert werden muss und anschließend eine Verknüpfung zu einem Kostentreiber stattfindet.[372] Zudem werden Remanenzkosten detailliert betrachtet, also Kosten, die nicht linear variabel reduziert werden. Das Vorgehen der Methodik besteht aus den drei Phasen Definition, Modellierung und Bewertung. In der Definitionsphase soll festgelegt werden, welche Objekte und Ziele des Produktionsnetzwerkes in den Untersuchungsbereich fallen. Dafür werden zunächst alle potentiellen Kosten in einer Longlist identifiziert und anschließend auf eine Shortlist aggregiert.[373] Die Modellierungsphase bietet Formeln und Beschreibungen für alle zuvor als relevant eingestuften Objekte, mit einem Bezug auf die Bewertungsgrößen Stückkosten, Kapitalwert und Amortisationsdauer.[374] Die gesamte Methodik wurde mit einem Softwaredemonstrator auf Excel-Basis validiert.[375]

Die Analyse von Einflussfaktoren und die anschließende Modellierung des Ansatzes erfüllen die meisten der in Kapitel 3.1 genannten Anforderungen des Methodenbereichs. Jedoch werden aufgrund des Kostenfokus keine Ziele mit Nachhaltigkeitsbezug jenseits der ökonomischen Dimension beachtet.

---

[371] vgl. Govindan, K. et al. (2016) Sustainability enhancing indicators on location selection, S. 525-530.
[372] vgl. Prote, J.-P. (2017) Bewertung von Standortalternativen in Produktionsnetzwerken, S. 136-139.
[373] vgl. Prote, J.-P. (2017) Bewertung von Standortalternativen in Produktionsnetzwerken, S. 113-117.
[374] vgl. Prote, J.-P. (2017) Bewertung von Standortalternativen in Produktionsnetzwerken, S. 173-183.
[375] vgl. Prote, J.-P. (2017) Bewertung von Standortalternativen in Produktionsnetzwerken, S. 185-189.

3.3.1.7 Ansatz nach SAGER (2019)

SAGER bietet mit seinem Ansatz zur Konfiguration globaler Produktionsnetzwerke eine Herangehensweise, die den Einsatz von mathematischen Optimierungsmodellen mit einem prozessorientierten Vorgehensmodell kombiniert.[376] So sollen die Vorteile der Optimierung mit den Anforderungen der industriellen Praxis vereint werden. Das entwickelte Optimierungsmodell benötigt eine umfangreiche Datenmenge, da mehrere Perioden betrachtet werden und der Aufwand für das Hinauf- oder Herunterfahren von Produktionslinien inkludiert wird.[377] Die daraus resultierenden Herausforderungen für eine schnelle Anwendung in der Praxis werden mit einem iterativen Prozess gelöst, der sowohl Zielgrößen als auch Datenbedarfe schrittweise verfeinert. Der Prozess startet mit der Identifikation von Handlungsbedarf und Aufgabenstellung und grenzt den impliziten Lösungsraum so lange ein, bis eine abschließende Bewertung und Auswahl möglich ist.[378] Validiert wird die Methodik am Beispiel der Motorenproduktion für einen Automobilhersteller.[379]

Obwohl in der Literaturrecherche der Arbeit festgestellt wurde, dass Nachhaltigkeit zu den meist verwendeten Zielgrößen im Bereich des Supply Chain Management gehört (vgl. Kapitel 2.1.3.5), wurde diese anschließend nicht in das MCDM Problem integriert. Das grundlegende Datenmodell für die Optimierung ermöglicht die Abbildung aller relevanten Allokationsentscheidungen, ohne jedoch die Datenstruktur objektorientiert und somit anwendungsnah zu gestalten.

3.3.1.8 Ansatz nach HOCHDÖRFFER ET AL. (2021)

HOCHDÖRFFER ET AL. stellen eine MILP Optimierung für die Produktvariantenzuordnung und Konfigurationsanpassungen von globalen Produktionsnetzwerken vor.[380] Dies bedeutet, dass neben der Allokation von Produkten auf Standorte und deren Fertigungsressourcen auch überprüft wird, ob neue Standorte oder Kapazitätserweiterungen benötigt werden. Die zugehörige Modellierung umfasst dafür mehrere Perioden,

---

[376] vgl. Sager, B. (2019) Konfiguration globaler Produktionsnetzwerke, S. 61-66.
[377] vgl. Sager, B. (2019) Konfiguration globaler Produktionsnetzwerke, S. 88-93.
[378] vgl. Sager, B. (2019) Konfiguration globaler Produktionsnetzwerke, S. 66 ff.
[379] vgl. Sager, B. (2019) Konfiguration globaler Produktionsnetzwerke, S. 140-157.
[380] vgl. Hochdörffer, J. et al. (2021) Allocation and configuration of global production networks, S. 1-2.

Produkte, Standorte, Produktionsprozesse und -ressourcen sowie die Transportstrecken zwischen den Standorten. Eine Besonderheit des Vorgehens ist, dass nach der linearen Optimierung noch eine Parameteroptimierung vorgenommen wird, welche mit Schlupfvariablen und Schattenpreisen arbeitet.[381] Das Ziel der Methode ist die strategische Planung mit Entwicklungsvorschlägen für die folgenden Jahre zu unterstützten, was anhand eines Beispiels aus der Luftfahrtindustrie validiert wurde.

Der Ansatz bietet eine sehr umfangreiche Modellierung von intraorganisationalen, globalen Produktionsnetzwerken und beachtet dabei bis auf die Technologieallokation alle relevanten Allokationsentscheidungen. Aufgrund der verwendeten linearen Optimierung findet auch eine konsequente Ausrichtung nach quantitativen Kennzahlen statt. Dabei richtet sich die Optimierung jedoch nur auf ökonomische Ziele aus und vernachlässigt Nachhaltigkeitsaspekte vollständig.[382]

3.3.2 Supply-Chain-orientierte Ansätze

Im Kontext der Supply Chain Bewertung existieren wesentlich mehr wissenschaftliche Arbeiten als für GPNs. Aus diesem Grund werden trotz des abweichenden Objektbereichs im nachfolgenden Unterkapitel Ansätze hinsichtlich der Kriterien aus Kapitel 3.1 überprüft.

3.3.2.1 Ansatz nach Reich-Weiser et al. (2009)

Reich-Weiser et al. diskutieren in ihrer Studie die Kompromisse zwischen Treibhausgasemissionen und Wasserknappheit innerhalb einer Lieferkette. In der Arbeit wurde ein Hybrid aus Prozess- und Input-Output-Ökobilanzierung verwendet, um Tradeoffs aufzuzeigen. Diese Kombination wurde gewählt, da sie effizienter und umfassender ist als eine reine Prozessbetrachtung und gleichzeitig spezifischer als die Input-Output-Analyse. Die verwendeten Daten stammen aus einer LCA Datenbank der Carnegie Mellon Universität, welche mit spezifischen Strom- und Transport-Emissionsdaten kombiniert wurde.[383] Die Abhängigkeit zwischen lokalem Wasserverbrauch und Emissionen, die für Transport und Stromerzeugung anfallen, wurde anhand eines

381 vgl. Hochdörffer, J. et al. (2021) Allocation and configuration of global production networks, S. 5-9.
382 vgl. Hochdörffer, J. et al. (2021) Allocation and configuration of global production networks, S. 13-16.
383 vgl. Reich-Weiser, C. et al. (2009) GHG emission tradeoffs and water scarcity in the supply chain, S. 24 f.

Anwendungsfalls aus der nordamerikanischen Automobilindustrie exemplarisch durchgerechnet.[384]

Die Arbeit zeigt, dass bei der Nachhaltigkeitsbewertung von Lieferketten die Standorte und lokale Ressourcenverfügbarkeit aller Produktionsstätten sowie die verfügbaren Transportarten berücksichtigt werden müssen.[385] Trotz dieser Erkenntnis ignoriert die Arbeit jedoch die Aspekte der Biodiversität und Materialentsorgung. Außerdem wird in der Arbeit auch kein intraorganisationales Netzwerk betrachtet, weshalb die Lieferantenauswahl höchstens einer Standortallokation entspricht.

3.3.2.2 Ansatz nach CABRAL (2011)

Das von CABRAL entwickelte Informationsmodell hat das Ziel die Agilität, Resilienz und Umwelteigenschaften einer Supply Chain zu messen. Die dafür benötigten Kennzahlen wurden auf Basis einer Literaturrecherche entwickelt und durch eine Delphi-Befragung von Experten aus Wissenschaft und Praxis validiert.[386] Der betrachtete Auftragsabwicklungsprozess wird als Business Process Modell dargestellt und dient als Basis für die Aufnahme der Aktionen der beteiligten Akteure in Use Case Diagrammen.[387] Beides ist die Grundlage für Klassendiagramme, welche die benötigten Datenstruktur für die KPI (engl. Key-Performance-Indicator) Berechnung bereitstellen und nach Zielen, Kriterien und Subkriterien differenziert werden.[388] Validiert wurde das Modell mit einem Beispiel aus dem Volkswagen Werk in Palmela, Portugal.[389]

Das Informationsmodell beinhaltet eine umfangreiche und übersichtliche Informationsstruktur zur Quantifizierung von Nachhaltigkeitskennzahlen. Jedoch liegt der Fokus stärker auf dem Supply Chain Management, also der operativen Steuerung und nicht auf der langfristigen und strategischen Gestaltung eines Produktionsnetzwerkes.

3.3.2.3 Ansatz nach HELMIG (2012)

Der Ansatz von HELMIG dient der Bewertung des Einsatzes von nachhaltigen Logistikkonzepten in Unternehmensnetzwerken. Dafür wurden als Beschreibungselemente

[384] vgl. Reich-Weiser, C. et al. (2009) GHG emission tradeoffs and water scarcity in the supply chain, S. 26.
[385] vgl. Reich-Weiser, C. et al. (2009) GHG emission tradeoffs and water scarcity in the supply chain, S. 27.
[386] vgl. Cabral, I. (2011) Information model for agile, resilient and green supply chain management, S. 85-89.
[387] vgl. Cabral, I. (2011) Information model for agile, resilient and green supply chain management, S. 59-77.
[388] vgl. Cabral, I. (2011) Information model for agile, resilient and green supply chain management, S. 58 ff.
[389] vgl. Cabral, I. (2011) Information model for agile, resilient and green supply chain management, S. 91 ff.

ein Kennzahlensystem, eine Abbildung von Netzwerkelementen und eine Strukturierung von Logistikkonzepten entwickelt.[390] Diese dienen als Grundlage für die Analyse der Wirkungsbeziehungen untereinander, welche mittels Kausalitätskreisdiagrammen und Wirkungsmatrizen erfasst wurden.[391] Zudem wurden die definierten Beziehungen in mehreren Simulationsmodellen mit dem Fokus auf Produkte, Partner, Prozesse oder Tätigkeiten dargestellt.[392] Validiert wurde das Vorgehen mit einem Hersteller von Heizsystemtechnik und einen Unternehmen aus der Konsumgüterindustrie.[393]

Die betrachteten Kennzahlen mit Nachhaltigkeitsbezug umfassen den Energiebedarf, die Verpackungsmengen, die Recyclingquoten und den Lärm.[394] Somit bezieht sich der Nachhaltigkeitsaspekt vor allem auf den Einsatz von geschlossenen Materialkreisläufen in der Logistik. Die Berücksichtigung eines umfassenderen Nachhaltigkeitsverständnisses und einer vollständigen Produktionsnetzwerkkonfiguration findet nicht statt.

3.3.2.4 Ansatz nach Bhinge et al. (2015)

Der Ansatz für die Nachhaltigkeitsoptimierung von globalen Lieferketten nach Bhinge et al. basiert auf einem Optimierungsmodell von Lanza und Moser, das um Kennzahlen zur Beschreibung der sozialen und ökologischen Nachhaltigkeit erweitert wurde.[395] Das entwickelte Netzwerkmodell besteht aus Technologie-, Standort-, Zulieferer- und Transportelementen. Für jedes dieser Elemente wurden Nachhaltigkeitseigenschaften definiert, die über die Nutzung aktiviert oder skaliert werden.[396] Für die Optimierung wurden diese Kennzahlen normiert und aggregiert, sodass nur eine Zielfunktion je Nachhaltigkeitsdimension benötigt wurde. Berechnet wurde die lineare Optimierung mit dem IBM ILOG CPLEX Solver. Validiert wurde das Modell mit einem Produktionsnetzwerk für Schienenfahrzeuge.[397]

Der Ansatz bietet eine zielgerichtete Modellierung von Produktionsnetzwerkkonfigurationen und eine ausführliche Auflistung an ökologischen Nachhaltigkeitskenn-

[390] vgl. Helmig, J. (2012) Einsatz von nachhaltigen Logistikkonzepten in Unternehmensnetzwerken, S. 78 ff.
[391] vgl. Helmig, J. (2012) Einsatz von nachhaltigen Logistikkonzepten in Unternehmensnetzwerken, S. 110 ff.
[392] vgl. Helmig, J. (2012) Einsatz von nachhaltigen Logistikkonzepten in Unternehmensnetzwerken, S. 125 ff.
[393] vgl. Helmig, J. (2012) Einsatz von nachhaltigen Logistikkonzepten in Unternehmensnetzwerken, S. 170 ff.
[394] vgl. Helmig, J. (2012) Einsatz von nachhaltigen Logistikkonzepten in Unternehmensnetzwerken, S. 97.
[395] vgl. Lanza, G. et al. (2014) Multi-objective optimization of global manufacturing networks, S. 397-399.
[396] vgl. Bhinge, R. et al. (2015) Sustainability Optimization for Global Supply Chain, S. 324-326.
[397] vgl. Bhinge, R. et al. (2015) Sustainability Optimization for Global Supply Chain, S. 327.

zahlen. Jedoch wird diese breite Datenbasis für die Optimierung pauschal zusammengekürzt, ohne die dahinterliegenden moralischen Werte und systemtechnischen Wirkungsbeziehungen zu beachten. Zudem wurde die Verfügbarkeit der Daten nicht untersucht, weshalb die praktische Anwendung des Ansatzes lediglich auf einer entsprechend geringen Detaillierungsstufe durchgeführt werden konnte. Außerdem berücksichtigt das vorgestellte Datenmodell nicht die interdependenten Wirkungsbeziehungen zwischen den einzelnen Nachhaltigkeitsaspekten und bietet aufgrund der Aggregation der Kennzahlen keine Möglichkeit für eine differenzierte Entscheidungsunterstützung.

3.3.2.5 Ansatz nach ESKANDARPOUR ET AL. (2019)

ESKANDARPOUR ET AL. schlagen eine bi-objektive MILP Formulierung zur Minimierung der Logistikkosten sowie der CO_2-Emissionen in einem Supply-Chain-Netzwerk-Design-Problem mit mehreren Ebenen von Einrichtungs-, Technologie- und Transportmodus-Entscheidungen vor. Der Ansatz basiert auf Vorarbeiten von denselben Autoren und gibt die Standorte von Zulieferern und Kunden als Rahmenbedingung vor, womit der Entscheidungsfokus auf die Allokation von Technologien, Mengen und Transportmitteln gelegt wird.[398] Zu diesem Zweck wurde eine multidirektionale lokale Suche (MDLS) Metaheuristik entwickelt. Die vorgeschlagene Methode liefert eine begrenzte Menge nicht-dominierter Lösungen, die von einer rein kosteneffektiven bis hin zu einer rein ökologisch effektiven Lösung reichen und als Pareto-Grenze dargestellt werden.[399] Validiert wurde die Methode mit Experimenten auf der Basis von zufällig erzeugten Instanzen.[400]

Obwohl der Ansatz sich auf die Supply Chain Gestaltung bezieht, wird aufgrund der Vorgabe von Lieferanten und Kunden die Gestaltung eines intraorganisationalen Netzwerkes untersucht und ein Teil der verbundenen Allokationsaufgaben in der Optimierung berücksichtigt. Die Interdependenz von Wirkungsbeziehungen wird nur für die Aspekte von Kosten und CO_2-Emissionen untersucht. Andere Kennzahlen mit Nachhaltigkeitsbezug, wie Wasser, Abfälle oder Biodiversität, werden nicht in die

---

[398] vgl. Eskandarpour, M. et al. (2015) Sustainable supply chain network design review, S. 13-23; Eskandarpour, M. et al. (2019) Sustainable supply chain network design, S. 2-6.

[399] vgl. Eskandarpour, M. et al. (2019) Sustainable supply chain network design, S. 8-13.

[400] vgl. Eskandarpour, M. et al. (2019) Sustainable supply chain network design, S. 8.

Trade-off Gestaltung miteinbezogen. Zudem wird die benötigte Datenstruktur nicht näher erläutert.

3.3.2.6 Ansatz nach Papetti et al. (2019)

Die Nutzung von Daten der operativen Supply Chain Steuerung für die Durchführung von Ökobilanzen stellt den Kerngedanken der Arbeit von Papetti et al. dar. Zur Umsetzung der Methode wurde ein Web Tool aufgebaut, welches entsprechend der entwickelten Vorgehensweise genutzt wird.[401] Das Tool sammelt alle Informationen über den Aufenthalt von Produkten und Materialien automatisiert oder manuell in einem Trace-Modul. Nach einer Anreicherung dieser Daten wird in der zweiten Phase mit dem LCA-Modul eine Ökobilanz berechnet.[402] Sowohl die Methode als auch das Tool wurden mit einem Anwendungsfall aus der italienischen Lederwarenindustrie validiert.[403]

Der Fokus der Arbeit liegt aufgrund der Toolentwicklung in der Verknüpfung von Daten aus verschiedenen Quellen. Besonders für die Herausforderungen der Datenbanken und -strukturen sowie der Ableitung von quantitativen Größen für das LCA wird eine detaillierte Lösung beschrieben. Allokationsentscheidungen werden hingegen ignoriert und auch für die KPI Berechnung wird auf das normierte Verfahren des LCA verwiesen.

3.3.2.7 Ansatz nach Govindan et al. (2019)

Sowohl der Entwurf eines nachhaltigen Lieferkettennetzwerkes mit integrierter Fahrzeugtourenplanung als auch der Vergleich von Schwarmintelligenzalgorithmen für die Lösung dieses Problems sind die Ziele der Arbeit von Govindan et al. Das modellierte 3-stufige Produktionsnetzwerk umfasst dafür Produktionsstandorte, Verteilungszentren und Verkaufsstandorte. Innerhalb dieses Netzwerkes wird entschieden, welche Standorte für Produktion und Verteilung in Frage kommen, welche Technologien für die Produktion allokiert werden sollen und wie die Transportfahrzeuge den Materialfluss zwischen allen Standorten realisieren.[404] Um dieses Modell zu lösen, wird eine Partikel-Schwarm-Optimierung (PSO), ein Elektromagnetismus-ED-

[401] vgl. Papetti, A. et al. (2019) Web-based platform for eco-sustainable supply chain management, S. 219 ff.
[402] vgl. Papetti, A. et al. (2019) Web-based platform for eco-sustainable supply chain management, S. 221 ff.
[403] vgl. Papetti, A. et al. (2019) Web-based platform for eco-sustainable supply chain management, S. 225 ff.
[404] vgl. Govindan, K. et al. (2019) Designing a sustainable supply chain network, S. 223-226.

Mechanismus-Algorithmus (EMA) und eine künstliche Bienenkolonie (ABC) vorgeschlagen und jeweils mit einer variablen Nachbarschaftssuche (VNS) kombiniert. Validiert wurden das Modell und die Algorithmusauswahl mit einem numerischen Benchmarking.[405]

Trotz der Berücksichtigung von Standort- und Technologieallokationen liegt der Fokus des Modells auf dem Tourenplanungsproblem sowie dem Algorithmusvergleich. Auch das Problem der Mehrdimensionalität von Nachhaltigkeitszielgrößen wird lediglich exemplarisch für jeweils eine Zielgröße aus den Bereichen Ökonomie, Soziales und Ökologie gelöst.

3.3.2.8 Ansatz nach Aktas et al. (2020)

In dem Beitrag von Aktas et al. wird ein Produktions-Distributions-Problem betrachtet, welches ökonomische und ökologische Ziele beinhaltet. Für das Problem wird ein mehrstufiges Netzwerk mit verschiedenen Produkten und Transportalternativen modelliert. Die verschiedenen Produkte werden in dem Modell in einer bis zu 3-stufigen Stückliste aufgeschlüsselt.[406] Das Modell beinhaltet auch Lieferanten und Vertriebspartner, fokussiert jedoch auf das Unternehmensnetzwerk, in dem Produktionsmenge, Technologieart und Transportmittel gestaltet werden.[407] Validiert wurde das Modell mit zufallsgenerierten Eingangsdaten, die beweisen, dass zumindest theoretisch eine Verbesserung der Umweltperformance per Netzwerkgestaltung möglich ist.[408]

Obwohl die Wichtigkeit des Umweltschutzes betont wird, werden lediglich die CO_2-Emissionen als Proxy-Kennzahl verwendet. Dies geschieht ohne eine empirische Analyse anderer Kennzahlen und verhindert somit, dass die Wirkungsbeziehungen zwischen anderen Nachhaltigkeitskennzahlen untersucht werden.

3.3.2.9 Ansatz nach Brahami et al. (2020)

Das Ziel der Arbeit von Brahami et al. ist die strategische Gestaltung von nachhaltigen Lieferketten und Netzwerken unter der Berücksichtigung von Kapazitätsgrenzen der produzierenden Standorte und benötigten Transportmittel. Dieses Problem wird als ein "Sustainable Capacitated Facility Location/Network Design Problem"

[405] vgl. Govindan, K. et al. (2019) Designing a sustainable supply chain network, S. 228-233.
[406] vgl. Aktas, A. et al. (2020) Production-Distribution Planning by Considering Carbon Emission, S. 137 f.
[407] vgl. Aktas, A. et al. (2020) Production-Distribution Planning by Considering Carbon Emission, S. 140.
[408] vgl. Aktas, A. et al. (2020) Production-Distribution Planning by Considering Carbon Emission, S. 142 ff.

(SCFLNDP) definiert, welches in die Klasse der MCDM-Probleme fällt.[409] Aufgrund des Fokus auf die Kapazitätsgrenzen werden in dem Modell lediglich Standort- und Transportalternativen ausgewählt, die unterschiedliche Umweltfreundlichkeitsqualitäten aufweisen. Quantifiziert wird die Umweltfreundlichkeit mit CO_2-Emissionen als Proxy.[410] Für die Lösung des beliebig komplexen Problems verwenden die Autoren einen non-dominated Sorting Genetic Algorithm II (NSGA-II).[411] Die so ermittelten Lösungsvorschläge werden abschließend mit dem TOPSIS-Verfahren klassifiziert, in einer zweidimensionalen Pareto-Kurve dargestellt sowie einer Sensitivitätsanalyse unterzogen.[412]

Die Arbeit betrachtet ausführlich die genetische Optimierung eines Netzwerkes und bietet eine entsprechend ausführliche Beschreibung des Problems. Die möglichen Lösungen werden jedoch aufgrund der notwendigen Kodierung nur vereinfacht dargestellt. Aus diesem Grund wird nur eine der vier relevanten Allokationsentscheidungen betrachtet und auch lediglich einer der vier relevanten ökologischen Nachhaltigkeitsaspekte berücksichtigt (vgl. Kapitel 3.1).

3.3.2.10 Ansatz nach Sirilertsuwan et al. (2020)

Sirilertsuwan et al. stellen einen Ansatz für die strategische Standortentscheidung in mehrstufigen Lieferketten unter der Berücksichtigung von Nachhaltigkeit vor. Der Ansatz beinhaltet dafür kein Optimierungsmodell, sondern eine 10-stufige Vorgehensweise. Diese sieht zunächst eine Identifikation des Anwendungskontexts hinsichtlich Ziele, Kriterien, Anwendung und Untersuchungsrahmen vor. Darauf basierend müssen für alle potentiellen Standorte Daten mit Kosten- und Treibhausgasbezug gesammelt werden, damit für jede mögliche Lieferkettenalternative die Kennzahlenausprägungen berechnet werden können. Diese werden anschließend als Pareto-Kurve dargestellt, die als Grundlage für eine Vorentscheidung dient. Die abschließende Entscheidung erfolgt unter der Betrachtung von Resilienz und Robustheit.[413] Das entwickelte Lieferkettenmodell beinhaltet neben dem Produzenten eine 3-stufige Kette an Zulieferern sowie Lagerhäuser, Verkaufsstellen, Kunden, Recyclingcenter

---

[409] vgl. Brahami, M. et al. (2020) Sustainable capacitated facility location/network design, S. 12.
[410] vgl. Brahami, M. et al. (2020) Sustainable capacitated facility location/network design, S. 12-13.
[411] vgl. Brahami, M. et al. (2020) Sustainable capacitated facility location/network design, S. 15-19.
[412] vgl. Brahami, M. et al. (2020) Sustainable capacitated facility location/network design, S. 24-28.
[413] vgl. Sirilertsuwan, P. et al. (2020) Location Decision-Making for Supply Chain Sustainability, S. 5-6.

und Mülldeponien.[414] Validiert wird das Vorgehensmodell an einem Beispiel aus der Textilindustrie, welches umfangreiche und reale Daten zu jedem der potentiellen Standorte beinhaltet.[415]

Auch wenn das Netzwerkverständnis des Ansatzes nicht den definierten Anforderungen entspricht, bietet die Arbeit einen praxisnahen Leitfaden für die Datenerhebung und -auswertung mit Bezug auf global verteilte Produktionsketten. Zwar werden lediglich CO_2-Äquivalente als finale Bewertungsgröße erfasst, trotzdem werden teilweise auch Informationen zu anderen Nachhaltigkeitsaspekten wie Müll und Wasser gesammelt.[416] Darüber hinaus zeigt die ausführliche und transparent dokumentierte Validierung wie signifikant Standortentscheidungen die Nachhaltigkeit eines Netzwerkes beeinflussen.

3.3.2.11 Ansatz nach BORONOOS ET AL. (2021)

In der Studie von BORONOOS ET AL. wurde ein MOMILP für die Gestaltung eines grünen Lieferkettennetzwerks mit geschlossenem Kreislauf entwickelt. Das vorgeschlagene Modell zielt darauf ab, die Gesamtkosten, die gesamten CO_2-Emissionen und die Robustheitskosten in Vorwärts- und Rückwärtsrichtung des Materialflusses gleichzeitig zu minimieren.[417] Stationen im Materialfluss eines Produktes sind der originäre Hersteller, ein Distributionscenter, der Kunde, ein Demontagecenter sowie ein Remanufacturingcenter. Dabei wird der originäre Hersteller vom eigentlichen Produktkreislauf ausgeschlossen, nachdem er das Produkt erstmalig in den Kreislauf eingebracht hat.[418] Eine Besonderheit des Modells ist außerdem die Integration verschiedener THG-Regulierungsmechanismen wie einer CO_2-Steuer, einer CO_2-Obergrenze und einem Emissionszertifikatshandel.[419] Validiert wurde der Ansatz mit Praxisdaten von einem Elektronikhersteller.[420]

Durch die Integration verschiedener politischer Regulierungsmechanismen bietet der Ansatz einen Neuheitsgrad. Gleichzeit führte dies dazu, dass neben der Emissions-

---

[414] vgl. Sirilertsuwan, P. et al. (2020) Location Decision-Making for Supply Chain Sustainability, S. 7.
[415] vgl. Sirilertsuwan, P. et al. (2020) Location Decision-Making for Supply Chain Sustainability, S. 20-37.
[416] vgl. Sirilertsuwan, P. et al. (2020) Location Decision-Making for Supply Chain Sustainability, S. 8-12.
[417] vgl. Boronoos, M. et al. (2021) Multi-objective closed-loop green supply chain network design, S. 3368.
[418] vgl. Boronoos, M. et al. (2021) Multi-objective closed-loop green supply chain network design, S. 3374 f.
[419] vgl. Boronoos, M. et al. (2021) Multi-objective closed-loop green supply chain network design, S. 3379 ff.
[420] vgl. Boronoos, M. et al. (2021) Multi-objective closed-loop green supply chain network design, S. 3384 f.

menge keine weiteren Nachhaltigkeitsziele integriert wurden. Auch die berücksichtigten Allokationsentscheidungen umfassen lediglich Standort- und Mengenentscheidungen, jedoch keine Produkt- und Technologieallokationen. Darüber hinaus ist der vom Modell geforderte Datenbedarf in der Praxis nur schwer operationalisierbar.

3.3.3 Produktionsorientierte Ansätze zur Nachhaltigkeitsbewertung

Neben den Ansätzen mit Fokus auf GPN oder Supply Chains existieren weitere relevante Ansätze, welche die Nachhaltigkeit von Produktionsaktivitäten und produzierenden Unternehmen bewerten. Dementsprechend werden im folgenden Abschnitt Arbeiten dieser Kategorie gemäß den Kriterien aus Kapitel 3.1 untersucht.

3.3.3.1 Ansatz nach Moldavska et al. (2019)

Der ganzheitliche Ansatz zur Bewertung von nachhaltigen Produktionsleistungen unter Berücksichtigung der SDGs nach Moldavska et al. baut auf Vorarbeiten derselben Autoren auf.[421] Die Arbeit beinhaltet eine Modellierung von Fertigungsunternehmen und deren Umfeld, die mit Hilfe der System Dynamics Methoden erstellt wurde.[422] Zudem entwickelten die Autoren weitere Modellmodule, welche die Kriterien für eine nachhaltige Produktion und eine nachhaltige Welt (SDGs) abbilden. Diese Kriterien wurden anschließend mit den Firmenelementen verknüpft, damit die Auswirkungen der Firmenaktivitäten auf die Nachhaltigkeitskriterien prognostiziert werden. Das Modell für die Beschreibung der produzierenden Organisation wurde mit Hilfe von Experteninterviews erarbeitet und die Auswahl der Nachhaltigkeitskriterien auf Basis einer extensiven Literaturrecherche getroffen.[423] Die Verlinkung aller Organisationselemente und Nachhaltigkeitskriterien wurde sowohl in einem Kausalkreisdiagramm als auch in tabellarischer Form dokumentiert und analysiert.

Die Arbeit bietet eine geeignete Herangehensweise, um die Komplexität von Unternehmensaktivitäten und multidimensionalen Nachhaltigkeitszielen abzubilden. Diese Abbildung wird jedoch nicht weiter genutzt, um eine operationalisierbare Modellie-

[421] vgl. Moldavska, A. et al. (2015) Applicability of Sustainability Assessment Tools in Manufacturing, S. 622-625; Moldavska, A. (2016) Model-based Sustainability Assessment, S. 414-416; Moldavska, A. et al. (2016) Manufacturing Sustainability Assessment Using Systems Thinking, S. 19-22.

[422] vgl. Moldavska, A. et al. (2019) Sustainable manufacturing performance evaluation, S. 57-58.

[423] vgl. Moldavska, A. et al. (2019) Sustainable manufacturing performance evaluation, S. 60-63.

rung für Produktionsszenarien zu ermöglichen oder quantitative Kennzahlen auszurechnen. Trotz des Fokus auf produzierende Unternehmen werden die Aspekte eines Produktionsnetzwerkes nicht berücksichtigt.

3.3.3.2 Ansatz nach SAAD ET AL. (2019)

SAAD ET AL. präsentieren in ihrer Studie einen allgemeingültigen, systematischen Rahmen für die Nachhaltigkeitsbewertung von Produktionsprozessen. Dafür werden Richtlinien zur Auswahl und Quantifizierung der relevanten Indikatoren, zur Umwandlung der Indikatoren in dimensionslose Größen und zur Einstufung der Alternativen auf der Grundlage der aggregierten Punktzahlen vorgestellt.[424] Basierend auf einer umfangreichen Literaturrecherche werden die Kategorien Umweltverantwortung, Wirtschaftswachstum, soziales Wohlergehen, technologischer Fortschritt und Performance Management empfohlen.[425] Außerdem werden die Interdependenzen zwischen den verschiedenen Indikatoren erfasst, indem anstelle der traditionellen statistischen Methoden multikriterielle Entscheidungsfindungsmethoden verwendet werden.

Die Arbeit bietet die Möglichkeit zur vollständigen Berücksichtigung aller Nachhaltigkeitsaspekte. Fokus des Vorgehens ist jedoch die Gewichtung und Aggregation der zugehörigen Kennzahlen. Somit wird die transparente Entscheidungsunterstützung nur wenig gefördert und auch die Übertragbarkeit auf die Produktionsnetzwerkgestaltung ist lediglich für die KPI-Auswahl gegeben.

3.3.3.3 Ansatz nach WIETSCHEL ET AL. (2020)

Mittels multikriterieller, gemischt-ganzzahliger linearer Programmierung werden in der Arbeit von WIETSCHEL ET AL. die ökologischen Vorteile und die wirtschaftliche Tragfähigkeit von Bioethanol-Produktionsnetzkonfigurationen der zweiten Generation zur Substitution von Benzin und/oder Bioethanol der ersten Generation in der EU untersucht. Der ausgewählte Untersuchungsraum umfasst die gesamte EU und die Produktionsprozesse vom Feld bis zum Tank.[426] Der Bewertung der verschiedenen Konfigurationen erfolgt mittels genormter Ökobilanzierung in 18 Belastungs- und 3

---

[424] vgl. Saad, M. et al. (2019) A framework for sustainability assessment of manufacturing processes, S. 213 f.
[425] vgl. Saad, M. et al. (2019) A framework for sustainability assessment of manufacturing processes, S. 215 ff.
[426] vgl. Wietschel, L. et al. (2020) An integrated supply chain network optimization and LCA approach, S. 2 f.

Schadenskategorien sowie mit wirtschaftlichen Kennzahlen.[427] Die am besten bewerteten Szenarien werden sowohl als Karte als auch als Pareto-Kurven dargestellt.[428] Zudem werden die Interdependenzen zwischen den Zielgrößen in einer Matrix dargestellt, die die Opportunitätskosten in jeder Kategorie für die Optimierung der anderen Umweltkategorien auflistet.[429]

Durch die umfangreiche Auflistung aller Belastungs- und Schadenskategorien gelingt es der Arbeit alle ökologischen Nachhaltigkeitsaspekte zu berücksichtigen. Jedoch betrachtet die Arbeit das Produktionsnetzwerk einer gesamten Industrie und nicht eines einzelnen Unternehmens. Somit werden auch lediglich Standorte und Transportmengen im Rahmen der Optimierung entschieden. Die verfügbare Produktionsmenge und die eingesetzten Technologien sind aufgrund der Fragestellung bereits vorgegeben. Bemerkenswert ist die zielgerichtete Visualisierung der Datengrundlage und der potentiellen Zielkonflikte.

3.3.3.4 Ansatz nach BLUME (2020)

Der Ansatz von BLUME kombiniert Entscheidungsunterstützungsmethoden wie die Material- und Energieflussanalyse, die Wertstromanalyse und die Ökobilanzierung. Das entwickelte Vorgehen dafür besteht aus den Phasen: Modellierung, Bewertung und Verbesserung. Die Modellierung startet mit der Ziel- und Systemdefinition, gefolgt von der Datensammlung und wird mit der Modellierung beendet. Die folgende Bewertungsphase beinhaltet die drei Unterschritte: Leistungsbewertung, Hotspoterkennung und Potentialquantifizierung. Für alle Schritte wird auf etablierte Methoden wie die Portfolioanalyse, die Ökobilanz oder eine Sensitivitätsanalyse zurückgegriffen.[430] Zudem wurde das Konzept in Excel als Softwaredemonstrator umgesetzt, der aus sieben verknüpften Dateitypen sowie einem Dashboard besteht.[431] Sowohl das Vorgehen als auch der Softwaredemonstrator wurden anhand der Wertschöpfungskette von Kolbenstangen für den Einsatz in Baumaschinen validiert.[432]

Der Ansatz von BLUME berücksichtigt trotz des Fokus auf Ressourceneffizienz auch andere relevante Nachhaltigkeitskennzahlen. Aufgrund des Wertstromgedankens ist

---

[427] vgl. Wietschel, L. et al. (2020) An integrated supply chain network optimization and LCA approach, S 4 f.

[428] vgl. Wietschel, L. et al. (2020) An integrated supply chain network optimization and LCA approach, S. 12.

[429] vgl. Wietschel, L. et al. (2020) An integrated supply chain network optimization and LCA approach, S. 9.

[430] vgl. Blume, S. (2020) Resource Efficiency in Manufacturing Value Chains, S. 72 ff.

[431] vgl. Blume, S. (2020) Resource Efficiency in Manufacturing Value Chains, S. 149-156.

[432] vgl. Blume, S. (2020) Resource Efficiency in Manufacturing Value Chains, S. 161-175.

das entwickelte Vorgehen für einen flexiblen Untersuchungsrahmen über die Fabrikgrenzen hinaus geeignet. Jedoch werden die Allokationsentscheidungen von globalen Produktionsnetzwerken nicht explizit beachtet und entsprechende Handlungsalternativen können nur mit hohem Aufwand abgebildet werden. Die Demonstration per Softwaredemonstrator bietet eine transparente Datenmodellierung, die jedoch nicht mit Objekten, sondern mit Graphen als zentralem Strukturelement arbeitet.

3.4 Diskussion und Bewertung der ausgewählten Ansätze

Die vorgestellten Ansätze des vorherigen Kapitels bieten ein umfassendes Abbild der relevanten, wissenschaftlichen Arbeiten aus der existierenden Forschungslandschaft. Abbildung 3.3 zeigt die Herkunft, Sprache und den Veröffentlichungszeitpunkt aller betrachteten Ansätze. Über 60% der vorgestellten Arbeiten sind zum Zeitpunkt der Erstellung dieser Arbeit jünger als fünf Jahre, womit die Aktualität der Ergebnisse gesichert ist. Der Anteil englischsprachiger Publikationen ist mit über 73% deutlich in der Mehrheit.

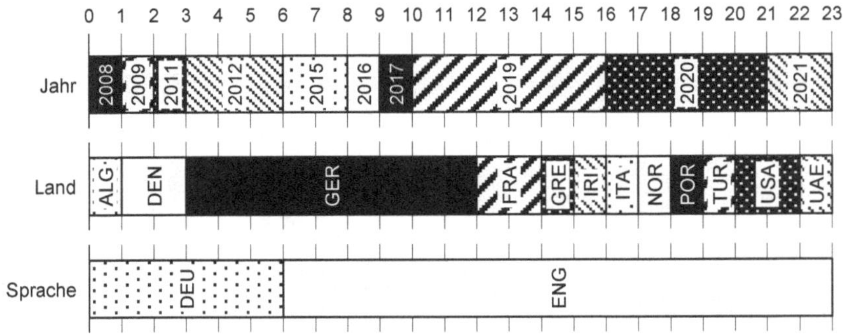

Abbildung 3.3: Bibliographische Angaben zu den ausgewählten Ansätzen

Eine Bewertung der in Kapitel 3.3 vorgestellten Ansätze gemäß den in Kapitel 3.1 definierten Anforderungskriterien ist in Abbildung 3.4 dargestellt. Eine Diskussion dieser Ergebnisse sowie der resultierenden Forschungsdefizite soll auf den folgenden Seiten gemäß den Anforderungskategorien Objekt-, Methoden- und Zielbereich erfolgen.

Legende			Objektbereich					Methodenbereich						Zielbereich			
● Vollständig erfüllt ◕ Größtenteils erfüllt ◑ Teilweise erfüllt ◔ Bedingt erfüllt ○ Nicht erfüllt			Intraorganisationale Netzwerke	Standort-allokation	Technologie-allokation	Produkt-allokation	Mengen-allokation	Empiriebasierte Indikatorenauswahl	Interdependente Einflussbeziehungen	Aufwandsgerechte Datenmodellierung	Abstraktionsautarker Informationsbezug	Quantitative Bewertungen	MODM-Verfahren	Energie und Emissionen	Wasser und Abwasser	Material und Abfall	Landnutzung und Biodiversität
Bewertung der...	Produktionsnetzwerke	MERCHIERS (2008)	●	●	●	●	◑	◔	◑	○	◔	●	○	○	○	○	○
		KREBS (2012)	●	●	○	○	○	○	◕	●	◕	◕	○	○	○	○	○
		SCHUH ET AL. (2012)	●	●	●	●	●	○	○	◕	◔	◕	◕	○	○	○	○
		MOURTZIS ET AL. (2015)	◑	◑	○	◕	○	○	◔	◑	○	●	●	●	○	○	○
		GOVINDAN ET AL. (2016)	◕	●	◔	○	○	●	◔	○	○	◔	○	●	○	◕	○
		PROTE (2017)	●	●	◕	●	●	◑	◔	○	◕	●	○	○	○	○	○
		SAGER (2019)	●	●	●	●	◕	◑	◑	○	◔	●	●	○	○	○	○
		HOCHDÖRFFER ET AL. (2021)	◕	●	◑	●	●	○	◑	○	○	◕	●	○	○	○	○
Nachhaltigkeitsorientierte Bewertung der ...	Supply Chain	REICH-WEISER ET AL. (2009)	○	●	○	◑	○	◑	◑	○	○	◕	○	●	●	◔	○
		CABRAL (2011)	○	◔	○	◔	◕	◕	◑	●	○	◕	○	◔	◔	◔	○
		HELMIG (2012)	◑	◔	○	○	○	◔	●	◔	○	◑	○	◑	○	◕	○
		BHINGE ET AL. (2015)	◑	●	●	○	○	◔	○	○	○	◑	●	●	◕	◕	○
		ESKANDARPOUR ET AL. (2019)	◔	●	●	●	◑	◑	◔	○	○	◕	●	◕	○	○	○
		PAPETTI ET AL. (2019)	○	◕	◔	◑	○	○	◔	◑	◔	●	○	●	◕	◕	○
		GOVINDAN ET AL. (2019)	○	◑	◑	◑	◕	◔	◔	○	○	◑	●	◕	○	○	○
		AKTAS ET AL. (2020)	◔	◔	●	●	●	○	○	○	○	◕	●	◕	○	○	○
		BRAHAMI ET AL. (2020)	○	●	◔	○	○	○	○	○	○	●	●	◕	○	○	○
		SIRILERTSUWAN ET AL. (2020)	○	●	○	◔	○	◔	◕	◔	◑	●	○	●	◑	◑	○
		BORONOOS ET AL. (2021)	○	●	○	◔	◔	○	○	○	○	◕	●	◕	○	○	○
	Produktion	MOLDAVSKA ET AL. (2019)	◔	◔	◑	◔	◔	●	●	◔	○	○	○	●	●	●	●
		SAAD ET AL. (2019)	○	○	◑	◑	○	◑	◕	○	○	◑	○	◑	◑	○	◔
		WIETSCHEL ET AL. (2020)	○	●	◔	◔	●	○	◕	○	○	◕	●	●	●	◔	◕
		BLUME (2020)	○	○	◕	◔	◔	◔	◔	◕	◔	●	○	●	◔	●	○

Abbildung 3.4: Bewertung ausgewählter Ansätze

3.4.1 Zusammenfassung objektbezogener Defizite

Die Anforderungen des Objektbereichs werden lediglich von Ansätzen erfüllt, die eine Orientierung auf Produktionsnetzwerke aufweisen. Dies gilt insbesondere für das Kriterium des intraorganisationalen Netzwerkverständnisses. Die Kriterien zur Berücksichtigung der relevanten Allokationsentscheidungen werden zudem nur von wenigen Autoren vollständig realisiert. Außerdem weisen alle produktionsnetzwerkorientierten Ansätze eine unvollständige Umsetzung der Anforderungen des Methoden- und Zielbereichs auf. Es wird somit deutlich, dass die Gestaltung und Bewertung von globalen Produktionsnetzwerken eine etablierte Forschungsdisziplin ist. Jedoch wurden in dieser Disziplin noch keine Lösungsansätze für die ökologische Nachhaltigkeitsbewertung von Netzwerkkonfigurationen entwickelt.

Im Gegensatz dazu zeigt die Bewertung in Abbildung 3.4, dass Lösungsansätze mit einer Supply Chain Orientierung zwar stärker die Aspekte einer Nachhaltigkeitsbewertung betrachten, jedoch kein vollständiges Verständnis für GPNs aufweisen. So ist die Definition von GPNs als intraorganisationales Konstrukt bei keinem dieser Ansätze gegeben. Entsprechend wird von diesen Ansätzen auch nur eine Auswahl der Allokationsentscheidungen betrachtet. Hervorzuhebende Ausnahme hiervon ist der Ansatz von AKTAS ET AL., welcher nahezu alle Allokationen betrachtet.[433] Die meisten Supply Chain orientierten Arbeiten fokussieren ihren Objektbereich auf die Steuerung von Materialflüssen sowie die Koordination von mehrstufigen Lieferantenstrukturen und erfüllen damit nicht die in Kapitel 3.1 geforderten Kriterien. Die sonstigen vorgestellten Ansätze fokussieren ihren Objektbereich auf einzelne Aspekte der Produktion und werden somit nicht dem Umfang von globalen Produktionsnetzwerken und den zugehörigen Kriterien gerecht. Somit dienen diese Ansätze lediglich als Teilmodell oder Unterstützung für die Produktionsnetzwerkkonfiguration. Eine vollständige Bewertung ist jedoch bei einem beschränkten Objektbereich nicht möglich.

3.4.2 Zusammenfassung methodischer Defizite

Für eine methodisch korrekte Nachhaltigkeitsbewertung ist die begründete Indikatorenauswahl eine wichtige Voraussetzung.[434] Ein Großteil der vorgestellten Ansätze

---

[433] vgl. Aktas, A. et al. (2020) Production-Distribution Planning by Considering Carbon Emission, S. 140.

[434] vgl. Sala, S. et al. (2015) Systemic framework for sustainability assessment, S. 317.

arbeitet jedoch mit willkürlich ausgewählten Nachhaltigkeitsindikatoren oder verweist knapp auf andere wissenschaftliche Veröffentlichungen, um eine Auswahl zu begründen. Darüber hinaus wird meist eine einzelne Kennzahl als Stellvertreter für die ökologische Nachhaltigkeit verwendet, ohne dass diese jener Rolle gerecht wird. Denn wie in Kapitel 2.2.2 gezeigt, ist die ökologische Nachhaltigkeit ein komplexes und vielschichtiges Thema, welches nicht auf einen Einzelwert reduziert werden kann. Eine positive Ausnahme sind die Arbeiten von GOVINDAN ET AL. und MOLDAVSKA ET AL., die empirische Untersuchungen durchführen, um die Auswahl ihrer Indikatoren zu begründen.[435] Diese Untersuchungen verdeutlichen zudem, wie viele unterschiedliche Indikatoren in der Literatur existieren und wie spezifisch die jeweilige Relevanz für einen Anwendungsfall konstituiert werden muss.

Die Vielfalt und Mehrdimensionalität von ökologischen Nachhaltigkeitsindikatoren ist auch ein Grund dafür, dass die Interdependenzen zwischen den verschiedenen Zielgrößen betrachtet werden sollten. So ist z.B. die Verringerung von CO_2-Emissionen nur bedingt erstrebenswert, wenn stattdessen andere Aspekte wie der Wasser- oder Materialbedarf unverhältnismäßig beeinträchtigt werden. MOLDAVSKA ET AL. und HELMIG untersuchen diese Abhängigkeiten zwischen verschiedenen Zielgrößen mit den Methoden der Systems Dynamics und entwickeln passende Kausalkreisdiagramme.[436] Jedoch sind solche Diagramme und deren Aussagekraft nur für den vorab definierten Objektbereich gültig, welcher bei beiden Autoren nicht mit dem der vorliegenden Arbeit übereinstimmt (vgl. Kapitel 2.3.3). Zudem ist eine präzise Prognose der Modulation auf alleiniger Basis von Kausalkreisdiagrammen nicht möglich, da zusätzlich die Kombination mit einer quantitativen Datenmodellierung benötigt wird, welche beide Autoren aber nicht vorweisen.

Ein ähnliches Defizit gilt auch in Bezug auf die quantitative Bewertung. Nahezu alle untersuchten Ansätze verwenden quantitative Kennzahlen zur Bewertung ihrer jeweiligen Objektbereiche, unabhängig davon, ob diese den Anforderungen der vorliegenden Arbeit entsprechen oder andere Ziele verfolgen. Jedoch liefern nur wenige

---

[435] vgl. Govindan, K. et al. (2016) Sustainability enhancing indicators on location selection, S. 520; Moldavska, A. et al. (2019) Sustainable manufacturing performance evaluation, S. 58-63.

[436] vgl. Helmig, J. (2012) Einsatz von nachhaltigen Logistikkonzepten in Unternehmensnetzwerken, S. 112-116; Moldavska, A. et al. (2019) Sustainable manufacturing performance evaluation, S. 62.

Arbeiten ein detailliert dokumentiertes Datenmodell, das als Grundlage für die Berechnung der genannten Kennzahlen verwendet werden kann. Eine Ausnahme bilden die Arbeiten von SCHUH ET AL, KREBS oder BLUME, welche ihre Datenstruktur als Excel-Modell, UML-Diagramm oder Programmcode zur Verfügung stellen.[437] Ein dokumentiertes Datenmodell ist gleichzeitig auch eine wichtige Voraussetzung für das Kriterium der Informationsbeschaffung. Für den praktischen Einsatz hilft eine definierte Datenstruktur, um den Informationsbedarf gegenüber Stakeholdern zu kommunizieren. Außerdem wird so eine Integration mit bestehenden betrieblichen Softwaresystemen ermöglicht, was für den skalierbaren und globalen Einsatz einer Lösung zwangsläufig notwendig ist. Die damit verbundenen Herausforderungen der Informationsbeschaffung und Datenintegration werden mit Ausnahme der genannten Arbeiten von keinem der weiteren Autoren ausführlich erwähnt. Dementsprechend finden sich in diesen Arbeiten auch keine Ansätze, um die zugehörigen Herausforderungen zu lösen.

Für die simultane Verbesserung von verschiedenen Zielgrößen bietet sich der Einsatz von mathematischen Optimierungsmethoden für MODM-Probleme an (vgl. Kapitel 2.3.4). Mit Hilfe dieser Methoden wird ein entsprechendes Problem besser strukturiert. Zudem werden die möglichen Lösungsalternativen ermittelt und verglichen. Insbesondere unter Berücksichtigung der Interdependenzen zwischen den Zielgrößen ist dies eine wichtige Unterstützung für Entscheidungen. Eine Auswahl der vorgestellten Lösungsansätze insbesondere aus dem Bereich der Supply Chain greifen deshalb auf diese Methoden zurück. Dies sind die Arbeiten von MOURTZIS ET AL., SAGER, HOCHDÖRFFER ET AL., BHINGE ET AL., ESKANDARPOUR ET AL., GOVINDAN ET AL., AKTAS ET AL., BRAHAMI ET AL., BORONOOS ET AL. und WIETSCHEL ET AL. Jedoch verwendet keiner der vorgestellten Ansätze diese Lösungsmethoden, um alle ökologischen Nachhaltigkeitsziele im Kontext globaler Produktionsnetzwerke und der damit verbundenen Allokationsentscheidungen entsprechend der in Kapitel 3.1 vorgegebenen Kriterien zu optimieren.

---

[437] vgl. Krebs, P. (2012) Bewertung vernetzter Produktionsstandorte, S. 100-116; Reuter, C. et al. (2015) IT Driven Production Network Design, S. 889; Schuh, G. et al. (2019) Fixed Cost Management, S. 629-632; Blume, S. (2020) Resource Efficiency in Manufacturing Value Chains, S. 148-158.

3.4.3 Zusammenfassung zielbezogener Defizite

Falls ökologische Nachhaltigkeitsziele von den vorgestellten Arbeiten betrachtet werden, so sind diese meist Kennzahlen mit Bezug zu Energie und Emissionen. Dies ist aufgrund der guten Quantifizierbarkeit und hohen gesellschaftlichen Relevanz für die meisten Autoren naheliegend. Auffällig ist jedoch, dass mit Ausnahme der Arbeiten von MOURTZIS ET AL. und GOVINDAN ET AL. keine der produktionsnetzwerkbezogenen Veröffentlichungen diese Zielgröße betrachtet.[438] Dies bestätigt die Einschätzung, dass die Aspekte der Nachhaltigkeit bei der Gestaltung und Bewertung von globalen und intraorganisationalen Produktionsnetzwerken bislang vernachlässigt wurden.

Kennzahlen und Zielgrößen, die auf die Nachhaltigkeitsaspekte von Wasser und Materialien referieren, werden eher selten und nahezu nie vollständig von den untersuchten Arbeiten verwendet. Aufgrund der lokalen Unterschiede bei den Möglichkeiten zur Beschaffung und Entsorgung dieser Ressourcen sind dies jedoch wichtige Eigenschaften für die Bewertung globaler Operationen. BHINGE ET AL. und PAPETTI ET AL. berücksichtigen die Aspekte teilweise im Kontext von Supply Chains ohne jedoch die lokalen Optionen zu differenzieren.[439] Zudem betrachtet mit der Ausnahme von GOVINDAN ET AL. niemand diese Zielgrößen im Kontext globaler Produktionsnetzwerke, was das Forschungsdefizit zusätzlich unterstreicht.[440]

Auffällig ist außerdem, dass nur wenige Ansätze die Aspekte der Biodiversität berücksichtigt, obwohl diese gemäß der planetaren Grenzen und Ökologie (vgl. Kapitel 2.2.3) zu den wichtigsten Faktoren für das menschliche Überleben gehören. Dies kann darauf zurückgeführt werden, dass der Einfluss auf ein Ökosystem extrem umfangreich ist und nur mit erheblichem Aufwand gemessen werden kann. Da weltweit verteilte Produktionsstandorte jedoch in sehr unterschiedlichen Ökosystemen operieren, besteht auch an dieser Stelle Forschungsbedarf.

---

[438] vgl. Mourtzis, D. et al. (2015) A toolbox for the design of manufacturing networks, S. 283; Govindan, K. et al. (2016) Sustainability enhancing indicators on location selection, S. 525-527.

[439] vgl. Bhinge, R. et al. (2015) Sustainability Optimization for Global Supply Chain, S. 324-326; Papetti, A. et al. (2019) Web-based platform for eco-sustainable supply chain management, S. 226.

[440] vgl. Govindan, K. et al. (2016) Sustainability enhancing indicators on location selection, S. 525-527.

3.5 Zwischenfazit: Handlungsbedarf aus dem Forschungsdefizit

Die in Kapitel 3.3 vorgestellten Ansätze verdeutlichen, dass zahlreiche Methoden zur Beschreibung, Bewertung und Optimierung von Produktionsnetzwerkkonfigurationen existieren. Der genaue Abgleich mit den Anforderungskriterien (vgl. Abbildung 3.4) zeigt jedoch, dass diese Arbeiten nur für einzelne Aspekte geeignete Lösungsoptionen bieten. Keine der Arbeiten erfüllt alle Anforderungen, was den Bedarf für die vorliegende Arbeit begründet. Dennoch bieten die existierenden Lösungen und Teilkonzepte eine sinnvolle Basis zur Entwicklung einer Gesamtlösung im Sinne der aufgestellten Anforderungen. Die Ansätze von MOLDAVSKA ET AL. und HELMIG zeigen, wie die Wirkungsbeziehungen in komplexen Systemen unter der Berücksichtigung von Nachhaltigkeitseigenschaften dargestellt werden können. Die Arbeiten von SCHUH ET AL. und KREBS stellen gute Grundlagen für die datenbasierte und aufwandsarme Produktionsnetzwerkmodellierung dar. Außerdem geben die Veröffentlichungen von BHINGE ET AL., ESKANDARPOUR ET AL. und PAPETTI ET AL. Inspirationen dafür, wie eine multidimensionale Lieferkettenbewertung unter Berücksichtigung der verschiedenen ökologischen Aspekte gelingen kann.

Es wird eine Methodik benötigt, welche die in Kapitel 3.1 genannten Anforderungen erfüllt. Zudem muss die Methodik den in Kapitel 2.4 aufgestellten Anforderungen aus der Praxis sowie den in Kapitel 1.2 formulierten Zielen und Forschungsfragen gerecht werden. Es ergeben sich daher die folgenden Handlungsbedarfe:

- Entwicklung einer Methodik zur Analyse des Einflusses von Produktionsnetzwerkkonfigurationen auf ökologische Nachhaltigkeitsziele.
- Erarbeitung eines Modells zur Erklärung der Nachhaltigkeitseigenschaften von Produktionsnetzwerkkonfigurationen.
- Ausarbeitung einer transparenten und quantitativen Bewertung der ökologischen Nachhaltigkeit von Produktionsnetzwerkkonfigurationen unter Berücksichtigung von Referenzgrößen und Interdependenzen.

4 Konzeption der Methodik

In diesem Kapitel wird die Methodik zur Beantwortung der Forschungsfrage aus Kapitel 1.2 konzipiert. Diese Methodik dient dazu, die ökologische Nachhaltigkeit einer Produktionsnetzwerkkonfiguration zu bewerten. Für die Konzeption werden zunächst in Kapitel 4.1 die Anforderungen an die Methodik zusammengefasst. In Kapitel 4.2 wird der Kerngedanke der Methodik erläutert. Anschließend werden das Grobkonzept und die Bestandteile der Methodik in Kapitel 4.3 skizziert, bevor diese im nachfolgenden Kapitel 5 detailliert vorgestellt werden.

4.1 Anforderungen an die Methodik

Für eine zielorientierte Entwicklung der Lösungsmethodik sind sowohl inhaltliche als auch formale Anforderungen zu erfüllen. Inhaltliche Anforderungen beschreiben die zu lösende Aufgabenstellung und beziehen sich auf die Forschungsfrage aus Kapitel 1.2, den Handlungsbedarf aus Kapitel 2.4 und 2.5 und die Forschungsdefizite aus Kapitel 3.1, 3.4 und 3.5. Formale Anforderungen sollen die Richtigkeit und Anwendbarkeit sicherstellen. Beide Arten von Anforderungen werden nachfolgend vorgestellt.

4.1.1 Inhaltliche Anforderungen

Das Ziel der Arbeit ist eine Bewertung der ökologischen Nachhaltigkeit von Produktionsnetzwerkkonfigurationen. Die inhaltlichen Anforderungen dienen dazu, bei der Entwicklung eines Lösungsansatzes die Herausforderungen aus der Praxis und die Defizite der bestehenden Ansätze zu berücksichtigen. Dementsprechend sind die Anforderungen, wie in Abbildung 4.1 dargestellt, gemäß ihrer Herleitung aus Praxis oder Theorie unterteilt.

Eine Anforderung aus der Praxis ist es, dass bei der Bewertung, der richtige Objektbereich betrachtet wird. Dies bedeutet, dass ein GPN als intraorganisationales Netzwerk verstanden wird (vgl. Kapitel 2.1.2) und die zugehörigen Allokationsentscheidungen (vgl. Kapitel 2.1.3.4) im Fokus stehen.

Zudem existieren seitens der Praxis Anforderungen bezüglich der methodischen Lösung der beschriebenen Herausforderungen. Die Multidimensionalität von ökologischen Nachhaltigkeitszielen ist eine Herausforderung, die durch die Berücksichtigung aller relevanter Dimensionen lösbar ist (vgl. Kapitel 2.2.4). Die entsprechende Relevanz der Dimensionen muss zudem empirisch begründet sein, um die gesellschaftliche Bedeutung zu reflektieren. Des Weiteren soll die Komplexität der Einflussbeziehungen zwischen den Systemelementen reduziert werden. Dafür bieten sich, aufgrund der menschlichen Sinneswahrnehmung, besonders visuelle Darstellungen an (vgl. Kapitel 2.3.3). Zudem sollen die Beziehungen methodisch so dargestellt werden, dass die Plausibilität für die anwendungsspezifische Situation geprüft und bei Bedarf angepasst werden kann.

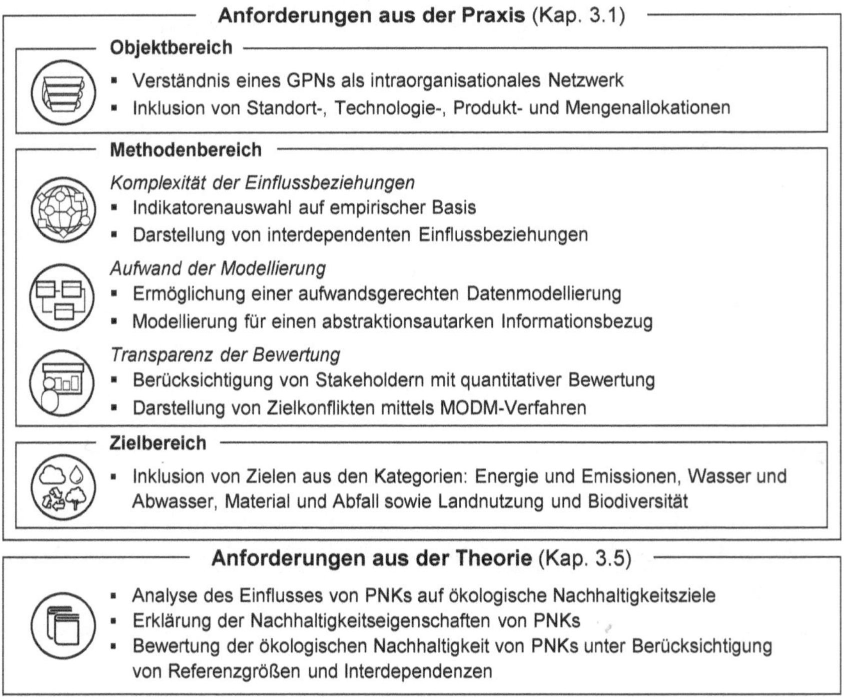

Abbildung 4.1: Inhaltliche Anforderungen an die Methodik

Außerdem gilt in der Praxis stets die Herausforderung, dass der Informationsmehrwert größer als der Modellierungsaufwand sein soll. Ein Lösungsansatz ist hierfür die

Reduktion des Aufwandes für Modellierungsaktivitäten durch eine strukturierte Dokumentation des Datenmodells (vgl. Kapitel 2.3.2). Die Beschaffung von Informationen zählt auch zum Modellierungsaufwand. Somit ergibt sich die zusätzliche Anforderung, dass unabhängig vom Abstraktionslevel des Modells ein Informationsbezug möglich sein soll. Die Anforderungen der Praxis verlangen zudem, dass eine quantitative Bewertung eingesetzt wird. Diese soll so detailliert sein, dass die Interessen aller Stakeholder repräsentiert und Zielkonflikte frühzeitig berücksichtigt werden. Zielkonflikte, die zwischen ökologischen Nachhaltigkeitszielen existieren, sollen ebenfalls transparent dargestellt werden, wofür sich der Einsatz von MODM-Verfahren empfiehlt (vgl. Kapitel 2.3.4). Insbesondere die Interdependenzen zwischen den Zielgrößen sollen so für die Anwendenden verständlich dargestellt werden.

In Bezug auf den Zielbereich der ökologischen Nachhaltigkeit besteht die Anforderung, dass Ziele aus allen relevanten Kategorien inkludiert werden. Diese Kategorien sind gemäß Kapitel 2.2.4 Energie und Emissionen, Wasser und Abwasser, Materialien und Abfälle sowie die Biodiversität und Landnutzung.

Die in Kapitel 3.3 vorgestellten Ansätze bieten Vorarbeiten für die Erfüllung der genannten Anforderungen, weisen gleichzeitig aber auch Defizite auf (vgl. Kapitel 3.4). So fehlt den Ansätzen ein Vorgehen zur Analyse des Einflusses der PNK auf ökologische Nachhaltigkeitsziele. Zudem bietet keiner der Ansätze ein Modell zur Erklärung der Nachhaltigkeitseigenschaften einer PNK. Da diese Grundlagen fehlen, existiert auch keine transparente und quantitative Bewertung der ökologischen Nachhaltigkeit einer PNK unter Berücksichtigung von Referenzgrößen und Interdependenzen. Diese Defizite ergeben somit die Anforderungen seitens der Theorie (vgl. Kapitel 3.5).

Mit der Erfüllung aller inhaltlichen Anforderungen soll die Methodik die planenden und entscheidungsbefugten Personen von PNKs zu mehr Nachhaltigkeit befähigen. So soll erreicht werden, dass weniger Transporte und Verpackungen benötigt werden und energieintensive Produktionsprozesse an Standorten mit grüner Energieversorgung stattfinden. Außerdem ist das Ziel, dass Materialbedarfe durch lokal wiedergewonnene Rohstoffe gedeckt werden und wasserintensive Prozesse nicht in Regionen mit Wasserknappheit stattfinden. Darüber hinaus soll die Methodik bereits bei Standortentscheidungen helfen, Flächen mit hoher Biodiversität zu erhalten und zertifizierte Partner für eine umweltgerechte Entsorgung zu berücksichtigen.

4.1.2 Formale Anforderungen

Eine Methodik wird nach EHRLENSPIEL als eine „planmäßige Verfahrensweise zur Erreichung eines bestimmten Ziels“ bezeichnet.[441] Dafür besteht eine Methodik aus zusammengehörigen Methoden, Modellen und Hilfsmitteln.[442] Dementsprechend muss auch diese Arbeit die formalen Anforderungen an Modelle erfüllen. Nach ROSEMANN gelten für Modelle die Grundsätze der ordnungsgemäßen Modellierung (GoM).[443] Diese weisen eine hohe Ähnlichkeit zu den Anforderungen an die Eigenschaften eines Modells nach PATZAK auf, weshalb die Kombination beider Kriteriensysteme für diese Arbeit gelten soll.[444]

Der *Grundsatz der Richtigkeit* fordert, dass ein Modell empirisch und formal richtig ist. Daraus folgt, dass die Realität durch eine hohe Ähnlichkeit semantisch richtig beschrieben wird und gleichzeitig eine syntaktische Richtigkeit hinsichtlich der vorgegebenen Notationsregeln eingehalten wird. Der *Grundsatz der Relevanz* postuliert, dass ein Modell produktiv bzw. zweckbezogen sein muss. Es soll also in der Lage sein, auf die spezifisch gestellten Fragen inhaltlich verwertbare Antworten zu liefern. Zudem gilt der *Grundsatz der Wirtschaftlichkeit*. Demnach müssen die Modellierungsaktivitäten möglichst aufwandslos sein oder zumindest in einem angemessenen Kosten-Nutzen-Verhältnis zueinanderstehen. Der *Grundsatz der Klarheit* fordert eine Handhabbarkeit des Modells. Dies bedeutet, dass ein Modell leicht anzuwenden und die Ergebnisse leicht zu interpretieren sind. Diese Eigenschaften sind eng verknüpft mit den *Grundsätzen der Vergleichbarkeit und des systematischen Aufbaus*. Diese Postulate fordern eine modellübergreifende konforme Anwendung der Modellierungsempfehlungen und den Einsatz von definierten Schnittstellen zu anderen Modellen sowie zu nicht modellierten Teilaspekten der Realität. Die Anforderungen der Richtigkeit und Relevanz stehen mit denen der Wirtschaftlichkeit in Konflikt. Somit

---

[441] vgl. Ehrlenspiel, K. (2009) Integrierte Produktentwicklung, S. 694.

[442] vgl. Neuhausen, J. (2001) Methodik zur Gestaltung modularer Produktionssysteme, S. 6-7.

[443] vgl. Rosemann, M. et al. (2012) Vorbereitung der Prozessmodellierung, S. 49.

[444] vgl. Patzak, G. (1982) Systemtechnik, S. 309-310.

ist jedes Modell auch ein Kompromiss aus den zu erfüllenden, formalen Anforderungen.[445] Oder anders formuliert: „Alle Modelle sind falsch, aber manche sind nützlich“.[446]

Neben den formalen Anforderungen an ein Modell sollen auch die für Nachhaltigkeitsbewertungen geltenden Anforderungen erfüllt werden. Repräsentativ dafür sind die von FENG ET AL. definierten Eigenschaften für Nachhaltigkeitskennzahlen im Produktionsumfeld.[447] Demnach muss ein Indikator ein Phänomen *quantitativ messen*, welches für einen Nachhaltigkeitsaspekt von Bedeutung ist. Zudem soll ein Indikator *relevant und umfassend* sein, indem er nützliche Informationen über Produktionsprozesse bereitstellt und dabei alle Bereiche und Ziele der zugehörigen Organisation abdeckt. Damit ein Indikator nicht nur für Fachkundige einfach zu verstehen ist, soll er außerdem *verständlich* sein. Die Gesamtanzahl an Kennzahlen muss *überschaubar* sein. Dies bedeutet, dass es eine möglichst minimale Anzahl an Indikatoren gibt, die jedoch alle von der Organisation selbst bestimmt werden können. Diese Indikatoren und deren Berechnung soll so *zuverlässig und robust* sein, dass die bereitgestellten Informationen stets als vertrauenswürdig angesehen werden. Dafür wird auch ein *kosteneffektiver Datenzugang* benötigt. Dies bedeutet, dass die Daten bereits verfügbar sind oder mit einem geringen Aufwand erhoben werden. Das letzte Kriterium ist die *rechtzeitige Messung*. Demnach soll die Frequenz der Datenerhebung so häufig sein, dass eine rechtzeitige Entscheidungsfindung möglich ist.[448]

4.2 Kerngedanken der Methodik zur Bewertung der ökologischen Nachhaltigkeit von Produktionsnetzwerkkonfigurationen

Nachhaltigkeit ist laut KING der wichtigste moralische und wirtschaftliche Imperativ des 21. Jahrhunderts.[449] Da es noch keine adäquaten Arbeiten gibt, die die zugehörigen ökologischen Kriterien bei der Bewertung der Konfiguration globaler Produktionsnetzwerke berücksichtigen (vgl. Kapitel 3.4), soll die vorliegende Arbeit das Thema adressieren. Dabei basiert die zu entwickelnde Methodik auf drei Kerngedanken.

---

445 vgl. Patzak, G. (1982) Systemtechnik, 319-310; Becker, J. et al. (1998) Grundsätze ordnungsmäßiger Modellierung; Rosemann, M. et al. (2012) Vorbereitung der Prozessmodellierung, S. 49-50.

446 vgl. Box, G. (1979) Scientific Model Building, S. 202.

447 vgl. Feng, S. et al. (2010) Overview of Sustainable Manufacturing Metrics, S. 2; Huang, A. (2017) Framework and Metrics for Sustainable Manufacturing Performance Evaluation, S. 34-39.

448 vgl. Feng, S. et al. (2010) Overview of Sustainable Manufacturing Metrics, S. 2.

449 vgl. King, M. (2009) Special Report: Sustainability, S. 1.

Der erste Kerngedanke ist, dass aufgrund von Transportaufwänden und lokal unterschiedlichen Verfügbarkeiten von Ressourcen, die Gestaltung der Produktionsnetzwerkkonfiguration einen Einfluss auf die ökologische Nachhaltigkeit hat. Ein Beispiel zur Verdeutlichung dieser Hypothese ist, dass je nach Netzwerkphänotyp mehr oder weniger Transporte benötigt werden. So wird ein Minimum an Transporten bei einer Local-for-Local Konfiguration benötigt und ein Maximum bei einem Netz oder einer Kette (vgl. Kapitel 2.1.3.3). Die Unterschiede der nachhaltigen Nutzung von Ressourcen je Standort können ebenfalls mit Beispielen illustriert werden. So verfügt z.B. Schweden über große Wassermengen und emissionsarme Elektrizität (vgl. Anhang 9.4.2). Anderseits weisen Standorte in China viele Bergbau-Rohstoffe und eine geringe Biodiversität auf (vgl. Anhang 9.4.3). Für eine optimale Ausnutzung dieser lokalen Stärken wäre eine Konfiguration als Kette notwendig, bei der jeder Produktionsprozess an dem Standort stattfindet, an dem die benötigten Ressourcen mit den geringsten Auswirkungen auf die Umwelt zur Verfügung gestellt werden. Dies würde jedoch eine Erhöhung der Transportaufwände bedeuten, welche ebenfalls negative Umwelteinflüsse erzeugen. Es muss also stets ein Kompromiss zwischen diesen beiden Einflüssen gefunden werden. Damit ein möglichst guter Kompromiss erzielt wird, müssen die Eigenschaften aller möglichen Lösungsszenarien gemäß den verschiedenen Nachhaltigkeitsdimensionen bewertet werden. So soll die Methodik in der Lage sein, die standortspezifischen Nachhaltigkeitsvorteile bei der Bereitstellung von Energie, Materialien, Wasser und Land sowie der Entsorgung von Abfällen und Abwasser zu bewerten. Diese Vorteile müssen dann in einen Kompromiss gesetzt werden zu den Transportaufwänden, die benötigt werden, damit jeder Prozessschritt am idealen Standort stattfinden kann.

Gleichzeitig zeigen die aufgeführten Beispiele auch, dass im Kontext der Produktionsnetzwerkkonfiguration etwas realisierbar ist, das bei klassischen Nachhaltigkeitsmaßnahmen nicht möglich ist. Und zwar die lokalen Umweltbedingungen, die eigentlich außerhalb der Systemgrenzen liegen, zu substituieren. So können durch die Verlagerung eines Produktionsprozesses in eine günstigere Umgebung die negativen Umwelteinflüsse gemindert und die Nachhaltigkeit verbessert werden. Dies wird sonst nur durch Produkt- und Prozessanpassungen erreicht. Aus diesem Grund ist die Betrachtung von Produktionsnetzwerkkonfigurationen vielversprechend für die Optimierung der Nachhaltigkeit von produzierenden Unternehmen.

Der zweite Kerngedanke besagt, dass aufgrund des Umfangs und der Mehrdimensionalität eine Berücksichtigung und Bewertung aller Nachhaltigkeitsaspekte bei der Produktionsnetzwerkplanung nur mit einer datenbasierten Lösung möglich ist. Bereits die Berechnung von finanziellen Kennzahlen ist bei Unternehmen mit einem erheblichen Aufwand verbunden, der von dezidierten Abteilungen wie der Buchhaltung oder dem Controlling übernommen wird. Nachhaltigkeitskennzahlen sind ähnlich tief im Unternehmen verankert, da nahezu alle Aktivitäten eines Unternehmens Auswirkungen auf die ökologische Nachhaltigkeit haben. Ein Modell zur Bewertung der ökologischen Nachhaltigkeit muss deshalb alle wesentlichen Bestandteile eines Produktionsnetzwerkes abbilden, wie z.B. Maschinen, Prozesse, Standorte oder Transportverbindungen. Diese Elemente können gezielt um Attribute erweitert werden, die für die Berechnung einer Nachhaltigkeitskennzahl benötigt werden, beispielsweise den Energieverbrauch einer Maschine oder den Emissionsfaktor der lokalen Stromversorgung. So können Informationen, die bereits im Unternehmen vorhanden sind, mit neuen Informationen verknüpft werden. Ein Beispiel wäre, dass ein Unternehmen bereits erfasst, wie viel ein Produkt wiegt und wie viele Produkte zwischen den Standorten transportiert werden. Aus öffentlichen Quellen kann entnommen werden wie hoch der Energieverbrauch eines Lastkraftwagens (0,023 l/tkm[450]) und der Emissionsfaktor von Diesel (3,24 kgCO2e/l[451]) ist. Die Kombination dieser Informationen in einem Datenmodell erlaubt es, die resultierenden Transportemissionen zu berechnen, ohne dass ein großer Mehraufwand bei der Informationsbeschaffung oder -verarbeitung generiert wird.

Der dritte Kerngedanke ist, dass den Entscheidungstragenden eine Sensibilisierung in Bezug auf Nachhaltigkeitskennzahlen fehlt, da deren Bedeutung im Vergleich zu monetären Kriterien erst in den vergangenen Jahren gestiegen ist.[452] Deshalb muss eine Nachhaltigkeitsbewertung in Bezug zu Referenzgrößen und unter Berücksichtigung von Interdependenzen erfolgen. Mit ausreichender Erfahrung haben Entscheidungstragende ein gutes „Bauchgefühl" für die Plausibilität von Investmentsummen an Produktionsstandorten.[453] Auch deren Bezug zur Qualität, Flexibilität oder anderen Wett-

[450] vgl. DSLV (2013) Berechnung von Treibhausgasemissionen, S. 12.

[451] vgl. DIN Deutsches Institut für Normung e. V. (2013) DIN EN 16258, S. 23.

[452] vgl. Hörisch, J. et al. (2020) Development of corporate sustainability action over time, S. 638-648.

[453] vgl. Kingsman, B. et al. (1997) Cost estimation in manufacturing companies, S. 120-122; Hatamleh, M. et al. (2018) Factors affecting the accuracy of cost estimate, S. 119-123.

bewerbsfaktoren wird über Erfahrungswerte verortet. Es fehlt jedoch an Bezugsgrößen für Nachhaltigkeitskennzahlen, da es aufgrund der unterschiedlichen Dimensionen schwierig ist, eine Standardgröße äquivalent zu Finanzkennzahlen wie der Gewinnmarge zu berechnen. Es ist daher vorgesehen, der Bewertungsmethodik eine Bezugsmöglichkeit zu geben, die flexibel an die Unternehmens- und Entscheidungsbedürfnisse angepasst werden kann. Erst bei einer fortschreitenden Standardisierung der Nachhaltigkeitsberichterstattung ist davon auszugehen, dass diese Flexibilität nicht mehr benötigt wird. Da vielen Verantwortlichen nicht klar ist, wie viel Mehrkosten z.B. für eine Reduktion der Treibhausgasemissionen in Kauf genommen werden können, sollen auch Interdependenzen zwischen den Zielen sichtbar gemacht werden.[454]

4.3 Grobkonzept der Methodik

Für die Beantwortung der Fragestellungen aus Kapitel 1.2 und im Sinne der Kerngedanken aus Kapitel 4.2 ist die Methodik in drei Phasen gegliedert. Die Methodik besteht aus der Analyse-, der Modellierungs- und der Bewertungsphase, die jeweils in Module unterteilt sind. Ein ähnlicher struktureller Aufbau hat sich u.a. in den Ansätzen von MEYER, MERCHIERS oder PROTE bewährt und soll daher auch für diese Arbeit adaptiert werden.[455] Da kein Unternehmen einem anderen gleicht, handelt es sich bei den entwickelten Modellen allerdings nur um idealisierte Ansätze, die eine Herangehensweise zur Erreichung der Ziele beschreiben.

In Abbildung 4.2 sind die Bestandteile der Methodik und deren Beziehungen zueinander sowie zur Realität abgebildet.[456] Die drei Phasen der Methodik bauen aufeinander auf und orientieren sich gleichzeitig an den realen Elementen globaler Produktionsnetzwerke. Die Skizzierung der Realität in Abbildung 4.2 verdeutlicht, welche Elemente im Kontext dieser Arbeit als Bestandteile globaler Produktionsnetzwerke betrachtet werden (vgl. Kapitel 2.1 und 3.3.1.3). Im Zentrum eines Netzwerkes stehen die Produktionsstandorte, welche über Anlagen und Maschinen verfügen. Mit Hilfe

---

[454] vgl. Ahluwalia, M. (2017) The business of pricing carbon, S. 9-17.

[455] vgl. Meyer, T. (2006) Globale Produktionsnetzwerke, S. 100-102; Merchiers, A. (2008) Bewertung globaler Standortstrukturalternativen, S. 145-152; Prote, J.-P. (2017) Bewertung von Standortalternativen in Produktionsnetzwerken, S. 90-91.

[456] Folgende Vorarbeiten des Autors verdeutlichen den Weg der Lösungskonzeption: Schuh, G. et al. (2022) How to measure ecological sustainability, S. 1-10; Schuh, G. et al. (2022) Long-term Production Management, S. 10-12; Schuh, G. et al. (2022) Nachhaltigkeitsgetriebene Transformation von globalen Produktionsnetzwerken, S. 532; Schuh, G. et al. (2023) Evaluating The Ecological Sustainability, S. 1-10.

der Maschinen werden Produktionsprozesse durchgeführt. Dabei steht der Standort in einer Austauschbeziehung mit seiner lokalen Umwelt, um Energie, Wasser oder Material zu beschaffen oder zu entsorgen. Weitere Standorte sind andere Produktionsstandorte des Unternehmens sowie Lieferantenstandorte und Verkaufsregionen. Diese Standorte sind über logistische Transportrouten miteinander verbunden. Realisiert wird eine Transportroute durch ein Transportmittel, das ein Produkt in einer Verpackung und einem Ladungsträger transportiert.

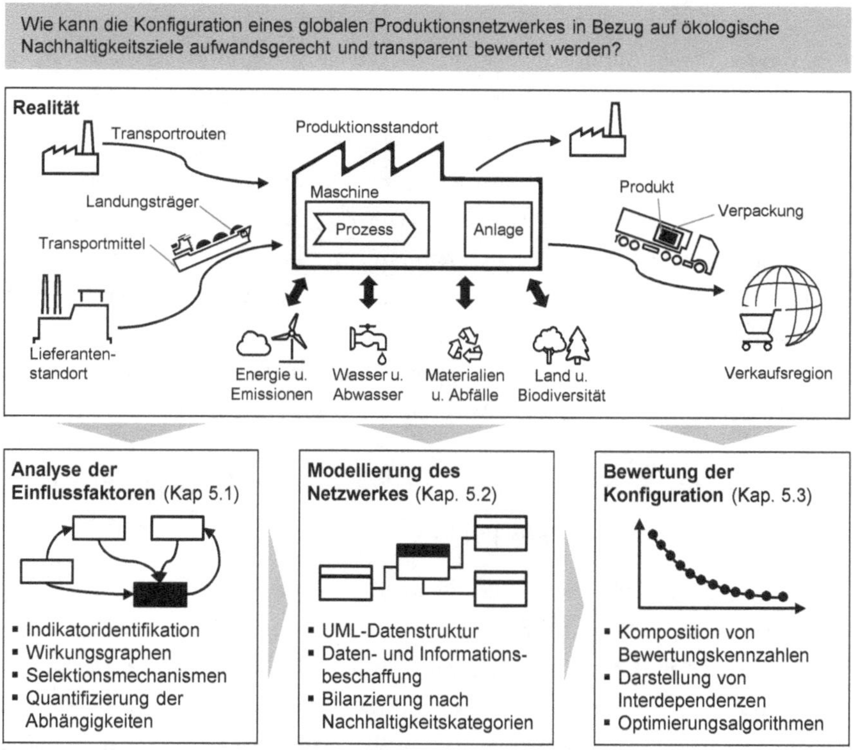

Abbildung 4.2: Bestandteile der Methodik

Die erste Phase der Methodik ist die Analyse. Sie dient dazu, den Einfluss der Netzwerkkonfiguration auf die ökologische Nachhaltigkeit zu untersuchen. Dabei werden Literaturrecherchen, Wirkungsgraphen und Selektionsmechanismen genutzt, um den Einfluss quantifizierbar abzubilden. Details zu dieser Phase werden nachfolgend in Kapitel 4.3.1 konzipiert und in Kapitel 5.1 vollständig beschrieben.

Die zweite Phase der Methodik sieht die Modellierung der Elemente des Netzwerkes vor. Diese erfolgt auf Basis des beschriebenen Verständnisses von Produktionsnetzwerken sowie der zu identifizierenden Einflussfaktoren. Im Rahmen der Modellierung werden Datenstrukturen erarbeitet, Möglichkeiten zur Informationsbeschaffung erläutert und Formeln zur Bilanzierung der einzelnen Nachhaltigkeitsaspekte definiert. Die Details zu dieser Phase finden sich in Kapitel 4.3.2 und 5.2.

Die letzte Phase ist die Bewertung der Konfiguration. Diese Bewertung erfolgt auf Basis der Informationen, welche durch die Modellierung und Bilanzierung des Netzwerkes bereitgestellt werden. Neben einer Komposition von Bewertungskennzahlen bieten diese Phase Algorithmen, um Abhängigkeiten zwischen verschiedenen Zielgrößen darzustellen. Dafür werden die jeweiligen Ziele mit Hilfe einer mathematischen Optimierung zueinander ins Verhältnis gesetzt. Eine detaillierte Konzeption erfolgt in Kapitel 4.3.3 und eine vollständige Beschreibung in Kapitel 5.3.

4.3.1 Analyse des Einflusses der Produktionsnetzwerkkonfiguration auf die ökologische Nachhaltigkeit

Die Schritte zur Analyse des Einflusses der PNK auf die ökologische Nachhaltigkeit sind in Abbildung 4.3 visualisiert. Damit quantifiziert werden kann, wie ökologische Nachhaltigkeit gemessen wird, erfolgt zunächst eine Identifikation von Nachhaltigkeitsindikatoren. Dafür wurden Indikatoren aus Veröffentlichungen gesammelt und gemäß ihrer Häufigkeit analysiert. So wird die Relevanz von Indikatoren in Bezug auf die Nachhaltigkeit analysiert. Zudem müssen die Elemente einer PNK auf Basis der Grundlagenliteratur und bestehender Ansätze identifiziert werden.

Der Einfluss der Elemente globaler Produktionsnetzwerke auf diese Indikatoren wird mit dem Aufbau von Wirkungsgraphen untersucht. Dazu müssen die identifizierten Nachhaltigkeitsindikatoren über Wirkungsbeziehungen mit den Elementen verbunden werden. Ein generisches Diagramm wird auf Basis der Literaturrecherche erstellt und gemäß der spezifischen Einsatzsituation angepasst.

Erst nach der Modifikation der im Wirkungsgraphen modellierten Wirkungsbeziehungen, erfolgt eine endgültige Quantifizierung der Einflussfaktoren. Dazu muss zunächst das generische Wirkungsdiagramm durch eine Filterung und Erweiterung der Systemelemente auf den Unternehmenskontext angepasst werden. Anschließend werden die Anzahl und Länge der Einflusspfade berechnet und so erste quantifizierte Anhaltspunkte für den Einfluss bestimmt.

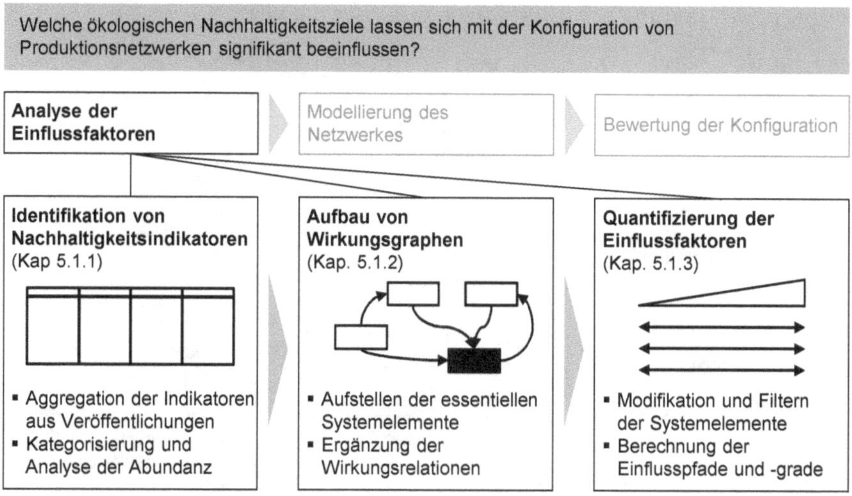

Abbildung 4.3: Bestandteile zur Analyse der Einflussfaktoren einer PNK

4.3.2 Modellierung der ökologischen Eigenschaften der Netzwerkkonfiguration

Für die Modellierung der ökologischen Eigenschaften einer Netzwerkkonfiguration wird zunächst ein Datenmodell strukturiert und mit Daten befüllt, damit anschließend eine Berechnung von Bilanzkennzahlen möglich ist. Diese drei Bestandteile des zweiten Teils der Methodik sind in Abbildung 4.4 dargestellt.

Für die Dokumentation des Datenmodells wird in dieser Methodik ein UML-Klassendiagramm gewählt. So werden alle Elemente des Netzwerkes über Klassen repräsentiert, welche wiederum die Nachhaltigkeitseigenschaften als Attribute beinhalten. Zudem wird das Modell für eine vollständige Betrachtung aller Netzwerkelemente gemäß den Strukturebenen von GPN unterteilt.

Für die Identifikation von Informationsquellen wird sowohl auf interne als auch auf externe Quellen zurückgegriffen. Dabei wird unterschieden, ob die Informationen als menschliches Wissen vorliegen oder als Daten in elektronischer Form gespeichert sind. Die Sammlung der Informationen in einem strukturierten Datenmodell dient dazu, dass Formeln aufgestellt werden, welche die Umweltinteraktion des Netzwerkes bilanzieren. Die Definition solcher Formeln gemäß den Teilbilanzen der Netzwerkelemente ist deshalb der letzte Bestandteil der zweiten Phase.

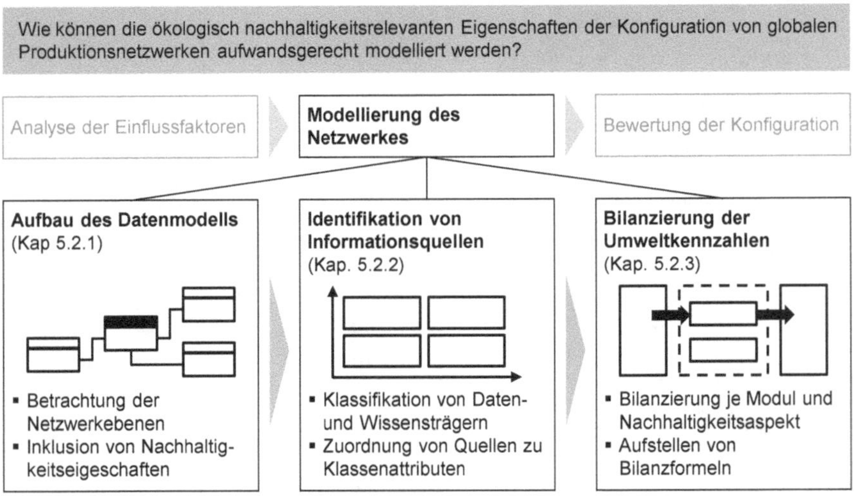

Abbildung 4.4: Bestandteile zur Modellierung einer PNK

4.3.3 Bewertung der Produktionsnetzwerkkonfiguration hinsichtlich der ökologischen Nachhaltigkeit

Der letzte Teil der Methodik dient der finalen Bewertung der ökologischen Nachhaltigkeit der Produktionsnetzwerkkonfiguration. Dafür baut dieser Teil, wie in Abbildung 4.5 dargestellt, auf den Erkenntnissen der vorherigen Teile auf.

Damit eine flexible Bewertung gemäß der Entscheidungssituation und Stakeholderinteressen möglich ist, werden keine einzelnen Bewertungskennzahlen definiert, sondern ein modularer Baukasten erstellt, welcher der Komposition von Bewertungskennzahlen dient. Elementare Module dieses Baukastens sind die Dimension, Aggregation und Relation der Kennzahl.

Zudem wird das bereits definierte Datenmodell genutzt, um ein mathematisches Optimierungsmodell abzuleiten. Das Optimierungsmodell wird jedoch nicht nur genutzt, um die Verantwortlichen mit möglichen Lösungsvorschlägen zu versorgen, sondern auch um die Abhängigkeiten der Zielgrößen zueinander zu vergleichen. Für den besseren Vergleich der so ermittelten Ideallösungen werden zusätzlich Algorithmen aufgestellt, welche die Abhängigkeiten visualisieren. So werden u.a. die Abweichungen vom Idealwert einer Zielgröße bei dem Erreichen des Idealwerts einer anderen Zielgröße in einer Matrix dargestellt. Auch die Darstellung zweier Zielgrößen als Pareto-Kurve ist mittels Optimierungsmodell und passendem Algorithmus möglich.

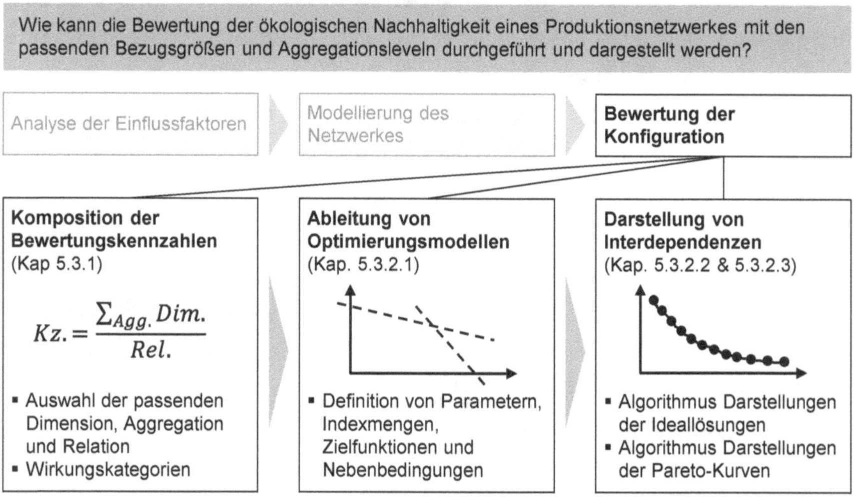

Abbildung 4.5: Bestandteile zur Bewertung einer PNK

4.4 Zwischenfazit: Potentiale der Methodik

In Kapitel 4.3 wurde das Grobkonzept einer Methodik zur Bewertung der ökologischen Nachhaltigkeit von Produktionsnetzwerkkonfigurationen vorgestellt. Dieses Grobkonzept überführt die Erkenntnisse aus Kapitel 1 bis 3 und die Kerngedanken aus Kapitel 4.2 in ein anwendungsorientiertes Verfahren. Leitlinien für die Methodik sind die in Kapitel 1.2 formulierten Forschungsfragen sowie die inhaltlichen und formalen Anforderungen aus Kapitel 4.1.

Die Methodik besteht aus drei Phasen, welche das Potential haben, die vorgestellten Anforderungen zu erfüllen. Diese drei Phasen sind die Analyse-, die Modellierungs- und die Bewertungsphase. Die erste Phase dient der Analyse des komplexen Einflusses einer PNK auf die ökologischen Nachhaltigkeitsziele. So verbindet die Methodik die Inhalte des Objekt- und Zielbereichs miteinander, indem deren interdependente Einflussbeziehungen dargestellt werden. Die zweite Phase bietet die Werkzeuge für eine Erklärung und Modellierung der Nachhaltigkeitseigenschaften von einer PNK. Dabei besteht das Potential, durch einen abstraktionsautarken Informationsbezug und eine eindeutige Vorgabe der Datenstruktur den Aufwand für die Modellierung zu reduzieren. Die dritte Phase liefert die Kennzahlen und Visualisierungen für eine Bewertung der ökologischen Nachhaltigkeit einer PNK unter Berücksichtigung von Referenzgrößen und Interdependenzen. Alle quantitativen Größen, welche für potentielle Stakeholder interessant sind, werden mit einem modularen Baukasten generiert. Die Zielkonflikte zwischen den ökologischen Nachhaltigkeitszielen werden zudem mittels mathematischer Optimierung und Pareto-Kurven transparent dargestellt.

Im folgenden Kapitel 5 werden die Inhalte des Grobkonzepts detailliert und die vollständige Methodik zur Bewertung der ökologischen Nachhaltigkeit von Produktionsnetzwerkkonfigurationen vorgestellt.

5 Detaillierung der Methodik

In diesem Kapitel wird die Methodik zur Bewertung der ökologischen Nachhaltigkeit von Produktionsnetzwerkkonfigurationen detailliert erläutert. Die Struktur des Kapitels ist in Abbildung 5.1 dargestellt und folgt dem bereits in Kapitel 4.3 skizzierten Aufbau der Methodik. Zuerst wird der Einfluss der Produktionsnetzwerkkonfiguration auf Nachhaltigkeitsziele analysiert. Die identifizierten Einflussbeziehungen werden anschließend in einer Datenstruktur zur Modellierung des Produktionsnetzwerks abgebildet. Abschließend erfolgt die Konstruktion von Kennzahlen und Algorithmen zur Bewertung der jeweiligen modellierten Netzwerkkonfigurationen.

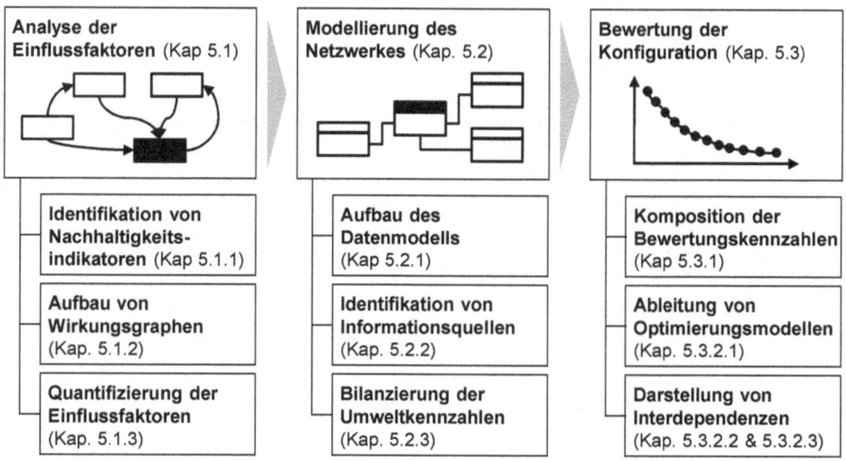

Abbildung 5.1: Aufbau der Methodik und des Kapitels

5.1 Analyse des Einflusses der Produktionsnetzwerkkonfiguration auf die ökologische Nachhaltigkeit

In diesem Kapitel wird untersucht, wie die Konfiguration eines globalen Produktionsnetzwerkes Einfluss auf die Aspekte und Ziele der ökologischen Nachhaltigkeit ausübt (siehe Abbildung 5.2). Dafür wird zunächst in Kapitel 5.1.1 empirisch hergleitet, welche Indikatoren für die Quantifizierung von ökologischer Nachhaltigkeit in Wissenschaft und Gesellschaft etabliert sind. Darauf basierend werden in Kapitel 5.1.2 die Einflussbeziehungen der Elemente und Entscheidungen im Kontext globaler Produktionsnetzwerke zu diesen Indikatoren aufgezeigt. Abschließend wird ein Modifikationsprozess entwickelt, damit diese generischen Grundlagen für unternehmensspezifische Probleme operationalisiert werden (vgl. Kapitel 5.1.3).

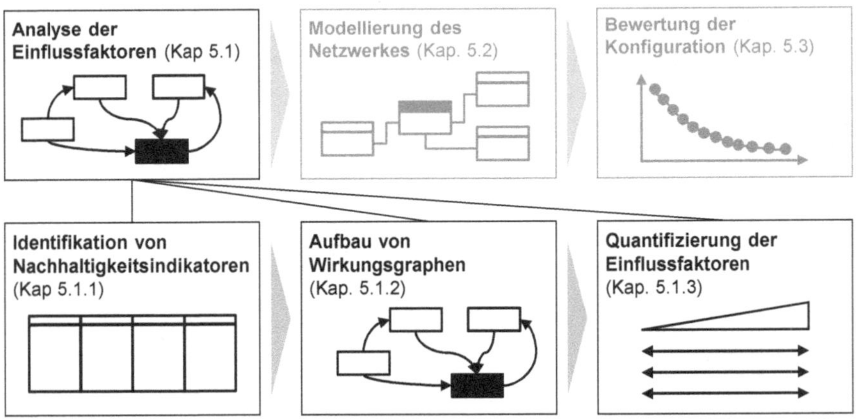

Abbildung 5.2: Vorgehen zur Analyse des Einflusses der PNK auf die Nachhaltigkeit

5.1.1 Identifikation der ökologischen Ziele und Indikatoren

Um die Multidimensionalität und Vielschichtigkeit der ökologischen Nachhaltigkeit beherrschbar zu machen, müssen zunächst die relevantesten Ziele in Form von Indikatoren identifiziert werden. Dabei gilt, dass die Relevanz einer Kennzahl sowohl von der gesellschaftlichen Wertung als auch von den unternehmensinternen Werten bestimmt wird. Die unternehmensinterne Relevanz kann in vielen Fällen der Unternehmensstrategie entnommen werden oder in Workshops mit dem Management definiert werden. Zur Herleitung der gesellschaftlich relevanten, ökologischen Indikatoren und

Ziele bietet die Methodik die Ergebnisse einer empirischen Literaturrecherche. Diese Ergebnisse sind als Long- und Shortlist dokumentiert.

Die Longlist beinhaltet alle Nachhaltigkeitsindikatoren mit Produktionsbezug, die während der Recherche identifiziert werden konnten. Die Shortlisten destillieren diese Ergebnisse und beinhalten lediglich die am häufigsten genannten Indikatoren je Nachhaltigkeitskategorie. Beide Instrumente werden genutzt, um im Abgleich mit den unternehmensinternen Nachhaltigkeitszielen ein Set an relevanten Indikatoren herzuleiten. Die Longlist bietet die Möglichkeit zur Inspiration. Insbesondere selten verwendete Kennzahlen können hier gefunden und ggfs. in das unternehmensspezifische Indikatorenset inkludiert werden. Eine schnellere Identifikation relevanter Indikatoren ist mit den Shortlisten möglich. Außerdem helfen die Shortlisten dem jeweiligen Unternehmen zu überprüfen, ob eine hinreichende Übereinstimmung mit den als gesellschaftlich relevant empfundenen Kennzahlen besteht. Spielen die Indikatoren der Shortlisten aus Unternehmenssicht keine Rolle, müssen die Ursachen dafür separat untersucht werden.

Die notwendige Literaturrecherche zur Erstellung der Longlist wurde gemäß dem in Kapitel 3.2 vorgestellten Vorgehen durchgeführt. Die verwendeten Stichwörter wurden angepasst. Entsprechend dem Ziel, ökologische Indikatoren und Kennzahlen für die Produktion zu finden, wurden die Begriffe: „Sustainable", „Environmental", „KPI", „Indicator", „Measure", „Manufacturing" und „Production" in Deutsch und Englisch verwendet. Insgesamt konnten so 2112 Indikatoren aus 77 Quellen in der Longlist erfasst werden. Eine Auswertung der Quellen nach Veröffentlichungsjahr und -medium ist in Abbildung 5.3 dargestellt. Die meisten Quellen stammen aus wissenschaftlichen Journalen und wurden zwischen 2014 und 2020 veröffentlicht. Darüber hinaus wurden aber auch Berichte, Dissertationen und Normen berücksichtigt, welche bis in das Jahr 2000 zurückgehen.

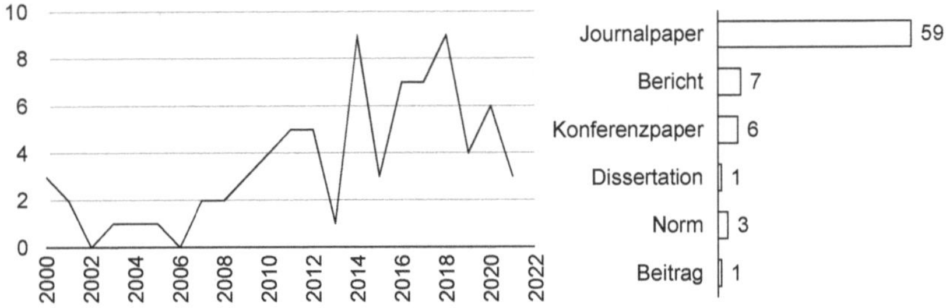

Abbildung 5.3: Anzahl der Quellen nach Veröffentlichungsjahr und -medium

Im Rahmen der Literaturrecherche wurde für jeden Indikator die Quelle hinsichtlich Autor, Titel, Jahr, Seite, DOI und Journal dokumentiert. Darüber hinaus wurde die genaue Definition gemäß der Quelle und mögliche Beispiele für die Einheiten festgehalten. Für die Analyse und Zusammenfassung als Shortlist wurden zusätzlich jedem Indikator eine Umweltkategorie und ein Code zur eindeutigen Beschreibung zugewiesen. Die verwendeten Umweltkategorien orientieren sich an den Kategorien aus Kapitel 2.2.4, wobei aufgrund der Häufigkeit die Kategorien Emissionen und Energie separat aufgeführt wurden. Zudem wurden die Kategorien „Allgemein" und „Sonstige" hinzugefügt, um übergreifende Indikatoren oder Indikatoren, die keiner der Kategorien zugeordnet werden können, abzudecken. Der Code beschreibt Kennzahlen einheitlich, sodass Indikatoren, die das gleiche Phänomen bezeichnen, aber von den Quellen unterschiedlich benannt werden, als gleiche Kennzahl betrachtet werden. Durch die Codierung wurde die Anzahl der insgesamt 2112 erfassten Indikatoren auf 1407 eindeutige Indikatoren-Codes reduziert.[457] Die Formulierung der Codierungen erfolgte in Anlehnung an die Bezeichnungen aus den Originalquellen. Die Codierung entstand durch die Überprüfung der Quellen durch den Autor, eine Abschlussarbeiterin und wissenschaftliche, studentische Hilfskräfte. Durch dieses Mehr-Augen-Prinzip wurde die passende Bezeichnung, Zuordnung und Objektivität sichergestellt.[458]

Die am häufigsten genannten Indikatoren bzw. deren Codes wurden in den Shortlisten je Kategorie akkumuliert. Dabei gilt, dass mindestens drei Nennungen benötigt wurden, um in eine Shortlist aufgenommen zu werden. Sobald eine Shortlist mehr als

[457] vgl. Schuh, G. et al. (2022) How to measure ecological sustainability, S. 5.

[458] vgl. Chen, L. et al. (2015) Investigation of environmental management practices, S. 40.

fünf Indikatoren beinhaltete wurde diese Schwelle auf zehn Nennungen erhöht. Sowohl die Schwellen von drei als auch zehn Nennungen ermöglichen eine Pareto-Verteilung zwischen den Indikatoren. So befinden sich 395 der insgesamt 2112 Indikatoren auf den Shortlisten. Auch für die einzelnen Kategorien wird ein Verhältnis von 80 zu 20 erreicht, welches der Pareto-Verteilung entspricht. Gemäß dem Pareto-Prinzip bilden somit diese 20 Prozent die wichtigsten Inhalte der ökologischen Nachhaltigkeitsindikatoren ab.[459] Insgesamt 1181 der identifizierten Nachhaltigkeitsindikatoren, also ca. 55%, wurden lediglich einmal genannt. Dieses Ergebnis zeigt, wie vielfältig die Messung von Nachhaltigkeit erfolgen kann. Zudem wird die inhaltliche Präzision bei der Zuordnung der Codierung verdeutlicht. Die detaillierte Betrachtung aller Shortlisten inklusive Quellenangabe, Beschreibung und Einheiten befindet sich im Anhang 9.2.1. Eine Übersicht über alle Indikatoren der Shortlisten und deren Häufigkeit bietet Abbildung 5.4.

In Abbildung 5.4 ist zu erkennen, dass die Nachhaltigkeitskennzahl „spezifischer Energieverbrauch" mit 40 Nennungen in den Literaturquellen am häufigsten identifiziert worden ist. Wobei zu beachten ist, dass auch mehr als eine Nennung pro Quelle möglich ist. Die Kennzahl beschreibt den Energieverbrauch in Abhängigkeit zu einer Bezugsgröße, wie z.B. der produzierten Menge. Somit quantifiziert der Indikator die Energieintensität der gewählten Bezugsgröße innerhalb einer bestimmten Systemgrenze. Dafür muss sowohl der Energieverbrauch des gewählten Systems als auch die Bezugsgröße gemessen werden. Abschließend wird die absolute Energiemenge durch die Bezugsmenge dividiert. Die häufige Nennung der Kennzahl resultiert aus den unterschiedlichen Systemen und Bezügen. Die absolute Energiemenge selbst ist auch ein verbreiteter Indikator mit 25 Nennungen. Ein weiterer häufig genannter Indikator ist die Rate an erneuerbaren Energien. Dieser Indikator ist differenziert einzuordnen, da erneuerbare Energien nur ein Mittel für ein anderes Ziel sind und zwar für das Ziel den Umfang an CO_2-Emissionen zu reduzieren.[460]

In der Kategorie Emissionen wurden sowohl die Feinstaub- als auch die CO_2-Emissionen am häufigsten genannt. Zudem wurde die Emissionsmenge an Schwefel- bzw. Stickstoffoxid häufig als relevanter Indikator genannt. Die weiteren relevanten

[459] vgl. Schuh, G. et al. (2021) Sustainable Innovation, S. 15.
[460] vgl. Heuck, K. et al. (2010) Elektrische Energieversorgung, S. 30.

Indikatoren der Kategorie Emissionen beziehen sich auf Zusammenfassungen von mehreren Stoffen, die emittiert werden wie z.B. Treibhausgase, allgemeine Luftemissionen oder deren Erderwärmungspotential (vgl. Kapitel 5.3.1.1).

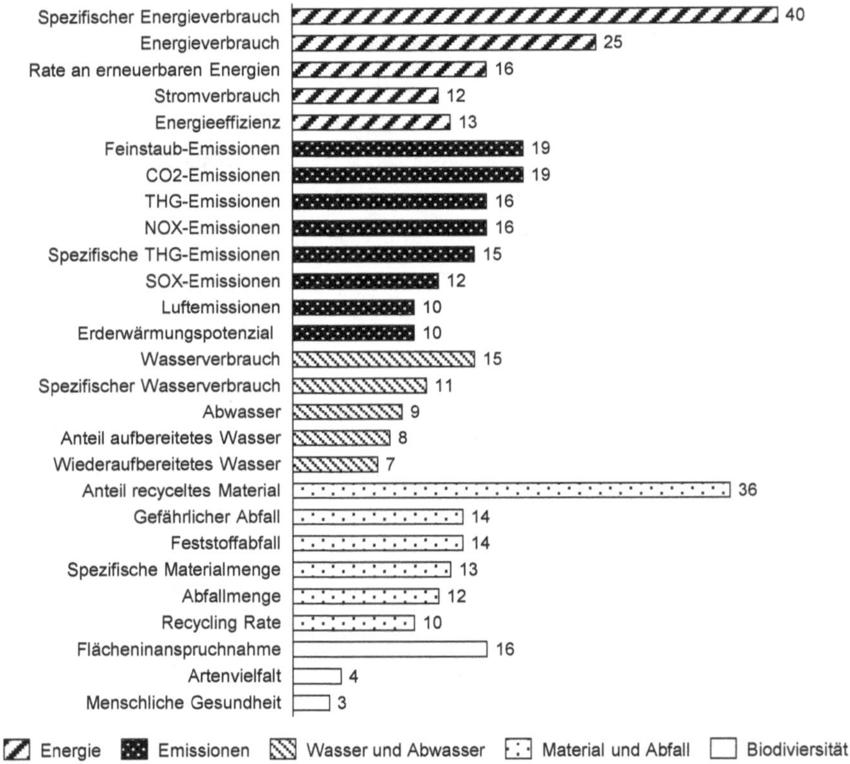

Abbildung 5.4: Anzahl der Indikatoren-Codes in den untersuchten Quellen

In der Kategorie Wasser und Abwasser wurden analog zur Energie die Indikatoren des spezifischen und absoluten Verbrauchs am häufigsten genannt. Als Verbrauch wird dabei sowohl die reine Entnahme oder die Einbringung in ein Produkt verstanden. Weitere relevante Indikatoren sind die Menge des resultierenden Abwassers und welcher Prozentsatz des zu- und abgeführten Wassers aufbereitet wird.

Für den Bereich Material und Abfall ist der meistgenannte Indikator der Anteil an wiederverwendbarem bzw. recyceltem Material mit 36 Nennungen. Außer der Kennzahl der spezifisch eingesetzten Materialmenge für eine Produkteinheit beziehen sich die weiteren relevanten Indikatoren auf den Abfall. So wird die absolute Menge an gefährlichem Abfall 14-mal und die Menge an Feststoffabfall 13-mal genannt. Als relative Kennzahl wird zudem die Recycling Rate genannt, die beschreibt, wie viel Prozent des absoluten Abfalls recycelt wird.

Die am häufigsten genannte Kennzahl in Bezug auf Biodiversität ist die Flächeninanspruchnahme. Auch wenn diese Kennzahl den direkten Einfluss auf die Biodiversität nicht ausdrückt, ist sie ein einfach messbarer Stellvertreter für die Folgen von reduzierten Lebensräumen.[461] Weitere Indikatoren der Kategorie sind die Artenvielfalt und die menschliche Gesundheit. Eine mögliche Erklärung für die vergleichsweise geringe Anzahl an Nennungen dieser Indikatoren ist, dass beide Kennzahlen Wirkungsendpunkte im Sinne eines LCA sind und somit nur schwer messbar.

Die Ergebnisse der empirischen Literaturrecherche werden für die Herleitung der ökologischen Nachhaltigkeitsziele genutzt. Für den generischen Teil der Methodik werden deshalb die ermittelten und beschriebenen Indikatoren genutzt. Bei dem Einsatz in Unternehmen werden diese gemäß der spezifischen Situation angepasst. Im nächsten Schritt der Methodik gilt es, den Einfluss der Produktionsnetzwerkkonfiguration auf diese Indikatoren darzustellen.

5.1.2 Herleitung der Einflussfaktoren und Wirkungsmechanismen

Bei der Herleitung der Einflussfaktoren und Wirkungsmechanismen wird gezeigt, wie die Produktionsnetzwerkkonfiguration die zuvor hergeleiteten ökologischen Indikatoren beeinflusst. Konkret bedeutet dies eine Verknüpfung der in Kapitel 2.1.3.5 vorgestellten Allokationsentscheidungen mit einer Auswahl der Shortlist Indikatoren aus Kapitel 5.1.1. Eine direkte Verbindung ist aufgrund der komplexen Wirkungsbeziehungen nur bedingt möglich. Stattdessen soll der Einfluss der Elemente und Eigenschaften eines Produktionsnetzwerkes aus Kapitel 2.1.2 auf die Nachhaltigkeitsindikatoren dargestellt werden.

Als Werkzeug zur Verknüpfung bietet die Methodik sogenannte Wirkungsgraphen, die eine Modifikation von Kausalkreisdiagrammen sind, die in der Disziplin der Systems Dynamics etabliert wurden. Die Grundlagen, Notationsregeln und Logik dieser

[461] vgl. Klöpffer, W. et al. (2009) Ökobilanz (LCA), S. 244-250.

Diagramme und der Systems Dynamics wurden in Kapitel 2.3.3 vorgestellt. Die Anpassungen von Notation und Logik sind in Abbildung 5.5 zusammengefasst. So werden lenkbare und nicht lenkbare Faktoren mit farbigen Rechtecken umrandet. Lenkbare Faktoren erhalten in Klammern einen Buchstaben, der angibt, über welche Konfigurationsentscheidung dieser Faktor beeinflusst werden kann. Nachhaltigkeitsindikatoren der Shortlisten werden unterstrichen. Außerdem hat jede Umweltkategorie zur besseren Unterscheidung einen eigenen Grauton.

Bsp. Symbol	Erläuterung
⟶	**Pfeile** stehen für quantitative Zusammenhänge und/oder Kausalitäten.
- - - ->	**Gestrichelte Pfeile** stehen für einen qualitativen Einfluss.
+ bzw. -	**Plus- und Minuszeichen** geben die Polarität an.
∀+ bzw. ∀-	**Allquantoren** gehen die Polarität von allen Einflüssen an, die an derselben Seite des Elements eingezeichnet werden.
Strombedarf Anlagen	**Elemente** befinden sich in rechteckigen Feldern und sind Indikatoren, Parameter aus einer Entscheidungsdimension oder ein übergeordnetes Ziel. Die Graustufen kennzeichnen die Umweltkategorie denen die Elemente zugeordnet werden können. Dabei gilt: 40% Graustufe – Materialen und Abfall 50% Graustufe – Energie 60% Graustufe – Emissionen 80% Graustufe – Wasser und Abwasser 100% Graustufe – Landnutzung und Biodiversität Weiß – keine Kategorie
Abwasser	**Indikatoren aus der Shortlist** sind unterstrichen
Energie-effizienz Anlage (T)	**Lenkbare Einflussfaktoren einer Entscheidungsdimension** sind graumarkiert und enthalten eine der Kennzeichnungen (S), (T), (P) oder (M). Dabei gibt der Buchstabe die jeweilige Entscheidungsdimension an und die Abkürzungen stehen für: S – Standortallokation T – Technologieallokation P – Produktallokation M – Mengenallokation
Abfallmenge	**Zielbereiche** sind die Senken der Netzdiagramme der einzelnen Umweltkategorien und stellen die jeweiligen Ziele der Umweltkategorien dar. Die Schrift der Zielbereiche ist fett geschrieben.

Abbildung 5.5: Legende zur Syntax des Wirkungsgraphen

Pfeile stellen in Wirkungsgraphen Kausalbeziehungen von allgemeinen und quantitativen Einflüssen dar. Falls unklar ist, ob die Beziehung verstärkend oder abschwächend ist, wird ein gestrichelter Pfeil verwendet. Spezifische Kennzahlen werden in den Wirkungsgraphen nicht abgebildet, falls die dazu korrespondierende absolute Kennzahl bereits enthalten ist. Hintergrund dafür ist die Annahme, dass eine ähnliche

Beziehung herrscht. Zudem sollen so Dopplungen und weitere Komplexitätssteigerungen vermieden werden.

Die Verbindung von lenkbaren Faktoren und Allokationsentscheidungen ist der erste Schritt für die Ableitung der Wirkungsbeziehungen und soll dementsprechend kurz an mehreren Beispielen vertieft werden. Naturbedingte Faktoren wie Sonnenstunden, Windverhältnisse, Temperatur oder Wasserverfügbarkeit haben einen Einfluss darauf, wie nachhaltig ein Standort operiert und welche Ausprägung dessen lokale Nachhaltigkeitsindikatoren annehmen. Die Ausprägung dieser Faktoren ist je nach potentiellem Standort unterschiedlich, weshalb die Schlussfolgerung getroffen wird, dass mit Hilfe der Standortallokation die Faktoren beeinflusst bzw. gelenkt werden. Eine ähnliche Zuordnung ist auch für Technologieallokationen und den Wirkungsgrad von Anlagen oder für Produktallokationen und das Gewicht eines Produktes denkbar.

Die Methodik stellt einen generischen Wirkungsgraphen als Hilfsmittel für die Analyse der unternehmensspezifischen Wirkungsbeziehungen bereit. Dieser Wirkungsgraph wurde auf Basis der Erkenntnisse der Literaturrecherchen für Kapitel 2.1, 2.2, 3.3 und 5.1.1 sowie den Erfahrungen aus Industrie- und Forschungsprojekten erstellt. Zudem wurde die Validität der dargestellten Wirkungsbeziehungen zusammen mit der darauf aufbauenden Logik des Daten- und Bewertungsmodells von verschiedenem Fachpersonal aus der Industrie überprüft (vgl. Kapitel 6). Eine spezifische Anpassung des Graphs für die Ableitung der fallspezifischen Relevanz der Netzwerkkonfiguration für die ökologische Nachhaltigkeit ist mit den Filter- und Analysemethoden des folgenden Kapitels 5.1.3 möglich. Zunächst soll der generische Wirkungsgraph genauer erläutert werden, damit ein erstes Verständnis für die Einflussbeziehungen gewonnen wird.

Der vollständige generische Wirkungsgraph besteht aus 190 Elementen und ist in Abbildung 9.2 und Abbildung 9.3 im Anhang 9.2.2 dargestellt. Insgesamt beinhaltet der Graph 22 lenkbare Faktoren, die durch die Standortallokation beeinflusst werden. 21 Faktoren werden durch Technologieallokationen und sieben Faktoren durch die Produktallokation beeinflusst. Die Mengenallokation hat zudem Einfluss auf vier lenkbare Faktoren. Diese Zahlen sind ein erstes Indiz, dass und wie die Netzwerkkonfiguration die ökologische Nachhaltigkeit beeinflusst. Die Häufigkeit der Nachhaltigkeitsindikatoren aus Kapitel 5.1.1 spiegelt sich ebenfalls im generischen Wirkungsgraph wider. So existieren deutlich mehr Faktoren in Bezug auf Emissionen, Energie sowie Material und Abfall als in Bezug auf Biodiversität oder Wasser.

Zur tiefergehenden Verdeutlichung der Wirkungsbeziehungen und Funktionsweise ist in Abbildung 5.6 der Teilabschnitt des Wirkungsgraphen mit Bezug zur Energie dargestellt. Es ist zu erkennen, dass die *Nutzungsintensität* von Anlagen und Maschinen im Netzwerk ein bestimmender Faktor für den *Energie-* und *Stromverbrauch* von diesen ist. Die *Nutzungsintensität* ist davon abhängig, welche *produzierte Menge* in welcher *Produktionszeit* auf einer Maschine und an einem Standort produziert wird. Diese Faktoren wiederum sind abhängig von den Produkt- und Mengenallokationen im Produktionsnetzwerk. Die genannten kausalen Wirkungsbeziehungen sind mit einer positiven Polarität gekennzeichnet.

Die Energiearten, die eine Maschine benötigen kann, werden differenziert dargestellt und sind gemäß der GRI der *Strom-*, *Wärme-*, *Kälte-* und *Dampfbedarf*. Jede dieser Energiearten wird in einem größeren Umfang benötigt, falls die Maschine mehr genutzt wird. Reduziert wird der *Energiebedarf* durch die jeweilige Effizienz einer Anlage oder Maschine. So sinkt z.B. der *Strombedarf*, falls eine neue Maschine mit einer besseren *Energieeffizienz* angeschafft wird. Wie effizient eine Anlage ist, wird also durch die Investitionsentscheidungen der Technologieallokation mitbestimmt.

Insbesondere der *Wärme-* und *Kältebedarf* der Maschinen und Anlagen ist vom lokalen Klima abhängig. So hat eine steigende *lokale Temperatur* eine verstärkende Auswirkung auf den *Kältebedarf*, jedoch eine abschwächende Wirkung auf den *Wärmebedarf*. Die lokalen *Wind-* und *Sonnenstunden* entscheiden darüber, wie viel Energie aus erneuerbaren Quellen potentiell zur Verfügung gestellt werden kann. Bei günstigen Bedingungen ist davon auszugehen, dass auch die *Rate an erneuerbaren Energien* gesteigert wird. Daher besteht eine positive Korrelation zu dem Anteil an *erneuerbaren Energien im Energiemix*.

Neben den Energiebedarfen für die direkt an der Produktion beteiligten Maschinen zahlt auch der Energieaufwand für *Transportaufwände* auf den Gesamtbedarf im Netzwerk ein. Desto mehr Waren und Rohstoffe transportiert werden, desto mehr Energie wird hierfür benötigt. Wie viel Energie genau benötigt wird, ist abhängig von den *Transportdistanzen* sowie der *zu transportierenden Menge* und dem *Gewicht und Volumen der Güter*. All diese Faktoren werden durch Standortentscheidungen und

Produktallokationen gelenkt. Auch die *Art der Transportmittel*, die zur Verfügung stehen, ist davon abhängig zwischen welchen Standorten ein Transport stattfinden soll.

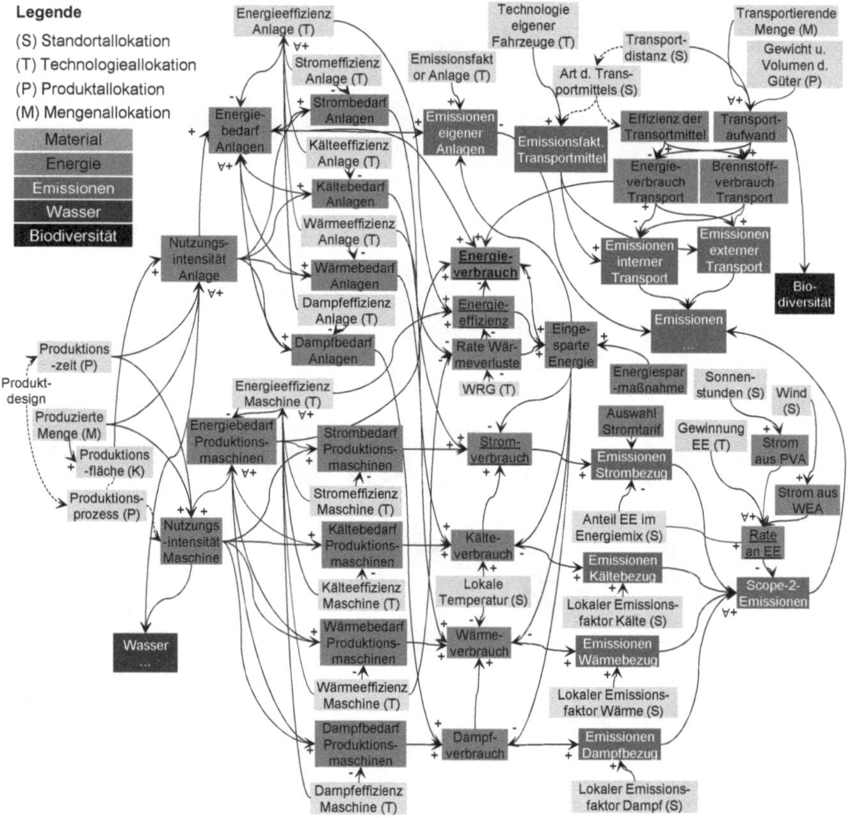

Abbildung 5.6: Auszug des Wirkungsgraphen mit Bezug zur Energie

In Abbildung 5.6 wird auch deutlich, dass die benötigen Energiemengen auf die *Emissionen* wirken, je nachdem wie die Energie bereitgestellt wird. Zudem wirkt die Nutzungsintensität von Maschinen und Anlagen auch auf deren *Wasserbedarf*. Aufgrund von Lärm und Flächenbedarf haben Transportaufwände zudem einen Einfluss auf die *Biodiversität*. Diese Zusammenhänge werden im vollständigen Wirkungsgraphen im Anhang 9.2.2 ausführlich spezifiziert.

Die Wechselwirkungen aus dem Teilabschnitt der Emissionen sind in Abbildung 5.7 dargestellt. Gemäß dem GHG-Protokoll sind die Emissionen dabei in den Scope 1, 2 und 3 unterteilt (vgl. Kapitel 2.2.4.1). Die *Scope 1 Emissionen* werden demnach durch die *Emissionen eigener Anlagen* und die *Emissionen interner Transporte* beeinflusst, welche beide wiederum durch Technologieallokationen beeinflusst werden. Die *Scope 2 Emissionen* sind abhängig von dem Bezug verschiedener Energiearten, die von den lokalen Emissionsfaktoren abhängig sind und somit von der Standortallokation beeinflusst werden. Alle weiteren Emissionen sind Teil der *Scope 3 Emissionen* und werden u.a. durch die Abfallentsorgung, den Materialeinsatz sowie die Geschäftsreisen und Pendler beeinflusst.

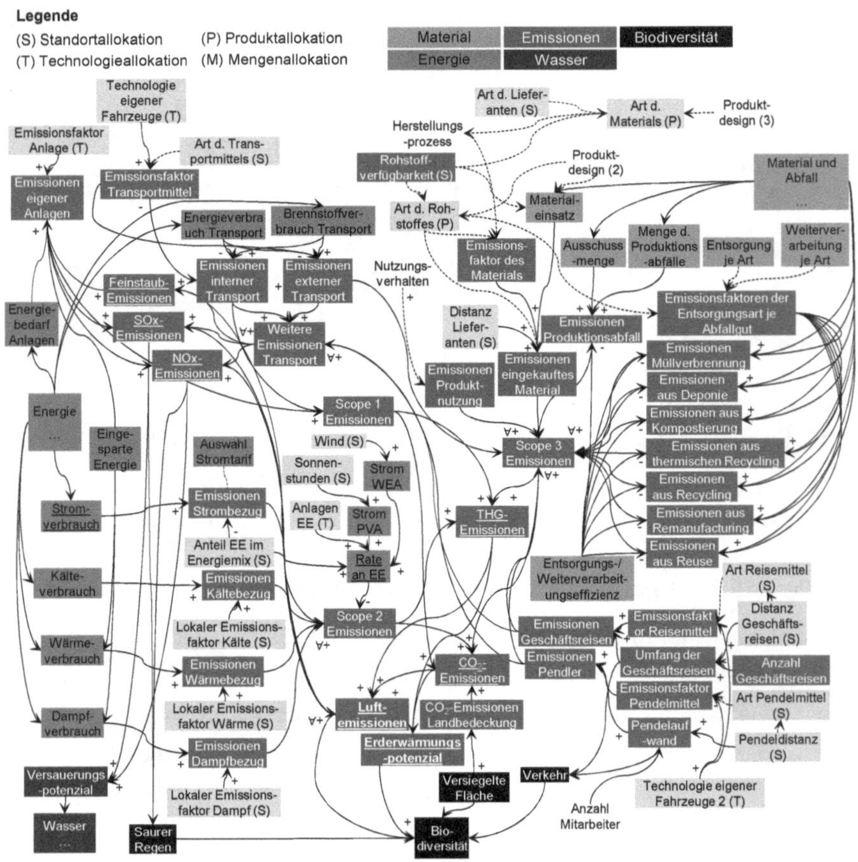

Abbildung 5.7: Auszug des Wirkungsgraphen mit Bezug zu Emissionen

In Abbildung 5.8 ist der Auszug des Wirkungsgraphen mit Bezug zum Wasser und Abwasser dargestellt. Es ist ersichtlich, dass besonders der *Wasserbedarf der Anlagen* und der *Wasserbedarf der Maschinen* zusammen mit der *Einspeicherung von Wasser im Produkt* den *Wasserverbrauch* bestimmen. Alle Werte werden dabei durch die Mengen- und Technologieallokationen beeinflusst. Die *kritische Wassersituation* wird neben der *Wasserentnahme* auch durch die *Wasserqualität* und *Wasserverfügbarkeit* beeinflusst (vgl. Kapitel 2.2.4.2). Die Aufbereitung des Abwassers kann hingegen durch eigene Technologieallokationen oder die Wahl eines Standorts mit externer Infrastruktur beeinflusst werden.

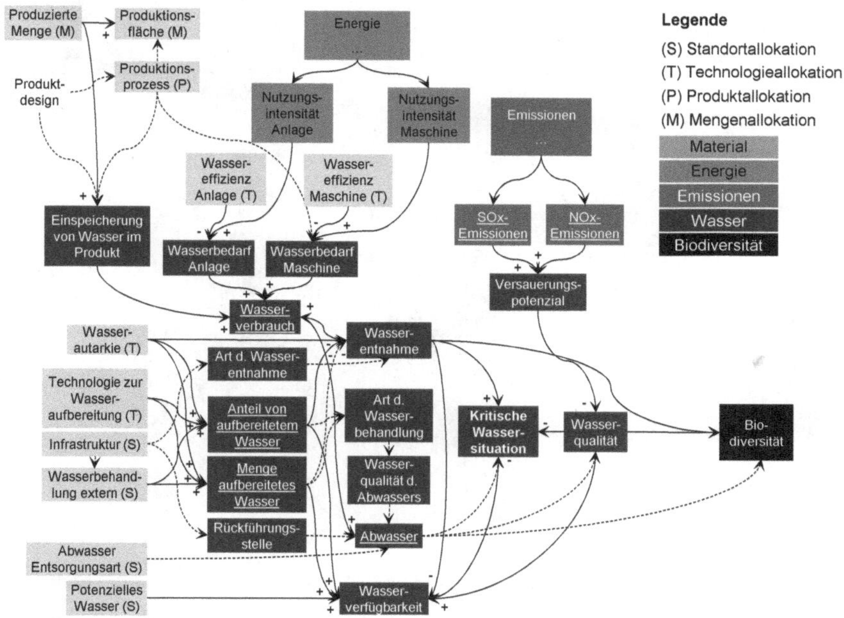

Abbildung 5.8: Auszug des Wirkungsgraphen mit Bezug zum Wasser und Abwasser

Der Teilbereich des Graphen mit Bezug zu Material und Abfall befindet sich in Abbildung 5.9. Die *Abfallmenge* wird in die Menge der verschiedenen Entsorgungsarten wie u.a. Deponieren, Recycling und Remanufacturing unterteilt (vgl. Kapitel 2.2.4.3). In welchem Umfang die *Entsorgung je Art* möglich ist, ist abhängig von den *verfügbaren Partnern* vor Ort sowie den *gesetzlichen Vorgaben*. Außerdem sind das *Pro-*

duktdesign und die *Art des Materials* entscheidende Faktoren für die Entsorgungsmöglichkeiten und die *kritische Abfallmenge*. Je nach Entsorgungsart werden dabei unterschiedliche Umfänge an *Emissionen* erzeugt. Neben den direkten Produktionsabfällen sind auch die *Verpackungsabfälle* und die *Abfälle aus Ladungsträgern* wichtige Einflussfaktoren, die alle über die Mengenallokation gesteuert werden können.

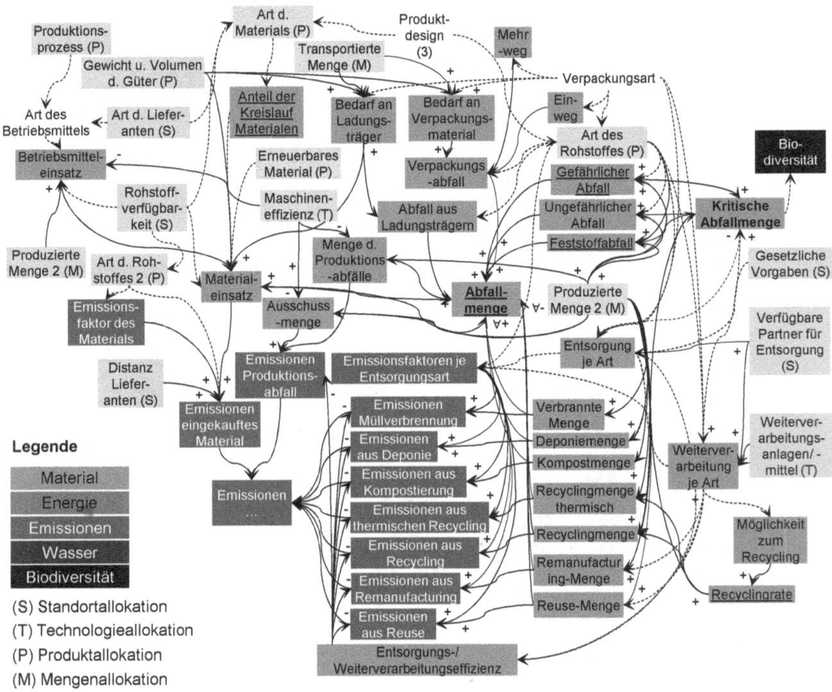

Abbildung 5.9: Auszug des Wirkungsgraphen mit Bezug zu Material und Abfall

Die Einflussmöglichkeiten der GPN Gestaltung hinsichtlich der Biodiversität sind in Abbildung 5.10 dargestellt. Neben den Effekten durch Emissionen, Abwasser und Abfall ist besonders die *Flächeninanspruchnahme* ausschlaggebend für *Veränderungen im Ökosystem* (vgl. Kapitel 2.2.4.4). Diese werden wiederum durch die Kapazitäts- bzw. Mengenallokation am Standort gesteuert. Außerdem haben *Licht* und *Lärm* einen *Einfluss auf die Biodiversität*. Die Intensität von beiden kann durch die Art der *Produktionsprozesse* und die gewählten *Schichtmodelle* bestimmt werden. Dabei gilt, dass neben der Biodiversität auch die *menschliche Gesundheit* so beeinflusst wird.

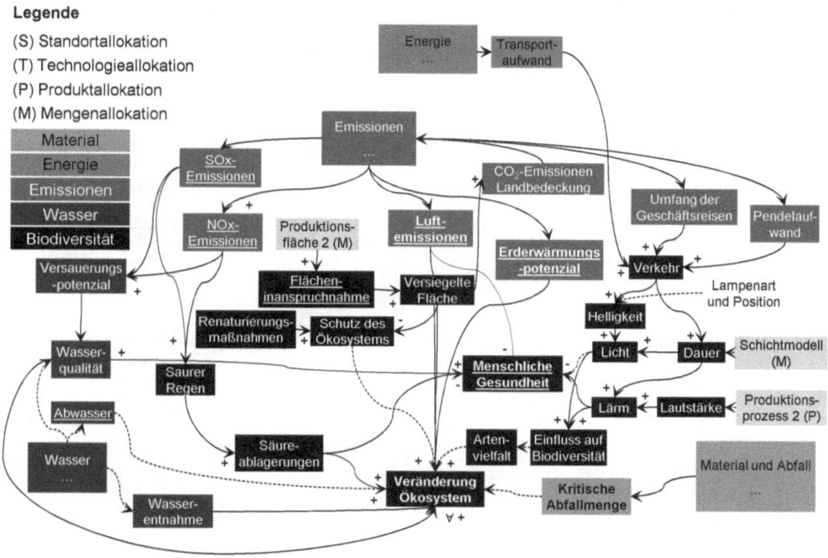

Abbildung 5.10: Auszug des Wirkungsgraphen mit Bezug zur Biodiversität

Die Interaktion der verschiedenen Teilbereiche sind in den vorherigen Auszügen nur abgegrenzt dargestellt. Das Zusammenspiel aller Beziehungen im generischen Wirkungsgraphen kann der Abbildung 9.2 und der Abbildung 9.3 im Anhang 9.2.2 entnommen werden.

5.1.3 Ableitung des spezifischen Einflusses der Netzwerkkonfiguration

Damit der Einfluss des Produktionsnetzwerkes auf ökologische Nachhaltigkeitsziele gemäß der jeweiligen Unternehmenssituation quantifiziert wird, ist eine fallspezifische Ableitung notwendig. Dafür muss der zuvor präsentierte generische Wirkungsgraph entsprechend an die Unternehmenssituation angepasst werden. Das Vorgehen für diese Modifikation kann dem Ablaufdiagramm in Abbildung 5.11 entnommen werden. Startpunkt der Modifikation ist die Untersuchung des generischen Wirkungsgraphen (siehe Anhang 9.2.2), die überprüft, ob Anpassungen notwendig sind. Falls der Graph noch nicht alle benötigten Elemente und Wirkungsbeziehungen beinhaltet, werden diese gemäß der Notation aus Abbildung 5.5 hinzugefügt. Für den Fall, dass der jeweilige Kontext weniger komplex ist, werden nicht benötigte Elemente aus dem Wirkungsgraphen entfernt. Sofern diese den Anwendenden bekannt sind, können sie direkt entfernt werden. Ansonsten bietet die Methodik entsprechende Filtermöglichkeiten, die nachfolgend vorgestellt werden.

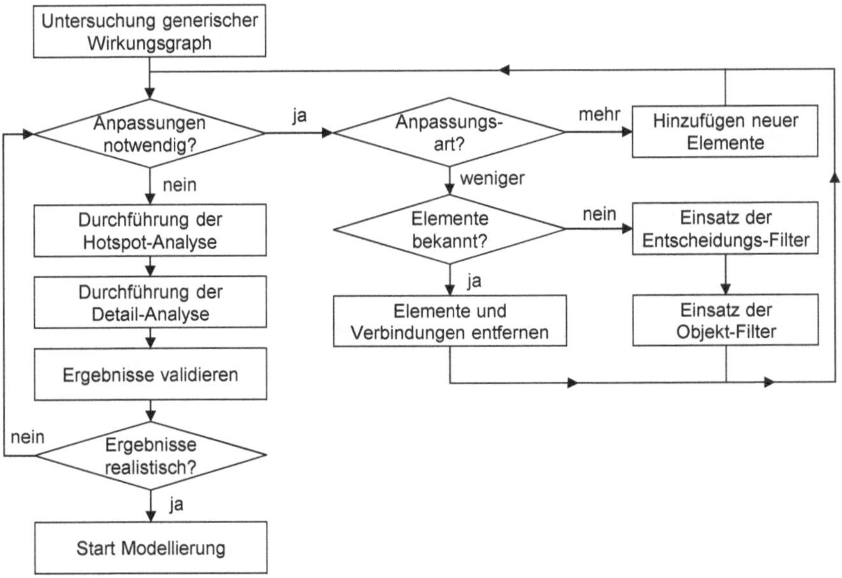

Abbildung 5.11: Vorgehen zur Modifikation und Analyse des Wirkungsgraphen

Sobald keine weiteren Anpassungen mehr notwendig sind, wird die Hotspot- und Detailanalyse des Wirkungsgraphen durchgeführt. Beide Analysen dienen dazu die Anzahl der Wirkungsbeziehungen und -wege im Graphen zu quantifizieren und somit den Einfluss von der Konfiguration auf die Nachhaltigkeit zu repräsentieren. Das genaue Vorgehen wird ebenfalls nachfolgend vorgestellt. Die Ergebnisse beider Analysen müssen abschließend validiert werden, damit die Möglichkeit für weitere Anpassungen besteht, falls unrealistische Ergebnisse erreicht werden. Andernfalls kann die Modellierung des Netzwerkes gestartet werden (vgl. Kapitel 5.2).

Ein Entfernen von Elementen aus dem Wirkungsgraph ist notwendig, falls die jeweilige Entscheidungssituation eine geringere Komplexität als der generische Graph vorweist. Damit ein systematisches Entfernen möglich ist, beinhaltet die Methodik Filterkriterien, die Indizien dafür geben, ob ein Element entfernt oder beibehalten wird. In Abbildung 5.12 sind die Kriterien und ihre jeweiligen Ausprägungen gemäß der zugehörigen Handlungsempfehlungen aufgelistet. Elemente, für die eine Ausprägung auf der linken Seite zutrifft, werden tendenziell aus dem Graphen exkludiert, während Elemente der rechten Seite eher inkludiert werden. Die Filterkriterien werden danach differenziert, ob sie sich auf eine Entscheidung oder ein Objekt im Netzwerk beziehen.

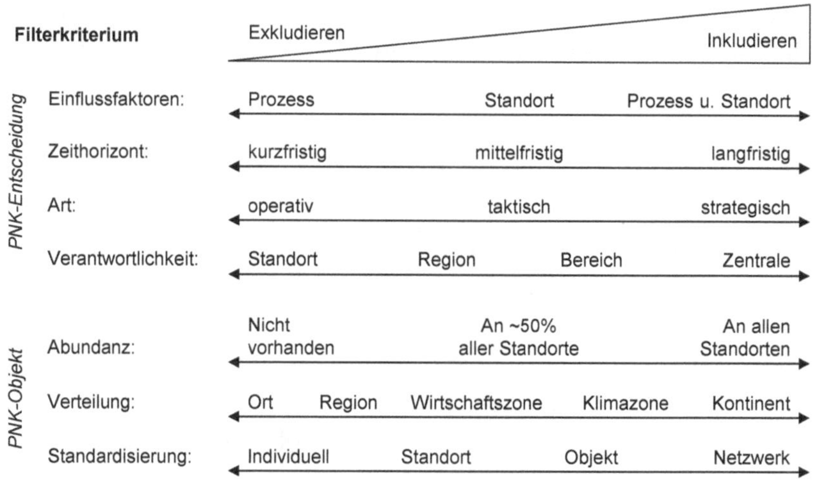

Abbildung 5.12: Filterkriterien sortiert nach Handlungsempfehlung

Das erste Filterkriterium bezieht sich darauf, ob bei der Entscheidung über ein Element des Wirkungsgraphen Prozessfaktoren, Standortfaktoren oder Kombinationen von beiden Faktoren berücksichtigt werden. Dieses Kriterium ist maßgeblich für den Einfluss der Netzwerkkonfiguration auf einen Nachhaltigkeitsindikator. Sobald ein Nachhaltigkeitsindikator durch die Kombination von Standort- und Prozessfaktoren beeinflusst wird, hat die Netzwerkkonfiguration einen Einfluss auf die Nachhaltigkeit der zugehörigen Prozesse. Dies kann an zwei Beispielen verdeutlicht werden. Während der Herstellung von Zement wird eine erhebliche Menge an Kohlenstoffdioxid erzeugt, welche wiederum einen Einfluss auf den zugehörigen Indikator hat. Jedoch existiert keine Kombination mit einem Standortfaktor, da irrelevant ist, wo auf der Welt dieser Prozess stattfindet. Bei der Kalzinierung des Kalksteins zu Branntkalk, einer Vorstufe des Zementklinkers, entstehen prozessbedinge CO_2-Emissionen, die unabhängig vom eingesetzten Brennstoff sind.[462] Die Netzwerkplanenden haben in diesem Fall keinen Einfluss, da nur die Prozessfaktoren einen Einfluss auf die THG-Emissionen haben. Ein anderes Beispiel ist die Bearbeitung von einem Produkt auf einer Maschine mit hohem Strombedarf. Der Strom stammt aus dem lokalen Netz und unterliegt somit auch dem CO_2-Ausstoß der lokalen Gegebenheiten. Selbst wenn sich ein Unternehmen für den Bezug von Ökostrom entscheidet, variiert der entsprechende Preis je Land. In diesem Fall können die Netzwerkplanenden einen Beitrag zur Nachhaltigkeit leisten, indem sie stromintensive Tätigkeiten in Länder mit günstigem und gut verfügbarem Ökostrom verlagern. Dabei gilt, dass der jeweilige Prozessfaktor (Strombedarf) den Standortfaktor (lokale Emissionsintensität) gewichtet (vgl. Kapitel 2.1.3.5).

Weitere entscheidungsbezogene Filterkriterien sind der Entscheidungszeithorizont und die -art. Diese sind entweder kurzfristig und operativ oder eher langfristig und strategisch. Dabei ist zu beachten, dass insbesondere Objekte, die einer langfristigen Planung unterliegen, beeinflusst werden können, da kürzere und operative Planungen Teil der Koordination sind und nicht in den Aufgabenbereich der Konfiguration fallen. Zudem werden zentralverwaltete Objekte mittels Konfiguration stärker beeinflusst als solche, über die die lokale Standortleitung verfügt.

Für die Objekte im Netzwerk gelten außerdem Filterkriterien in Bezug auf Abundanz, Verteilung und Standardisierung. So werden z.B. Maschinen oder Anlagen, die an nahezu allen Standorten und auf allen Kontinenten vertreten sind, tendenziell eher durch die Netzwerkkonfiguration beeinflusst. Maschinen, die lediglich an einem Standort stehen, sind hingegen nur für die lokale Planung relevant und werden daher aus dem Wirkungsgraphen entfernt. Außerdem ist die Standardisierung der Objekte von Bedeutung. Elemente, die im gesamten Netzwerk dem gleichen Standard entsprechen, können vergleichsweise einfach bei der Konfiguration berücksichtigt und bei Bedarf verlagert werden. Falls Fertigungsprozesse je Standort eine individuelle Ausprägung aufweisen, ist eine Neuallokation mit größeren Herausforderungen verbunden, weshalb der Einfluss der Netzwerkplanenden auf die Verortung tendenziell abnimmt.

---

[462] vgl. Schneider, M. (2020) Dekarbonisierung von Zement, S. 13.
Außerdem ersichtlich durch die Reaktionsgleichung: $CaCO_3 \rightarrow CaO + CO_2$.

Das Ziel der Hotspot- und Detailanalyse ist es, einen Überblick darüber zu erhalten, auf welche Umweltkennzahlen die Standort-, Technologie-, Produkt- und Mengenallokationsentscheidungen Einfluss nehmen. Dabei ist das Vorgehen beider Analysen ähnlich, jedoch werden inhaltlich unterschiedliche Faktoren betrachtet. Beide Analysen quantifizieren, wie viele Verbindungen zwischen einem Nachhaltigkeitsindikator und einer Allokationsentscheidung im modifizierten Wirkungsgraphen existieren. Die Hotspot-Analyse betrachtet dabei lediglich die vier vorgestellten Allokationsarten, während die Detailanalyse zwischen den zugehörigen lenkbaren Einflussfaktoren differenziert.

Für beide Analysen wird berechnet wie viele Wege zwischen dem lenkbaren Einflussfaktor und dem Nachhaltigkeitsindikator möglich sind. Als Weg wird dabei jede mögliche Kombination von Beziehungen und Elementen im Wirkungsgraph definiert, die eine Verbindung zwischen genannten Faktor und Indikator darstellt. Dabei gilt die Annahme, dass umso mehr Einflussmöglichkeiten bestehen, je mehr Wege existieren. Als zweite Kennzahl wird die durchschnittliche Länge dieser Wege berechnet. Diese besagt, wie viele Beziehungspfeile auf einem Weg im Wirkungsgraphen liegen. Hintergrund ist die Wahrscheinlichkeit, dass bei längeren Wegen der Einfluss eher indirekt und geschwächt ausfällt.

Die Ergebnisse der Hotspot-Analyse für den generischen Wirkungsgraphen werden in Abbildung 5.13 präsentiert. Es ist u.a. erkennbar, dass die Standortallokation gemäß dem generischen Wirkungsgraphen keinen Einfluss auf die Energieeffizienz und Flächeninanspruchnahme aufweist. Dies ist plausibel, da die Energieeffizienz über die eingesetzten Technologien beeinflusst wird und stets die gleiche Fläche für Anlagen und Fabriken benötigt wird. Ebenfalls wird anhand der Ergebnisse der Hotspot-Analyse erkannt, dass die Standortallokation einen Einfluss auf den Energieverbrauch und die Rate an erneuerbaren Energien hat. Dies ist ebenfalls nachvollziehbar aufgrund der zuvor beschrieben Beispielbeziehungen. Für eine detaillierte Analyse dieser Ergebnisse muss die Anzahl der Wege gemäß den einzelnen lenkbaren Faktoren mit Standortbezug aufgeschlüsselt werden. Dies ist nach dem gleichen Prinzip möglich und bietet sich besonders bei einer fallspezifischen Untersuchung an.

	Indikator	Standort-allokation	Technologie-allokation	Produkt-allokation	Mengen-allokation
Energie	Energieverbrauch	3 / 4,33	48 / 4,13	21 / 5	21 / 5
	Rate an erneuerbaren Energien	3 / 2,67	1 / 2	-	-
	Stromverbrauch	1 / 3	36 / 5	8 / 4,75	8 / 4,75
	Energieeffizienz	-	13 / 2,85	-	-
Emissionen	Feinstaub-Emissionen	68 / 6,53	39 / 5,38	36 / 6,14	21 / 6
	CO2-Emissionen	216 / 6,51	165 / 7,2	128 / 6,4	58 / 6,76
	THG-Emissionen	216 / 6,51	165 / 7,2	127 / 6,4	114 / 7,69
	SOX-Emissionen	68 / 6,53	39 / 5,38	36 / 6,14	21 / 6
	NOX-Emissionen	68 / 6,53	39 / 5,38	36 / 6,14	21 / 6
	Luftemissionen	636 / 7,52	447 / 7,7	363 / 7,32	177 / 7,5
	Erderwärmungspotenzial	432 / 7,51	330 / 8,2	255 / 7,4	91 / 7,77
Wasser und Abwasser	Wasserverbrauch	5 / 4,4	7 / 3,57	7 / 3,57	5 / 4
	Abwasser	11 / 4,91	7 / 4,73	7 / 4,57	5 / 5
	Anteil aufbereitetes Wasser	2 / 2,5	2 / 2	-	-
	Wiederaufbereitetes Wasser	2 / 2,5	2 / 2	-	-
Material und Abfall	Anteil des recycelten Materials	2 / 3	-	1 / 2	1 / 2
	Gefährlicher Abfall	1 / 3	-	1 / 2	1 / 2
	Feststoffabfall	1 / 3	-	1 / 2	1 / 2
	Spezifisch Materialmenge	5 / 3,4	1 / 3	5 / 2,8	4 / 2,75
	Abfallmenge	41 / 4,95	7 / 4,29	26 / 4,08	18 / 3,28
	Recycling-Rate	4 / 4,75	1 / 4	2 / 4	-
Biodiversität	Flächeninanspruchnahme	-	-	1 / 3	2 / 2,5
	Artenvielfalt	11 / 7	-	4 / 6,5	5 / 6,2
	Menschliche Gesundheit	928 / 8,77	579 / 8,58	318 / 8,5	271 / 8,57

Anzahl der Wege (mehr Wege → mehr Einflussmöglichkeiten) / Durchschnittliche Weglänge (kurze Wege → direkter Einfluss)

Abbildung 5.13: Ergebnisse der Hotspot-Analyse des Wirkungsgraphen

5.2 Modellierung der ökologischen Eigenschaften der Produktionsnetzwerkkonfiguration

Dieses Unterkapitel dient dazu, die in Kapitel 5.1.2 und 5.1.3 hergeleiteten Wirkungsbeziehungen in einem operationalisierbaren Datenmodell abzubilden (siehe Abbildung 5.14). Dafür werden in Kapitel 5.2.1 zunächst die einzelnen Objekte des Modells sowie deren Attribute vorgestellt. Darauf aufbauend werden in Kapitel 5.2.1.5 die Beziehungen zwischen den Objektklassen definiert und somit das vollständige Datenmodell erläutert. Dieses Datenmodell hat das Ziel, alle Informationen zu enthalten, die für eine Bilanzierung eines Produktionsnetzwerkes, also eine Berechnung von Kennzahlen, benötigt werden. Welche Quellen für die Beschaffung dieser Informationen in Frage kommen wird im Unterkapitel 5.2.2 diskutiert, um eine strukturierte Herangehensweise zu ermöglichen. Die notwendigen Vorgehensweisen und Formeln für die Bilanzierung werden abschließend in Kapitel 5.2.3 definiert.

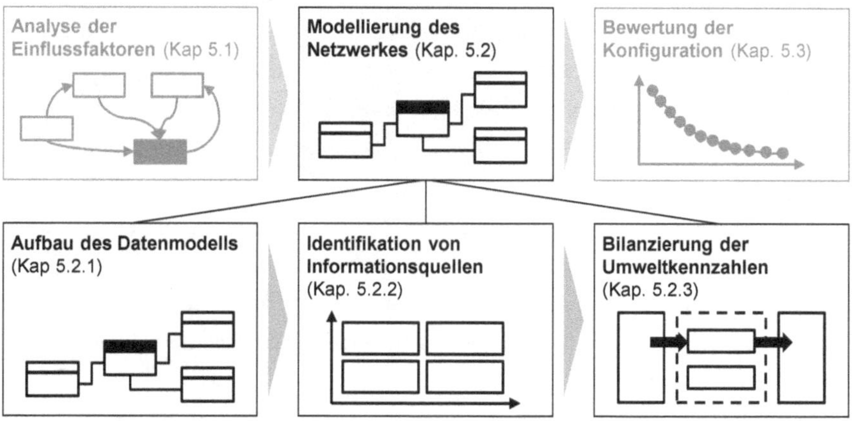

Abbildung 5.14: Vorgehen zur Modellierung der ökologischen Eigenschaften

Grundsätzlich gilt, dass das gesamte Modell modular aufgebaut ist. Es ist sowohl in verschiedene Netzwerkebenen als auch Nachhaltigkeitskategorien unterteilt. Je nach Allokationsentscheidung oder Nachhaltigkeitsziel ist daher der Einsatz oder das Ausschließen einzelner Ebenen und Kategorien möglich. Somit kann das Modell auch mit einem Minimum an verfügbaren Informationen bereits operativ für gezielte Fragestellungen genutzt werden. Die genaue Umsetzung wird nachfolgend detailliert erläutert.

5.2.1 Erstellung des Datenmodells

Für die Darstellung und Dokumentation der Struktur des Datenmodells wird der Modellierungsstandard UML verwendet. Die Grundlagen und Notationsregeln des Standards sind Teil von Kapitel 2.3.2. Aus diesem Standard wird die Methode der Klassendiagramme eingesetzt, um die Objekte und Eigenschaften eines Netzwerkes als entsprechende Klassen und Attribute abzubilden. Auch die Beziehungen zwischen den Objekten werden mit diesem Diagrammtyp als sogenannte Assoziationen dargestellt.

Für eine bessere Übersicht und den modularen Einsatz ist das Modell in vier Ebenen unterteilt. Die vier Ebenen sind die Netzwerk-, Standort-, System- und Prozessebene. Diese Ebenen sind an die etablierten Strukturebenen eines Produktionsnetzwerkes angelehnt, die in Kapitel 2.1.3.1 vorgestellt wurden. Jede Ebene beinhaltet die Objekte und deren Eigenschaften, die für eine ausreichende Netzwerk- und Nachhaltigkeitsmodellierung gemäß den in Kapitel 5.1 untersuchten Wirkungsbeziehungen benötigt werden. Entsprechend wurden die Objekte auf Basis der Grundlagenliteratur aus Kapitel 2.1 und 2.2 ermittelt und für den Anwendungsfall angepasst. Zudem wurden bei der Modellerstellung Inhalte aus bereits etablierten Netzwerkmodellen, wie den in Kapitel 3.3 vorgestellten Arbeiten, integriert. Besonders die Objekte zur Netzwerkmodellierung aus dem Ansatz von SCHUH ET AL. (Kapitel 3.3.1.3) wurden als Grundlage genutzt und um Objekte und Attribute mit Nachhaltigkeitsbezug erweitert. Zur Sicherstellung der Funktionsfähigkeit und Sinnhaftigkeit des Modells wurden die Datenstruktur und die Bilanzierungsformeln in semi-strukturierten Interviews und Workshops mit Expertinnen und Experten aus Industrieunternehmen überprüft und bei Bedarf angepasst.

5.2.1.1 Objekte der Netzwerkebene

Das UML-Diagramm für die Objekte der Netzwerkebene ist in Abbildung 5.15 dargestellt. Auf der Netzwerkebene stehen besonders die Verbindungen zwischen den Netzwerkknoten, also den Standorten, im Fokus. Da lediglich die Konfiguration und nicht die Koordination des Netzwerks modelliert wird, werden vor allem Transporte und die zugehörigen Objekte abgebildet. Eine elementare Klasse ist daher die *TransportRoute*, welche die logistische Verbindung zwischen zwei Standorten definiert, indem u.a. die Herkunft und das Ziel als Attribute gespeichert werden. Darüber hinaus wird auch die zeitliche Dauer als Attribut erfasst. Die Anzahl der versendeten Produkte je *TransportRoute* ist kein Attribut dieser Klasse, sondern wird auf einer anderen Ebene (vgl. Kapitel 5.2.1.4) in der Bedarfsklasse definiert, welche auf die *TransportRoute* referenziert.

Jede *TransportRoute* kann in unterschiedliche *TransportStrecken* unterteilt werden. Diese stehen für je einen Routenabschnitt, der mit einem einzelnen *TransportMittel*, wie z.B. einem Lastkraftwagen oder Flugzeug, zurückgelegt wird. Diese Unterteilung ist zielführend, da der ökologische Fußabdruck eines Transports maßgeblich von den Eigenschaften des Transportmittels beeinflusst wird. Entsprechend wird für jedes *TransportMittel* hinterlegt, wie viel Energie von welcher *EnergieArt* je nach Ladungsart benötigt wird. Dieser Energieverbrauch wird angegeben in der Energiemenge, die benötigt wird, um eine Tonne der Ladungsart einen Kilometer zu transportieren. *EnergieArten* sind Primärenergietypen wie Diesel, Kerosin und Schweröl oder Sekundärenergien wie elektrische Energie, die z.B. von Schienenfahrzeugen verwendet wird.[463] Für jede *EnergieArt* wird ein Emissionsfaktor benötigt, der angibt, wie viele Kohlenstoffdioxidäquivalente pro Energieeinheit emittiert werden. Alternativ werden über diesen Faktor auch die Emissionen anderer Treibhausgase quantifiziert. Dies dient der Berechnung der Emissionen aller Transportaktivitäten im Netzwerk (vgl. Kapitel 5.2.3.1). Dabei ist es von Bedeutung, ob ein Transport vom Unternehmen selbst oder von Dritten ausgeführt wird, weshalb jede *TransportStrecke* über das entsprechende Attribut verfügt.

[463] vgl. Pelte, D. (2010) Die Zukunft unserer Energieversorgung, S. 34-35.

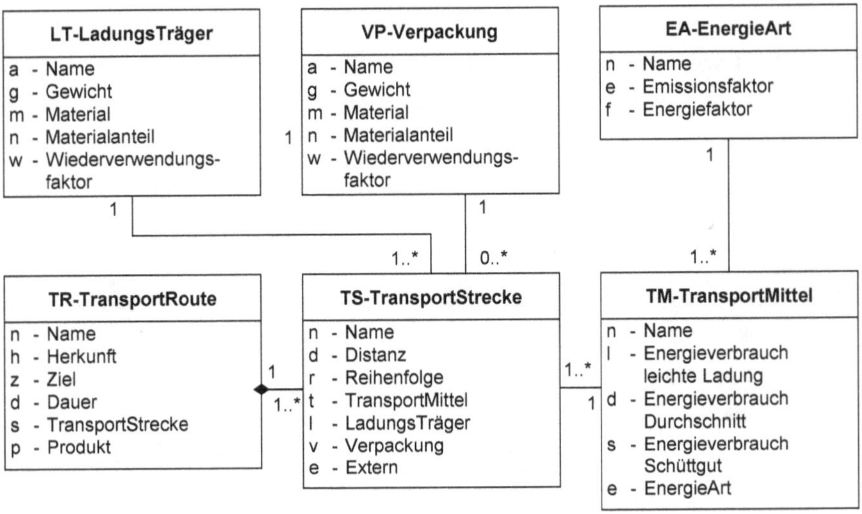

Abbildung 5.15: UML-Diagramm für die Objekte der Netzwerkebene

Neben dem *TransportMittel* kann für jede *TransportStrecke* modelliert werden, welche *Ladungsträger* und *Verpackungen* eingesetzt werden. Grund dafür ist, dass beide Objekte über Gewichte verfügen, die neben dem Produktgewicht den Energiebedarf der *TransportMittel* beeinflussen. Zudem sind der Materialbedarf sowie die resultierenden Abfallmengen im Produktionsnetzwerk davon abhängig, in welchem Umfang *LadungsTräger* und *Verpackungen* verwendet werden. Da insbesondere für Ladungsträger Mehrweglösungen verfügbar sind, muss für beide Objektklassen definiert werden, zu welchem Prozentsatz eine Wiederverwendung stattfindet. Für die Bilanzierung anderer lokaler Entsorgungsalternativen, wie dem Recycling oder der Kompostierung, muss außerdem bekannt sein, aus welchen Materialen *LadungsTräger* und *Verpackung* bestehen. Die verfügbaren *MaterialTypen* werden ebenfalls als Klasse in der Prozesseben in Kapitel 5.2.1.4 definiert.

5.2.1.2 Objekte der Standortebene

In der Standortebene werden die Knoten des Netzwerkes, also die verschiedenen Standorte, modelliert. Einen Überblick über die zugehörigen Objekte bietet das UML-Diagramm in Abbildung 5.16. Grundsätzlich gibt es drei Arten von Standorten, die jeweils durch eine eigene Klasse repräsentiert werden. Neben den *ProduktionsStandorten* werden die *LieferantenStandorte* und *VerkaufsRegionen* dezidiert abgebildet.

Dies entspricht einer Einbindung von Beschaffungs- und Absatzmärkten ohne eine Reduktion des Fokus auf unternehmensinterne Produktionsnetzwerke (vgl. Kapitel 2.1.2). Notwendig ist diese Inklusion für eine präzisere Wiedergabe von Transportbeziehungen und die Berücksichtigung von zertifizierten Lieferanten als Standortfaktor. Um trotzdem den Modellierungsaufwand gering zu halten, beinhaltet die Klasse *VerkaufsRegion* lediglich Attribute mit dem Regionsnamen und den geographischen Koordinaten.

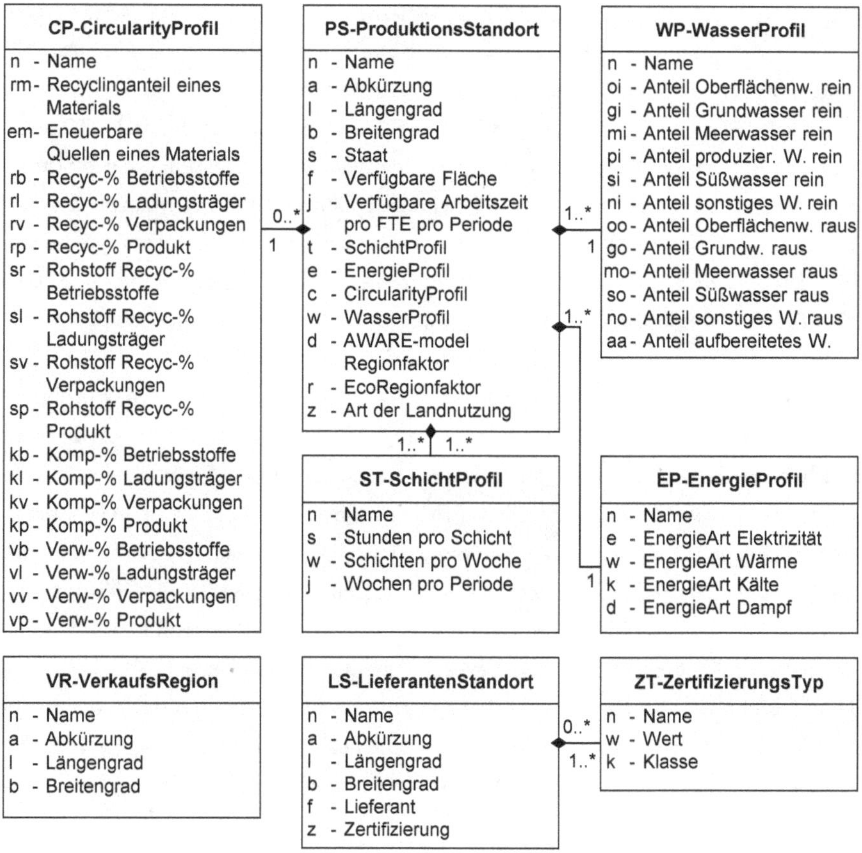

Abbildung 5.16: UML-Diagramm für die Objekte der Standortebene

Die Anzahl der verkauften Produkte je Region wird analog zu den Transporten über die Bedarfsklasse in Kapitel 5.2.1.4 gesteuert. *LieferantenStandorte* werden etwas differenzierter als *VerkaufsRegionen* betrachtet. So kann für jeden Standort mit dem *ZertifizierungsTyp* auch angegeben werden, nach welchen Standards oder Normen eine Zertifizierung vorliegt und welche Bewertung im Rahmen der Auditierung erreicht wurde. Die Nachhaltigkeitseigenschaften eines Produktionsstandorts werden sowohl mit den Klassenattributen als auch über eine Zuordnung zu Profilen modelliert. Wichtige Attribute sind die Zuordnung zu einer Eco-Region sowie einer AWARE-Region, die beide für die Berechnung von lebenszyklusbasierten Bewertungskennzahlen in Kapitel 5.3.1.1 benötigt werden. Zudem existieren Attribute, die grundlegende Eigenschaften des Standorts definieren wie z.B. die verfügbare Fläche oder den Staat. Die Inklusion von wirtschaftlichkeitsbezogenen Attributen wird für die Betrachtung der Wechselwirkungen zwischen Kosten und Nachhaltigkeitszielen in Kapitel 5.3.2 benötigt. Profile werden eingesetzt, um die Nachhaltigkeitseigenschaften einer bestimmten Kategorie zusammenzufassen. Zudem können mehrere, nahe beieinander liegende Standorte über das gleiche Profil verfügen, was den Modellierungsaufwand reduziert. Das *EnergieProfil* gibt an, welche *EnergieArten* und Emissionsfaktoren (vgl. Kapitel 5.2.1.1) dem Standort zum Bezug von Elektrizität, Wärme, Kälte und Dampf zur Verfügung stehen. Das *SchichtProfil* definiert die verfügbaren Betriebszeiten für einen Standort und dessen Maschinen. Mit dem *WasserProfil* wird festgehalten, wie der Bezug und die Ausleitung von Wasser an einem Standort realisiert wird. Mögliche Quellen bzw. Senken dafür sind Oberflächenwasser, Grundwasser, Meerwasser und produziertes Wasser. Zudem wird differenziert wie groß der Anteil von Süßwasser ist und in welchem Umfang Wasser aufbereitet wird. Das *CircularityProfil* bezieht sich auf die standortspezifischen Optionen, um Materialen im Sinne einer Kreislaufwirtschaft wiederzuverwenden. Dabei wird zwischen der Behandlung von Produkten, Betriebsstoffen, Ladungsträgern und Verpackungen unterschieden. Für alle dieser Objekte besteht grundsätzlich die Möglichkeit zum Recycling, Kompostieren oder thermischen Verwerten. Außerdem kann unterschieden werden, ob die eingesetzten Objekte bereits aus recycelten Rohstoffen hergestellt wurden oder nicht.

5.2.1.3 Objekte der Systemebene

In der Systemebene werden zusammenfassend die an einem Standort allokierten Produktionssegmente, -systeme und -technologien beschrieben. Die zugehörigen Klassen sind im Diagramm in Abbildung 5.17 dargestellt. Damit das Modell handhabbar und aufwandsarm bleibt, werden lediglich *Maschinen* und *Anlagen* explizit genannt. Beide werden je nach Notwendigkeit beliebig detailliert umgesetzt. So kann z.B. eine *Maschine* einen einzelnen Arbeitsplatz oder eine vollständige Fertigungslinie beschreiben. Der Unterschied zwischen *Maschinen* und *Anlagen* liegt in diesem Modell in der Nähe zum Fertigungsprozess, was auch in der Assoziationszuordnung deutlich wird (vgl. Kapitel 5.2.1.5). Eine *Maschine* ist direkt an einem Produktionsprozess beteiligt. Dies bedeutet, dass ein Produktionsschritt immer genau auf einer Maschine läuft und ohne *Maschine* nicht durchgeführt werden kann. Die Klasse *MaschinenTyp* dokumentiert mit ihren Attributen den Verbrauch von Energie, Wasser und Betriebsstoffen während der Rüst- und Produktionsprozesse einer *Maschine*. Betriebsstoffe werden zudem als eigene Klasse *BetriebsstoffTyp* modelliert, da es eine Vielzahl an möglichen Ausprägungen wie z.B. Schmieröle oder Kühlmittel gibt. Wichtige Attribute für die Beschreibung von *BetriebsstoffTypen* sind deren Gefahrenpotential, welches für die Entsorgung relevant ist, sowie die Einheit in der die Stoffe gemessen werden. Betriebsstoffe, die Energieträger sind, werden im Rahmen des Modells zu den *EnergieArten* gezählt.

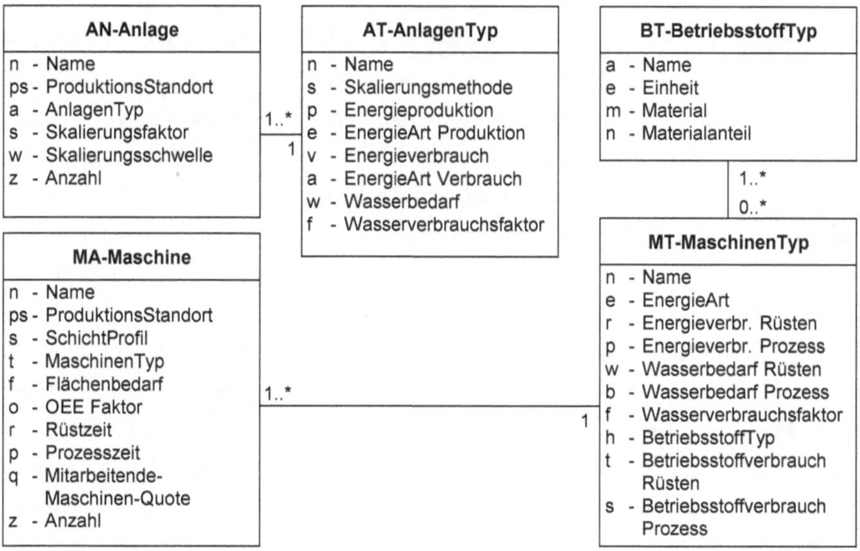

Abbildung 5.17: UML-Diagramm für die Objekte der Systemebene

Sowohl für *Maschinen* als auch *Anlagen* wird zwischen den Instanzen an einem Standort und den allgemeinen Typen unterschieden. Die standortspezifische Instanz einer *Maschine* bietet in diesem Modell zusätzliche Informationen zum Flächenbedarf, der Gesamteffizienz (OEE) und der Anzahl von Mitarbeitenden, welche die *Maschine* bedienen. Anders als eine *Maschine* ist eine *Anlage* nur indirekt am Produktionsprozess beteiligt. Mögliche Beispiele für Anlagen sind u.a. Klimageräte, Blockheizkraftwerke, Flurförderfahrzeuge oder die Beleuchtung. Dementsprechend definiert der *AnlagenTyp*, wie viel eine Anlageneinheit von welchen *EnergieArten* in einer Periode verbraucht oder produziert. Das gleiche gilt für den Verbrauch von Wasser. Die Anzahl der benötigten Anlageneinheiten pro Standort wird auf verschiedene Arten berechnet bzw. skaliert. Dafür ist für jeden *AnlagenTyp* eine entsprechende Skalierungsmethode hinterlegt, die sich auf einen spezifischen Faktor und dessen Schwelle bezieht. So kann z.B. die Anzahl der benötigten Klimageräte mit der zu versorgenden Produktionsfläche skaliert werden.

5.2.1.4 Objekte der Prozessebene

Die Prozessebene bildet ab, welche Produktionsprozesse im Netzwerk stattfinden, damit Zwischen- oder Endprodukte entstehen. Das zugehörige UML-Diagramm befindet sich in Abbildung 5.18. Neben den eng verknüpften Produkten und Produktionsprozessen ist auch die Nachfrage nach diesen und die Stückzahlen je Prozess ein wichtiger Bestandteil dieser Ebene. Für ein funktionierendes Modell ist es notwendig, dass die jeweiligen *Produkte* und deren Produktionsprozesse an einem oder mehreren Standorten auf die dort verfügbaren *Maschinen* allokiert werden. Für jede dieser Allokationen muss zudem auch die Stückzahl der zu fertigenden *Produkte* definiert werden. Alle diese Informationen werden in der *Bedarf* Klasse gespeichert. Die Attribute dieser Klassen legen fest, welche Mengen von einer *ProzessKette* in die nächste fließen und an welchem Standort sich beide *ProzessKetten* befinden. Falls diese Standorte unterschiedlich sind, muss zudem eine *TransportRoute* angegeben werden. Falls ein Produkt an einen Kunden in einer *VerkaufsRegion* geliefert wird, bleibt im *Bedarf* das Attribut der Zielprozesskette leer und es kann angeben werden, zu welchem Preis das Produkt verkauft wird. Die *Bedarf* Klasse ist nicht direkt mit der Klasse *Produkt* assoziiert, sondern über die *ProzessKetten* Klasse. Eine solche Prozesskette definiert, wie ein Produkt in einem oder mehreren *ProzessSchritten* gefertigt wird und welche Transportfaktoren für den Transport des Produktes im jeweiligen Zustand gelten.

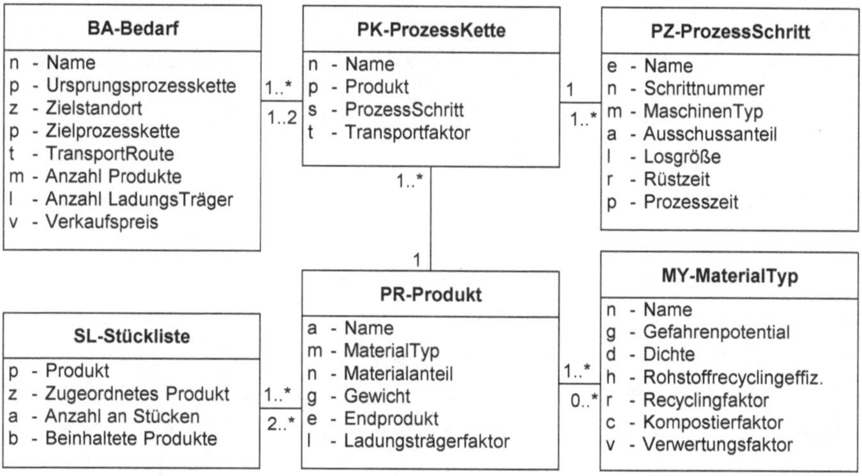

Abbildung 5.18: UML-Diagramm für die Objekte der Prozessebene

Die Produkte werden über die Klasse *Produkt* modelliert. Dabei gilt, dass eine Instanz eines Produktes nicht zwingend ein Endprodukt ist, das an Kunden verkauft wird. Auch Zwischenprodukte oder Komponenten werden als Produkt modelliert, jedoch im Attribut Endprodukt entsprechend gekennzeichnet. Die Verbindung von Unterprodukten zu einem Endprodukt erfolgt über die Klasse der *Stückliste*. Diese Klasse bildet die Produktarchitektur ab und ordnet die benötigte Anzahl von einzelnen Bauteilen den darüber liegenden Baugruppen zu. Damit diese Informationslogik in beide Hierarchierichtungen funktioniert, existiert zudem auch eine Selbstreferenz. Eine weitere wichtige Klasse zur Beschreibung von *Produkten* ist der *MaterialTyp*. Gemeinsam mit den Attributen der Klasse *Produkt* beschreibt diese Klasse, aus welchen Materialien ein Produkt gefertigt ist und ob diese recycelt, kompostiert oder thermisch verwertet werden können. Außerdem beschreiben die Attribute der *MaterialTyp* Klasse, ob der verbleibende Abfall als gefährlich einzustufen ist oder nicht. Diese Informationen sind nicht nur für *Produkte*, sondern auch für *Verpackungen* und *LadungsTräger* relevant, weshalb weitere Assoziationen in die Netzwerkebene benötigt werden (vgl. Kapitel 5.2.1.5). Wie der Name Kette bereits impliziert, besteht eine *ProzessKette* aus beliebig vielen *ProzessSchritten*, die in einer definierten Reihenfolge stattfinden, welche wiederum über das Attribut Schrittnummer definiert wird. Ein *ProzessSchritt* wird stets auf genau einer Maschine durchgeführt, weshalb eine entsprechende Assoziation existiert. Zudem besitzt ein *ProzessSchritt* Attribute, die definieren, wie lange ein Prozess und wie lange die zuvor benötigte Rüstzeit dauert. Auch die Häufigkeit des Rüstens wird über die Losgröße definiert.

5.2.1.5 Datenmodellübersicht

In Abbildung 5.19 ist das vollständige Datenmodell mit allen Klassen und deren Assoziationen dargestellt. Es ist zu erkennen, dass die einzelnen Ebenen und Module über innere Zusammenhänge verfügen und definierte Schnittstellen nach außen vorweisen.[464] Trotzdem existieren einige ebenenübergreifende Zusammenhänge, die beachtet werden müssen. *EnergieArten* sind mit Objekten der Netzwerk-, Standort- und Systemebene assoziiert, da auf allen Ebenen entsprechende Verbraucher oder Produzenten existierten. Ähnliches gilt für die *MaterialTypen*, die aufgrund der Nähe zum *Produkt* auf der Prozessebene verortet sind, aber auch für die Beschreibung der Zusammensetzung von *BetriebsstoffTypen*, *LadungsTrägern* und *Verpackungen* relevant sind. Der *Bedarf* ist eine zentrale Klasse, die beschreibt, welches *Produkt* in welchem Umfang mit welchen *ProzessSchritten* auf welchen *Maschinen* produziert wird und wie die dafür benötigten *TransportRouten* zwischen den Standorten genutzt werden. Dementsprechend verfügt die Klasse über übergreifende Verbindungen. Die Standortebene repräsentiert hauptsächlich die verschiedenen Standortarten und deren Eigenschaften, die über die *TransportRouten* verbunden werden. Die Zuordnungen von *Maschinen* und *Anlagen* zu *ProduktionsStandorten* bildet die Schnittstelle zwischen Standort- und Systemebene. Die Verbindung von Systemebene zur Prozessebene erfolgt über die Verbindung der *ProzessSchritte* zu einer *Maschine.*

[464] vgl. Sanchez, R. et al. (1996) Modularity, flexibility, and knowledge management, S. 65.

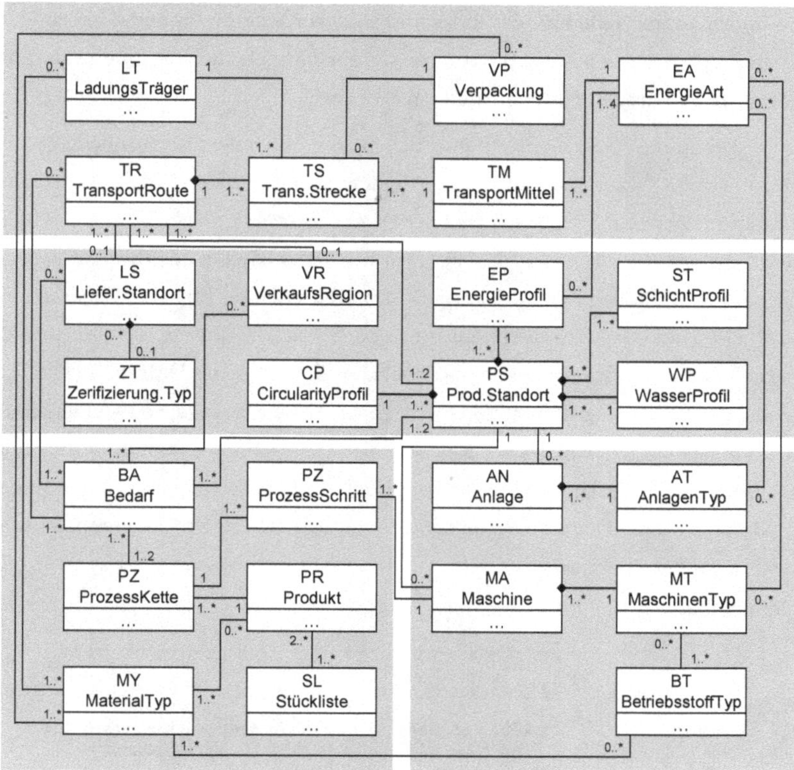

Abbildung 5.19: UML-Diagramm für das vollständige Datenmodell

5.2.2 Informationsquellen für das Datenmodell

Die Strukturierung der Informationen in einem Datenmodell ist lediglich die Grundlage für die Modellierung der ökologischen Nachhaltigkeit von Produktionsnetzwerkkonfigurationen. Im operativen Einsatz ist insbesondere die Beschaffung der notwendigen Daten entscheidend für den Erfolg einer Nachhaltigkeitsbewertung. Viele Projekte scheitern, aufgrund des Aufwandes der Datenbeschaffung oder der mangelnden Qualität der Daten.[465] Aus diesem Grund dient das nachfolgende Kapitel dazu, poten-

[465] vgl. Klöpffer, W. et al. (2009) Ökobilanz (LCA), S. 140-142.

tielle Informationsquellen für das in Kapitel 5.2.1 vorgestellte Datenmodell zu identifizieren. Dafür werden sowohl die Informationsbedarfe als auch die Quellen zunächst strukturiert und anschließend einander zugeordnet.

Wie in Abbildung 5.19 dargestellt, werden potentielle Informationsquellen sowohl nach ihrer Art, als auch nach ihrer Verfügbarkeit differenziert. Zum einen ist eine Information entweder Wissensträger oder Datenträger basiert (vgl. Kapitel 2.3.2), d.h. sie wird entweder auf Datenträgern in Form von Datenbanken oder Systemen gespeichert oder ist als Wissen im Gedächtnis eines Menschen verfügbar. Zum anderen ist eine Quelle entweder unternehmensintern oder -extern. Interne Quellen sind dem Unternehmen exklusiv zugänglich, da sie sich im Eigentum des Unternehmens befinden oder als Mitarbeitende für das Unternehmen arbeiten. Externe Quellen sind öffentlich und somit trotz möglicher Restriktionen für ein breites Publikum zugänglich. Die verschiedenen Varianten der Quellen Mitarbeitende, betriebliche IT-Systeme, externe Beratungen und externe Datenbanken werden nachfolgend zusammen mit ihrer Zuordnung genauer erläutert.

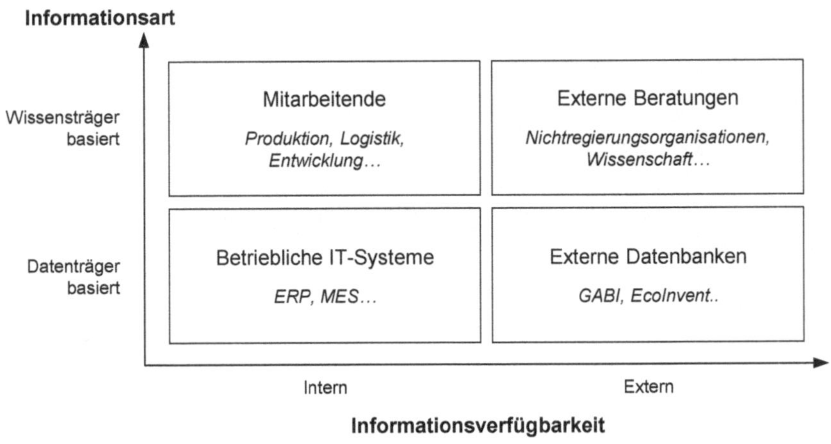

Abbildung 5.20: Einteilung von Informationsquellen nach Art und Verfügbarkeit[466]

Für die Strukturierung des Informationsbedarfs des Datenmodells wird die bereits in Kapitel 5.2.1 verwendete Logik der Ebenen eingesetzt. Im Optimalfall werden für jede Ebene die Attribute aller Klassen befüllt. Abbildung 5.21 zeigt beispielhaft, welche

[466] Eigene Darstellung auf Basis von Validierungsarbeiten und i.A.a. Vuori, V. (2006) Source of External Business Information, S. 31.

Attribute je Ebene potentiell durch interne datenträgerbasierte Quellen bezogen werden. Die Attribute sind dabei verkürzt gekennzeichnet. Die Großbuchstaben entsprechen der Abkürzung für die Klassenbezeichnung und die Kleinbuchstaben der Abkürzung für das Attribut. Die Bedeutung kann den jeweiligen UML-Diagrammen in Kapitel 5.2.1 und dem Formelverzeichnis entnommen werden. Es ist zu beachten, dass die Zuordnung generisch aufgebaut ist und der etablierten Logik der jeweiligen Datenquellen folgt. Bei einer genauen Kenntnis der Wissens- oder Datenträger gilt es weitere Informationsquellen hinzuzuziehen und die Zuordnungen entsprechend zu erweitern oder anzupassen.

Die Auflistung in Abbildung 5.21 offenbart, dass die verschiedenen Systeme auf unterschiedlichen Leveln im Unternehmen operieren und somit auch für die verschiedenen Netzwerkebenen mehr oder weniger Informationen bieten. ERP Systeme (engl. Enterprise Resource Planning) sind zentrale Systeme für die Unternehmensführung und verfügen als solche über eine entsprechende Vielzahl an potentiellen Informationen.[467] Somit ist auch die Einbindung dieser Systeme an das Datenmodell vielversprechend. PLM Systeme (engl. Product Lifecycle Management) verfügen hingegen nur über Informationen mit Bezug auf das Produkt und ggfs. dessen Verpackung. Diese sind besonders für die Prozessebene aber auch für die Netzwerkebene des Datenmodells von Relevanz.[468] Ein Manufacturing Execution System (MES) bietet als ein produktionsnahes System hauptsächlich Informationen zu den unteren Ebenen.[469] Konkret sind dies die Laufzeiten und Verbräuche von Maschinen sowie die Berechnung der Gesamtanlageneffektivität. Systeme für das Customer Relationship Management (CRM) enthalten vergleichsweise wenige oder redundante Informationen. Dies ist darin begründet, dass sie vor allem auf Kundenbeziehungen fokussiert sind und Produktionsnetzwerke nur eine untergeordnete Bedeutung haben.[470] Warehouse Management Systeme (WMS) beinhalten als zentrales Logistikwerkzeug Informationen über Verpackungen und vorhandene Logistikanlagen, wie z.B. automatische Lager oder Flurförderfahrzeuge.[471]

---

[467] vgl. Abts, D. et al. (2017) Grundkurs Wirtschaftsinformatik, S. 193-197.
[468] vgl. Sendler, U. (2009) Das PLM-Kompendium, S. 6–10, 21-27.
[469] vgl. Kletti, J. (2015) MES - Manufacturing Execution System, S. 67-75.
[470] vgl. Helmke, S. et al. (2017) Effektives Customer Relationship, S. 18-20.
[471] vgl. IML (2018) Definition WMS, S. 1-2.

Interne datenträgerbasierte Informationsquellen							
Modellebene	PLM	ERP	MES	CRM	WMS	BIM	SCM
Netzwerk-ebene	▪ LTg, LTm, LTn ▪ VPg, VPm, VPn	▪ TRh, TRz, TRd, TRk, TRs, TRp ▪ TSd, TSr, TSt, TSl, TSv, Tse ▪ LTa ▪ VPa	-	▪ VPg, VPm, VPn	▪ LTa, LTg, LTw ▪ VPa, VPg, VPw ▪ TMn	▪ EAn, EAe, EAf	▪ TRn, TRh, TRz, TRd, TRk, TRs, TRp ▪ TSn, TSd, TSr, TSt, TSl, TSv, TSe ▪ TMn, TMl, TMd, TMs, TMe ▪ EAn, EAe, EAf
Standort-ebene	-	▪ VRn, VRl, VRb ▪ LSn, LSl, LSb, LSf ▪ PSn, PSl, PSb, PSs, PSg, PSj, PSf, PSo, PSt ▪ STn, STs, STw, STj	-	▪ VRn, VRa, VRl, VRb	▪ STn, STs, STw, STj	▪ PSe, PSc, PSw, PSd, PSr, PSn ▪ EPn, EPe, EPw, EPk, EPd ▪ WPn, WPoi, WPgi, WPmi, WPpi, WPsi, WPni, WPoo, WPgo, WPmo, WPso, WPno ▪ CPrb, CPrl, CPrv, CPrp	▪ LSn, LSl, LSb, LSf, LFc, LFz ▪ VRn, VRa, VRl, VRb ▪ ZTn, ZTw, ZTk
System-ebene	-	▪ MAn, MAps, MAt, MAq, MAl, MAk ▪ ANn, ANps, ANa, ANw, ANn ▪ BTa, BTn BTe, BTm	▪ MAn, MAps, MAt, MAf, MAo, MAr, MAp, MAq ▪ MTe, MTr, MTp, MTw, MTb, MTf, MTh, MTt, MTs	-	▪ ANn, ANps, ANa, ANw, ANn ▪ ATn, ATs, ATp, ATe, ATv,Aa, ATw, ATf	▪ MAn, MAps, MAt, MAf, MAo, MAr, MAp, MAq ▪ ANn, ANps, ANa, ANw, ANn ▪ ATn, ATs, ATp, ATe, ATv,Aa, ATw, ATf	-
Prozess-ebene	▪ MYn, MYk, MYg, MYh, MYr, MYk, MYv ▪ PRa, PRm, PRn, PRg ▪ SLp, SLz, SLa, SLb	▪ BAu, BAp, BAz, BAp, BAt, BAm, BAt, BAv ▪ MYk, MYg, MYr, MYc, MYv ▪ PKn, PKp, PKs, PKt ▪ PZn, PZn, PZm, PZa, PZl, PZr, PZp ▪ PRa, PRm, PRn, PRg, PRl ▪ SLp, SLz, SLa, SLb	▪ PZn, PZn, PZm, PZa, PZl, PZr, PZp ▪ PRa, PRm, PRn, PRg, PRl	▪ BAz, BAt, BAv, BAt ▪ PRa, PRg	▪ BAu, BAp, BAz, BAp, BAt, BAm	-	▪ BAu, BAp, BAz, BAp, BAt, BAm, BAt, BAv

Abbildung 5.21: Zuordnung der Informationsquellen zu den Modellattributen

Informationen mit Bezug auf Gebäudetechnik und -management sind für die mittleren Ebenen von Bedeutung und in BIM Systemen (engl. Building Information Modeling) auffindbar. Dies gilt insbesondere in Bezug auf die Art und Weise der lokalen Energie-, Wasser- und Materialbeschaffung sowie -entsorgung.[472] Außerdem existieren Supply Chain Management Systeme (SCM) zur Koordination von Lieferketten.

[472] vgl. Daniotti, B. et al. (2020) BIM-Based Collaborative Building, S. 167-178.

Diese Systeme sind potentielle Quellen in Bezug auf Lieferantenstandorte, Zertifizierungen und Verkaufsregionen. Eine weitere Stärke der Systeme ist das Tracking von Transporten, weshalb auch für die Netzwerkebene entsprechende Daten geliefert werden.[473]

Genauso wichtig wie die internen Datenträger sind die Mitarbeitenden als interne Wissensträger und Informationsquellen. Zwar liefern Menschen nicht so umfangreiche und präzise Daten wie IT-Systeme, sind dafür aber mit der Realität des Prozesses vertraut und kennen Informationen, die kein System erfasst. Zudem ist die initiale Informationsgewinnung in einem Interviewformat einfacher, da Fragen ohne ein Vorverständnis der Daten und Abläufe gestellt werden können. Somit bietet ein kombinierter Ansatz, bei dem Daten aus allen Quellen erhoben werden, die höchste Erfolgswahrscheinlichkeit. Außerdem gilt, dass eine grobe Spiegelung von IT-Systemen zu den Abteilungen im Unternehmen existiert, da beide entsprechend ihrer Funktionalitäten getrennt sind. Deshalb verfügen Abteilungen auch über dedizierte Systeme.[474] In Abbildung 9.4 im Anhang 9.3.1 ist die Zuordnung der Abteilungen zu den Informationsbedarfen dargestellt.

Grundsätzlich verfügt die Produktion aufgrund ihrer Nähe zur Thematik über wichtige Wissensträger. Gleiches gilt für die Logistik, deren Fokus jedoch eher auf den Materialbewegungen in der Netzwerkebene liegt. Forschung und Entwicklung, Beschaffung und Vertrieb sind Unternehmensbereiche, die eine größere inhaltliche Distanz vorweisen und nur wenige, aber gezielte Informationen bereitstellen. Wegweisender ist das Facility Management, das Informationen zu der Ver- und Entsorgung an Produktionsstandorten liefern kann. Damit werden insbesondere die verschiedenen Standortprofile im Datenmodell gefüllt. Darüber hinaus ist das Controlling ein wichtiger Ansprechpartner, da hier klassischerweise viele Daten gesammelt werden. Auch wenn dies mit einem Kostenfokus geschieht, ist ein allgemeines Geschäftsverständnis zu allen beteiligten Prozessen vorhanden.

Anders als interne Quellen liefern externe Informationsquellen meist nur Standard- oder Durchschnittswerte zu Materialien, Technologien oder Standortumgebungen.

---

[473] vgl. Wannenwetsch, H. (2021) Integrierte Materialwirtschaft, S. 489-490.
[474] vgl. Abts, D. et al. (2017) Grundkurs Wirtschaftsinformatik, S. 237-238.

Eine sehr wichtige und umfangreiche Informationsquelle stellen sogenannte LCA Datenbanken dar. Diese werden von einer Vielzahl von Anbietern erstellt und zu unterschiedlichen Konditionen zur Verfügung gestellt.[475] Wichtige Anbieter und Datenbanken können Tabelle 9.7 im Anhang 9.3.1 entnommen werden. LCA Datenbanken bieten essenzielle Informationen zu den Wirkungskategorien von Materialien, Emissionen, Energien und andere Elementarflüssen in einem Prozesselement. Eine weitere bedeutsame Quelle sind amtliche Statistiken, die von den jeweiligen nationalen Statistikbehörden veröffentlicht werden. Auch wenn diese vorrangig Informationen zu volkswirtschaftlichen Aspekten beinhalten, bieten sie auch substanzielle Anhaltspunkte zur Präzisierung von Standortparametern und dienen somit der Standortebene des Modells.[476] Beispielhafte Quellen befinden sich ebenfalls in Tabelle 9.7 im Anhang. Eine bessere internationale Vergleichbarkeit wird jedoch mit Quellen und Datenbanken erreicht, die von internationalen Organisationen mit oder ohne Regierungsbeteiligungen erhoben werden.[477]

Für Werte, die keiner zeitlichen Veränderung unterliegen und die für spezifische Anwendungsfälle benötigt werden, stellen Normen wie z.B. die DIN 16258 oder VDI 4600 eine vertrauensvolle Informationsquelle dar.[478] Darüber hinaus existieren noch eine Vielzahl an sonstigen Quellen wie wissenschaftliche Veröffentlichungen, Brancheninformationen oder Online-Tools.[479] Diese sind mit einer entsprechenden Internetrecherche schnell identifiziert und eingebunden. Die generische Zuordnung der externen datenträgerbasierten Informationsquellen zu den Modellattributen findet sich in Abbildung 9.5 im Anhang 9.3.1.

Auch wenn externe Beratungen grundsätzlich keine unternehmensspezifischen Informationen liefern, sind sie maßgebliche Informationsquellen, falls Expertise zu allgemeingültigen Daten benötigt wird. Die generische Zuordnung der externen, wissens-

[475] vgl. Klöpffer, W. et al. (2009) Ökobilanz (LCA), S. 136-139; Kalverkamp, M. et al. (2019) Comparability of Life Cycle Assessments, S. 52-59.

[476] vgl. Eurostat (2021) Nationale Statistische Ämter, S. 1-5.

[477] vgl. Eurostat (2021) Internationale Organisationen, S. 1.

[478] vgl. VDI (2012) VDI 4600 Kumulierter Energieaufwand, S. 11; DIN Deutsches Institut für Normung e. V. (2013) DIN EN 16258 - Energieverbrauch und der Treibhausgasemissionen, S. 23

[479] vgl. Corradi, O. (2021) electricityMap, S. 3-6; Dicker, R. (2021) Google Maps.

trägerbasierten Quellen zu den Datenbedarfen im Modell befindet sich in Abbildung 9.6 im Anhang. So werden externe Beratungen genutzt, um Produktionsprozesse zu messen oder Standortinformationen zu geographischen Regionen zu sammeln. Wissenschaftliche Beratungen aus Universitäts- und Forschungsinstituten werden angefragt, um Materialeigenschaften und -zusammensetzungen oder LCA-Wirkungskategorien herauszufinden.[480]

Nichtregierungsorganisationen (NGOs) und internationale Organisationen (IGOs) arbeiten viel mit dem Vergleich nationaler Statistiken und können dementsprechend allgemeine Aussagen zu den lokalen Energie-, Abfall- und Wasserinfrastruktursystemen treffen, ohne jedoch standortspezifische Informationen zu liefern. Verbände von Industriebranchen oder Wirtschaftsregionen verfügen über Wissen, welche durchschnittlichen Prozesse und Produkte in der jeweiligen Industrie eingesetzt werden. Dies gilt auch in Bezug auf Standards für Transporte, Ladungsträger oder Emissionsfaktoren. Für noch konkreteres Vergleichswissen bieten sich Benchmarking Studien an. Bei solchen Studien werden Daten entsprechend der Fragestellung eines Unternehmens in Bezug zu anderen Unternehmen erhoben. So wird eruiert, welche Maschinen und Anlagen typisch sind und wie deren Verbrauchswerte aussehen. Stakeholder-Panels sehen die Befragung aller an den Unternehmensaktivitäten beteiligten Stakeholder vor.[481] Insbesondere Anforderungen an die Zertifizierung der Lieferketten und die Versorgung der eigenen Standorte werden so erhoben.

5.2.3 Bilanzierung auf Basis des Datenmodells

Die Bilanzierung des vorgestellten Datenmodells folgt der in Abbildung 5.22 dargestellten Logik, welche an die der Ökobilanz angelehnt ist (vgl. Kapitel 2.2.3.1). So besteht der Gesamtbilanzrahmen des Produktionsnetzwerkes aus mehreren Teilbilanzen für die einzelnen Elemente an und zwischen den Produktionsstandorten. Diese Elemente entsprechen den in Kapitel 5.2.1 vorgestellten Objekten des Datenmodells. Für jede Teilbilanz muss sowohl der Input als auch der Output betrachtet werden, mit dem das jeweilige Objekt mit der lokalen Umwelt interagiert. Je nach Standort variieren die Nachhaltigkeitseigenschaften von In- und Output, wodurch sich auch die

[480] vgl. Pehnt, M. et al. (2020) Industrie + Produkte, S. 22-24.
[481] vgl. Freeman, R. et al. (2007) Managing for stakeholders, S. 105-132.

Nachhaltigkeitskennzahlen des Netzwerkes verändern. Die Kategorien der Ein- und Ausgangsgrößen orientieren sich an den in Kapitel 2.2.4 vorgestellten Nachhaltigkeitsaspekten sowie den in Kapitel 5.1.1 empirisch ermittelten Indikatoren.

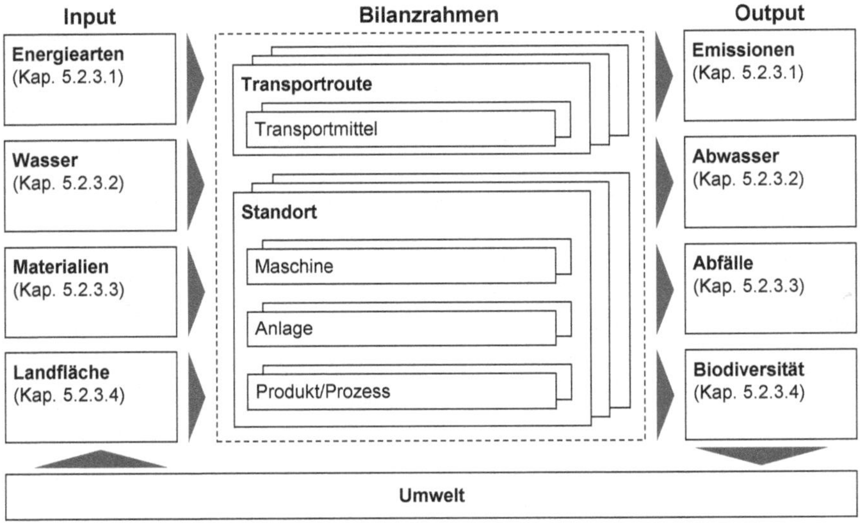

Abbildung 5.22: Bilanzrahmen des Datenmodells in Anlehnung an die Ökobilanz

Alle Bilanzkennzahlen werden auf Basis der Objekte und Attribute des Datenmodells berechnet. Die genauen Formeln für die Berechnung werden in den nachfolgenden Unterkapiteln vorgestellt und sind nach den Kategorien der ökologischen Nachhaltigkeit sortiert. Die Variablen in den Formeln entsprechen den Attributen des Datenmodells und übernehmen die bereits vorgestellte Notationslogik. Die erneute Beschreibung der Variablen ist entsprechend kurz gestaltet und kann bei Bedarf im Formelverzeichnis oder in Kapitel 5.2.1 nachgelesen werden. Zudem werden die Bilanzformeln auch als Grundlage genutzt, um zusätzliche Nachhaltigkeitsziele zu quantifizieren, indem die Formeln entsprechend erweitert oder modifiziert werden. Diese Anpassungen müssen gemäß dem spezifischen Anwendungsfall erfolgen.

5.2.3.1 Bilanzierung von Energie und Emissionen

Die Berechnungen von Nachhaltigkeitskennzahlen für Energie und Emission sind eng verknüpft, da bei der Umwandlung von Primärenergien zu Sekundärenergien je nach Energieträger Treibhausgase erzeugt werden. Abbildung 5.23 verdeutlicht diese Beziehung der Eingangs- und Ausgangsgrößen sowie die beteiligten Elemente des Produktionsnetzwerkmodells.

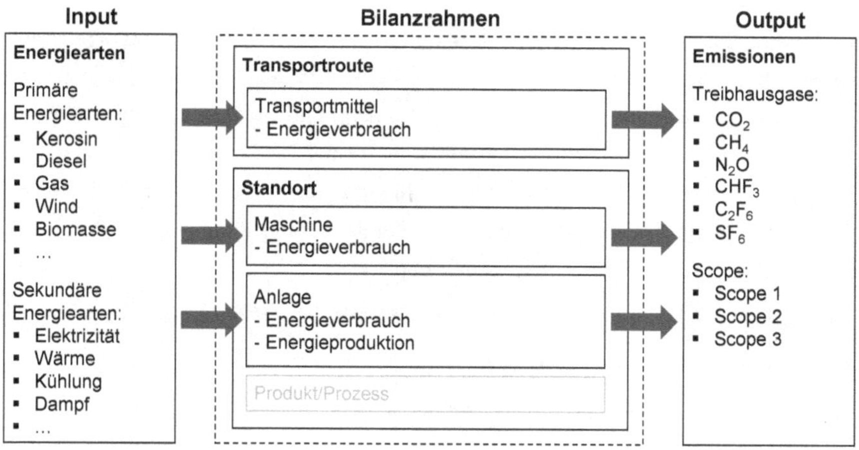

Abbildung 5.23: Bilanzinhalte zur Betrachtung von Energie und Emissionen

Eine essentielle Kennzahl für die Nachhaltigkeitsbilanzierung eines Produktionsnetzwerkes ist die benötigte Gesamtenergie. Diese wird mit der Gleichung in Formel 5.1 berechnet. Aus der Formel wird ersichtlich, dass gemäß der Modelllogik drei wesentliche Arten von Energieverbrauchern im Netzwerk existieren. Diese sind die Transporte, Maschinen und Anlagen. Der Bedarf für Transporte wird direkt durch die Netzwerkkonfiguration beeinflusst. Der Bedarf für Maschinen und Anlangen wird hinsichtlich der Kühl- und Wärmeleistung je Standort nur geringfügig beeinflusst. Jedoch ist die Art der verfügbaren Energiequellen je Standort sehr unterschiedlich, wie nachfolgend gezeigt wird. Die Formeln für die Berechnung der einzelnen Variablen von Formel 5.1 werden ebenfalls nachfolgend erläutert.

Formel 5.1: Berechnung der benötigten Gesamtenergie

$$E_{ges.} = E_{Trans.} + E_{Masch.} + E_{Anlagen}$$

mit $E_{ges.}$ Energieverbrauch des Produktionsnetzwerkes
$E_{Trans.}$ Energieverbrauch aller Transportrouten
$E_{Masch.}$ Energieverbrauch aller Maschinen
$E_{Anlagen}$ Energieverbrauch aller Anlagen

In Kapitel 2.2.4.1 wurde gezeigt, dass der Energieverbrauch eng mit Treibhausgasemissionen verbunden ist, sobald fossile Brennstoffträger als Energiequelle genutzt werden. Dementsprechend folgt die Berechnung der Gesamtemissionen des GPNs derselben Logik wie die der Energie und ist in Formel 5.2 dargestellt. Eine Unterteilung in Scopes wird an dieser Stelle noch nicht vorgenommen, da dies Teil der Bewertung von Kapitel 5.3.1.2 ist. Die Berechnung der genannten Variablen von Formel 5.2 ist hingegen Bestandteil des vorliegenden Kapitels.

Formel 5.2: Berechnung der erzeugten Emissionen

$$C_{ges.} = C_{Trans.} + C_{Masch.} + C_{Anlagen}$$

mit $C_{ges.}$ Treibhausgasemissionen des Produktionsnetzwerkes
$C_{Trans.}$ Treibhausgasemissionen aller Transportrouten
$C_{Masch.}$ Treibhausgasemissionen aller Maschinen
$C_{Anlagen}$ Treibhausgasemissionen aller Anlagen

Formel 5.3 zeigt wie die benötigte Gesamtenergie für Transporte mit Hilfe des Datenmodells berechnet wird. Gemäß IFEU, DSLV und DIN sind die wichtigsten Faktoren für den Energieverbrauch eines Transportmittels dessen Kapazitätsauslastung, Ladungstyp, Fahrweise, Route und Verkehr sowie die Masse der Fracht und die zurückgelegte Distanz.[482] In der Praxis wird ein Teil der Transporte durch Dienstleister durchgeführt, weshalb reale Verbrauchswerte, die Kapazitätsauslastung sowie Fahrweise und Verkehr unbekannt sind. Für das vorliegende Modell werden diese Aspekte deshalb ignoriert und die Dichte der Fracht zu drei Ladungstypen vereinfacht. Somit

[482] vgl. DIN Deutsches Institut für Normung e. V. (2013) DIN EN 16258, S. 14; DSLV (2013) Berechnung von Treibhausgasemissionen, S. 43-51; ifeu Heidelberg et al. (2019) EcoTransIT Methodology, S. 21-26.

erfolgt in Formel 5.3 die Berechnung des Gesamtenergiebedarfs durch die Aufsummierung des Energiebedarfs je Transportroute, -strecke, Produkt und der dafür eigensetzten Transportmittel sowie deren Energiearten. Essentiell ist dafür das Gesamtgewicht der Transporteinheiten je Produkt, welches auch Sendungsgewicht genannt wird. Dieses Gewicht wird mit Formel 9.1 in Anhang 9.3.2 berechnet.

Formel 5.3: Berechnung der Gesamtenergie für Transporte

$$E_{Trans.} = \sum_{TR} \sum_{TS} \sum_{PR} \sum_{TM} \sum_{EA} G_{TR,TS,PR} * TSd_{TR,TS} * Tb_{TR,TS,PR,TM} * (TMl_{TM} \vee TMd_{TM} \vee TMs_{TM}) * EAf_{TM,EA}$$

mit $G_{TR,TS,PR}$ Transportiertes Sendungsgewicht für das Produkt *PR* auf der Transportstrecke *TS* und der Transportroute *TR*

$TSd_{TR,TS}$ Distanz der Transportstrecke *TS* auf der Transportroute *TR*

$Tb_{TR,TS,PR,TM}$ Boolesche Variable, die angibt, ob ein Transportmittel *TM* auf der Strecke *TS* und der Route *TR* für das Produkt *PR* eingesetzt wird

TMl_{TM} Energieverbrauch pro Tonnenkilometer für das Transportmittel *TM,* falls leichte Ladung transportiert wird

TMd_{TM} Energieverbrauch pro Tonnenkilometer für das Transportmittel *TM,* falls durchschnittliche Ladung transportiert wird

TMs_{TM} Energieverbrauch pro Tonnenkilometer für das Transportmittel *TM,* falls Schüttgut transportiert wird

$EAf_{TM,EA}$ Energiefaktor der Energieart *EA* des Transportmittels *TM*

Die Bilanzierung der durch Transporte verursachten Treibhausgasemissionen in Formel 5.4 weist aus bereits genannten Gründen eine hohe Ähnlichkeit zur Energieberechnung in Formel 5.3 auf. Anstelle des Energiefaktors wird an dieser Stelle der Emissionsfaktor eingesetzt. Dieser gibt an, wie viel Masse eines Stoffes beim Einsatz der

Energieart emittiert wird. Dies ist abhängig vom betrachteten Prozess und dem emittierten Stoff.[483] So beträgt z.B. der durchschnittliche Emissionsfaktor für Dieselkraftstoff 2,67 gCO_2e pro Liter.[484] Aus Sicht der Netzwerkplanung muss also stets berücksichtigt werden, welche Transportmittel eingesetzt werden und über welche Distanzen welche Gewichte transportiert werden.

Formel 5.4: Berechnung der Gesamtemissionen durch Transporte

$$C_{Trans.} = \sum_{TR}\sum_{TS}\sum_{PR}\sum_{TM}\sum_{EA} G_{TR,TS,PR} * TSd_{TR,TS} * Tb_{TR,TS,PR,TM} * (TMl_{TM} \vee TMd_{TM} \vee TMs_{TM}) * EAe_{TM,EA}$$

mit $EAe_{TM,EA}$ Emissionsfaktor der Energieart *EA* des Transportmittels *TM*

Neben den Transporten sind die Maschinen ein weiterer Baustein für die Bilanzierung von Energie und Emissionen. Die Berechnung des Energiebedarfs wird in Formel 5.5 dargestellt. Demnach erfolgt eine Aufsummierung des Bedarfs aller Maschinen an allen Produktionsstandorten. Es wird zudem differenziert, wie hoch der Energiebedarf einer Maschine während der Rüst- und Prozesszeiten ist. Die dafür benötigten Zeiten werden mit Formel 9.2 und Formel 9.3 im Anhang 9.3.2 berechnet. Diese Formeln berücksichtigen, dass keine Maschine zu 100% effektiv läuft, indem ein OEE Faktor hinzugezogen wird, der die tatsächliche Produktionszeit berechnet.[485]

[483] vgl. VDI (2015) VDI 3790 - Umweltmeteorologie, S. 8-9.

[484] vgl. DIN Deutsches Institut für Normung e. V. (2013) DIN EN 16258 - Energieverbrauch und der Treibhausgasemissionen, S. 23.

[485] vgl. Kletti, J. et al. (2014) Die perfekte Produktion, S. 130.

Formel 5.5: Berechnung der Gesamtenergie für Maschinen

$$E_{Masch.} = \sum_{PS}\sum_{MA}\sum_{EA} MAr_{MA,PS} * MTr_{MA,PS,EA} + MAp_{MA,PS} * MTp_{MA,PS,EA}$$

mit $MAr_{MA,PS}$ Gesamte Rüstzeit der Maschine *MA* am Standort *PS*

$MTr_{MA,PS,EA}$ Energieverbrauch der Energieart *EA* der Maschine *MA* am Standort *PS* während des Rüstzustandes

$MAp_{MA,PS}$ Gesamte Prozesszeit der Maschine *MA* am Standort *PS*

$MTp_{MA,PS,EA}$ Energieverbrauch der Energieart *EA* der Maschine *MA* am Standort *PS* während des Produktionszustandes

Rüsten wird in Formel 9.3 als die Vorbereitung einer Maschine zur Erfüllung einer Aufgabe sowie das Rückversetzen in den jeweiligen Zustand verstanden.[486] Da der Rüstprozess jedoch nicht vor jedem Prozessschritt erfolgt, sondern lediglich vor der Fertigung eines Loses, muss die geplante Stückzahl durch die Losgröße dividiert werden. Für die Zeit, in der sich eine Maschine nicht im Rüst- oder Produktionszustand befindet, wird angenommen, dass keine Energie verbraucht wird. Diese Einschätzung beruht vor allem auf dem Einsatz moderner Energiemanagementsysteme, die ein automatisches Abschalten ungenutzter Maschinen ermöglichen.

Für die Bilanzierung der durch den Energiebedarf der Maschinen verursachten Emissionen muss jener mit dem jeweiligen lokalen Emissionsfaktor für die entsprechende Energieart multipliziert werden (vgl. Formel 5.6). Dieser Faktor ist standortspezifisch, da je nach geographischer Lage und verfügbarer Infrastruktur unterschiedliche Möglichkeiten existieren, um eine Fabrik mit Elektrizität, Wärme-, Kühl- oder Dampfenergie zu versorgen. Wichtige Kriterien hierfür sind der nationale Strommix sowie die lokalen Klimaverhältnisse (vgl. Kapitel 5.1.2). Dabei ist zu beachten, dass die spezifischen Kohlendioxidemissionen eines Strommix je nach Wetterlage deutlich variieren. So lag im Jahr 2020 die Treibausgasintensität im deutschen Strommix zwischen 150 und 650 gCO_2e pro kWh.[487] Zur Vereinfachung des Modells werden daher Durchschnittswerte verwendet.

[486] vgl. Arndt, K.-D. (2017) Arbeitsvorbereitung und Arbeitsplanung, S. 1741.

[487] vgl. Verband Europäischer Übertragungsnetzbetreiber (2021) Power Statistics.

Formel 5.6: Berechnung der Emissionen durch Maschinen

$$C_{Masch.} = \sum_{PS}\sum_{MA}\sum_{EP}\sum_{EA}(MAr_{MA,PS} * MTr_{MA,PS,EA} + MAp_{MA,PS} * MTp_{MA,PS,EA}) * EAe_{PS,EP,EA}$$

mit $EAe_{PS,EP,EA}$ Emissionsfaktor der Energieart *EA* am Produktionsstandort *PS* mit dem Energieprofil *EP*

Der letzte Summand in der Energiegleichung von Formel 5.1 ist der Energieverbrauch der Anlagen. Da Anlagen nicht direkt am Produktionsprozess beteiligt sind, wird der Energiebedarf mit einem Skalierungsfaktor berechnet. Dieser Skalierungsfaktor wird nachfolgend erläutert. Eine zentrale Annahme der Berechnung in Formel 5.7 ist, dass eine Anlage nicht nur Energie verbraucht, sondern auch produziert. Ein gutes Beispiel hierfür ist ein Blockheizkraftwerk, das die Primärenergieart Gas oder Diesel verbraucht, dafür jedoch die Energiearten Wärme und Elektrizität zur Verfügung stellt.[488] Die produzierte Energie wird durch die Subtraktion in der Formel berücksichtigt.

Formel 5.7: Berechnung der Gesamtenergie für Anlagen

$$E_{Anlagen} = \sum_{PS}\sum_{EA}\sum_{AN} ANs_{PS,AN} * ATv_{PS,AN,EA} - ANs_{PS,AN} * ATp_{PS,AN,EA}$$

mit $ANs_{PS,AN}$ Skalierungsfaktor der Anlange *AN* am Standort *PS*

$ATv_{PS,AN,EA}$ Energieverbrauch der Energieart *EA* der Anlage *AN* am Standort *PS*

$ATp_{PS,AN,EA}$ Energieproduktion der Energieart *EA* der Anlage *AN* am Standort *PS*

Die Skalierung von Anlagen erfolgt im Bezug zu standortspezifischen Werten. Welche Skalierungsart und welcher Wert genau gewählt werden, wird vom Modellierenden selbst entschieden. Die Werte beziehen sich auf ein Attribut einer Klasse im Datenmodell oder werden durch die Kombination mehrerer Klassen berechnet. Mögliche Werte können den Variablen in Formel 9.4 im Anhang entnommen werden. Die genannten Attribute haben keinen Anspruch auf Vollständigkeit, sondern müssen je nach Anwendungsfall erweitert werden. Auch eine Fixierung von Anlagen ohne Skalierung ist möglich. Dabei gilt, dass je Anlage nur ein Skalierungsfaktor berücksichtigt wird. So kann z.B. der Energieverbrauch einer Klimaanlage nur mit der Produktions-

[488] vgl. Heße, W. (2020) Energieeffiziente Wärmeversorgung von Gebäuden, S. 153-159.

fläche oder der Gesamtfläche skalieren, nicht jedoch mit beiden. Dies wird durch Formel 9.4 sichergestellt. Die exakte Berechnung aller Skalierungswerte befindet sich in Anhang 9.3.1 und baut auf der Logik des Ansatzes von SCHUH ET AL. auf (vgl. Kapitel 3.3.1.3).

Der eigentliche Skalierungsfaktor wird durch die Ausprägung des Skalierungswerts an einem Standort dividiert durch den Skalierungsschwellenwert berechnet. Die Skalierungsschwelle ist ein Attribut der Anlagen und gibt an, wie viele Einheiten der Skalierungsmethode für den Normverbrauch einer Anlage benötigt werden. So kann es beispielsweise sein, dass der Energieverbrauch einer Klimaanlage auf 5.000 m^2 Fläche ausgelegt ist. Bei 10.000 m^2 Fläche wird demnach die doppelte Leistung benötigt und der Skalierungsfaktor hat den Wert 2.[489] Die Berechnung der einzelnen Skalierungsfaktoren ist in Formel 9.5 im Anhang dokumentiert.

Für die Berechnung der durch eine Anlage emittierten Treibhausgase muss der Energiebedarf erneut mit dem für die Energieart spezifischen Emissionsfaktor multipliziert werden. Diese Berechnung ist in Formel 5.8 abgebildet. Damit keine Doppelbilanzierung erfolgt, muss die Energie, die in einer Anlage umgewandelt wird, mit dem entsprechenden Emissionsfaktor multipliziert, abgezogen werden.

Formel 5.8: Berechnung der Emissionen durch Anlagen

$$C_{Anlagen} = \sum_{PS}\sum_{AN}\sum_{EP}\sum_{EA} \begin{matrix} ANs_{PS,AN} * ATv_{PS,AN,EA} * EAe_{PS,EP,EA} - \\ ANs_{PS,AN} * ATp_{PS,AN,EA} * EAe_{PS,EP,EA} \end{matrix}$$

5.2.3.2 Bilanzierung von Wasser und Abwasser

Wasser gilt als einer der wichtigsten Rohstoffe des 21. Jahrhunderts.[490] Für die Zukunft wird prognostiziert, dass der weltweit benötigte Wasserbedarf das nachhaltig regenerierbare Angebot von Wasser übersteigen wird.[491] Für die betroffenen Ökosysteme stellt der Mangel an Wasser eine enorme Belastung dar. Schätzungsweise sind 65% der globalen Wasserabflussmengen und zugehörigen aquatischen Lebensräume von dieser Belastung betroffen.[492] Dementsprechend ist die Bilanzierung von Wasser eine

[489] vgl. Siegwart, E. et al. (2000) Auslegung von lufttechnischen Anlagen, S. 9-15.
[490] vgl. Evers, M. et al. (2014) Wasser, S. 476.
[491] vgl. Addams, L. et al. (2009) Charting Our Water Future, S. 7.
[492] vgl. Vörösmarty, C. et al. (2010) Global threats, S. 559.

weitere fundamentale Kennzahl für die Nachhaltigkeitsbewertung von Produktionsnetzwerken. Das entwickelte Modell berücksichtigt dafür, wie in Abbildung 5.24 dargestellt, die Maschinen und Anlangen an den einzelnen Standorten als Wassernutzer und differenziert Wasser gemäß Herkunft, Rückführung und Qualität.

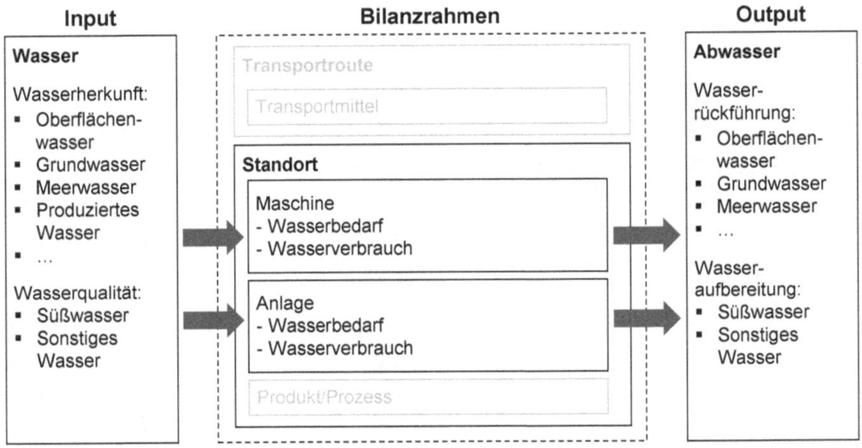

Abbildung 5.24: Bilanzinhalte zur Betrachtung des Wassers und Abwassers

Gemäß den GRI Standards soll eine Organisation offenlegen, wie viel Wasser entnommen, rückgeführt und verbraucht wird.[493] Formel 5.9 folgt dieser Logik, indem der Gesamtwasserverbrauch als Differenz zwischen dem Wasser, das an den Standorten in das Netzwerk eintritt, und dem Wasser, das diese wieder verlässt, kalkuliert wird. Eine Differenz zwischen beiden Werten entsteht, wenn eine Produktintegration oder Transpiration von Wasser stattfindet.[494]

[493] vgl. GSSB (2019) GRI Sustainability Reporting Standards, S. 216-224.
[494] vgl. Boulay, A.-M. et al. (2018) The WULCA consensus, S. 370.

Formel 5.9: Berechnung des Wasserverbrauchs im Netzwerk

$$W_{Ges.} = W_{Rein} - W_{Raus}$$

mit $W_{Ges.}$ Gesamtwasserverbrauch des Produktionsnetzwerkes
W_{Rein} Gesamtmenge an entnommenem Wasser
W_{Raus} Gesamtmenge an zurückgeführtem Abwasser

Zur Berechnung des Gesamtwasserbedarfs W_{Rein} in Formel 5.10 wird der Bedarf eines jeden Produktionsstandorts summiert. Diese Gliederung ist sinnvoll, da je nach Standort der lokale Wassermangel eine unterschiedliche Dimension hat (vgl. Kapitel 2.2.4.2). Dabei wird anlog zu dem Energiebedarf in Kapitel 5.2.3.1 auch beim Wasserbedarf zwischen dem Bedarf für Maschinen und Anlagen unterschieden. So werden auch Wasserverbraucher im indirekten Bereich wie Sanitäranlagen o.ä. berücksichtigt.

Formel 5.10: Berechnung des Gesamtwasserbedarfs im Netzwerk

$$W_{Rein} = \sum_{PS} (Wmi_{PS} + Wai_{PS})$$

mit Wmi_{PS} Gesamtwasserbedarf für alle Maschinen am Standort *PS*
Wai_{PS} Gesamtwasserbedarf für alle Anlagen am Standort *PS*

Die Berechnung des Gesamtwasserbedarfs für Maschinen in Formel 5.11 weist ebenfalls eine Reminiszenz zur Energiebedarfsrechnung auf. So wird auch beim Wasserbedarf einer Maschine zwischen den Rüst- und Prozesszeiten differenziert, die bereits mit Formel 9.2 und Formel 9.3 definiert wurden. Jedoch wird bei dieser Bilanz, anders als bei den Energiearten, auf dem Maschinenlevel nicht differenziert aus welcher Quelle das Wasser stammt und über welche Qualität es verfügt. Eine solche Differenzierung erfolgt erst auf dem Standortlevel und wird nachfolgend genauer erläutert. Für die Berechnung des Wasserbedarfs von Anlagen gelten dieselben Prämissen wie für die Energiebedarfsrechnung in Kapitel 5.2.3.1 in Kombination mit den für Maschinen erläuterten Adaptionen. Die entsprechende Formel 9.12 wird im Anhang 9.3.3 detailliert.

Formel 5.11: Berechnung des Wasserbedarfs von Maschinen

$$Wmi_{PS} = \sum_{MA} MAr_{MA,PS} * MTw_{MA,PS} + MAp_{MA,PS} * MTb_{MA,PS}$$

mit $MTw_{MA,PS}$ Wasserbedarf der Maschine *MA* am Standort *PS* während der Rüstprozesse

$MTb_{MA,PS}$ Wasserbedarf der Maschine *MA* am Standort *PS* während der Produktionsprozesse

Eine reine Betrachtung des Wasserbedarfs greift jedoch zu kurz um der ökologischen Bedeutung von Wasser gerecht zu werden und die Standortspezifika im Bereich der Wasserversorgung zu bilanzieren.[495] Aus diesem Grund existiert im Modell die Klasse des Wasserprofils, das die Wasserentnahme und -rückgabe eines Standorts anteilig nach Quellenart und Wasserqualität quantifiziert. Damit die Anteile der verschiedenen Quellarten stets 100% ergeben, gelten die Nebenbedingungen von Formel 9.13 und Formel 9.14. Diese Formeln berücksichtigen, dass die Bezugsquellen Oberflächenwasser, Grundwasser, Meerwasser und produziertes Wasser im Modell abgebildet werden. Oberflächenwasser kommt auf natürliche Weise an der Erdoberfläche in Seen, Flüssen, Bächen und in Form von Eis vor. Grundwasser wird aus unterirdischen Formationen gewonnen. Meerwasser ist Wasser eines Meeres oder Ozeans. Produziertes Wasser gelangt aufgrund von Förderung, Verarbeitung oder Nutzung von beliebigem Rohmaterial in die Organisation.[496] Die Qualität des Wassers wird lediglich in Süßwasser und sonstiges Wasser unterteilt. Der Grenzwert für die Unterteilung sind 1000 mg/l Filtrattrockenrückstand (vgl. Kapitel 2.2.4.2). Eine weitere Unterscheidung wird nicht vorgenommen, da die physischen, chemischen, biologischen und geschmacklichen Eigenschaften von Wasser, die Komplexität des Modells stark erhöhen würden ohne einen entsprechenden Mehrwert zu bieten. Grund dafür ist, dass keine passenden Standards für die Bewertung der Wasserqualität existieren.[497]

Aufgrund der Differenzierung je Standort, wird die Menge des zugeführten Wassers aus den jeweiligen Quellenarten zunächst je Standort und anschließend für das gesamte Netzwerk kalkuliert. Formel 5.12 zeigt diese Bilanzierung beispielhaft für die

---

[495] vgl. UNESCO (2020) Water and Climate, S. 16-19.
[496] vgl. GSSB (2019) GRI Sustainability Reporting Standards, S. 225-230.
[497] vgl. Srebotnjak, T. et al. (2012) A global Water Quality Index, S. 109.

Zuführung von Oberflächenwasser im gesamten Produktionsnetzwerk. Die analoge Berechnung für die anderen Quellarten und Wasserqualitäten kann dem Anhang 9.3.3 entnommen werden.

Formel 5.12: Menge an zugeleiteten Oberflächenwasser im Netzwerk

$$W_{Rein,o} = \sum_{PS} WPoi_{PS,WP} * (Wmi_{PS} + Wai_{PS})$$

mit $W_{Rein,o}$ Gesamtmenge an zugeführtem Oberflächenwasser
$WPoi_{PS,WP}$ Anteil Oberflächenwasser an Standort *PS* mit Wasserprofil *WP*

Wie bereits erwähnt, entspricht die Menge des ausgeleiten Wassers nicht der des eingeleiteten Wassers, da sowohl Anlagen als auch Maschinen durch Transpiration und Einbringung in das Produkt Wasser verlieren. Um dieses Phänomen zu modellieren, verfügt jeder Anlagentyp und jeder Maschinentyp über einen Verbrauchsfaktor. Dieser Faktor wird gemäß Formel 5.13 über das Verhältnis von Abwasser zum Wasserbedarf definiert. Falls diese Mengen gleich sind, ist der Faktor gleich eins. Die gleiche Definition gilt auch für Anlagen, wie dem Anhang 9.3.3 zu entnehmen ist.

Formel 5.13: Definition des Wasserverbrauchsfaktors eines Maschinentyps

$$MTf_{MA,MT} := \frac{Wmo_{MA,MT}}{Wmi_{MA,MT}}, \qquad 0 \leq MTf_{MA,MT} \leq 1$$

mit $MTf_{MA,MT}$ Wasserverbrauchsfaktor für eine Maschine *MA* des Typs *MT*
$Wmo_{MA,MT}$ Gesamtabwasser für eine Maschine *MA* des Typs *MT*
$Wmi_{MA,MT}$ Gesamtwasserbedarf für eine Maschine *MA* des Typs *MT*

Mit Hilfe des in Formel 5.13 definierten Verbrauchsfaktors wird die erzeugte Abwassermenge je Maschine und Anlage berechnet. Eine Aggregation dieser Werte wird genutzt, um die Abwassermenge eines Standorts oder wie in Formel 5.14 des gesamten Produktionsnetzwerkes zu bilanzieren.

Formel 5.14: Berechnung des Abwassers im Netzwerk

$$W_{Raus} = \sum_{PS}\sum_{MA}(MAr_{MA,PS} * MTw_{MA,PS} + MAp_{MA,PS} * MTb_{MA,PS}) * MTf_{PS,MA,MT} + \sum_{AN} ANs_{PS,AN} * ATw_{PS,AN} * ATf_{PS,AN,AT}$$

mit $ATf_{PS,AN,AT}$ Wasserverbrauchsfaktor der Anlage *AN* des Typs *AT* am Standort *PS*

$MTf_{PS,MA,MT}$ Wasserverbrauchsfaktor der Maschine *MA* des Typs *MT* am Standort *PS*

Analog zur Wassereinleitung wird auch die Art und die Qualität der Ausleitung des Abwassers bilanziert. Die Ausleitung erfolgt mit der Ausnahme von produziertem Wasser in die gleichen Wasserkörper.[498] Für die Wasserqualität berücksichtigt das Modell weiterhin die Kriterien Süßwasser und sonstiges Wasser. Die zugehörigen Formeln folgen der anteilbasierten Logik der Wassereinleitung und sind in Anhang 9.3.3 aufgelistet.

5.2.3.3 Bilanzierung von Materialien und Abfall

Der Abbau von Rohstoffen, unabhängig ob erneuerbar oder nicht, geht stets zu Lasten der Umwelt und ist nur bedingt nachhaltig. Häufig werden Lebensräume von Flora und Fauna zerstört, indem Wälder oder Wiesen vernichtet werden. Zudem werden Wasser und Energie benötigt sowie schädliche Substanzen in die Umwelt eingebracht.[499] Somit sind der Einsatz von Materialien als auch die Entsorgung von Abfällen weitere wichtige Bilanzierungsinhalte des Modells. Die dafür betrachteten Bilanzposten sind, wie in Abbildung 5.25 dargestellt, die Verpackungen, Ladungsträger, Betriebsstoffe und Produkte. Der Materialinput wird im Modell nach Rohstoffherkunft, Lieferantenzertifizierung und Gefährdungsgrad differenziert. Für den Output wird unterschieden, welche Abfallbehandlung erfolgt und ob der Abfall gefährlich ist oder nicht.

[498] vgl. GSSB (2019) GRI Sustainability Reporting Standards, S. 219.

[499] vgl. Kind, T. et al. (2018) Rohstoffboom zwischen Gewinnen und Verlusten, S. 38-52.

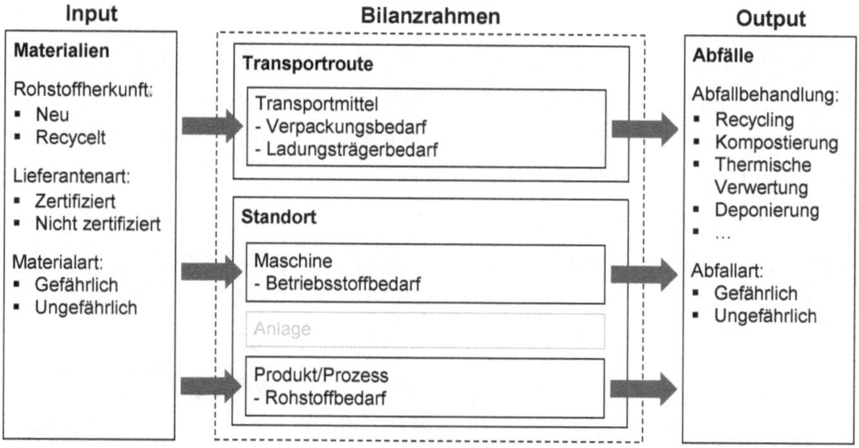

Abbildung 5.25: Bilanzinhalte zur Betrachtung von Materialien und Abfall

Grundsätzlich setzt sich der Materialbedarf im Netzwerk aus den Materialbedarfen an den einzelnen Standorten zusammen. Dies wird in Formel 5.15 abgebildet. Eine Differenzierung nach Standorten wird benötigt, da Materialien und Rohstoffe unterschiedliche Preise, Verfügbarkeiten und ökologische Fußabdrücke je Land und Lieferanten aufweisen, was durch Transportaufwände, Handelsbarrieren und lokale Gewinnungsmöglichkeiten bedingt wird.[500] Formel 5.15 gilt für je einen einzelnen Materialtyp, da die Gesamtmaterialmenge nur bedingt aussagekräftig ist und gleichzeitig aufwandsarm durch die Summierung aller Materialtypen berechnet wird. Zudem hängt auch die Abfallentsorgung von den jeweiligen Materialeigenschaften ab, weshalb diese Unterteilung weitere Modellierungsvorteile bietet.[501]

Formel 5.15: Berechnung des Materialbedarfs im Netzwerk

$$M_{Ges.,MY} = \sum_{PS} M_{MY,PS}$$

mit $M_{Ges.,MY}$ Bedarf an Material des Typs *MY* im Produktionsnetzwerk
$M_{MY,PS}$ Materialbedarf des Typs *MY* am Standort *PS*

Wie bereits erläutert setzt sich der Materialbedarf an einem Produktionsstandort aus dem Bedarf für Produkte, Ladungsträger, Verpackungen und Betriebsstoffe zusammen

[500] vgl. Sverrisson, Å. (2003) Local and global commodity chains, S. 17-22.
[501] vgl. Kranert, M. (2017) Einführung in die Kreislaufwirtschaft, S. 65-70.

(vgl. Formel 5.16). Materialbedarfe an Standorten von Lieferanten oder Kunden werden im Modell nicht mitbilanziert, da diese außerhalb der „gate-to-gate"-Betrachtung des Unternehmens liegen. Zudem ist die Datenbeschaffung für solche Bereiche entscheidend aufwendiger (vgl. Kapitel 5.2.2). Benötigt jedoch ein Anwendungsfall diese Informationen, erlaubt die modulare Struktur des Modells und der Gleichungen eine entsprechende Erweiterung.

Formel 5.16: Berechnung des Materialbedarfs für einen Standort

$$M_{MY,PS} = \sum_{PR} M_{MY,PS,PR} + \sum_{LT} M_{MY,PS,LT} + \sum_{VP} M_{MY,PS,VP} + \sum_{BT} M_{MY,PS,BT}$$

mit $M_{MY,PS,PR}$ Materialbedarf des Typs MY am Standort PS für das Produkt PR

$M_{MY,PS,LT}$ Materialbedarf des Typs MY am Standort PS für den Ladungsträger LT

$M_{MY,PS,VP}$ Materialbedarf des Typs MY am Standort PS für die Verpackung VP

$M_{MY,PS,BT}$ Materialbedarf des Typs MY am Standort PS für den Betriebsstoff BT

Die Bilanzierung der eingesetzten Materialmengen für Produkte erfolgt über das jeweilige Produktgewicht multipliziert mit dem Anteil des Materials im Produkt. Die notwendige Skalierung dieser Menge wird durch eine Multiplikation mit den zugehörigen Stückzahlen der Prozesskette am Standort erreicht. Die entsprechende Formel 9.27 ist im Anhang 9.3.4 aufgeführt. Eine wichtige Nebenbedingung für diese Kalkulation ergibt sich aus der Stückliste. So werden in Formel 9.27 lediglich Produkte bilanziert, die keine Baugruppen sind und in die noch keine anderen Produkte verbaut wurden. Diese Bedingung ist notwendig, um eine Doppelbilanzierung zu vermeiden.

Die Bilanzierung des Materialbedarfs für Ladungsträger in Formel 5.17 berücksichtigt ebenfalls, wie hoch der jeweilige Materialanteil im Ladungsträger ist. Dabei ist zu beachten, dass die Bedarfsmenge lediglich für Transportrouten gilt, die an einem Produktionsstandort starten. Zudem muss die zugehörige Transportstrecke, die erste in der Transportroute sein, damit mögliche Umpackaktionen beim Wechsel von Transportmitteln oder ähnlichem abgebildet werden. Darüber hinaus ist das Modell in der Lage, die Wiederverwendung von Ladungsträgern und die resultierende Reduktion des Materialbedarfs zu modellieren. Wenn ein Ladungsträger mehr als nur ein Produkt transportiert, wird auch diese Eigenschaft über den jeweiligen Transportfaktor abgebildet.

Formel 5.17: Berechnung des Materialbedarfs je Standort und Ladungsträger

$$M_{MY,PS,LT} = \sum_{TR}\sum_{TS}\sum_{BA}\sum_{PK} BAm_{PS,PK,TR,TS} * LTg_{LT} * LTn_{LT,MY} * (1 - LTw_{LT}) * \frac{1}{PKt_{PS,PK,TR}}$$

$$\forall\, TRh_{TR} = PS,\ TSr_{TS,TR} = 1$$

mit

$BAm_{PS,PK,TR,TS}$	Benötigte Stückzahl der Prozesskette *PK* mit der Transportroute *TR* und Transportstrecke *TS* aus dem Standort *PS*
LTg_{LT}	Gewicht des Ladungsträgers LT
$LTn_{LT,MY}$	Anteil des Materials *MY* am Ladungsträger LT
LTw_{LT}	Wiederverwendungsfaktor des Ladungsträgers LT
$PKt_{PS,PK,TR}$	Transportfaktor für die Prozesskette *PK* am Standort *PS* bei der Transportroute *TR*
TRh_{TR}	Herkunftsort der Transportroute *TR*
$TSr_{TS,TR}$	Reihenfolgenummer der Transportstrecke *TS* in der Transportroute *TR*

Die Bilanzierung des Materialbedarfs für Verpackungen erfolgt analog zu den Ladungsträgern in Formel 9.28 des Anhangs. Wie bedeutsam diese Modellierung ist, wird dadurch verdeutlicht, dass 45% des weltweit produzierten Kunststoffes in der Verpackungsindustrie verwendet wird.[502] Dabei gilt im Modell eine 1:1-Beziehung zwischen Produkt und Verpackung. Dies bedeutet, dass jede Verpackung nur ein Produkt beinhaltet. Wenn mehrere Produkte in einer Verpackung sind, wird gemäß der Modelllogik von einem Ladungsträger gesprochen.

Betriebsstoffe sind Stoffe, die zum Betreiben und Erhalten von Fertigungstechnologien erforderlich sind, jedoch nicht in das Produkt eingehen und nach Gebrauch als Abfall entsorgt werden müssen.[503] In der Modellierungslogik werden sie deshalb direkt von Maschinen verbraucht. Aus diesem Grund weist die Materialbilanzierung der Betriebsstoffe eine Analogie zur Berechnung des Energie- und Wasserbedarfs in Kapitel 5.2.3.1 und 5.2.3.2 auf. Die vollständige Formel 9.29 ist Teil von Anhang 9.3.4.

---

[502] vgl. Geyer, R. et al. (2017) Production, use, and fate of all plastics ever made, S. 9.
[503] vgl. Helbing, K. (2018) Handbuch Fabrikprojektierung, S. 643.

Die reine Bilanzierung des Materialeinsatzes ist für die Produktionsnetzwerkkonfiguration nur bedingt aussagekräftig, da der Materialbedarf unabhängig vom Standort anfällt. Standortabhängig ist hingegen aus welchen Quellen das Material bezogen wird und somit auch ob es aus recycelten oder nicht recycelten Rohstoffen besteht. Diese Rate weicht je nach nationaler Recyclinginfrastruktur stark ab.[504] Deshalb wird die Gesamtmaterialmenge, die aus Recyclingquellen stammt, nach der Logik von Formel 9.30 stark durch die Allokation der Produkte auf die Standorte beeinflusst.

Formel 5.18: Berechnung der Materialmenge aus Recyclingquellen

$$M_{MY,PS,Re} = \left(\sum_{PR} M_{MY,PS,PR} * CPsp_{CP,PS,PR,MY} + \sum_{LT} M_{MY,PS,LT} * CPsl_{CP,PS,LT,MY} + \sum_{VP} M_{MY,PS,VP} * CPsv_{CP,PS,VP,MY} + \sum_{BT} M_{MY,PS,BT} * CPsr_{CP,PS,BT,MY}\right) * MYh_{MY}$$

mit $CPsp_{CP,PS,PR,MY}$ Anteil an Rohstoffen für das Material *MY* im Produkt *PR*, welche recycelt wurden, am Standort *PS* mit dem Profil *CP*

$CPsl_{CP,PS,LT,MY}$ Anteil an Rohstoffen für das Material *MY* im Ladungsträger *LT*, welche recycelt wurden, am Standort *PS* mit dem Profil *CP*

$CPsv_{CP,PS,VP,MY}$ Anteil an Rohstoffen für das Material *MY* in der Verpackung *VP*, welche recycelt wurden, am Standort *PS* mit dem Profil *CP*

$CPsr_{CP,PS,BT,MY}$ Anteil an Rohstoffen für das Material *MY* im Betriebsstoff *BT*, welche recycelt wurden, am Standort *PS* mit dem Profil *CP*

MYh_{MY} Maximalmöglicher Anteil an recycelten Rohstoffen, die in das Material *MY* eingebracht werden können

Das entwickelte Modell ist in der Lage, für jede Art von Materialverwendung je Standort anzugeben, zu welchem Anteil recycelte Rohstoffe oder Produkte geliefert werden. Diese Angaben sind Teil des Circularity Profils im Datenmodell und werden in Formel 5.18 mit dem lokalen Materialbedarf verrechnet. Dabei wird auch beachtet, dass für bestimmte Materialien nur eine eingeschränkte Recyclingeffizienz möglich

[504] vgl. European Environment Agency (2021) Waste recycling in Europe.

ist. Das bedeutet, dass nur ein bestimmter Anteil des Materials, das recycelt werden soll, auch tatsächlich erfolgreich als Rezyklat gewonnen wird.[505]

In vielen produzierenden Unternehmen entsteht ein Großteil des Materialbedarfs durch die Beschaffung von vorgefertigten Bauteilen und Produkten, die bereits von Lieferanten gefertigt wurden. Dabei ist für ein Unternehmen von Bedeutung, ob und wie diese Lieferanten zertifiziert sind. Die Produktmaterialmenge von zertifizierten Lieferanten wird mit Formel 9.31 im Anhang 9.3.4 berechnet. Die wichtigsten Normen und Zertifikate in Bezug auf ökologische Nachhaltigkeit sind u.a. die ISO 14001 und ISO 20400.[506]

Die Materialmenge, die in ein Produktionsnetzwerk eintritt, entspricht im Sinne des Modells auch der Menge, die austritt. Dabei wird unterschieden, ob das Material in ein Produkt eingearbeitet wurde oder ob es als Abfall klassifiziert wird. Die Bilanzierung von Abfall ist aus ökologischen Aspekten deutlich relevanter, da dieser in schlimmsten Fällen direkt der Umwelt zugeführt wird (vgl. Kapitel 2.2.4.3). Dies gilt zwar auch für die Entsorgung von verkauften Produkten, jedoch ist die dazu verfügbare Datenlage für eine zielführende Modellierung selten ausreichend.

Gemäß den Vorgaben der GRI Standards wird Abfall nach Entsorgungsarten differenziert bilanziert.[507] Dies steht im Einklang zu den in Kapitel 5.1.1 untersuchten Nachhaltigkeitsindikatoren. Das vorliegende Modell bildet deshalb eine Entsorgung durch Recycling, Kompostieren, thermische Verwertung und Deponierung ab.[508] Dabei gilt der Grundsatz, dass Vermeidung sowie Reduktion von Abfall die anerkanntesten Strategien sind. Es folgen das Recycling, das Kompostieren, die thermische Verwertung und die Deponierung in der genannten Reihenfolge.[509] Eine Bilanzierung der Gesamtabfallmenge im Netzwerk ist mit der Formel 5.19 gemäß der vorgestellten Einteilung möglich.

---

505 vgl. Martens, H. (2011) Recyclingtechnik, S. 171-188.

506 vgl. Neitzel, D. (2017) Zertifizierungen für Lieferanten, S. 2 ff.

507 vgl. GSSB (2019) GRI Sustainability Reporting Standards, S. 275.

508 vgl. UBA (2020) Verwertung und Entsorgung, S. 1-20.

509 vgl. Despeisse, M. (2013) Sustainable manufacturing tactics, S. 65-67.

Formel 5.19: Abfallmenge im Produktionsnetzwerk

$$A_{Ges.} = \sum_{PS} A_{Re,PS} + \sum_{PS} A_{Ko,PS} + \sum_{PS} A_{Ve,PS} + \sum_{PS} A_{De,PS}$$

mit $A_{Ges.}$ Gesamte Abfallmenge, die im Produktionsnetzwerk erzeugt wird

$A_{Re,PS}$ Abfallmenge, die recycelt wird, am Standort *PS*

$A_{Ko,PS}$ Abfallmenge, die kompostiert wird, am Standort *PS*

$A_{Ve,PS}$ Abfallmenge, die thermisch verwertet wird, am Standort *PS*

$A_{De,PS}$ Abfallmenge, die deponiert wird, am Standort *PS*

Unabhängig von der Entsorgungsart wird jede Abfallmenge an einem Standort gemäß ihrer Herkunft unterteilt. Im Modell sind folgende Herkunftsarten abbildbar: der Ausschuss von Produkten im Produktionsprozess, verbrauchte Betriebsstoffe sowie nicht wiederverwendbare Ladungsträger und Verpackungen. Jeder dieser Abfallströme kann unter Berücksichtigung von materialtechnischen Einschränkungen jeder Entsorgungsart zugeführt werden. Die dafür notwendigen Bilanzgleichungen sind in Formel 9.32, Formel 9.37, Formel 9.42 und Formel 9.48 im Anhang aufgelistet. Dabei ist der maßgebliche Faktor in den jeweiligen Gleichungen u.a. der lokale Recyclinganteil gemäß des Circularity Profils eines Standorts. Dieser gibt an, wie viele der anfallenden Abfälle eines Produktes tatsächlich recycelt werden. Gründe für lokale Unterschiede sind das Management des Standorts und die regionale Entsorgungsinfrastruktur.[510] Für Produktallokationen ist dieser Faktor von Bedeutung, da je nach Standort mehr oder weniger Abfälle recycelt werden.

Die Menge an Produktabfällen, die für die verschiedenen Entsorgungsarten zur Verfügung stehen, ergibt sich aus der Materialzusammensetzung eines Produktes sowie dessen Ausschussrate. Die Materialeigenschaften definieren dabei, wie viel eines Materials recycelt, kompostiert oder thermisch verwertet werden kann. Die entsprechenden Formeln für die Berechnung des recyclingfähigen, kompostierbaren oder verwertbaren Abfalls befinden sich ebenfalls im Anhang 9.3.4.

Für den aus Ladungsträgern und Verpackungen resultierenden Abfallstrom gilt im Modell, dass er stets dem Standort zugerechnet wird, an dem eine Transportstrecke

---

[510] vgl. Fichtner, W. (2004) Produktionsmanagement und Nachhaltigkeit, S. 320.

endet. Abfälle, die bei Kunden anfallen, werden im Rahmen des Modells nicht berücksichtigt, da die Abfallbehandlung der Kunden unbekannt ist. Wie in den Formeln im Anhang 9.3.4 abgebildet, werden nur die Ladungsträger und Verpackungen als Abfall gewertet, die gemäß des Wiederverwendungsfaktors nicht weiter genutzt werden.

Betriebsstoffe werden gemäß ihrer Definition nicht in das Produkt eingebracht.[511] Aus diesem Grund fallen sie in der Modelllogik direkt als Abfall an. Aufgrund von Kreisläufen und Aufbereitungsvorgängen, werden sie jedoch mehrfach von Maschinen verwendet. Dieser Umstand wird bereits mit der Verbrauchsrate des Maschinentyps berücksichtigt. Welchen Entsorgungsverfahren ein Betriebsstoff zugeführt wird, ist ebenfalls den Formeln im Anhang 9.3.4 zu entnehmen.

Die Deponierung ist die schlechteste Option zur Abfallentsorgung, da so eine direkte Einbringung von schädlichen Substanzen in die Natur und entsprechende Gefahren für die Gesundheit von Menschen, Tieren und Pflanzen entstehen.[512] Jedoch ist diese Art der Entsorgung weltweit möglich, da sie keine großen Aufwände in Bezug zur Infrastruktur oder ähnlichem benötigt. Daher gilt im Rahmen des Modells, dass alle Abfälle, welche nicht den anderen Entsorgungsarten zugeführt wurden, lokal deponiert werden. Für Abfälle, die deponiert werden, spielen die materialspezifischen Eigenschaften keine Rolle, da selbst hochgiftiger Sondermüll deponiert werden kann.[513]

Für die Berechnung der deponierten Abfälle, muss stets der Anteil von recycelten, kompostierten oder thermisch verwerteten Abfällen von der Gesamtabfallmenge abgezogen werden. Dies ist in Formel 5.20 beispielhaft für die Produktabfälle aufgezeigt, gilt aber auch für die anderen Abfallarten (vgl. Anhang 9.3.4). Damit die jeweiligen Formeln funktionieren, muss stets die Nebenbedingung eingehalten werden, dass der Anteil der anderen Entsorgungsarten in Summe kleiner als eins ist. Die jeweiligen Nebenbedingungen sind zudem materialspezifisch aufgestellt. Sollte es z.B. ein Produkt geben, welches zu 100% recycelt oder thermisch entsorgt werden kann, so kann der Anteil der Entsorgungsarten am Standort nicht jeweils eins sein, da ein solches Produkt nur auf die eine oder die andere Art entsorgt werden kann. Eine mathematische Formulierung der Nebenbedingungen findet sich in Anhang 9.3.4. Auch die Formeln für die Bilanzierung von gefährlichem und ungefährlichem Abfall befinden sich in

[511] vgl. Helbing, K. (2018) Handbuch Fabrikprojektierung, S. 643.

[512] vgl. Gasser, U. (1999) Umweltgefahren von Mülldeponien, S. 1-3.

[513] vgl. Kranert, M. (2017) Einführung in die Kreislaufwirtschaft, S. 500-504.

diesem Anhang. Diese betrachten die Materialeigenschaften des Modells und schlüsseln diese gemäß der bereits vorgestellten Formellogik auf.

Formel 5.20: Berechnung der deponierten Produktabfälle je Standort

$$A_{De,PS,PR} = \sum_{BA} \sum_{PZ} \left(BAm_{PZ,PR,PS} * PRg_{PR} * \left(\frac{1}{MAo_{MA,PS,PZ}} - 1 \right) * PZa_{PS,PZ} \right) - A_{ReP,PS,PR} * CPrp_{CP,PS} - A_{KoP,PS,PR} * CPkp_{CP,PS} - A_{VeP,PS,PR} * CPvp_{CP,PS}$$

mit $BAm_{PZ,PR,PS}$	Benötigte Stückzahl für das Produkt *PR* in dem Prozessschritt *PZ* am Standort *PS*
PRg_{PR}	Gewicht des Produktes *PR*
$MAo_{MA,PS,PZ}$	OEE Faktor der Maschine *MA* am Standort *PS* für Schritt *PZ*
$PZa_{PS,PZ}$	Ausschussanteil am OEE Faktor am Standort *PS* für Schritt *PZ*

Die Effekte von Circular Economy Aktivitäten, wie z.B. das Remanufacturing oder Refurbishment von Produkten, sind im Modell nicht explizit enthalten.[514] Dennoch bietet das Modell die Voraussetzungen, um solche Prozesse abzubilden. Dafür müssten lediglich entsprechende Bedarfsmengen zwischen Kunden und Produktionsstandorten erzeugt werden. Dedizierte Kennzahlen werden jedoch nicht bilanziert.

[514] vgl. MacArthur, E. (2013) Towards the circular economy, S. 24-33.

5.2.3.4 Bilanzierung von Landnutzung und Biodiversität

Die Konfiguration globaler Produktionsnetzwerke erlaubt es auch zu entscheiden, wo auf der Welt Land genutzt werden soll. Wie in Kapitel 2.2.4.4 erläutert, ist die Nutzung von Land eine der Hauptursachen für den Rückgang der Biodiversität, welche sich wiederum regional stark unterscheidet. Aus diesem Grund sollen im Modell auch Kennzahlen bilanziert werden, die diesen Aspekt betrachten. Andere Aspekte der Biodiversität, wie die Interaktion durch Lärm, Licht oder Giftstoffe, sollen aus Gründen der Komplexität nicht bilanziert werden oder sind Teil der Wirkungskategorien der Bewertungskennzahlen von Kapitel 5.3.1.1. Die Bewertung basiert auf dem Landnutzungsmodell von CHAUDHARY ET AL.[515] Als reine Bilanzkennzahl wird in Formel 5.21 für jeden Standort und für das gesamte Produktionsnetzwerk die Flächennutzung aufsummiert.

Formel 5.21: Berechnung der gesamten Flächennutzung im Netzwerk

$$F_{Ges.} = \sum_{PS} PSf_{PS}$$

mit $F_{Ges.}$ Gesamte Fläche, die von Standorten genutzt wird

PSf_{PS} Verfügbare Produktionsfläche an einem Standort *PS*

[515] vgl. Chaudhary, A. et al. (2015) Quantifying Land Use Impacts on Biodiversity, S. 9988-9990.

5.3 Bewertung der Produktionsnetzwerkkonfiguration

Die im vorherigen Kapitel 5.2.3 aufgestellten Bilanzkennzahlen stellen eine Grundlage für die Bewertung der Nachhaltigkeit einer Produktionsnetzwerkkonfiguration dar. Darauf aufbauend wird in diesem Kapitel eine Methodik vorgestellt, welche die Entscheidungstragenden mit der Bereitstellung von passenden Informationen für die verschiedenen Bewertungsszenarien unterstützt. Dafür wird, wie in Abbildung 5.26 dargestellt, in Kapitel 5.3.1 eine Baukastenlogik für die Komposition von Bewertungskennzahlen entwickelt und erläutert. Anschließend bietet Kapitel 5.3.2 eine Herangehensweise, um die Abhängigkeiten zwischen den verschiedenen Bewertungskennzahlen mit den Methoden der mathematischen Optimierung transparenter darzustellen.

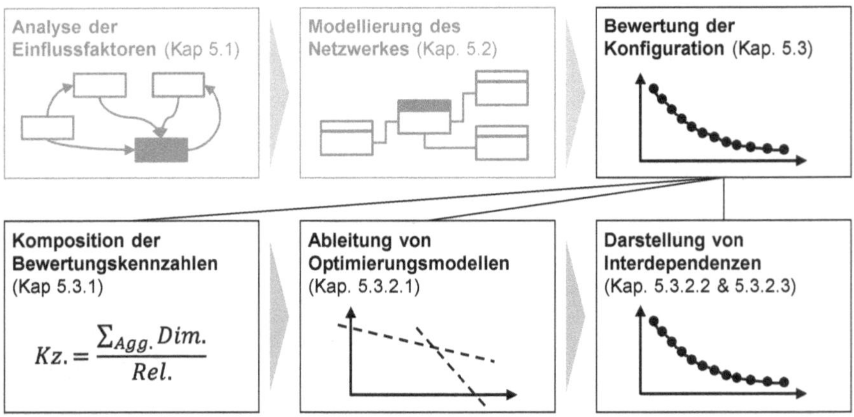

Abbildung 5.26: Vorgehen zur Bewertung der GPN Konfiguration

5.3.1 Komposition von Bewertungskennzahlen

Die empirische Analyse von Indikatoren in Kapitel 5.1.1 hat gezeigt, dass eine enorme Vielzahl an Möglichkeiten existiert, um die Nachhaltigkeit von Produktionsaktivitäten zu bewerten. Aus diesem Grund zielt die entwickelte Methodik nicht darauf ab, einzelne Bewertungskennzahlen vorzugeben. Stattdessen bietet sie den Anwendenden eine Möglichkeit, spezifische Kennzahlen nach einem Baukastensystem zu konfigurieren. Dieser modulare Aufbau erlaubt es, die Rahmenbedingungen bei einer Entscheidung in einem Unternehmen besser zu berücksichtigen. Die drei wesentlichen austauschbaren Module in einer Gleichung zur Berechnung von Bewertungskennzahlen sind in Abbildung 5.27 dargestellt. Diese Module sind die Aggregation, die Dimension und die Relation.[516]

$$Bewertungskennzahl = \frac{\sum_{Aggregation} Dimension}{Relation}$$

<table>
<tr><th>Modul</th><th colspan="8">Ausprägungen</th></tr>
<tr><td>Dimension</td><td colspan="2">Elementarfluss</td><td colspan="4">Wirkungskategorie</td><td colspan="2">Sonstige Größen</td></tr>
<tr><td>Aggregation</td><td>Ressourcen-hierarchie</td><td colspan="2">Produkt-hierarchie</td><td colspan="2">Prozess-hierarchie</td><td colspan="2">Scope</td><td>Dimensions-übergreifend</td></tr>
<tr><td>Relation</td><td colspan="4">Interne Größen</td><td colspan="4">Externe Größen</td></tr>
</table>

Abbildung 5.27: Modularer Aufbau der Berechnung von Bewertungskennzahlen

Die Dimension einer Bewertung definiert, in welcher Einheit eine Kennzahl berechnet wird. Gemäß der Literaturrecherche aus Kapitel 5.1.1 bestehen dafür verschiedene Optionen. Zum einen werden die in Kapitel 5.2.3 bilanzierten Elementarflüsse als Dimension verwendet. Auch die Wirkungskategorien gemäß der Ökobilanzierung werden als Einheit genutzt. Zum anderen existieren noch weitere individuelle Größen, die weder Elementarfluss noch Wirkungskategorie sind und teilweise durch eine dimensionsübergreifende Aggregation errechnet werden.

Die Aggregation ist die zweite wichtige Eigenschaft des modularen Aufbaus. Neben einer dimensionsübergreifenden Aggregation werden auch die Teilbilanzen einzelner Modellelemente mit derselben Einheit aggregiert. So dienen u.a. die Produktionsressourcen, die Produkthierarchie oder die Prozesshierarchie als Aggregationslevel (vgl. Kapitel 5.3.1.2). Darüber hinaus ist die Aggregation von Elementen gemäß der Scope-Logik des GHG-Protokolls für manche Betrachtungen zielführend.

Außer absoluten Kennzahlen werden auch relative Zahlen für die Bewertung verwendet. Bei solchen Kennzahlen werden zwei oder mehrere absolute Zahlen ins Verhältnis gesetzt, indem ein Quotient gebildet wird. Das dadurch abgebildete Verhältnis hat

[516] vgl. Gladen, W. (2001) Kennzahlen- und Berichtssysteme, S. 11-14.

so eine höhere Aussagekraft und wird in der Praxis bevorzugt verwendet.[517] Aus diesem Grund bietet das Modell die Möglichkeit zur Relation von Bewertungskennzahlen auf verschiedene interne und externe Größen, die nachfolgend in Kapitel 5.3.1.3 erläutert werden.

5.3.1.1 Dimensionierung der Bewertungskennzahlen

Die Kalkulation von Elementarflüssen als mögliche Dimension wurde bereits in Kapitel 5.2.3 vorgestellt. Dieses Kapitel dient deshalb dazu herzuleiten, wie die Wirkungskategorien im Sinne einer Ökobilanz auf Basis der Eigenschaften der Elementarflüsse bestimmt werden. Aufgrund der Vielzahl werden nur die Wirkungskategorien berücksichtigt, die über die Produktionsnetzwerkkonfiguration signifikant beeinflusst werden (vgl. Kapitel 5.1.3), eine ausreichende gesellschaftliche Relevanz haben und methodisch etabliert sind (vgl. Kapitel 2.2.3). Zudem wurde darauf geachtet, dass die Ausprägungen der Wirkungskategorien aufwandsarm mit der konzeptionierten Datenlogik berechnet werden. Dennoch bietet das Modell Informationen für die Berechnung weiterer Kennzahlen wie z.B. dem Linear Flow Index der Allen MacArthur Fundation.[518] Jedoch werden aufgrund des Umfangs und der Anforderungen an die Arbeit (vgl. Kapitel 4.1) solche Größen nicht weiter berücksichtigt.

Für die Entscheidung, welche Dimensionen bei der Bewertung eines globalen Produktionsnetzwerks berücksichtigt werden sollen, sind zwei Aspekte zu beachten. Zum einem muss im Rahmen der Gestaltungsaufgabe bemessen werden, wie viel Einfluss die jeweiligen Alternativen auf die Dimensionen ausüben. Dies erfolgt mit Hilfe der Wirkungsgraphen und Filter aus Kapitel 5.1.2. Zum anderen sind die Moral- und Wertevorstellungen der Entscheidenden und der beteiligten Stakeholder von Relevanz. Diese sind abhängig vom Charakter, dem kulturellen Hintergrund und individuellen Lebensweg der jeweiligen Personen. Der Fokus dieser Arbeit liegt auf der Erzeugung von Transparenz für eine objektive Bewertung, weshalb persönliche Präferenzen nicht miteinbezogen werden und Methoden zur Gewichtung verschiedener Dimensionen nur als optionale Erweiterung integrierbar sind.

---

[517] vgl. Posluschny, P. (2007) Die wichtigsten Kennzahlen, S. 10-11; Ahmad, S. et al. (2018) Sustainability indicators for manufacturing sectors, S. 319-320; Wellbrock, W. et al. (2020) Nachhaltigkeitscontrolling, S. 11.

[518] vgl. Ashby, M. et al. (2015) Circularity Indicators, S. 23.

Global Warming Potential

Der Klimawandel ist eine der größten Herausforderungen für die Menschheit.[519] Wissenschaftlich wird der Einfluss eines Treibhausgases auf die Erwärmung der Atmosphäre mit der Größe des Global Warming Potentials (GWP) quantifiziert. Die zugrundeliegende Referenzgröße ist dabei der Einfluss von einer Einheit Kohlenstoffdioxid auf die Temperatur über den Zeitraum von 100 Jahren. Es wird also, wie bereits im vorherigen Kapitel angedeutet, von CO_2-Äquivalenten gesprochen.[520] Die GWP100 Werte von ausgewählten Treibhausgasen sind im Anhang 9.4.1 aufgelistet. Empfohlen wird diese Metrik von der GRI, dem GHG-Protokoll und der IMPACT World+ Methode.[521] Falls die Auswirkungen über einen längeren Zeitraum betrachtet werden, wird das Global Temperature Potential (GTP) verwendet. Die Umrechnung über den GWP100 Faktor muss nicht erfolgen, falls im Modell bereits die Emissionsarten als CO_2e und nicht gemäß der einzelnen Treibhausgase modelliert wurden. Ansonsten bietet sich die Umrechnung gemäß Formel 5.22 an.

Formel 5.22: Berechnung des GWP100 durch Emissionen im Netzwerk

$$C_{GWP} = \sum_i C_i * GWP100_i$$

mit C_{GWP} CO_2e eines emittierten Treibhausgases

C_i Emissionsmenge des Treibhausgases *i*

$GWP100_i$ Global Warming Potential des Treibhausgases *i* über 100 Jahre

Kritikalität der Wassernutzung

Die Bedeutung von Wasser für die Umwelt ist von starken regionalen Unterschieden geprägt und wird sich in Folge des Klimawandels zunehmend verändern.[522] Zur Bewertung der lokalen Kritikalität der Wassernutzung wird das in Kapitel 2.2.4.2 vorgestellte WULCA-Modell verwendet. Dieses Modell wird von UNEP dem Umweltprogramm der Vereinten Nationen und weiteren Initiativen empfohlen.[523] Berechnet

[519] vgl. IPCC (2021) Climate Change 2021, S. 32-40.
[520] vgl. Smith, B. (2004) Greenhouse gas protocol, S. 47.
[521] vgl. Bulle, C. et al. (2019) IMPACT World+, S. 1662.
[522] vgl. IPCC (2021) Climate Change 2021, S. 20-27.
[523] vgl. Frischknecht, R. et al. (2019) Guidance on Environmental Life Cycle Impcat Indicators, S. 35.

wird mit diesem Modell der Wasserknappheits-Fußabdruck. Dieser ergibt sich, indem der Wasserverbrauch einer Organisation mit dem restlichen verfügbaren Wasser („Available Water Remaining“, AWARE) in der Region ins Verhältnis gesetzt wird. Wie in Formel 5.23 dargestellt, wird dafür der Charakterisierungsfaktor PSd_{PS} verwendet.[524]

Formel 5.23: Berechnung des Wasserknappheits-Fußabdrucks

$$W_{Knapp} = \sum_{PS} W_{PS} * PSd_{PS}$$

mit W_{Knapp} Wasserknappheits-Fußabdruck

W_{PS} Wasserverbrauch am Standort *PS*

PSd_{PS} AWARE Charakterisierungsfaktor des Standorts *PS*

Die Werte des Faktors PSd_{PS} liegen zwischen 0,1 und 100. Die 1 wird für Regionen verwendet, die über das gleiche restliche Wasser wie der globale Durschnitt verfügen. Kleinere Werte bedeuten weniger Wasserknappheit und größere Werte werden bei einer zunehmenden Wasserknappheit eingesetzt. Die exakte Quantifizierung des Faktors erfolgt, indem die Wasserverfügbarkeit minus des Bedarfs pro Fläche für eine Region errechnet wird. Als Wasserverfügbarkeit gilt der Niederschlag pro Flächeneinheit abzüglich der Verdunstung und Evapotranspiration. Anschließend wird dies ins Verhältnis zum globalen Durchschnitt gesetzt, der 0,0136 m^3 Wasser pro Quadratmeter und Monat beträgt.[525] Falls die Grenzwerte von 0,1 oder 100 rechnerisch überschritten werden, wird dennoch lediglich der Grenzwert verwendet. Im Anhang 9.4.2 finden sich die Werte für ausgewählte Länder.

Unvorteilhaft ist bei diesem Modell, dass teilweise nur Werte für ein gesamtes Land zur Verfügung stehen und trockene Regionen durch einen höheren Verbrauch überrepräsentiert werden. Zudem ist das Modell nur für Oberflächen- und Grundwasser praktikabel. Qualitative Faktoren werden auch bei den Wirkungskategorien nicht berücksichtigt, da die Wirkungsabschätzung der Wasserqualität ein noch nicht gelöstes Kernproblem des LCA ist.[526]

---

[524] vgl. Boulay, A.-M. et al. (2018) The WULCA consensus, S. 371-372.

[525] vgl. Boulay, A.-M. et al. (2018) The WULCA consensus, S. 371-374.

[526] vgl. Pradinaud, C. et al. (2019) Considering water quality in life cycle assessment, S. 591.

Toxizität von Abfall

Die Auswirkungen von toxischen Stoffen auf die Gesundheit von Menschen, Tieren und Pflanzen zu quantifizieren ist eine sehr komplexe Aufgabe, da beachtet werden muss, wie der jeweilige Stoff behandelt wird und mit was er in Kontakt kommt. Einen guten Kompromiss zwischen wissenschaftlicher Akkurarität und praktischer Anwendbarkeit bietet das Modell USEtox.[527] Das Modell verfügt über eine Datenbank, in der die Charakterisierungsfaktoren von mehreren tausend Substanzen gespeichert sind. Diese Faktoren bestehen wiederum aus drei Unterfaktoren, die berücksichtigen, was mit einem Stoff in der Umwelt passiert, wie häufig ein Mensch durchschnittlich dem Stoff ausgesetzt wird und wie viele Krankheitsfälle pro eingenommener Menge entstehen. Ausgedrückt wird ein Charakterisierungsfaktor in vergleichbaren giftigen Einheiten (CTU_h), die im Datenmodell im Attribut *MYg* verortet werden. Ein CTU_h basiert auf der Angabe des geschätzten Anstiegs der Morbidität in der Gesamtbevölkerung pro Masseneinheit einer emittierten Chemikalie (Fälle pro Kilogramm), wobei mangels genauerer Erkenntnisse zu diesem Thema von einer Gleichgewichtung zwischen Krebs und Nicht-Krebs ausgegangen wird. Auch für die Ökotoxizität, also den Einfluss auf das Ökosystem, existiert eine vergleichbare Berechnung.[528]

Als Bewertungsdimension wird die gesamte Menge an toxischen Materialien betrachtet, da jedes Material potentiell in Kontakt mit Menschen kommen kann. Alternativ wird auch nur die deponierte Abfallmenge je Material betrachtetet. In beiden Fällen muss die Menge des Materials mit dem Charakterisierungsfaktor multipliziert werden, wie es in Formel 5.24 definiert wird. Diese Formel basiert auf der Logik des USEtox Modells.[529] Dabei wird das Attribut *MYg* des Datenmodells mit dem Charakterisierungsfaktor des jeweiligen Toxizitätsmodells (in diesem Fall CTU_h) kombiniert. Die genaue Ausprägung des Charakterisierungsfaktors wird mit dem Tool von USEtox berechnet.[530] Dieser muss so gewählt werden, wie im Rahmen des Modells das Material verwendet oder entsorgt wird. Aufgrund des resultierenden Aufwands wird diese Kennzahl nur bei einer entsprechenden Notwendigkeit verwendet.

[527] vgl. Rosenbaum, R. et al. (2008) USEtox – the UNEP-SETAC, S. 533-534.
[528] vgl. Rosenbaum, R. et al. (2008) USEtox – the UNEP-SETAC, S. 535-538.
[529] vgl. Fantke, P. et al. (2017) USEtox 2.0, S. 20 ff.
[530] vgl. Hauschild, M. et al. (2021) USEtox Release 2.12.

Formel 5.24: Berechnung der Humantoxizität der verwendeten Materialien

$$M_{HumTox,MY} = \sum_{PS} M_{MY,PS} * MYg_{MY}$$

mit $M_{HumTox,MY}$ Gesamte erzeugte Toxizität des verwendeten Materials *MY*

MYg_{MY} Toxizitätscharakterisierungsfaktor des Materials *MY*

Landnutzung und Biodiversität

Die Biodiversität ist eine der wichtigsten planetaren Grenzen und regional bereits überschritten (vgl. Kapitel 2.2.4). Einer der Hauptgründe dafür ist die Landnutzung. Um den Einfluss der Landnutzung auf die Biodiversität zu quantifizieren wurden Species-Area-Relationship (SAR) Modelle entwickelt, welche die Anzahl von Spezies auf einer regionalen Fläche angeben. Diese Modelle werden auch dafür verwendet, um eine Vorhersage für das Aussterben von Spezies zu treffen.[531] Auch hierfür muss ein Charakterisierungsfaktor mit den lokalen Flächen verrechnet werden. Aufgrund der aufwandsarmen Gestaltung bietet sich der Ansatz des PSL-Modells (engl. Potentially Species Lost) von CHAUDHARY ET AL. an.[532] Der Charakterisierungsfaktor aus diesem Modell wird über die Ökoregion sowie die Art und Dauer der Landnutzung bestimmt und ist ein Standortattribut des in Kapitel 5.2.1 vorgestellten Datenmodells. Dabei wird angenommen, dass die Art der Landnutzung für Produktionsbetriebe einer urbanen Landnutzung entspricht. Der Einfluss auf verschiedene Taxa (biologische Gruppen) wird in einer aggregierten Form quantifiziert, obwohl das Modell eine Differenzierung zwischen Säugetieren, Vögeln, Amphibien, Reptilien und Pflanzen ermöglicht. Jedoch entspricht dies nicht der Anforderung des geringen Aufwands und würde nur wenig Mehrwert bei der Entscheidung bieten. Eine Auswahl von Faktoren findet sich in Anhang 9.4.3.

Formel 5.25 zeigt wie für jeden Produktionsstandort die benötigte Fläche mit dem jeweiligen Charakterisierungsfaktor des Standorts verrechnet wird. Der Charakterisierungsfaktor PSr_{PS} liegt je nach Region und Nutzung zwischen 2,3 E-13 und 4,1 E-16. Die vergleichsweise kleine Zahlengröße liegt an der Einheit, die potentiell verlorene

[531] vgl. MacArthur, R. et al. (1963) An Equilibrium Theory, S. 374-383; Tjørve, E. et al. (2001) Species–Area Relationship, S. 1-6; Sreekar, R. et al. (2015) Use of species-area relationships, S. 444-448.

[532] vgl. Chaudhary, A. et al. (2015) Quantifying Land Use Impacts on Biodiversity, S. 9988-9990.

Spezies pro Quadratmeter der Landnutzung oder Transformation ausdrückt.[533] Der langfristige Einfluss der Landnutzung wird auf diese Art jedoch nicht bestimmt, da die Daten abhängig vom definierten Zeitraum sind. Trotzdem ist das Ergebnis eine Wirkungskategorie gemäß des LCA.

Formel 5.25: Berechnung des PSL Einflusses der Flächennutzung

$$F_{Ein} = \sum_{PS} PSf_{PS} * PSr_{PS}$$

mit F_{Ein} Einfluss der Flächennutzung auf die Biodiversität

PSr_{PS} Charakterisierungsfaktor nach Ökoregion von Standort *PS*

5.3.1.2 Aggregation der Bewertungskennzahlen

Die Aggregation bestimmt, welcher Umfang mit einer Kennzahl bewertet wird. Analog zur Ökobilanz bedeutet dies, wie die Systemgrenzen gezogen werden und welche Inhalte im Bewertungsbereich abgebildet werden.[534] Das vorgestellte Modell aus Kapitel 5.2.1 beinhaltet eine Vielzahl an Elementen, die entsprechend viele Möglichkeiten zur Bildung von Subsystemen bieten. Theoretisch ist eine willkürliche Zusammenfassung von Systemelementen möglich. Zielführend ist jedoch, wenn die Aggregation einer Logik folgt, die für alle Beteiligten nachvollziehbar ist. Dafür werden in dieser Methodik fünf Sichten bzw. Hierarchien angeboten. Zum einen ist die Einteilung nach Produktionsressourcen, Produkten oder Prozessen möglich. Diese Sichten sind in der wissenschaftlichen Datenmodellierung von Produktionssystemen etabliert.[535] Zum anderen ist insbesondere für die Betrachtung von Emissionen auch eine Aggregation je Scope 1, 2 und 3 möglich (vgl. Kapitel 2.2.4.1).

Falls Werte mit unterschiedlichen Einheiten aggregiert werden sollen, müssen entsprechende Verfahren zur Gewichtung oder Umrechnung der Einheiten genutzt werden. Wie im Ansatz von Kapitel 3.3.1.5 dargestellt, existieren dafür verschiedene Herangehensweisen. Bei kardinalen Informationen werden hauptsächlich MADM-Methoden (vgl. Kapitel 2.3.4) verwendet. Bekannte Beispiele dafür sind die additive

[533] vgl. Baan, L. de et al. (2013) Land Use in Life Cycle Assessment, S. 9283.

[534] vgl. Klöpffer, W. et al. (2009) Ökobilanz (LCA), S. 28-34.

[535] vgl. Ostgathe, M. (2012) System zur produktbasierten Steuerung von Fertigung und Montage, S. 74.

Gewichtung, die Nutzwertanalyse, sowie AHP, TOPIS und PROMETHEE.[536] Eine genauere Erläuterung der Methoden findet sich in den angegebenen Quellen.

Die Auswahl der jeweiligen Sichten und Elemente, die aggregiert werden sollen, sind stets von der vorliegenden Entscheidung abhängig (vgl. Kapitel 2.1.3.4). In Abbildung 5.28 ist eine generische Zuordnung für die Eignung der im Modell abgebildeten Hierarchieabschnitte zu den jeweiligen Entscheidungen aufgestellt. Diese Zuordnung wurde nach den aufgeführten Charakteristiken der Entscheidungsaufgaben sowie den abbildbaren Eigenschaften der Modellelemente erzeugt. Je nach spezifischem Unternehmens- und Anwendungskontext muss die Zuordnung angepasst werden.

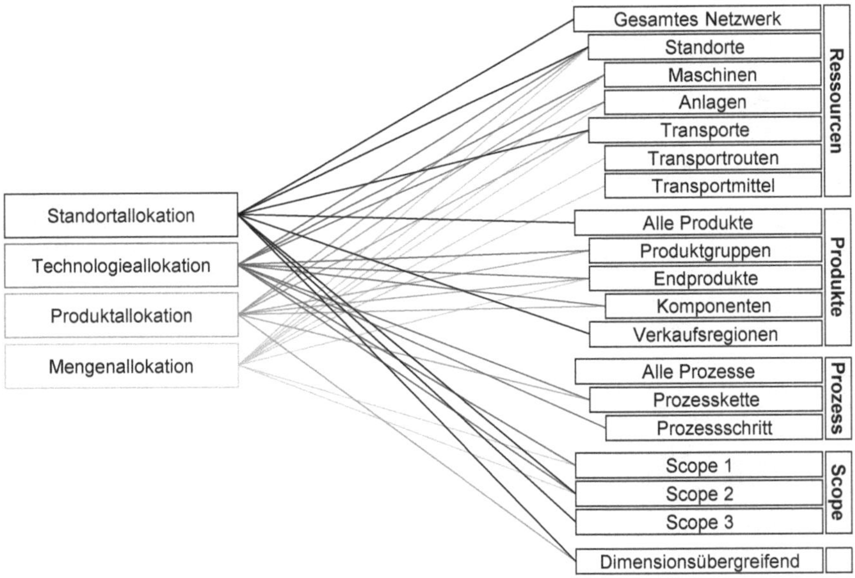

Abbildung 5.28: Zuordnung von Aggregationen zu Allokationsentscheidungen

Standortallokationen sind strategische Entscheidungen.[537] Dementsprechend sind für solche Entscheidungen vor allem die oberen Aggregationsklassen der jeweiligen Sichten interessant. So ist es bei Szenarien mit neuen Standorten von Bedeutung, wie sich die Kennzahlen für das gesamte Netzwerk verändern und welche Konsequenzen sich für die bestehenden Standorte und Transporte ergeben. Für die auf der Produktebene

---

536 vgl. Walther, G. (2010) Nachhaltige Wertschöpfungsnetzwerke, S. 73-76.

537 vgl. Friedli, T. et al. (2021) Global Manufacturing Management, S. 101.

berechneten Kennzahlen gilt es, eine Umlegung der Ressourcenverbräuche auf die Produkte vorzunehmen. Die Zurechnung auf ein Produkt wird über die Maschinenzeit, das Produktgewicht, die Stückzahlen oder ähnliches ermöglicht.[538] Sobald eine Kennzahl dem Produkt zugeordnet ist, erfolgt darüber auch eine Allokation zu Verkaufsregionen oder anderen Orten.

Die Berücksichtigung der Scope 2 und 3 Emissionen sind für Standortallokationen wesentlich, da sowohl die Emissionen der lokalen Energieversorgung als auch die Transportemissionen von den standortspezifischen Eigenschaften geprägt werden. Die Zuordnung der bilanzierten Emissionen zum Scope ist mittels des Datenmodells möglich. So muss bei Transportemissionen unterschieden werden, ob eine Transportstrecke durch interne oder externe Fahrzeuge bedient wird. Dazu dient das Attribut *TSe*. Bei internen Transportmitteln zählen die Emissionen zum Scope 1, ansonsten zu Scope 3. Maschinen und Anlagenemissionen, die durch den externen Bezug von Energiearten des Typs Elektrizität, Wärme, Kälte oder Dampf erzeugt werden, zählen zum Scope 2. Werden jedoch fossile Brennstoffe als Energieart verwendet, müssen die Emissionen dem Scope 1 zugeordnet werden.

Bei Szenarien, die verschiedene Standortallokationen durchspielen, werden auch dimensionsübergreifende Aggregationen benötigt. Diese verringern zwar die Transparenz und den Informationsgehalt einer Bewertung, bieten den Entscheidenden dafür aber einen schnelleren Überblick. Dies kann aufgrund der Vielschichtigkeit von Nachhaltigkeitsaspekten notwendig sein, damit das Thema neben der ökonomischen Bewertung überhaupt beachtet wird.

Technologieallokationen benötigen eine tiefergehende Betrachtung als Standortallokationen. So ist aus Ressourcensicht vor allem die Betrachtung der Kennzahlen eines einzelnen Standorts oder dessen Maschinen und Anlagen sinnvoll, um Vergleichswerte zur Technologieinvestition zu erhalten. Auch aus der Produktsicht ist die Aggregation auf Endprodukte oder Komponenten vielversprechend, je nachdem welche Bauteile mit der zu allokierenden Technologie in Kontakt kommen. Gleiches gilt für die Prozesse. Sowohl ganze Prozessketten als auch einzelne Prozessschritte werden mit Technologien umgesetzt und sind deshalb wichtige Bewertungskennzahlen. Aus

---

[538] vgl. Schuh, G. (2014) Produktkomplexität managen, S. 199-205.

Sicht der Scopes sind vor allem Scope 1 und 2 von Bedeutung, da dort Maschinen- und Anlagenemissionen bilanziert werden.

Die Allokation von Produkten folgt ähnlichen Mustern in der Bewertungsaggregation wie die Technologieallokation. Zusätzlich sind die Sichten auf Transporte zu berücksichtigen, da je nachdem, wo ein Produkt gefertigt wird, zusätzliche Transporte benötigt werden. Auch bietet sich erneut eine dimensionsübergreifende Kennzahl an, um den ökologischen Fußabdruck eines Produktes zusammenzufassen.

Bei Mengenallokationen soll besonders beachtet werden, wie sich die Umweltkennzahlen aller beteiligten Produktionsressourcen aufgrund von Kapazitätsanpassungen verändern.[539] Eine Aggregation ist deshalb über alle Hierarchiestufen der Produktionsressourcensicht sinnvoll. Entsprechend ist auch die Berücksichtigung des Scope 1 und 2 sinnvoll, da diese eng an die Produktionsressourcen gebunden sind. Zudem müssen stets die Auswirkungen auf das Endprodukt beachtet werden, weil dieses die Eigenschaften aller Komponenten aggregiert.

5.3.1.3 Relativierung der Bewertungskennzahlen

Absolute Kennzahlen sind wenig aussagekräftig für eine Bewertung, wenn der Kontext fehlt, in dem diese entstanden sind. Daher ist in vielen Fällen eine Relativierung von Kennzahlen notwendig. Die Relativierung erfolgt durch die Division der Kennzahl mit einer Bezugsgröße.[540] Abbildung 5.29 zeigt, ohne Anspruch auf Vollständigkeit, die zentralen Bezugsgrößen zur Bewertung der ökologischen Nachhaltigkeit von globalen Produktionsnetzwerken. Diese sind unterteilt in interne und externe Referenzgrößen.

---

[539] vgl. Verhaelen, B. et al. (2019) Potenziale datenbasierter Produktallokationen, S. 96.

[540] vgl. Gladen, W. (2001) Kennzahlen- und Berichtssysteme, S. 15-16.

Abbildung 5.29: Referenzgrößen zur Relativierung von Bewertungskennzahlen

Interne Bezugsgrößen setzen die ökologischen Bilanzen in ein Verhältnis zur Größe und zum Umfang der Aktivitäten des Unternehmens. Eine solche Bezugsgröße ist vergleichsweise aufwandsarm zu berechnen, da mittels des Modells aus Kapitel 5.2.1 sowie den Möglichkeiten des Controllings genügend Informationen vorhanden sind. Interne Bezugsgrößen werden gemäß den bereits vorgestellten Elementen dieser Arbeit in Aggregations-, Skalierungs- und ökonomische Größen unterteilt.

Aggregationsgrößen beziehen sich auf die im Kapitel 5.3.1.2 addierten Objekte. Wichtig ist dabei die Anzahl der zusammengezählten Objekte. Somit wird ein Durchschnittswert erzeugt, wie z.B. CO_2-Emissionen pro Maschine oder Produkt. Die Skalierungsgrößen wurden in Kapitel 5.2.3.1 eingeführt. Die Produktionsfläche oder die Anzahl der Mitarbeitenden und Maschinenstunden sind aussagekräftige Referenzen für die Größe eines Unternehmens. Außerdem werden auch ökonomische Größen als interne Relation verwendet. Somit wird eine Ökoeffizienz errechnet, welche die ökologische Schadschöpfung in ein Verhältnis zur wirtschaftlichen Wertschöpfung setzt.[541] Die Berechnung der ökonomischen Größen ist mit den Vorarbeiten von SCHUH ET AL. möglich (siehe Kapitel 3.3.1.3). Alternativ werden die Zahlen wie z.B. Gewinn, Umsatz, Kosten oder Steuern bei der Finanzbuchhaltung oder dem Controlling eines Unternehmens angefragt.[542]

---

[541] vgl. Weizsäcker, E. v. et al. (1999) Ökoeffizienz, S. 21-22.
[542] vgl. Behringer, S. (2021) Controlling, S. 24-27.

Während interne Referenzgrößen vor allem eine Relativierung der Größen ermöglichen, sind externe Referenzgrößen wichtig, um den Kontext der Nachhaltigkeit im Bezug zu anderen Stakeholdern zu verstehen. So ist der Vergleich mit Wettbewerbern für jedes Unternehmen bedeutsam, welches langfristig am Markt bestehen möchte.[543] Aufgrund der Pflicht zur Nachhaltigkeitsberichterstattung existieren legale Optionen, um diese Informationen zu akquirieren. Sowohl die veröffentlichten Nachhaltigkeitsberichte als auch die ESG Bewertung von Unternehmen geben Anhaltspunkte. Die verschiedenen Arten von Nachhaltigkeitsberichten können in Kapitel 2.2.3 nachgelesen werden. Etablierte Anbieter von ESG Bewertungen sind REFINITIV, ECP, FTSE Russel ESG Ratings, MSCI ESG Research, ISS-oekom, RobecoSAM, Sustainalytics und Vigeo Eiris.[544] Sowohl für ESG Bewertungen als auch für Nachhaltigkeitsberichte existieren kostenfreie und -pflichtige Datenbanken, in denen die passenden Unternehmen auffindbar sind.[545] Die Auswertung der Berichte für den Einsatz als Referenzgröße ist dennoch mit einem manuellen Arbeitsaufwand verbunden, weshalb es sich empfiehlt, lediglich für eine ausgewählte Anzahl an Wettbewerbern diese Recherche durchzuführen.

Neben einer guten Leistung im Vergleich zum Wettbewerb ist es für ein Unternehmen wichtig, dass auch die Vorgaben anderer Stakeholder erfüllt werden. Am wichtigsten sind dabei gesetzliche Vorgaben, die in jedem Fall erfüllt werden müssen. Die zentralen Gesetze mit Bezug zur ökologischen Nachhaltigkeit sind in Deutschland u.a. das Bundesimmissionsschutzgesetz (BImSchG), das Bundesnaturschutzgesetz (BNatSchG), das Kreislaufwirtschaftsgesetz (KrWG), das Wasserhaushaltsgesetz (WHG), die Abwasserverordnung (AbwV), die Gefahrstoffverordnung (GefStoffV), das Bundesbodenschutzgesetz (BBodSchG) und das Klimaschutzgesetz (KSG).[546] Bei globalen Produktionsnetzwerken müssen entsprechend die Gesetze aller Länder in denen produziert oder verkauft wird eingehalten werden. Zudem müssen gemäß dem

---

[543] vgl. Porter, M. (1998) Competitive strategy, S. 47-51.

[544] vgl. Eccles, R. et al. (2018) Origins in the Construction of ESG Measures, S. 41-42; Escrig-Olmedo, E. et al. (2019) Rating the Raters, S. 923.

[545] vgl. GSSB (2021) Sustainability Disclosure Database.

[546] vgl. Müller, K.-P. (1999) Umweltschutz in der metallverarbeitenden Industrie, S. 1-4; Frenz, W. et al. (2016) Recht für Ingenieure, S. 301-340; BMU (2021) Gesetze, Vorschriften und Vereinbarungen.

Lieferkettensorgfaltspflichtengesetz die Aktivitäten vorgelagerter Wertschöpfungsschritte in anderen Unternehmen zertifiziert werden.[547] Eine Aufzählung aller Gesetze würde den Rahmen dieser Arbeit überschreiten, weshalb auf die jeweiligen lokalen Informationsquellen verwiesen wird.

Ziele, die an die Öffentlichkeit kommuniziert wurden, gelten zwar für das Unternehmen selbst, werden aber aufgrund des Bezugs zu externen Stakeholdern als extern gewertet. Viele Unternehmen versprechen in Werbekampagnen z.B. die Reduktion von Treibhausgasemissionen oder eine Erhöhung der Recyclingquote.[548] Sobald ein solches Ziel kommuniziert wurde, ist dieses bei der Bewertung von PNKs relevant, da bei einem Verfehlen des Ziels Reputationsschäden drohen.[549] Für Unternehmen, die nicht direkt mit dem Konsumenten als Kunden agieren, ist der Veröffentlichung von strategischen Zielen gegenüber dem Kapitalmarkt die gleiche Bedeutung beizumessen. Weitere Möglichkeiten zur Kommunikation von Zielen an externe Stakeholder sind der Beitritt oder die Zusagen zu Initiativen von IGOs oder NGOs. So bekennen sich Unternehmen z.B. über strukturierte Programme zu den Global Compact Prinzipien der UN oder dem Pariser Klimaabkommen.[550] Auch wenn die Verbindlichkeiten aus solchen Zusagen gering sind, stellen die resultierenden Ziele eine Relation für die Bewertung globaler Produktionsnetzwerke dar.

5.3.2 Darstellung der Interdependenzen zwischen Zielgrößen

Die in Kapitel 5.2.3 und 5.3.1 entwickelten Kennzahlen arbeiten mit verschiedenen Dimensionen und berücksichtigen unterschiedliche Nachhaltigkeitsaspekte. Dadurch entstehen Probleme der mehrdimensionalen Entscheidungsfindungen (vgl. Kapitel 2.3.4), welche typisch für Nachhaltigkeitsaspekte sind (vgl. Kapitel 2.2). Aufgrund der Modellierung der Strukturen von globalen Produktionsnetzwerken können jedoch die Interdependenzen zwischen den Zielgrößen dargestellt werden. Diese Darstellung soll dazu dienen, die Verantwortlichen vor einer Allokationsentscheidung darüber zu informieren, welche Abhängigkeiten zwischen den Größen bestehen und sie somit

[547] vgl. BMAS (2021) Gesetzt über die unternehmerischen Sorgfaltspflichten in Lieferketten, S. 2961-2964.
[548] vgl. van Zanten, J. et al. (2018) MNE and the Sustainable Development Goals, S. 211-213.
[549] vgl. Giaconi, M. et al. (2021) The Value of "Social" Reputation, S. 3-6.
[550] vgl. United Nations (2014) Global Compact, S. 11; United Nations (2020) Paris Pledge for Action.

dazu befähigen, einen bestmöglichen Kompromiss zu finden. Auf die Gewichtung und mehrdimensionale Entscheidungsfindung per Algorithmus wird bewusst verzichtet. Grund dafür ist, dass den Verantwortlichen so die Entscheidungsfreiheit genommen wird und die Empfehlungen durch die subjektive Gewichtung verzerrt werden.[551] Stattdessen wird in Kapitel 5.3.2.1 ein lineares Optimierungsmodell entwickelt, das die Optimierung verschiedener Zielgrößen erlaubt. Die einzelnen Optima werden dann anschließend von den in Kapitel 5.3.2.2 und 5.3.2.3 vorgestellten Algorithmen genutzt, um die Abhängigkeiten der Zielgrößen in verschiedenen Lösungsszenarien darzustellen.

5.3.2.1 Formulierung einer linearen Optimierung auf Basis des Modells

In diesem Kapitel wird ein lineares Optimierungsmodell vorgestellt, das auf der Logik des Modells aus Kapitel 5.2 basiert. Dazu werden zunächst die Annahmen und Voraussetzungen vorgestellt. Anschließend werden die Indexmenge und die Parameter definiert. Diese werden genutzt, um die Zielfunktionen und abschließend die Nebenbedingungen zu formulieren.

Annahmen und Voraussetzungen

Das entwickelte Modell ist diskret, d.h. mögliche Standorte, Transporte, Maschinen und Anlagen sind bekannt. Das Modell entscheidet lediglich, ob diese verwendet werden oder nicht. Die Parameter sind ebenfalls bekannt und stammen nahezu vollständig aus dem in Kapitel 5.2.1 vorgestellten Datenmodell. Das Kostenmodell basiert auf der Vorarbeit von SCHUH ET AL. und wird nicht gesondert vorgestellt (vgl. Kapitel 3.3.1.3). Zudem gibt es keine explizite Berücksichtigung von Unsicherheit. Die Möglichkeiten zur Darstellung der Unsicherheit sind der Einsatz von veränderten Parametern und Sensitivitätsanalysen. Somit ist das Modell auch deterministisch. Das Modell hat nur eine Periode und keine zeitliche Betrachtung. Es wird also der optimale eingeschwungene Zustand einer Beispielperiode gesucht. Die Länge der Periode und ob diese sich auf den aktuellen Zustand oder die Zukunft bezieht, wird über die Dimensionierung der Parameter gesteuert. Ohne mehrperiodische Betrachtung existieren auch keine Bestände von Produkten in Lagern oder eine Diskontierung von Kosten. Umlaufbestände werden trotzdem betrachtet, um die Transportverbindungen

[551] vgl. Kühnapfel, J. (2021) Scoring und Nutzwertanalysen, S. 11-15.

und die Verbindungen zwischen Produktionsschritten zu modellieren. Es wird ein mehrstufiger Produktionsprozess betrachtet, der zyklusfrei und konvergierend ist.

Indexmenge

In Tabelle 9.11 im Anhang 9.5.1 sind die Indexmengen der Variablen und Parameter des Optimierungsmodells angegeben. Die 2-stelligen Indexbuchstaben stammen aus den Klassenbeschreibungen des Modells aus Kapitel 5.2.1 und werden weiterhin für die Elemente der entsprechenden Mengen verwendet. Die Indexmengen sind nach den Strukturebenen des Modells aus Kapitel 5.2.1 eingeteilt, die sich wiederum auf die Netzwerkebenen aus Kapitel 2.1.3.1 beziehen. Diese Einteilung dient vor allem der Übersicht. So gilt, dass die Indexmengen der Netzwerkebene hauptsächlich Energiearten, Transportrouten zwischen den Standorten sowie Abschnitte und Fahrzeuge dieser Routen beinhalten. Die Standortebene beinhaltet die Aufteilung der Standorte, der indirekten Funktionen und der Schichtmodelle. In der Systemebene wird beschrieben, welche Maschinen und Anlagen existieren. Die unterste Prozessebene verfügt über Indexmengen mit Bezug zu dem Produkt, den Materialien und den Prozessschritten. Dabei gilt stets, dass jede der aufgeführten Mengen alle möglichen Elemente dieses Typs beinhaltet. So enthält z.B. die Menge der Produktionsstandorte alle potentiellen Standorte, die eröffnet bzw. genutzt werden können. Ob diese tatsächlich verwendet werden, entscheidet das Optimierungsmodell.

Entscheidungsvariablen

In Tabelle 5.1 werden die Entscheidungsvariablen vorgestellt, die repräsentieren, welche Entscheidungen vom Modell getroffen werden. Der Wertebereich in der Tabelle gibt die möglichen Ausprägungen an. Für Boolesche Variablen mit den Ausprägungen 0 und 1 gilt, dass das betroffene Element entweder verwendet wird oder nicht. Falls eine Variable einen kontinuierlichen Wertebereich hat, wird auch entschieden, in welchem Umfang die zugehörigen Objekte eingesetzt werden. Die Notation der Entscheidungsvariablen ist im Sinne der bereits vorgestellten Datenlogik erneut modular aufgesetzt. Die ersten beiden Großbuchstaben beziehen sich auf die jeweilige Klasse im Datenmodell und die nachfolgenden Kleinbuchstaben auf das zugehörige Attribut dieser Klasse. Die nachfolgenden, untergestellten Indizes helfen zudem die genaue Instanziierung der Klasse zu bestimmen. Also z.B. auf welche Maschine an welchem Standort referenziert wird. Diese gleichbleibende Notation in der gesamten Arbeit dient dem Verständnis und sichert die Kompatibilität.

Tabelle 5.1: Entscheidungsvariablen

Variable	Wertebereich	Einheit	Beschreibung
$PSbi_{PS}$	$\in \{0,1\}$	-	Boolesche Variable für den Produktionsstandort *PS*. Standort eröffnet: 1; sonst: 0
$BAm_{PR,TR(i,j)}$	$\in \mathbb{N}_0$	*Produkteinheiten*	Anzahl der transportierten Einheiten des Produktes *PR* auf der Route *TR* von *i* nach *j*
$MAz_{PS,MA,ST}$	$\in \mathbb{N}_0$	*Maschineneinheiten*	Anzahl der Maschinen *MA* am Standort *PS* mit dem Schichtmodell *ST*
$STbi_{PS,MA,ST}$	$\in \{0,1\}$	-	Boolesche Variable für Schichtmodell *ST* an Standort *PS* und Maschinen *MA*. Ausgewählt: 1; sonst: 0
$BAmo_{PS,PR}$	$\in \mathbb{N}_0$	*Produkteinheiten*	Anzahl der produzierten Produkte *PR* einer Prozesskette am Standort *PS*
$BAm_{PS,PR,MA}$	$\in \mathbb{N}_0$	*Produkteinheiten*	Anzahl der Einheiten von Produkt *PR* auf Maschine *MA* am Standort *PS*

Die Entscheidungsvariablen geben die in Kapitel 2.1.3.4 vorgestellten Entscheidungsdimensionen für die Konfiguration von globalen Produktionsnetzwerken wieder. Die Netzwerkstruktur wird über die Standortallokation definiert. Im mathematischen Modell müssen dabei gleichzeitig auch die zugehörigen Transportverbindungen definiert werden. Aus diesem Grund werden Hilfsvariablen eingesetzt. Hilfsvariablen haben für das mathematische Modell die gleiche Bedeutung wie Entscheidungsvariablen, jedoch beinhalten sie Umfänge, die für die Entscheidenden nicht von primärem Interesse sind. Bei anderen Fragestellungen als den genannten Allokationsarten (vgl. Kapitel 2.1.3.4), wird das Set von Entscheidungs- und Hilfsvariablen nach Bedarf angepasst. In Bezug auf die Transportverbindungen heißt dies, dass das Optimierungsmodell auch entscheidet, welche Prozessketten an welchen Standorten durchgeführt werden und welche Mengen dort produziert werden. Nur so wird bestimmt, welche Transportmengen der Produkte zwischen den Standorten fließen.

Die Beziehungen zwischen Technologie- und Produktallokationen unterliegen im Modell ebenfalls einer engen Wechselwirkung. Ein Prozessschritt wird ausschließlich an Standorten durchgeführt, an denen die benötigten Maschinen vorhanden sind. Daher muss für jede Produktallokation auch entschieden werden, welche Maschinentypen am Standort allokiert werden. Die Kapazität dieser Maschinen steht wiederum in einer engen Verflechtung mit der Mengenallokation und wird durch die Anzahl der

Maschinen und das gewählte Schichtmodell bestimmt. Mögliche Schichtmodelle je Standort und Maschine werden als Parameter definiert und über die Entscheidungsvariablen lediglich binär ausgewählt. Das Modell findet dann in der Zielfunktion ein Optimum, um die notwendige Kapazität bereitzustellen.

Weitere Hilfsvariablen, die dazu dienen die Berechnung der Zielfunktionen zu ermöglichen, sind in Tabelle 9.12 im Anhang 9.5.2 aufgelistet. Dazu gehören Variablen, die bestimmen, wie viele Ladungsträger auf einer Route transportiert werden und wie viele direkte Mitarbeitende als Vollzeitäquivalent (FTE) an einem Maschinentyp arbeiten. Für diese Variablen sind auch nicht ganzzahlige Werte möglich, falls z.B. eine Teilbeschäftigung existiert. Zudem werden Hilfsvariablen benötigt, die definieren, welche Mengen an Vorprodukten existieren und in eine Prozesskette eingehen. Somit ist die Aufstellung von Flussgleichungen als Nebenbedingungen möglich. Diese Nebenbedingungen stellen sicher, dass der Output der Vorprodukte dem Input der nachfolgenden Prozessketten entspricht und alle Bedarfe gedeckt werden.

Parameter

Parameter sind Bestandteile der Zielfunktionen und Nebenbedingungen des Modells und dienen der korrekten Abbildung des Netzwerkes. Im Gegensatz zu den zuvor vorgestellten Variablen haben sie einen vorab definierten Zahlenwert, der während der Optimierung nicht verändert wird. Die Zahlenwerte der Parameter sind, bis auf explizit gekennzeichnete Ausnahmen, nichtnegative reelle Zahlen. Die Werte gelten stets für die Dauer einer Periode, da es sich um ein einperiodiges Optimierungsmodell handelt. Wenn möglich stammen die verwendeten Werte aus Messungen oder wissenschaftlichen Veröffentlichungen sowie Betriebsdaten. Andernfalls müssen Abschätzungen verwendet werden.

Die Parameter des Optimierungsmodells sind ebenfalls gemäß der einzelnen Modellebenen unterteilt. Diese Unterteilung dient der Übersicht und hat keinen Einfluss auf die Funktion. Die meisten Parameter sind bereits als Attribute der Klassen des Modells aus Kapitel 5.2.1 definiert. Für eine mathematisch saubere und vollständige Definition müssen sie dennoch erneut aufgezählt werden.

Für jedes Produkt existiert für jede durchführbare Transportverbindung eine Entscheidungsvariable. Die Parameter der Netzwerkebene sind diesen Variablen direkt oder indirekt zugeordnet. Eine vollständige Auflistung der Parameter steht in Tabelle 9.13 im Anhang 9.5.3. Für eine einfachere Optimierung wird nur eine Route je Verbindung definiert, da das Modell stets die optimale Route auswählt. Diese wird für eine höhere Realitätsnähe dennoch in den bereits vorgestellten Routenabschnitten beschrieben. Die Parameter eines Routenabschnitts werden erst aggregiert berechnet und dann in das Optimierungsmodell überführt. Die Berechnung der Energie und Emissionen je Route erfolgt analog zu der Gleichung in Kapitel 5.2.3.1. Die exakten Formeln für das Optimierungsmodell befinden sich im Anhang 9.5.3.

Die Parameter der Standortebene beschreiben die Eigenschaften von möglichen Standorten und sind in Tabelle 5.2 beispielhaft aufgelistet. Neben der Bezeichnung gemäß der bereits vorgestellten Logik werden auch die Einheit, der Bezug zu den verschiedenen Zieldimensionen und eine Beschreibung aufgeführt. Der Bezug zu den Zieldimensionen erfolgt über ein Buchstabenkürzel. Die Zuordnung lautet: K – Kosten, E – Energie und Emissionen, W – Wasser und Abwasser, M – Material und Abfälle, B – Landnutzung und Biodiversität und N – sonstige Nebenbedingungen.

Tabelle 5.2: Parameter der Standortebene

Parameter	Einheit	Bezug	Beschreibung
$PSop_{PS}$	EUR/m^2	K	Kosten pro Quadratmeter Produktionsfläche am Standort *PS*
$PSob_{PS}$	EUR/m^2	K	Kosten pro Quadratmeter Bürofläche am Standort *PS*
$IFk_{PS,IF}$	$\mathrm{EUR}/indFTE$	K	Kosten für Mitarbeitende in der indirekten Funktion *IF* am Standort *PS* pro Periode
$STk_{PS,ST}$	$\in \mathbb{Q}_0^+$	K	Kostenmultiplikator für Personalkosten im Schichtmodell *ST* am Standort *PS*
PSk_{PS}	EUR	K	Fixe Standortkosten am Standort *PS*
PSd_{PS}	m_{we}^3/m^3	W	Charakterisierungsfaktor für den Wassermangel am Standort *PS*
PSr_{PS}	$\frac{PLNS}{m^3 * a}$	B	Charakterisierungsfaktor für den Verlust nicht endemischer Arten pro Quadratmeter der Okkupierung am Standort *PS*
$EAe_{PS,EA}$	$\frac{kgCO_2e}{kWh}$	E	Kohlenstoffintensität der Energieart *EA* am Standort *PS*
$CPrm_{PS,MY}$	$\frac{kg_{recycelt}}{kg}$	M	Prozentsatz des Materials *MY*, das am Standort *PS* recycelt wird
$CPem_{PS,MY}$	$\frac{kg_{erneuerbar}}{kg}$	M	Prozentsatz des Materials *MY*, das am Standort *PS* aus erneuerbaren Quellen oder aus dem Recycling stammt
$WPaa_{PS}$	$\frac{m^3_{Aufbereitung}}{m^3}$	W	Prozentsatz des Abwassers am Standort *PS*, das aufbereitet wird
$BAmn_{SA,PR}$	*Produkteinheiten*	N	Nachfrage am Standort *SA* nach Produkt *PR*
PSj_{PS}	h/FTE	N	Arbeitszeit je direkter Vollzeitstelle pro Periode am Standort *PS*
PSf_{PS}	m^2	N	Maximale Gesamtfläche des Produktionsstandorts *PS*
$PSfi_{PS}$	$m^2/indFTE$	N	Bürofläche je indirekt Mitarbeitenden am Standort *PS*
STh_{ST}	h	N	Stunden im Schichtmodell *ST* pro Periode
STs_{ST}	$h/Schicht$	N	Stunden pro Schicht im Schichtmodell *ST*
STw_{ST}	$\frac{Schicht}{Woche}$	N	Anzahl der Schichten pro Woche im Schichtmodell *ST*
STj_{ST}	$Wochen$	N	Anzahl der produktiven Wochen in einer Periode im Schichtmodell *ST*

Parameter der Systemebene beziehen sich vorranging auf Maschinen und Anlagen, die Teil eines Produktionssystems oder Segments an einem Standort sind. In Tabelle 9.14 des Anhangs sind die Parameter der Systemebene aufgeführt. Diese Parameter beziehen sich auf die Verbrauchsmengen von Maschinen und Anlagen im Sinne der Elementarflüsse. Diese Werte werden in den Zielfunktionen entsprechend mit den Entscheidungs- und Hilfsvariablen der Anlagen und Maschinenanzahl multipliziert.

Die Parameter der Prozessebene beschreiben die Eigenschaften von Produkten und deren Fertigungsprozessen. Dabei gilt, dass Produkte das Ergebnis einer Prozesskette sind, die wiederum aus Prozessschritten besteht. Prozesskette und Produkte sind daher eine gemeinsame Menge. Eine Aufteilung von Prozessketten zwischen Standorten ist somit im Rahmen dieses Modells nicht möglich. Jedoch werden mehrteilige Endprodukte durch den Einsatz von Zwischenprodukten, wie Komponenten oder Bauteilen, mit dem jeweilig passenden Detaillierungsgrad modelliert. Die Produkt- und Prozessparameter sind auch deshalb fixiert, da weder die Produkt- und noch die Prozessoptimierung im Fokusbereich der Arbeit liegen. Die Beschreibung der Modellparameter ist in Tabelle 9.15 im Anhang aufgeführt.

Zielfunktionen

Das mathematische Optimierungsmodell wird hinsichtlich ökonomischer als auch ökologischer Zielgrößen optimiert. In Tabelle 5.3 ist eine Übersicht über alle Zielgrößen inklusive Kürzel, Einheit und kurzer Beschreibung dargestellt. Die ökonomischen Zielgrößen werden lediglich durch Kosten abgebildet, da die Berechnung anderer Dimensionen aufwendiger ist und nicht im Fokus des Modells steht. Wenn möglich werden dabei die direkten Umwelteinwirkungen als Wirkungskategorien anstelle der bloßen Elementarflüsse verwendet. So werden alle Treibhausgase gemäß der Einheit CO_2-Äquivalente minimiert. Auch die Minimierung des Verbrauchs von Wasser mit einem hohen Knappheitsgrad werden mit Hilfe der AWARE-Charakterisierungsfaktoren berechnet. Für die Biodiversität wird die okkupierte Fläche in Verbindung mit den entsprechenden LCA Charakterisierungsfaktoren verwendet. Die Umwelteinflüsse durch Abwasser, Abfall und Materialverbrauch werden aufgrund von Unterschieden in der Zusammensetzung nicht pauschal berechnet. An dieser Stelle wird als Ersatzindikator der Stofffluss betrachtet.

Tabelle 5.3: Zielgrößen des Optimierungsmodells

Zielgröße	Kürzel	Einheit	Beschreibung
THG-Emissionen	$C_{GWP.}$ bzw. $C_{ges.}$	$kgCO_2e$	Ausstoß der gesamten klimaschädlichen Gase
Wassermangel	W_{Knapp}	m^3	Wasserverbrauch in Verbindung mit dem AWARE-Modell in m^3 world equivalent
Biodiversität	F_{Ein}	*PLNS*	Landnutzung in Verbindung mit Charakterisierungsfaktoren in potentiell verlorenen nichtendemischen Spezies
Abwasser	W_{Raus}	m^3	Volumen von nicht frischem Wasser (>1000mg Rückstand)
Materialien	$M_{Ges.}$	*kg*	Materialien und Betriebsstoffe aus nicht erneuerbaren oder recycelten Quellen
Abfall	A_{De}	*kg*	Zur Entsorgung bestimmter Abfall (keine Einspeisung in die Kreislaufwirtschaft)
Kosten	K_{TLC}	*EUR*	Total Landed Cost des gesamten Produktionsnetzwerkes

Die Berechnung der Zielgrößen erfolgt analog zu den Formeln aus Kapitel 5.2.3 und 5.3.1. Um den Anforderungen eines mathematischen Modells gerecht zu werden, sind die jeweiligen Zielfunktionen im Anhang 9.5.4 definiert. Dabei gilt, dass für alle Zielgrößen eine Minimierung angestrebt wird, um die negativen Folgen für die Umwelt zu reduzieren und somit eine bessere ökologische Nachhaltigkeit zu erreichen.

Die Zielfunktion für Kosten in Formel 5.26 ist nicht Teil des bereits vorgestellten Datenmodells, basiert aber auf den Vorarbeiten von SCHUH ET AL. (vgl. Kapitel 3.3.1.3). Aus diesem Grund werden die Kosten für Energie, Wasser oder Abfall nicht explizit betrachtet, sondern als Bestandteil der standortfixen Kosten angesehen. Die Kostenfunktion ist in fixe größenunabhängige Standortkosten, fixe größenabhängige Standortkosten und variable Kosten aufgeteilt.

Formel 5.26: Zielfunktion in Bezug auf Kosten

$$
\begin{aligned}
min \sum_{PS} & (PSbi_{PS} * PSk_{PS} + PSfm_{PS} * PSop_{PS} + PSfb_{PS} * PSob_{PS}) \\
& + \sum_{PS} \sum_{PR} BAmo_{PS,PR} * PKk_{PS,PR,PK} + \sum_{PS} \sum_{IF} IFz_{PS,IF} * IFk_{PS,IF} \\
& + \sum_{PS} \sum_{MA} \sum_{ST} (MAd_{PS,MA,ST} * PSj_{PS} * MAl_{PS,MA} * STk_{PS,ST} \\
& + MAz_{PS,MA,ST} * MAa_{PS,MA}) \\
& + \sum_{TR(i,j)} \sum_{PR} BAl_{PR,TR(i,j)} * TRk_{PK,TR(i,j)} + BAm_{PR,TR(i,j)} \\
& * BAt_{PK,TR(i,j)}
\end{aligned}
$$

Der erste Teil von Formel 5.26 beinhaltet die fixen und sprungfixen Kosten für einen Standort. Variable Standortkosten sind die Büro- und Produktionsflächen. Weitere variable Bestandteile der Kostenfunktion bestehen aus den Materialkosten der Produktion, den Personalkosten für direkte und indirekte Mitarbeitende, den Abschreibungen der Maschinen und den Transportkosten inklusive Zöllen. Die Materialkosten entsprechen der Multiplikation des Produktionsvolumens an einem Standort mit den entsprechenden Kosten pro Einheit. Die indirekten Personalkosten entstehen in diesem Modell durch die Mitarbeitenden mit indirekten Funktionen, deren Anzahl mit ihren jährlichen Kosten multipliziert wird. Die direkten Personalkosten eines Standorts sind abhängig vom gewählten Schichtmodell an einem Maschinentyp, dem Stundensatz, der jährlichen Kapazität direkter FTEs und der Entscheidungsvariable für die Anzahl von Mitarbeitenden an einem Maschinentyp.

Nebenbedingungen

Damit ein mathematisches Modell nicht im Widerspruch zu den Restriktionen der Realität steht, müssen entsprechende Nebenbedingungen beachtet werden (vgl. Kapitel 2.3.4). In Tabelle 5.4 werden deshalb repräsentative und besonders relevante Nebenbedingungen vorgestellt. Weitere Nebenbedingungen befinden sich in Tabelle 9.16 und Tabelle 9.17 im Anhang 9.5.5.

Alle Nebenbedingungen mit einer Booleschen Variablen in der Gleichung stellen sicher, dass lediglich eine davon aktiviert wird. Ein Beispiel dafür ist Formel 5.27 für die Schichtmodelle. Nebenbedingungen, bei denen eine Boolesche Variable mit einer großen Zahl M multipliziert wird, sind BigM-Constraints.[552] Diese garantieren, dass nur ein Modell zugewiesen wird. So stellt die Nebenbedingung in Formel 5.29 sicher, dass direkte Mitarbeitende nur Schichtmodellen zugewiesen werden, die auch verwendet werden. Gleichzeitig wird durch die Nebenbedingung in Formel 5.28 verhindert, dass mehr als ein Schichtmodell an einem Maschinentyp an einem Standort gewählt wird.

Einige Nebenbedingungen verbinden die verschiedenen Ebenen des Modells miteinander. Die Flussgleichungen in Formel 5.30 dienen dazu, die Transporte zwischen den Produktionsstandorten und Kundenstandorten zu verbinden. Dabei gilt, dass die Summe aus ein- und ausgehenden Transportmengen sowie der Nachfrage am Standort gleich null ist. Dabei gilt, dass die Standorte $i \in \delta^{-}(PS)$ eine Transportverbindung von i zum betrachteten Standort PS haben. Auch die Verbindung von Vor- und Zwischenprodukten erfolgt über Nebenbedingungen wie in Formel 5.31. Dabei wird auch berücksichtigt, dass Ausschussmengen von später gelagerten Produktionsschritten in vorgelagerten Prozessen mitproduziert werden müssen.

Zudem existieren Nebenbedingungen, die Entscheidungsvariablen mit Hilfsvariablen verbinden. So wird z.B. die indirekte Fläche, welche an Standorten benötigt wird, mit Formel 5.32 berechnet. Andere Nebenbedingungen gewährleisten, dass keine Transporte an Standorte eingehen, welche nicht eröffnet sind (siehe Formel 5.34). Eine analoge Nebenbedingung für ausgehende Transporte befindet sich im Anhang 9.5.5. Zusammen verhindern sie, dass Transporte über nicht geöffnete Standorte geleitet werden.

552 vgl. Domschke, W. et al. (2015) Einführung in Operations Research, S. 34.

Tabelle 5.4: Ausgewählte Nebenbedingungen des Optimierungsmodells

Formel 5.27:	**Schichtmodell nur auswählbar, wenn Standort eröffnet ist:**
$STbi_{PS,MA,ST} \leq PSbi_{PS}$	$\forall\, PS \in$ ProduktionsStandorte, $MA \in$ Maschinen, $ST \in$ SchichtProfile
Formel 5.28:	**Je Maschinentyp und Standort maximal ein Schichtmodell:**
$\sum_{ST \in \text{SchichtProfil}} STbi_{PS,MA,ST} \leq 1$	$\forall\, PS \in$ ProduktionsStandorte, $MA \in$ Maschinen
Formel 5.29:	**Direkte FTE gibt es nur in verwendeten Schichtmodellen:**
$MAd_{PS,MA,ST} \leq M * STbi_{PS,MA,ST}$	$\forall\, PS \in$ ProduktionsStandorte, $MA \in$ Maschinen, $ST \in$ SchichtProfil
Formel 5.30:	**Flussgleichung an Standorten für jedes Produkt:**
$\sum_{i \in \delta^-(PS)} BAm_{PR,TR(i,PS)} - \sum_{j \in \delta^+(PS)} BAm_{PR,TR(PS,j)} + BAmo_{PS,PR} - BAmi_{PS,PR} - BAmn_{SA,PR} = 0$	$\forall\, PS \in$ ProduktionsStandorte, $PR \in$ Produkte, $SA \in$ Standorte
Formel 5.31:	**Bestimmung des benötigten Inputs eines Vorproduktes:**
$BAmo_{PS,PR} * \frac{SLa_{PR',PR}}{PZg_{PS,PR}} \geq BAmi_{PS,PR'}$	$\forall\, PS \in$ ProduktionsStandorte, $PR, PR' \in$ Produkte
Formel 5.32:	**Berechnung der indirekten Fläche an einem Standort:**
$PSfb_{PS} = \sum_{IF \in \text{indirekte Funktionen}} IFz_{PS,IF} * PSfi_{PS}$	$\forall\, PS \in$ ProduktionsStandorte
Formel 5.33:	**Berechnung der Gesamtproduktion an einem Standort:**
$BAmo_{PS} = \sum_{PR \in Produkte} BAmo_{PS,PR}$	$\forall\, PS \in$ ProduktionsStandorte
Formel 5.34:	**Nur eröffnete Standorte haben eingehende Transporte:**
$\sum_{i \in \delta^-(PS)} BAm_{PR,TR(i,PS)} \leq M * PSbi_{PS}$	$\forall\, PS \in$ ProduktionsStandorte, $PR \in$ Produkte

Zwischenfazit

Im vorliegenden Abschnitt wurden die Bestandteile des Optimierungsmodells vorgestellt. Dieses Modell kann mit Hilfe von Software genutzt werden, um nach den verschiedenen Zielfunktionen zu optimieren, vorausgesetzt, dass alle Parameter bestimmt wurden. Die Umsetzung des Modells als Code befindet sich im Anhang 9.5.6.

Es wird davon ausgegangen, dass moderne Optimierungssoft- und Hardware zum Lösen des Modells ausreichend leistungsfähig ist oder dass entsprechende Heuristiken verwendet werden.

5.3.2.2 Algorithmus zur Darstellung der Abhängigkeiten von Ideallösungen

Die Abhängigkeiten der verschiedenen Zielgrößen können am besten dargestellt werden, indem die jeweiligen Ideallösungen miteinander verglichen werden. Aus diesem Grund nutzen die folgenden Algorithmen stets das vorgestellte Optimierungsmodell zur Ermittlung der Ideallösungen. Auch wenn die Umsetzung einer Ideallösung für eine einzelne Zielgröße unwahrscheinlich ist, ermöglichen die zugehörigen Szenarien eine Sensibilisierung der Verantwortlichen hinsichtlich der Umwelteinflüsse von globalen Produktionsnetzwerkkonfigurationen.

In Tabelle 5.5 ist der Algorithmus zur Berechnung der minimalen Abweichung vom Idealwert sowie der Erstellung einer Payoff-Tabelle als Pseudocode erläutert. Nach dem Einlesen der Daten werden in Schritt 2 und 3 Schleifen für ein ausgewähltes Paar von Zielfunktionen erzeugt. In diesen Schleifen werden die jeweiligen Zielfunktionen mit Prioritäten besetzt. Somit weiß die Software, welche Funktion zuerst optimiert wird. Diese Optimierung erfolgt in Schritt 5 so, dass zunächst andere Funktionen dabei ignoriert werden. Anschließend wird auch die zweite Funktion optimiert. Dabei gilt die Einschränkung, dass der ermittelte Idealwert der ersten Funktion nicht verschlechtert werden darf. Abschließend werden alle restlichen Zielfunktionen mit der gleichen Einschränkung optimiert. Diese Optimierung dient dazu, dass bei der abschließenden Betrachtung der Maximalwerte keine unnötig großen Werte gespeichert werden. Hierbei findet keine weitere Priorisierung statt, da eine Permutation aller Zielfunktionen die Anzahl der benötigten Durchläufe stark erhöht.[553] Nach dem Durchlaufen einer jeden Schleife werden die ermittelten Idealwerte sowie korrespondierende Maximalwerte in Schritt 6 und 7 gespeichert.

[553] Bei sieben Zielfunktionen 7! = 5040 mögliche Permutationen

Tabelle 5.5: **Algorithmus zur Berechnung der Abweichung vom Idealwert**

Algorithmus: Abweichung vom Idealwert und Payoff-Tabelle	Schritt
Lese Daten für Parameter ein und ***erstelle*** Optimierungsmodell.	1
Für alle Zielfunktionen $f_1 \in ZF$:	2
Für alle Zielfunktionen $f_2 \in ZF$ mit $f_1 \neq f_2$:	3
Setze Priorität $f_1 = 2$; Priorität $f_2 = 1$, Priorität $f_k = 0\ \forall f_k \in ZF \setminus (f_1, f_2)$.	4
Optimiere Modell nach Zielfunktion f_1 mit sekundärer Zielfunktion f_2 und tertiärer Zielfunktion $\sum_{f_k \in ZF \setminus (f_1, f_2)} f_k$ ohne erlaubte Abweichung.	5
Speichere Zielfunktionswerte aller Zielfunktionen. Zielfunktionswert für f_1 entspricht Idealwert für f_1^O.	6
Ermittle und ***speichere*** Minimalwert und Maximalwert aller Zielfunktionen $f_k \neq f_1$.	7
Erstelle Matrix aus Minimalwerten. Zeilenindex/Spaltenindex: Zielfunktionen. Werte: Minimale Zielfunktionswerte bei Optimierung nach Zeilenindex. Diagonale: Idealwerte.	8
Berechne spaltenweise Abweichung vom Idealwert in Prozent. Diagonale: 0%.	9

Die gespeicherten Werte werden in Schritt 8 des Algorithmus aus Tabelle 5.5 zu einer Matrix geformt. Diese beinhaltet die Ergebnisse der äußeren Schleife des Algorithmus. So steht in der Diagonalen der Matrix der Idealwert einer Zielfunktion und in den anderen Zellen einer Spalte die nächstmöglichen Optimalwerte unter der Einschränkung der vorgelagerten Hauptzielfunktion. Dies ist die Grundlage für die Durchführung des letzten Schritts. Dabei wird jeweils die prozentuale Abweichung der nächstmöglichen Zielfunktionen zu ihrem eigentlichen Optimalwert berechnet. Dieses Ergebnis wird in einer Heatmap wie z.B. in Abbildung 5.30 als Übersicht dargestellt. So wird deutlich, welche Zielfunktionen zu besonders hohen Abweichungen bei anderen Zielen führen.

	Kosten	THG-Emissionen	Abfall
Kosten	0%	300%	50%
THG-Emissionen	90%	0%	0%
Abfall	70%	0%	0%

Abbildung 5.30: Beispiel für eine Heatmap mit minimalen Abweichungen

Die Darstellung in Abbildung 5.30 gibt jedoch noch keine Auskunft darüber, wie ein Netzwerk gestaltet werden muss, damit die jeweiligen Zielfunktionen ihre jeweiligen Optimalwerte erreichen. Dies ist jedoch nötig, um eine Sensitivität für den Einfluss der Netzwerkkonfiguration zu erreichen. Eine Darstellung der vollständigen Netzwerkkonfiguration inklusive aller Produkte, Produktionsmaschinen und Personal wäre zu umfangreich. Stattdessen wird die Produktionszeit je Standort als Proxy verwendet. Diese wird, wie in Abbildung 5.31 beispielhaft dargestellt, genutzt, um zu zeigen, wie viel Wertschöpfung an den einzelnen Produktionsstandorten je nach Zielrichtung stattfindet. Diese Abbildung der Extrema gibt einen guten Hinweis für die grundsätzliche Findung von Optimierungsmaßnahmen. So ist z.B. für einen möglichst nachhaltigen Wassereinsatz eine vollständige Produktion an Standort 1 zu empfehlen. Auch andere Größen wie Anzahl an Maschinen oder Mitarbeitenden sind als Proxy für die Netzwerkbeschreibung möglich.

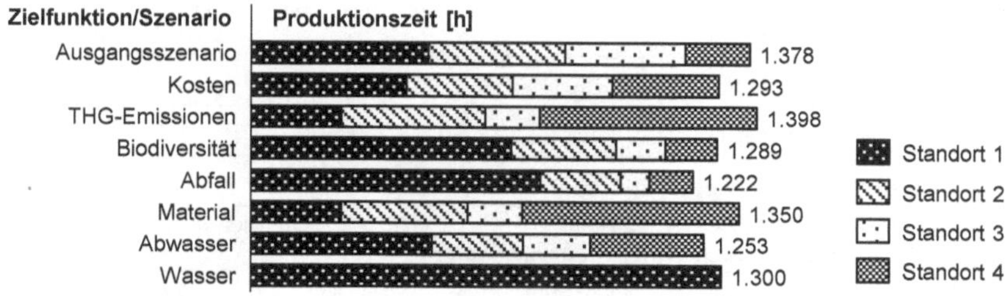

Abbildung 5.31: Beispielhafte Produktionszeiten in optimierten Netzwerken

5.3.2.3 Algorithmus zur Darstellung von Abhängigkeiten als Pareto-Kurven

Pareto-Kurven ermöglichen eine noch bessere Darstellung der Abhängigkeiten von Zielgrößen als der Vergleich der Idealwerte. Der nachfolgende Algorithmus dient deshalb dazu, die Paretomenge von zwei Zielfunktionen in der paarweisen Betrachtung zu bestimmen. Die daraus resultierende Darstellung als Pareto-Kurve zeigt die Abhängigkeiten zwischen den Zielen und stärkt somit das „Bauchgefühl" der Entscheidungstragenden. Die Grundlagen von Pareto-Kurven sind in Kapitel 2.3.4 erläutert.

Der Algorithmus für die Generierung der Pareto-Kurven ist in Tabelle 5.6 als Pseudocode dargestellt. Analog zum vorherigen Algorithmus wird eine Schleife über ein Paar aus Zielfunktionen erzeugt, welche aus der Menge der Zielfunktionen *ZF* stammen. Schritt 4 des Algorithmus sieht eine hierarchische Optimierung ohne erlaubte Abweichung vor. Anders als beim Algorithmus aus Kapitel 5.3.2.2 wird an dieser Stelle nur eine Optimierung des Paars vorgenommen, um die Berechnung zu beschleunigen. Beide Ergebnisse werden als Paretowerte gespeichert. Dabei entspricht der Wert von Zielfunktion f_1 erneut dem Idealwert.

Tabelle 5.6: Algorithmus zur Bestimmung der Paretomengen

Algorithmus: Paretomengen	Schritt
Lese Daten für Parameter ein und erstelle Optimierungsmodell.	1
Für alle Zielfunktionen $f_1 \in ZF$:	2
Für alle Zielfunktionen $f_2 \in ZF$ mit $f_1 \neq f_2$:	3
Optimiere Modell nach Zielfunktion f_1 mit sekundärer Zielfunktion f_2 ohne erlaubte Abweichung. Wert von f_1 entspricht Idealwert f_1^O.	4
Speichere Tabelle $Paretowerte$ für Zielfunktionswerte von f_1 und f_2 und füge erste beiden Werte ein.	5
Berechne ϵ_{max} als maximale Abweichung von Zielfunktionswert f_1 vom Idealwert aus Maximalwerttabelle.	6
Setze $limit = 0$ und $\epsilon = 0$.	7
Während $\epsilon \leq \epsilon_{max}$:	8
Erhöhe ϵ um $\epsilon_{max}/50$.	9
Optimiere Modell nach Zielfunktion f_1 mit sekundärer Zielfunktion f_2 mit erlaubter Abweichung von ϵ vom Idealwert f_1^O.	10
Speichere ϵ und Zielfunktionswerte f_1 und f_2 in Tabelle für Zielfunktionswerte $Paretowerte$.	11
Wenn Zielfunktionswerte für f_2 der letzten beiden Iterationen identisch sind:	12
Erhöhe $limit$ um 1.	13
Erhöhe ϵ um $\epsilon_{max}/50 * (limit^2)$.	14
Sonst: *Setze* $limit = 0$.	15

Die maximale Abweichung aus der Maximalwerttabelle des Algorithmus aus Tabelle 5.5 dient nun für die Begrenzung der nachfolgenden Schleife. Außerdem wird die Variable $limit$ mit dem Initialwert null erzeugt. Diese dient dazu, gleichbleibende Funktionswerte zu zählen und damit aus Plateaus in der Paretomenge zu entkommen. Ebenfalls auf null wird die erlaubte Abweichung ϵ für die erste Zielfunktion f_1 in der hierarchischen Optimierung gesetzt. Mit Schritt 8 startet die wichtigste Schleife des Algorithmus. Diese endet erst, sobald die maximale Abweichung erreicht wurde. Dabei wird die erlaubte Abweichung jeweils um ein Fünfzigstel der maximalen Abweichung erhöht (siehe Schritt 9). Diese Auflösung wird nach Bedarf variiert. Die 50 stellt einen Kompromiss zwischen einer hohen Kurvenauflösung und einem nicht zu hohen Rechenaufwand dar.

Schritt 10 des Algorithmus aus Tabelle 5.6 beinhaltet die eigentliche Optimierung. Dabei wird für die Optimierung der sekundären Zielfunktion eine Abweichung der ersten Zielfunktion um den Betrag ϵ erlaubt. Die Ergebnisse werden anschließend in der Tabelle gespeichert. Abschließend wird überprüft, ob sich die Zielfunktionswerte in den letzten beiden Iterationen verändert haben. Falls dies eintritt, wird die Variable *limit* um eins erhöht und die erlaubte Abweichung ϵ weiter erhöht, um schneller aus einem Plateau zu entkommen. Falls nicht, wird *limit* wieder auf null gesetzt.

Auf Basis der Ergebnisse des Algorithmus wird für jedes Zielfunktionspaar eine graphische Pareto-Kurve erzeugt. Eine beispielhafte Darstellung ist in Abbildung 5.32 visualisiert. Jeder Punkt auf der Linie entspricht einer nicht dominierten, also effizienten Lösungskonfiguration. Die beiden Endpunkte entsprechen den Idealwerten der jeweiligen Zielfunktionen. Bei der Betrachtung von mehr als nur zwei Zielfunktionen bietet sich die Anordnung der Funktionskurven in einer Matrix an. Ein Beispiel dafür ist Teil der Validierung in Kapitel 6.2. Der Code zur Erzeugung der Pareto-Kurven ist dem Anhang 9.5.6 zu entnehmen.

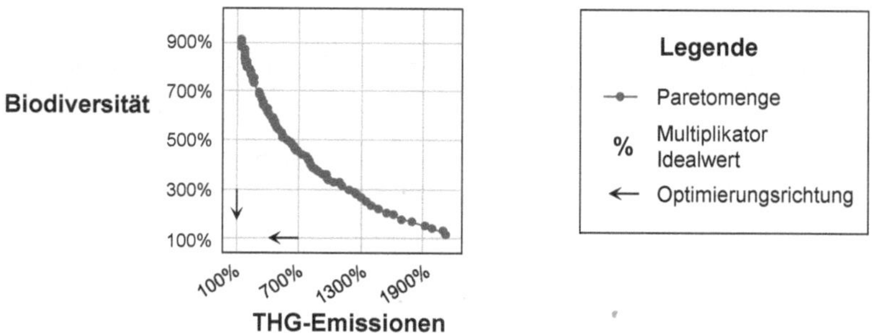

Abbildung 5.32: Pareto-Kurve für Biodiversität und THG-Emissionen

Die Darstellung der Pareto-Kurven sowie die Heatmap und Produktionszeitenverteilung aus Kapitel 5.3.2.2 verdeutlichen, wie die verschiedenen Zielfunktionen sich gegenseitig beeinflussen. Diese Darstellungen helfen somit den Verantwortlichen, die auf komplexe Weise miteinander verknüpften Allokationsentscheidungen besser zu verstehen (vgl. Kapitel 1). Anders als bei anderen Anwendungsfällen von Optimierungsverfahren dient keine der ermittelten Lösungen dazu, einen idealen Kompromiss zwischen allen Zielgrößen zu finden, da dieser nicht objektiv erreicht werden kann. Zudem stellt jedes Optimierungsszenario einen ein-periodischen Zustand von einer Produktionsnetzwerkkonfiguration dar, ohne die dafür benötigten Investitionen oder ähnliche Transformationsaufwände zu berücksichtigen.

5.4 Zwischenfazit: Detailkonzept der Methodik

In Kapitel 5 wurde die Methodik zur Bewertung der ökologischen Nachhaltigkeit von Produktionsnetzwerkkonfigurationen ausdetailliert. Die Kapitelstruktur orientiert sich dabei an den Phasen der Methodik.

In Kapitel 5.1 wurde untersucht, wie die Allokationsentscheidungen im Kontext der PNK-Gestaltung ökologische Nachhaltigkeitsziele beeinflussen. Die betrachteten ökologischen Nachhaltigkeitsziele wurden mit einer empirischen Literaturrecherche identifiziert, um so die gesellschaftliche Relevanz sicherzustellen. Der Einfluss der PNK-Elemente auf diese Ziele wurde transparent in einem Wirkungsgraphen dargestellt. Damit auch die unternehmensspezifische Relevanz sichergestellt werden kann, wurde zudem ein Verfahren vorgestellt, welches erlaubt, die generischen Wirkungsbeziehungen für den jeweiligen Anwendungskontext anzupassen und zu analysieren.

Die in Kapitel 5.1 ermittelten Wirkungsmechanismen stellen die Grundlage für die Modellierung der ökologischen Nachhaltigkeitseigenschaften einer PNK in Kapitel 5.2 dar. Damit diese Modellierung möglichst aufwandsarm durchführbar ist, wurde zunächst ein Datenmodell vorgestellt, welches bestehende Netzwerkmodellierungsansätze gezielt um nachhaltigkeitsrelevante Objekte und Attribute erweitert. Durch die Angabe von potentiellen Informationsquellen wird zudem der Aufwand für die Informationsbeschaffung reduziert. Abschließend beinhaltet das Modell Formeln zur Bilanzierung der PNK gemäß der identifizierten Nachhaltigkeitskategorien.

Die Ergebnisse der Bilanzierung werden genutzt um in Kapitel 5.3 modulare Bewertungskennzahlen gemäß des Stakeholder- und Entscheidungsbedarfs zu konstruieren. Zudem bilden die Bilanzformeln die Grundlagen für ein mathematisches Optimierungsmodell, welches die passenden Referenzgrößen für die Bewertung liefert und die Abhängigkeiten der Zielgrößen in Pareto-Kurven transparent darstellt, ohne diese durch eine subjektive Gewichtung von persönlichen Präferenzen zu verzerren.

Die vorgestellte Methodik wird im nachfolgenden Kapitel 6 an zwei Fallbeispielen angewendet und kritisch reflektiert.

6 Anwendung und Validierung

Die in Kapitel 4 und 5 vorgestellte Methodik zur Bewertung der ökologischen Nachhaltigkeit von Produktionsnetzwerkkonfigurationen wird nachfolgend angewendet und kritisch reflektiert. Dieses Vorgehen entspricht dem Forschungsprozess nach ULRICH ET AL.[554] Aufgrund der verschiedenen Bestandteile der Methodik werden dazu zwei Validierungsfälle vorgestellt. Für den ersten Validierungsfall wurde das Datenmodell inklusive der Bilanzierungsgleichungen in einem Softwaredemonstrator umgesetzt und in einem mittelständischen Unternehmen eingesetzt. Die Ergebnisse werden in Kapitel 6.1 präsentiert. Der zweite Validierungsfall in Kapitel 6.2 beinhaltet die Implementierung des Optimierungsmodells als Softwarecode. Dieser wird eingesetzt, um das Produktionsnetzwerk eines Elektronikherstellers zu optimieren. Zusätzlich zu den vorgestellten Fällen wurde die Methodik noch bei weiteren Unternehmen aus dem Bereich der Elektromobilität erfolgreich validiert. Die zugehörigen Ergebnisse dürfen jedoch aus Geheimhaltungsgründen nicht veröffentlicht werden. Abschließend wird in Kapitel 6.3 die entwickelte Methodik auf Basis der Validierungsergebnisse kritisch reflektiert.

6.1 Validierung am Beispiel der Haushaltsgeräte GmbH

Das für die Validierung betrachtete Unternehmen Haushaltsgeräte GmbH ist ein Zulieferer für Haushaltsgerätehersteller. Der Unternehmensname sowie kritische Kennzahlen wurden im Rahmen der Veröffentlichung aus Geheimhaltungsgründen verändert. Dies hat keine Auswirkung auf die Validierungsergebnisse. Das Unternehmen beschäftigt weltweit über 5.000 Mitarbeitende und erwirtschaftet mit diesen einen Umsatz von über 500 Mio. Euro. Historisch hat das Unternehmen seine Wurzeln in

[554] vgl. Ulrich, H. et al. (1984) Management, S. 193.

Deutschland, produziert aber mittlerweile weltweit für seine Kunden. Zum Produktportfolio des Unternehmens zählen Beheizungsgeräte für Kochfelder sowie die zugehörigen Steuerelemente.

Aufgrund des großen Produktportfolios soll zunächst das Netzwerk für ein einzelnes Produkt betrachtet werden. Dieses Produkt ist ein Strahlungsheizkörper, der als Bestseller eine strategische Bedeutung für die Haushaltsgeräte GmbH hat. Die Netzwerkkonfiguration für das Produkt soll in allen Dimensionen der ökologischen Nachhaltigkeit bewertet werden. Strahlungsheizkörper gehören zu den populärsten Kochfeldern der Welt, da sie mit ihrer einfachen Funktionsweise und dem geringen Verkaufspreis ein attraktives Produkt für viele Märkte sind. Die Haushaltsgeräte GmbH ist mit dem von ihr produzierten Strahlungsheizkörper der weltweite Marktführer. In Abbildung 6.1 ist der Aufbau des Produktes dargestellt.

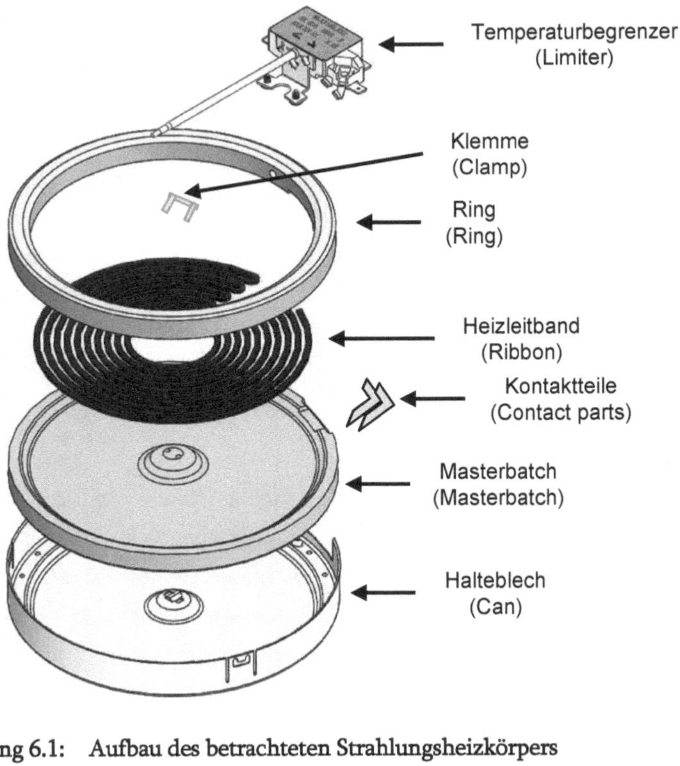

Abbildung 6.1: Aufbau des betrachteten Strahlungsheizkörpers

Der Aufbau des Strahlungsheizkörpers in Abbildung 6.1 bietet die Grundlage für das Verständnis der zugehörigen Prozessketten. Das Halteblech wird aus einem Metallblech gestanzt und umgeformt. Der Masterbatch wird aus vier Komponenten zu einem homogenen Pulver gemischt, anschließend in das Halteblech gefüllt und mit einem hohen Druck verfestigt. Die Ringe werden mit einem Tiefziehprozess hergestellt. Die Klemme und Kontaktteile werden auf einer Biegemaschine in die passende Form gebogen. Für die Herstellung des Heizleitbandes wird ein Profil aus Blech gestanzt und anschließend geriffelt. Die Temperaturbegrenzer werden aus verschiedenen Zulieferteilen auf einer Montagelinie montiert. Abschließend werden alle Bauteile auf einer Endmontagelinie zusammengeführt.

Das Produktionsnetzwerk und die Kundenmärkte für das Produkt sind in der Weltkarte auf Abbildung 6.2 eingezeichnet. Die zugehörigen Transportverbindungen sowie ein Screenshot des Softwaredemonstrators sind außerdem in Abbildung 9.7 im Anhang 9.6.1 dargestellt. Das Unternehmen produziert an sechs Standorten: GER – Deutschland, CHN – China, AUT – Österreich, TUR – Türkei, HRV – Kroatien und USA – Vereinigte Staaten von Amerika. In Kroatien werden keine Endprodukte, sondern nur Komponenten gefertigt. Die Kundenmärkte hat das Unternehmen in die drei Weltregionen EMEA – Europe, Middle East & Africa, USMCA – USA, Mexico & Canada und APAC – Asia & Pacific eingeteilt. Das Produktionsnetzwerk orientiert sich grundsätzlich an einer Local-for-Local Konfiguration (vgl. Kapitel 2.1.3.3), jedoch existieren Ausnahmen. Aus Gründen des Technologieschutzes wird der Masterbatch nur am deutschen Standort gemischt, der eine Lead-Fabrik ist (vgl. Kapitel 2.1.3.2). Die Ringe werden ausschließlich in Österreich gefertigt. Bis auf Deutschland wird an allen Standorten der Temperaturbegrenzer montiert. Deutschland bezieht diesen aus Kroatien. Das gleiche gilt für die Klemmen und Kontakteile, die aus Kroatien in die USA, die Türkei und nach Österreich geliefert werden.

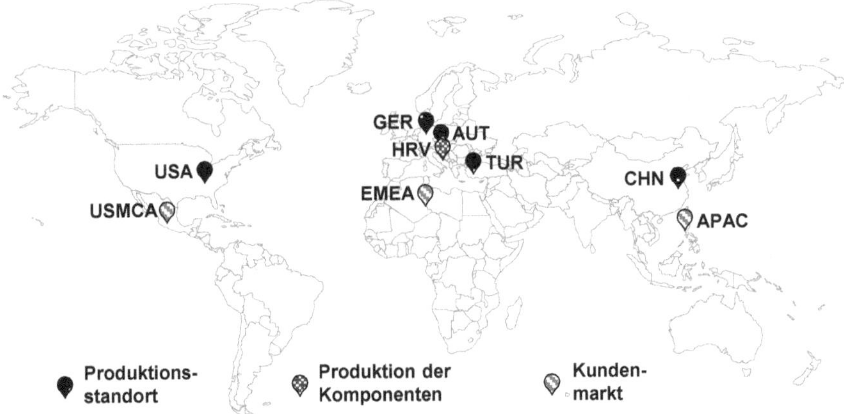

Abbildung 6.2: Produktionsnetzwerkkonfiguration des Unternehmens

Für die Informationsbeschaffung wurden verschiedene interne und externe Quellen genutzt. So wurden Experten der Abteilung Supply Chain bzgl. der Verfügbarkeit von Häfen, Bahnstrecken und Flughäfen befragt. Die Transportmengen wurden dem ERP-System entnommen. Die zugehörigen Distanzen wurden mittels Google Maps und einem Seedistanz-Rechner ermittelt. Informationen zu den Verpackungen und Ladungsträgern wurden dem PLM-System entnommen und durch eine Vor-Ort-Untersuchung an den deutschen Standorten validiert. Informationen über das Produkt und dessen physikalischen Eigenschaften stammen aus den Stücklisten des ERP-Systems sowie durchgeführten Messungen. Experten aus dem Bereich Industrial Engineering haben bei der Ermittlung aller Informationen zu den jeweiligen Anlagen unterstützt. Der Verbrauch von Energie und Betriebsmitteln durch Maschinen wurde aus Mess- und Verbrauchsdaten ermittelt. Zudem wurde für den Stromverbrauch die Software des Facility Managements abgefragt. Eine Differenzierung zwischen Rüst- und Prozesszeiten konnte nicht für alle Maschinen im Netzwerk messtechnisch ermittelt werden. In diesen Fällen wurden die benötigten Zeiten annahmenbasiert berechnet. Die Informationen zu den produzierten Stückzahlen und den benötigten Mitarbeitenden stammen ebenfalls aus dem ERP-System. Verbrauchs- und Charakterisierungsfaktoren wurden aus den in Kapitel 5.2.2 aufgezählten externen Quellen gewonnen.

Die gewonnenen Informationen wurden in das Datenmodell des Softwaredemonstrators eingetragen, um die Bilanz- und Bewertungskennzahlen zu berechnen. Eine Auswahl dieser Kennzahlen ist in Tabelle 6.1 dargestellt. Es ist zu erkennen, dass mit ca.

12.461 MWh am meisten Energie von den Maschinen und Anlagen verbraucht wird. Aufgrund einer günstigen lokalen Energieversorgung sind dennoch die Transporte für einen Großteil der Treibhausgasemissionen von 9.958 tCO_2e verantwortlich. Wasser wird lediglich für Anlagen, aber nicht für Maschinen benötigt, weshalb kein signifikanter Verbrauch von Wasser stattfindet. Verpackungen und Ausschuss produzieren zu gleichermaßen eine Abfallmenge von jeweils ca. 1.200 Tonnen, die jedoch zu großen Teilen recycelt wird. Die Landnutzung ist je Standort unterschiedlich und wird durch andere Produkte ebenfalls beeinflusst. Dennoch lassen sich in den Details lokale Unterschiede je Biodiversität erkennen.

Tabelle 6.1: Kennzahlen des Validierungsbeispiels für ein Jahr

Energie	*Scope 1*	Transport der Komponenten	1.075,94 MWh
		Transport zu den Kunden	1.758,21 MWh
		Anlagen	4.330,97 MWh
	Scope 2	Maschinen	7.587,69 MWh
		Anlagen	4.886,03 MWh
	Gesamt		**19.738,87 MWh**
THG-Emissionen	*Scope 1*	Transport der Komponenten	3.811,54 tCO_2e
		Transport zu den Kunden	6.147,61 tCO_2e
		Anlagen	1.182,02 tCO_2e
	Scope 2	Maschinen	2.727,39 tCO_2e
		Anlagen	1.370,33 tCO_2e
	Gesamt		**15.236,89 tCO_2e**
Wasser		Wasserentnahme	1.341,70 m^3
		Wasserablauf	1.340,01 m^3
Abfall		Verpackung und Ladungsträger	1.211.013 kg
		Prozess und Qualität	1.287.384 kg
Landnutzung		Gesamtfläche	64.700 m^2
		PSL	6,00E-11 PSL

Die Gesamtkennzahlen in Tabelle 6.1 sind für die Betrachtung des gesamten Netzwerkes und die Bewertung eines Szenarios geeignet. Für die Suche nach Verbesserungspotentialen empfiehlt sich jedoch die Detailanalyse. In Abbildung 6.3 sind die durchschnittlichen Treibhausgasemissionen für jeden Prozess pro Produkt dargestellt. Es ist erneut auffällig, dass der Großteil aus Transporten resultiert. Aber auch die Endmontage ist ein beachtlicher Faktor. Da die Endmontage viel Strom benötigt, wird durch eine Verlagerung in Länder mit einer guten Ökostromversorgung eine Reduktion der

Emissionen erzielt. Insbesondere der Standort in China weist eine hohe CO_2e-Intensität pro produziertem Strahlungsheizkörper auf.

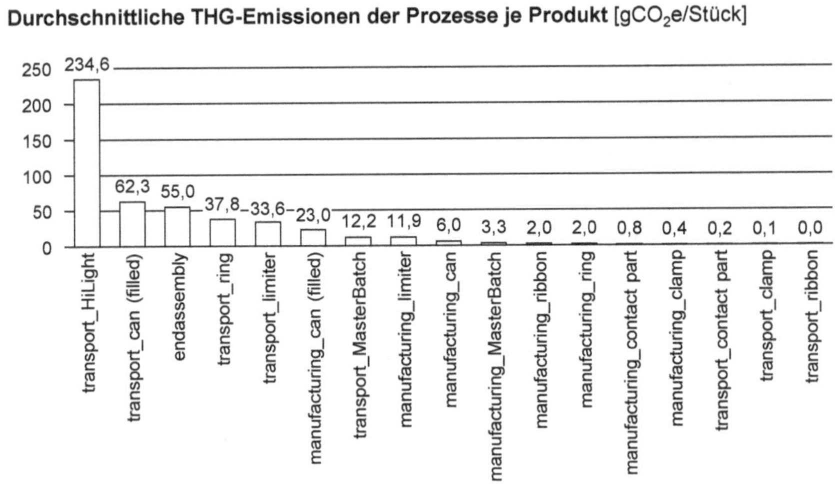

Abbildung 6.3: THG-Emissionen je Prozess und Produkt

Die ermittelten Bilanz- und Bewertungskennzahlen wurden genutzt, um mögliche Handlungsoptionen zu identifizieren. Die vielversprechendsten Optionen wurden mit Hilfe des Softwaredemonstrators als Szenarien erzeugt und bewertet. Die erste simulierte Verbesserungsmaßnahme ist die Verlagerung der Produktion für den USMCA Markt aus der Türkei in die USA. In einem solchen Szenario müsste eine Produktionslinie in den USA aufgebaut werden. Zusätzlich müssten ca. 300 Tonnen Masterbatch aus Deutschland in die USA transportiert werden. Der Standort in der Türkei würde als Ausgleich eine halbe Millionen Produkte aus China übernehmen. Diese Verlagerung ist vielversprechend, da der Umwelteinfluss am chinesischen Standort schlechter ist als in der Türkei. Eine weitere Verbesserung bietet der Verzicht auf Luftfracht. So werden sowohl die Treibhausgasemissionen als auch die Transportkosten reduziert. Jedoch würden die Transportzeiten verlängert werden, was ein Risiko für die Liefertreue darstellt. Als dritte Maßnahme wurde der Aufbau einer Halteblechfertigung und Stanzmaschine in der Türkei betrachtet. Die Türkei wurde im Ausgangsszenario mit gefüllten Halteblechen aus Österreich beliefert. Deshalb müssten aus Österreich zwei Maschinen in die Türkei verlagert werden. Neben der Einsparung von Transportemissionen, würden so auch wirtschaftliche Potentiale realisiert werden.

Die Verbesserungen, die mit den drei vorgestellten Handlungsoptionen erreichbar sind, sind in Tabelle 6.2 dargestellt. Die Bewertungskennzahlen sind für eine bessere Lesbarkeit invers zu dem in Kapitel 5.3.1 vorgestellten modularen Aufbau eingetragen. Die Ergebnisse zeigen, dass mit der Anpassung des Netzwerkes die Ökoeffizienz des Energiebedarfs um 27,8% verbessert wird. Noch erfolgreicher ist die Verbesserung der Ökoeffizienz der Treibhausgasemissionen von 9.003 auf 16.129 Euro Umsatz pro emittierter Tonne CO_2e. Keine Verbesserung konnte bei der Wassernutzung, den Abfällen und der Landnutzung erzielt werden. Da nur ein Produkt betrachtet wurde und keine Standorte verkleinert oder vergrößert wurden, konnte der Bedarf der Anlagen nicht verändert werden. Zudem war ein Recycling an jedem Standort möglich, weshalb keine Verbesserungen durch Produktverlagerungen erreicht werden konnten.

Tabelle 6.2: Bewertung der Optimierungspotentiale

Leistungskennzahl	Einheit	Wert vor Verbesserung	Wert nach Verbesserung	%
Ökoeffizienz des Energiebedarfs	EUR/MWh	6.949,87	8.883,90	*27,8*
Ökoeffizienz der Treibhausgasemissionen	EUR/tCO2e	9.003,31	15.961,73	*77,2*
Intensität des Transports	kgCO_2e/tkm	0,0741	0,0174	*-76,4*
Ökoeffizienz des Wasserbedarfs	EUR/m³	0,102	0,102	*0,0*
Ökoeffizienz des Wasserverbrauchs	EUR/m³	-	-	-
Ökoeffizienz der zur Entsorgung bestimmten Abfallmenge	EUR/(kg+l)	1.071,89	1.049,03	*-2,1*
Ökoeffizienz der gefährlichen Abfallmenge	EUR/(kg+l)	-	-	-
Ökoeffizienz der Landnutzung	EUR/m^2	2.120,28	2.120,28	*0,0*
Ökoeffizienz der PSL	EUR/PDF	2,29E+18	2,29E+18	*0,0*

6.2 Validierung am Beispiel der Elektro Kontakt GmbH

Für die Validierung des Optimierungsmodells wird das Produktionsnetzwerk der Elektro Kontakt GmbH betrachtet. Die Firma ist ein familiengeführtes Unternehmen aus Deutschland, welches weltweit vertreten ist und über zwei Milliarden Euro Umsatz erwirtschaftet. Aus Gründen der Geheimhaltung und Übersichtlichkeit wurden Produkt- und Produktionsstrukturen abgewandelt. Die Elektro Kontakt GmbH plant die weltweite Fertigung einer neuen Generation von Steckverbindern. Als Fertigungsstandorte kommen existierende Werke in Deutschland (GER), China (CHN) und Indien (IND) in Frage. Vertrieben werden die Steckverbinder in den Märkten Südostasien (S_SEA), China (S_CHN), Europa (S_EUR), Nordamerika (S_NAM), Indien (S_IND) und Rest der Welt (S_RES). Alle Komponenten der beispielhaft betrachteten Produktvariante ST-2-48-DC_R und die zugehörigen Prozessketten sind in Abbildung 6.4 dargestellt. Für jede Prozesskette werden die jeweiligen Werkzeuge sowie Montage- oder Fertigungsmaschinen benötigt.

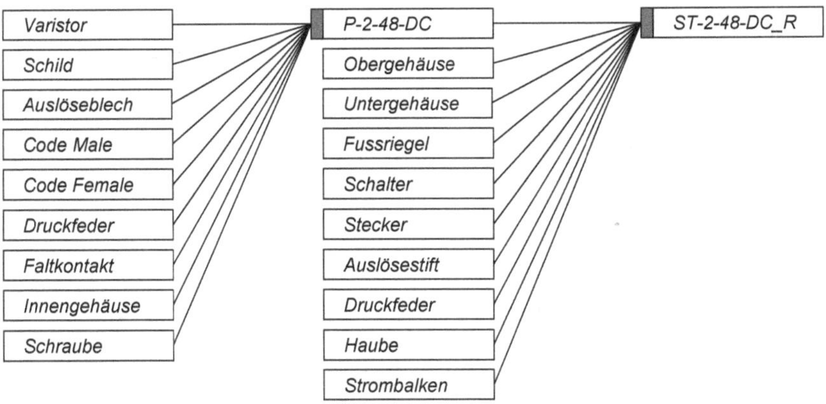

Abbildung 6.4: Prozessketten zur Herstellung des Steckverbinders

Die Ausgangskonfiguration des Produktionsnetzwerkes entspricht dem Phänotyp „Weltfabrik“ (vgl. Kapitel 2.1.3.3). Die exakte Aufteilung der Produktionsmengen zu den Standorten und Märkten ist in Tabelle 6.3 aufgelistet. Diese Ausgangskonfiguration entspricht nicht dem realen Netzwerk, sondern der Ausgangslage für die Optimierung. Diese Nachfrage bleibt bei den nachfolgenden Optimierungen identisch.

Tabelle 6.3: Produktionsmengen an den Standorten im Ausgangszustand

Standort	S_SEA	S_CHN	S_EUR	S_RES	S_NAM	S_IND
CHN	-	-	-	-	-	-
GER	10.000	10.000	10.000	10.000	10.000	10.000
IND	-	-	-	-	-	-

Die Zielfunktionswerte des Ausgangszustands sind in Tabelle 6.4 dargestellt. Diese Werte wurden vor der Optimierung mit den Bilanzierungsmethoden aus Kapitel 5.2.3 berechnet. Die berechneten Daten sind aufgrund der angepassten Mengen abgewandelt, stammen jedoch aus den gleichen Quellen wie die des realen Industrieprojektes und werden somit als realistisch bewertet.

Tabelle 6.4: Zielfunktionswerte des Ausgangszustands

Zielfunktion	Wert	Einheit
Kosten	18.852.849,5	EUR
Biodiversität	2,3	10^{-9} PLNS
THG-Emissionen	1.857,2	tCO_2e
Wassermangel	443,1	m^3we
Abwasser	0,2	m^3nF
Materialien	328.615,0	kg
Abfall	138.406,8	kg

Das in Kapitel 5.3.2.1 beschriebene Optimierungsmodell wurde in der Programmiersprache Python implementiert. Programmiert wurde das zugehörige Programm mit einem Jupyter Notebook. Für die Modellierung und Lösung wurde die Software *Gurobi* verwendet.[555] Details zur verwendeten Software und Hardware können Anhang 9.6.2 entnommen werden. Der verwendete Code ist in Anhang 9.5.6 aufgeführt.

Die Programmierung lässt sich in sechs Abschnitte einteilen, die in Abbildung 6.5 dargestellt sind. Im ersten Schritt werden die Daten aus einer Excel-Datei eingelesen. Die Struktur dieser Datei basiert auf dem Datenmodell aus Kapitel 5.2.1 und wird mit dem Softwaredemonstrator erzeugt. Neben diesen Daten werden weitere Parameter benötigt, die nicht im Datenmodell enthalten sind, jedoch auf Basis der enthaltenen Informationen berechnet werden. Die Berechnung erfolgt im zweiten Schritt. Zudem wer-

[555] vgl. Gurobi Optimization LLC. (2021) Gurobi Optimizer Reference.

den die Indexmengen generiert, die nicht durch eine Spalte in der Datenstruktur abgebildet werden. Das Produktionsnetzwerk wird mit der Bibliothek *networkx* als gerichteter Graph modelliert.[556] Die Durchführung der eigentlichen Optimierung findet im dritten Abschnitt des Programms statt. Dafür wird zunächst das Optimierungsmodell als Instanz der Klasse des Modells von *Gurobi* erzeugt. In dieses Modell werden alle benötigten Variablen, Parameter, Nebenbedingungen und Zielfunktionen eingetragen. Der fünfte Schritt sieht die mehrfache Lösung dieses Modells gemäß den Algorithmen aus Kapitel 5.3.2.2 und 5.3.2.3 vor. *Gurobi* verwendet dafür grundsätzlich einen Branch-and-Bound-Lösungsansatz. Die Parameter dieser Ansätze wurden teilweise angepasst, um schneller genauere Lösungen zu finden. Im letzten Abschnitt erzeugt das Programm visuelle Auswertungen der Ergebnisse.

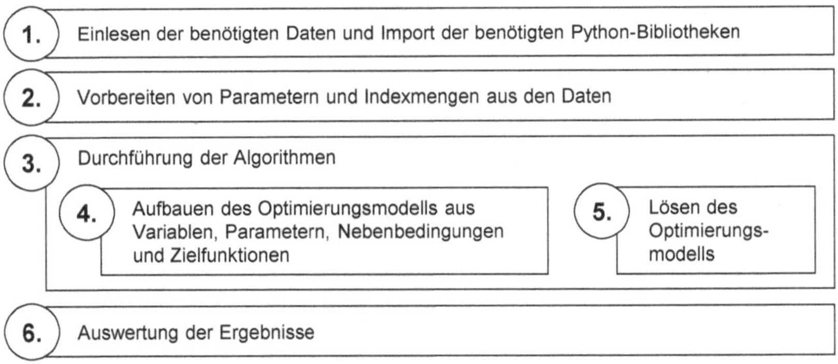

Abbildung 6.5: Aufbau des implementierten Codes zur Validierung

Mit Hilfe des Programms wurden die Algorithmen aus Kapitel 5.3.2.2 und 5.3.2.3 validiert. Die Darstellung der Abhängigkeiten der Idealwerte als Heatmap für den Validierungsfall befindet sich in Abbildung 6.6. Die Idealwerte der Zielfunktionen sind in den Zeilenindizes enthalten. Jede Zeile ist das Ergebnis einer Optimierung und der daraus resultierenden Netzwerkkonfiguration. Die Prozentwerte geben die minimale relative Abweichung in Bezug zum Idealwert des Ziels der Spalte bei einer Optimierung des Ziels in der Reihe an. Beispielsweise steigen die Treibhausgasemissionen um 103% gegenüber dem Idealwert an, falls das Produktionsnetzwerk lediglich hinsichtlich der Kosten optimiert wird. Für den Fall, dass eine Abweichung außerhalb der

[556] vgl. Hagberg, A. et al. (2008) Exploring Network Structure, S. 11.

Diagonalen null beträgt, werden beide Zielgrößen simultan optimiert. Dieser Zustand gilt im Validierungsfall u.a. für Abwasser und Wassermangel.

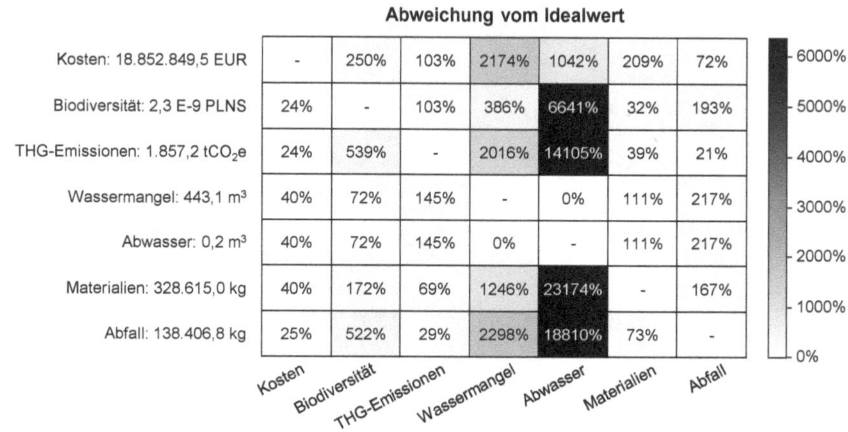

Abbildung 6.6: Idealwerte und Abweichungen in einer Heatmap

Die Berechnung der Pareto-Kurven ist deutlich rechenintensiver als der Idealwert-Algorithmus, da für jede Kombination von Zielfunktionen bis zu 50 Optimierungen durchlaufen werden. Eine Auswahl der Kurven für die Zielfunktionen Kosten, Treibhausgasemissionen, Wassermangel und Materialeinsatz sind in Abbildung 6.7 visualisiert. Eine vollständige Matrix aller Kurven befindet sich im Anhang 9.6.2. Jeder Punkt auf der Pareto-Kurve ist das Zielfunktionsergebnis einer Optimierung. Die Pfeile entlang der Achsen geben die angestrebte Optimierungsrichtung an. Dabei stellt der 100%-Wert den Idealwert einer Zielfunktion dar.

Die Betrachtung der Kurven in Abbildung 6.7 verdeutlicht, dass die Ausgangslage außer in der Dimension des Wassermangels von der jeweils optimalen Lösung weit entfernt ist. Außerdem bieten die Kurven ein Verständnis dafür, wie die Zielgrößen Kosten und Treibhausgasemissionen in einem direkten, aber gekurvten Trade-off zueinanderstehen. Das gleiche gilt für die Beziehung der Emissionen zum Wassermangel, wobei eine nahezu lineare Abhängigkeit besteht, die erst vor der 140%-Marke der Emissionen einen Knick erfährt. Dies kann so interpretiert werden, dass ab einer gewissen Größe die Verlagerung von Produktionsvolumen zu einem neuen Standort umgesetzt wird.

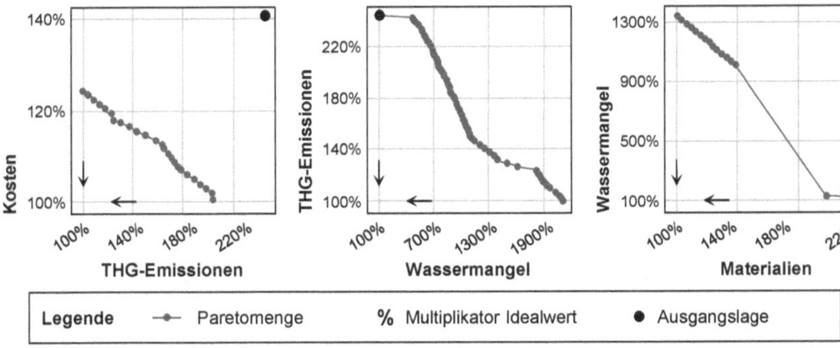

Abbildung 6.7: Ausgewählte Abhängigkeiten als Pareto-Kurven

Die resultierenden Konfigurationen zum Erreichen der optimalen Lösungen sind in Abbildung 6.8 gemäß der Logik aus Kapitel 5.3.2.2 visualisiert. Es ist erkennbar, dass die Idealwerte häufig durch die Verlagerung der gesamten Produktion an einen einzelnen Standort erreicht werden. Meist bietet dieser Standort die besten Voraussetzungen für die jeweilig betrachtete Nachhaltigkeitsdimension. In der Validierung hat China einen Vorteil bei den Kosten, während Deutschland in den Wasserkategorien Standortvorteile hat. Bei der Optimierung nach Abfall und Emissionen ist dies nicht der Fall, da Transporte sowohl Emissionen als auch Verpackungsabfälle erzeugen. Somit bietet hier eine verteilte Produktion die optimale Nachhaltigkeit. Die Validierung zeigt, dass die Standortparameter im Modell und somit wahrscheinlich auch in der Realität einen hohen Einfluss auf die Nachhaltigkeit des gesamten Netzwerkes haben. Die Analyseergebnisse bieten damit eine Hilfe für die Verantwortlichen bei den Allokationsentscheidungen.

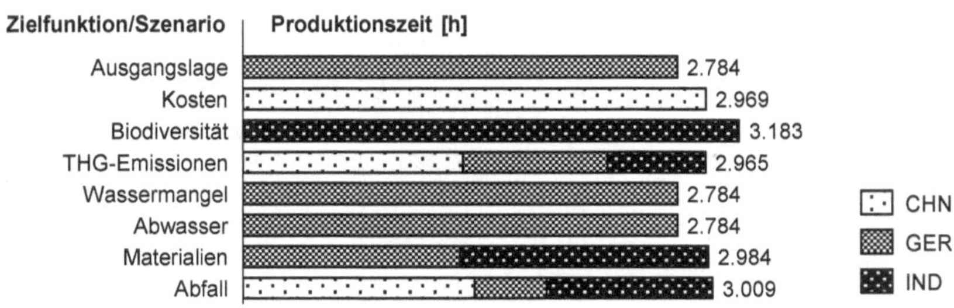

Abbildung 6.8: Produktionszeiten nach Standorten je optimierter Zielgröße

6.3 Zwischenfazit: Kritischen Reflektion

Die Validierung in Kapitel 6.1 und 6.2 hat gezeigt, dass eine Bewertung der ökologischen Nachhaltigkeit von Produktionsnetzwerkkonfigurationen mit der entwickelten Methodik möglich ist. Die Rückmeldungen der Haushaltsgeräte GmbH, der Elektro Kontakt GmbH und der nicht veröffentlichten Unternehmen zeigen, dass die zusätzlichen Informationen als ein Mehrwert für das Management empfunden wurden. Da alle an der Validierung beteiligten Unternehmen ihre Strategie auf mehr Nachhaltigkeit ausgerichtet haben, ist der Einbezug zugehöriger Kennzahlen in langfristige Entscheidungen wie der Gestaltung des Produktionsnetzwerkes für die Verantwortlichen von Bedeutung. Gleichzeitig hat der Einsatz bei den Unternehmen auch gezeigt, dass der modulare Aufbau der Methodik funktioniert. Keines der Unternehmen hat alle Möglichkeiten, die mit den Werkzeugen der Methodik möglich sind, vollständig ausgeschöpft. In einem Fall wurden nicht alle Bewertungsdimensionen verwendet, in einem anderen auf die Optimierung verzichtet.

Keines der Unternehmen hat während der Validierung die Analyse des Einflusses globaler Produktionsnetzwerke gemäß dem Vorgehen aus Kapitel 5.1 für den spezifischen Kontext hergeleitet. Stattdessen wurden direkt die als relevant definierten Indikatoren eingesetzt und die hergeleiteten generischen Einflussbeziehungen als korrekt akzeptiert. Dementsprechend bietet der erste Teil der Methodik eher einen wissenschaftlichen Mehrwert für die Fundierung von Datenmodell und Bilanzierungsformeln, weniger jedoch für die Anwendung in der Praxis. Die Tatsache, dass die so hergeleiteten Annahmen von keinem der beteiligten Unternehmen angezweifelt wurden, zeigt dennoch, dass eine plausible und richtige Herleitung des Datenmodells erfolgt ist.

Trotz der positiven Rückmeldungen durch die Validierung in der Praxis muss geprüft werden, ob die Methodik tatsächlich in der Lage ist, alle in Kapitel 4.1 aufgestellten Anforderungen zu erfüllen. Dafür sollen zunächst die inhaltlichen Anforderungen aus Kapitel 4.1.1 und dann die formalen Anforderungen aus Kapitel 4.1.2 kritisch geprüft werden.

Seitens der inhaltlichen Anforderungen mit Bezug zur Beschreibung von globalen Produktionsnetzwerken und deren Nachhaltigkeit wurde gefordert, dass die Mehrdimensionalität der Nachhaltigkeitsziele berücksichtigt wird sowie die Komplexität und

Vielzahl an beteiligten Systemelementen dargestellt wird. Die empirische Literaturrecherche in Kapitel 5.1.1 bietet eine hohe Wahrscheinlichkeit, dass die relevantesten Dimensionen von Nachhaltigkeitszielen in der Arbeit berücksichtigt wurden. Gleichzeitig hat die Recherche aber auch gezeigt, dass nicht alle Dimensionen berücksichtigt werden können. So werden z.B. die elektromagnetischen Emissionen von Fabriken ignoriert, da diese nur eine sehr geringe Relevanz in Wissenschaft und Praxis aufweisen. Für die Darstellung der Einflussbeziehungen von Produktionsnetzwerkelementen auf Nachhaltigkeitsindikatoren wurde mit dem Einsatz von Wirkungsgraphen ein geeignetes Werkzeug gefunden. Das entwickelte generische Diagramm ist in der Lage, die elementaren Wirkungsbeziehungen zu verdeutlichen. Dass diese Darstellung für die Anwendung angemessen ist, zeigt die erfolgreiche Umsetzung in einem Datenmodell. Allerdings gilt auch für diesen Aspekt, dass kein Modell die Realität vollständig abbildet, weshalb Möglichkeiten zur fallspezifischen Anpassung existieren. Es wird festgehalten, dass die Methodik die inhaltlichen Anforderungen mit Bezug zur *Komplexität der Einflussbeziehungen* in einem Umfang erfüllt, der für die praxisorientierte Anwendung notwendig ist, eine detaillierte Umsetzung aber stets möglich ist.

Von der Methodik wurde außerdem gefordert, dass der *Aufwand der Modellierung* reduziert wird und Informationen unabhängig vom Abstraktionslevel der Modellierung beschafft werden können. Das Kriterium des geringen Aufwands wird erfüllt, indem existierende Daten gezielt mit Nachhaltigkeitsattributen erweitert wurden. Besonders für die Berechnung von Emissionen und Energieverbräuchen gelingt so eine aufwandsarme Quantifizierung. Für die Bilanzierung von Materialien und Abfällen wird diese Anforderung nur bedingt erfüllt. Aufgrund der unterschiedlichen Materialeigenschaften und Entsorgungsmöglichkeiten, wird eine größere Menge an zusätzlichen Informationen benötigt. Diese Erweiterung des Datenbedarfs steigert den Modellierungsaufwand proportional, ohne einen äquivalenten Mehrwert an Informationsgewinn zu generieren. Eine Flexibilität in Bezug auf das Abstraktionslevel wird erreicht, indem die Klassen im Datenmodell bewusst generisch gestaltet wurden, sodass z.B. eine Maschine sowohl einen Arbeitsplatz als auch eine gesamte Fertigungslinie darstellen kann. Darüber hinaus wird die Informationsbeschaffung durch die Angabe potentieller Quellen erleichtert. Die Validierung in der Praxis zeigt, dass die Datenbeschaffung dennoch den größten Aufwand darstellt und stark von der Organisation und Motivation in den beteiligten Unternehmen abhängt. Diese Gegebenheiten können jedoch nicht durch die Methodik beeinflusst werden, weshalb die Anforderungen des geringen Aufwands als erfüllt bewertet werden.

Für die *Transparenz der Bewertung* wurde inhaltlich ein Bezug zu Referenzgrößen und eine Darstellung der Abhängigkeiten zwischen den Zielgrößen gefordert. Die Auswahl der passenden Referenzgrößen und die Aggregation der Bewertungsinhalte ist mit dem modularen Bewertungskennzahlbaukasten aus Kapitel 5.3.1 möglich. Auch die Berechnung von Referenzgrößen und die Recherche von externen Vergleichskennzahlen kann mit Hilfe der Methodik erfolgen. Diese Anforderung ist deshalb ebenfalls erfüllt. Für die Darstellung der Abhängigkeiten zwischen den Zielgrößen bietet der Einsatz von mathematischen Optimierungen und die Darstellung der resultierenden Beziehungen der Ideallösungen mittels Algorithmen einen zielführenden Ansatz. Kritisch ist jedoch anzumerken, dass die so ermittelten Ideallösungen lediglich für die im Rahmen der Arbeit ausgewählten Zielgrößen berechnet werden können und ggfs. von den in der Realität umsetzbaren Lösungen abweichen. Trotz dieser Einschränkung ist das Kriterium der Transparenz erfüllt, wie die Validierung in Kapitel 6.2 zeigt.

Formal betrachtet soll die Methodik außerdem die Grundsätze der ordnungsgemäßen Modellierung sowie die Anforderungen an Indikatoren zur Nachhaltigkeitsbewertung erfüllen. Die Modellierungsgrundsätze der Richtigkeit und der Relevanz werden als erfüllt bewertet, da bei keinem Validierungseinsatz des Modells Widersprüche aufgetreten sind. Auch der Grundsatz der Wirtschaftlichkeit ist erfüllt, wie die vorhergehende Reflektion der aufwandsgerechten Modellierung zeigt. Die Grundsätze der Klarheit, der Vergleichbarkeit und des systematischen Aufbaus werden ebenfalls erfüllt, wenn auch mit notwendigen Kompromissen in Bezug zu den vorherigen Grundsätzen. Die Dokumentation des Modells als UML-Diagramm und die Notation aller Formeln mit einheitlichen Abkürzungen und Indizes schafft eine Übersichtlichkeit und einen systematischen Aufbau. Die Vergleichbarkeit der Ergebnisse wird zusätzlich durch die Implementierung als Softwaredemonstrator und Code gesichert.

Die Anforderungen zur Nachhaltigkeitsbewertung beziehen sich vor allem auf den Einsatz der Indikatoren bzw. Kennzahlen. Die Anforderung, dass ein Nachhaltigkeitsindikator ein Phänomen quantitativ messen soll, ist für das gesamte Modell vollständig erfüllt, da keinerlei qualitative Bewertung erfolgt. Dass die Indikatoren relevant und umfassend sind, wird durch die empirische Herleitung begründet und durch die freie Komposition der Kennzahlen ermöglicht. Zudem wurden diese Charakteristika bei der Validierung in den Unternehmen bestätigt. Eine Überschaubarkeit ist ebenfalls geben, da die Kennzahlen sowohl nach Nachhaltigkeitskategorie als auch nach Netzwerkebene unterteilt werden. Zudem können Unternehmen stets die Indikatoren einsetzen, die für die jeweilige Entscheidung benötigt werden. Da die Kennzahlen standardisiert und formal mittels Datenmodell und Formel berechnet werden, ist das Modell sowohl zuverlässig als auch robust. Der kosteneffektive Datenzugang und die rechtzeitige Messung sind von den Einsatzbedingungen abhängig, jedoch werden in Kapitel 5.2.2 die hinreichenden Voraussetzungen dafür geschaffen. Somit werden auch die formalen Anforderungen an Kennzahlen zur Nachhaltigkeitsbewertung als ausreichend erfüllt bewertet.

Neben der Neugestaltung des Produktionsnetzwerkes bietet die Neugestaltung der eigentlichen Produkte ein großes Potential zur Verbesserung der ökologischen Nachhaltigkeit. So ermöglicht eine intelligente Produktmodularität verschiedene produktlebenserhaltenden Maßnahmen wie z.B. Refurbishing, Remanufacturing und Reassembly. Die Auswirkungen einer solchen Kreislaufwirtschaft (engl. Circular Economy) auf das Produktionsnetzwerk sind vielfältig, da neue Materialflüsse und Prozesse durch eine Rückführung des Produktes zum Hersteller entstehen. Das entwickelte Modell ist grundsätzlich in der Lage diese zusätzlichen Aktivitäten abzubilden. Jedoch fehlt es an expliziten Kennzahlen zur Bewertung des Umfangs der Kreislaufführung von Produkten im Netzwerk. Solche Kennzahlen würden eine Transformation des Unternehmens zu mehr Kreislaufwirtschaft und somit auch mehr Nachhaltigkeit zusätzlich unterstützen.

7 Zusammenfassung, Fazit und Ausblick

7.1 Zusammenfassung

Die vorliegende Arbeit entwickelt und begründet eine Methodik zur Bewertung der ökologischen Nachhaltigkeit von Produktionsnetzwerkkonfigurationen. Im ersten Kapitel der Arbeit wird die Motivation und Zielsetzung für die Bewertung der ökologischen Nachhaltigkeit von Produktionsnetzwerken erläutert. Dabei wird insbesondere die Notwendigkeit von Nachhaltigkeitskriterien als neuer und zusätzlicher Bewertungsmaßstab mit aktuellen, gesellschaftlichen Entwicklungen begründet. Außerdem wird der forschungsmethodische Rahmen der Arbeit in Bezug auf die Forschungsparadigma Pragmatismus und kritischer Rationalismus beschrieben. Dementsprechend legitimiert sich der Aufbau der Arbeit gemäß des Forschungsvorgehens nach ULRICH ET AL.

Die Vorstellung der notwendigen Grundlagen für die Entwicklung der Methodik erfolgt in Kapitel 2. Sowohl die historische Entwicklung von globalen Produktionsnetzwerken als auch die charakteristischen Eigenschaften solcher Netzwerke werden beleuchtet. Darüber hinaus werden die Entscheidungen für die Konfiguration von Produktionsnetzwerken erläutert, indem die dabei zu beachtenden Ziele und Kriterien differenziert dargestellt werden. Es folgt eine Skizzierung der Geschichte des Nachhaltigkeitsgedankens inklusive etablierter Modelle und Methoden für Bewertungen, welche die Quantifizierung der ökologischen Nachhaltigkeit ermöglichen. Abschließend werden in Kapitel 2 theoretische Grundlagen zu Methoden vorgestellt, die im Kontext der Lösungsentwicklung von Kapitel 4 und 5 benötigt werden.

Kapitel 3 diskutiert und bewertet eine Auswahl von bestehenden Ansätzen zur Nachhaltigkeitsbewertung von Produktionsnetzwerken, Supply Chains oder sonstigen Produktionsaktivitäten. Die benötigten Bewertungskriterien werden aus den Herausforderungen der Praxis in Kapitel 2 abgeleitet. Ergebnis dieser Bewertung ist, dass keiner der vorgestellten Ansätze alle Kriterien erfüllt und somit ein Forschungsdefizit hinsichtlich der Nachhaltigkeitsbewertung von globalen Produktionsnetzwerkkonfigurationen besteht.

In Kapitel 4 erfolgt die Konzeption der Methodik. Diese basiert auf drei Kerngedanken. So soll die Methodik in der Lage sein, die standortspezifischen Nachhaltigkeitsvorteile bei der Bereitstellung von Energie, Materialien, Wasser und Land sowie der Entsorgung von Abfällen und Abwasser zu bewerten. Diese Vorteile müssen dann in einen Kompromiss gesetzt werden zu den Transportaufwänden, die benötigt werden, damit jeder Prozessschritt am idealen Standort stattfinden kann. Der zweite Kerngedanke der Methodik ist, dass eine solche Bewertung nur datenbasiert erfolgen kann und eine entsprechende Formalisierung des Modells benötigt wird. Außerdem gilt der dritte Kerngedanke, dass die Bewertungsergebnisse die höchste Auswirkung in der Praxis erzielen, wenn sie den Verantwortlichen transparent dargestellt werden und eine Sensibilisierung stattfindet, anstelle der Ermittlung einer vermeintlichen Ideallösung.

Aufbauend auf dem Konzept aus Kapitel 4 dient Kapitel 5 der Detaillierung der Methodik. Zunächst wird dafür in Kapitel 5.1 der Einfluss globaler Produktionsnetzwerke auf Nachhaltigkeitsindikatoren mit Hilfe von Wirkungsgraphen dargestellt. Die verwendeten Nachhaltigkeitsindikatoren stammen aus einer empirischen Literaturrecherche. Die Netzwerkelemente sind mit dem präsentierten Verfahren an den Unternehmenskontext anpassbar. Die Entwicklung eines Modells zur Abbildung der ökologischen Eigenschaften erfolgt in Kapitel 5.2. Die Struktur des Datenmodells wird gemäß der Ebenen von Produktionsnetzwerken als UML-Diagramm vorgestellt und potentielle Informationsquellen werden den einzelnen Objekten und Attributen zugeordnet. Darauf aufbauend werden Formeln definiert, welche die Bilanzierung von Kennzahlen auf Basis der Modellattribute erlauben. Möglichkeiten zur abschließenden Bewertung im Sinne der Methodik sind Teil des Kapitels 5.3. Dieses beinhaltet sowohl einen Baukasten für die Komposition von Bewertungskennzahlen als auch Algorithmen zur Darstellung von Abhängigkeiten zwischen den Zielgrößen, indem die Ideallösungen auf Basis mathematischer Optimierungen miteinander verglichen werden.

In Kapitel 6 erfolgen die Validierung und kritische Reflektion der entwickelten Methodik. Dafür wurden reale Unternehmensdaten verwendet. Für den einfacheren Einsatz der Methodik wurde zudem im Rahmen der Validierung ein Softwaredemonstrator und Programmcode für ein Optimierungsmodell entwickelt. Den Abschluss der Arbeit bilden eine Zusammenfassung und ein Ausblick im vorliegenden Kapitel.

7.2 Fazit

Globale Produktionsnetzwerke sind ein wesentlicher Bestandteil der globalisierten Gesellschaft des 21. Jahrhunderts. Die weltweit verteilte Wertschöpfung bietet für Unternehmen wichtige Wettbewerbsvorteile in Bezug auf Kosten, Qualität, Flexibilität und Lieferfähigkeit. Wenn diese Vorteile nicht genutzt werden, kann weder ein Konzern noch ein mittelständisches Unternehmen langfristig am Markt agieren. Gleichzeitig sind globale Produktionsnetzwerke auch ein Sinnbild für das exponentielle Wachstum der Menschheit in den vergangenen Jahrhunderten und die daraus resultierenden negativen Folgen für andere Lebensformen auf dem Planeten. Die gesellschaftliche Entwicklung der letzten Jahre hat alle beteiligten Akteure hinsichtlich dieser Probleme sensibilisiert und die Ansicht etabliert, dass eine Fortführung der bestehenden Aktivitäten langfristig nicht nachhaltig ist. Aus diesem Grund dürfen die Produktionsnetzwerke der Zukunft nicht nach den Prämissen der Vergangenheit geplant und bewertet werden. Vielmehr müssen nachhaltigkeitsorientierte Kriterien neben den wettbewerbsorientierten Kriterien berücksichtigt werden.

Die vorliegende Arbeit bietet dafür einen Ansatz. Die entwickelte Bewertungsmethode differenziert die Nachhaltigkeit des In- und Outputs von Produktionsnetzwerken gemäß den standortspezifischen Charakteristika. So kann bei der Netzwerkplanung berücksichtigt werden, dass lokale Limits nicht überschritten werden und Ressourcen nur dort genutzt werden, wo sie die Natur oder der Mensch im ausreichenden Maß nachhaltig zur Verfügung stellen kann. Auch die Aufwände für den Transport von Ressourcen im Netzwerk werden dabei berücksichtigt und gegenüber den Vorteilen einer lokalen Nachhaltigkeit abgewogen. Der große Einfluss globaler Produktionsnetzwerke auf die Nachhaltigkeit wird mit der entwickelten Methodik von einer Schwäche zu einer Stärke gewandelt. Durch die Verlagerung von Produktionsaktivitäten in eine Umwelt, welche die benötigten In- und Outputs nachhaltig bereitstellen und verarbeiten kann, wird die Nachhaltigkeit von Produkten und Prozessen verbessert werden, ohne dass eine Anpassung der Technologie erfolgen muss. Eine solche Veränderung ist ein wichtiger Meilenstein auf dem Weg zu einer vollständig nachhaltigen Gesellschaft.

7.3 Ausblick

Die entwickelte Methodik ist ein vielversprechender Ansatz für die Bewertung der ökologischen Nachhaltigkeit von Produktionsnetzwerkkonfigurationen. Gleichzeitig bietet die Methodik aber auch Möglichkeiten für Erweiterungen und zukünftige Forschungsaktivitäten, die im Rahmen der vorliegenden Arbeit nicht mehr abgebildet werden konnten.

Die isolierte Betrachtung der ökologischen Nachhaltigkeit erlaubt eine detailliertere Bewertung, steht aber gleichzeitig im Widerspruch zu dem Prinzip der Ganzheitlichkeit von Nachhaltigkeit. Für die vollständige Bewertung der Nachhaltigkeit eines Produktionsnetzwerkes bedarf es deshalb der Integration ökonomischer und sozialer Aspekte. Da ökonomische Aspekte bereits umfassend erforscht wurden, müssten besonders die sozialen Kriterien integriert werden. Dafür könnten die wichtigsten Indikatoren erneut empirisch ermittelt werden und anschließend via Klassenattributen in die etablierte Datenstruktur aufgenommen werden.

Auch eine Detaillierung des Datenmodells ist denkbar, sofern der resultierende Aufwand akzeptiert wird. So könnte die Qualität von Wasser ausführlicher beschrieben werden oder die Toxizität und das Gefahrenpotential von Materialen über zusätzliche Attribute erweitert werden. Auch bei den Emissionen könnten zusätzlich Feinstaub, Ozon und Stickoxide betrachtet werden. Dies würde eine Einbindung weiterer Wirkungskategorien gemäß der Ökobilanzierung erlauben, wie z.B. der Versauerung und Eutrophierung. Darüber hinaus könnte das Modell auch erweitert werden, um Kreislaufprozesse im Sinne einer Circular Economy abzubilden. Die einzelnen Rückführungsprozesse, insbesondere für das Remanufacturing und Refurbishment, bewirken umfangreiche Änderungen für die Warenströme in globalen Produktionsnetzwerken. Deshalb müssten die Vorteile in der Materialbeschaffung mit den Nachteilen zusätzlicher Transporte abgewogen werden.

Mit einer zunehmenden Erweiterung des Modells entsteht auch ein Handlungsbedarf bei der Informationsbeschaffung. So ist die Einbindung von externen und internen Datenquellen via automatisierter Schnittstellen (API) denkbar, um den Modellierungsaufwand zu reduzieren und die Modellgenauigkeit zu erhöhen. Ein Beispiel dafür, wie solch eine höhere Präzision bei geringerem Aufwand erzielt werden kann, ist die Berücksichtigung von Emissionsfaktoren. Die Kohlenstoffintensität je Kilowattstunde Elektrizität schwankt in Deutschland je nach Tageszeit aufgrund der unterschiedlichen Anteile von erneuerbaren Energien. Dieses Charakteristikum wird sowohl aufgrund der Modellbeschaffenheit als auch der Datenverfügbarkeit aktuell nur über Durchschnittswerte abgebildet. Für die Berücksichtigung dieser Effekte muss das Modell mehrperiodig gestaltet und automatisiert mit Daten befüllt werden. Ein weiterer Vorteil eines Modells mit mehreren Perioden wäre eine präzisiere Abbildung von Logistik- und Lageraktivitäten.

Darüber hinaus könnte das Modell so erweitert werden, dass der Aufwand für die Umsetzung möglicher Gestaltungsmaßnahmen mitmodelliert wird. So könnte das Verhältnis der Einsparungen zum Ist-Zustand mit den Aufwänden zum Erreichen des Soll-Zustandes abgewogen werden. Auch die Identifikation von Handlungsoptionen für Verbesserungen erfolgt mit der bestehenden Methodik lediglich manuell und unsystematisch. Ein Vorgehen zur strukturierten Ermittlung von Maßnahmen zur Optimierung der ökologischen Nachhaltigkeit könnte auf den Grundlagen der Bewertungsmethodik aufgebaut werden.

Eine Validierung mit weiteren Unternehmen bietet zusätzliche Potentiale zur Verbesserung der Methodik und einer möglichen Falsifizierung der aufgestellten Hypothesen. Insbesondere die erarbeiteten Wirkungsgraphen und Datenmodelle könnten mit einer vollständigen Delphi-Methode umfassender validiert werden, als es mit den unstrukturierten Expertenworkshops im Rahmen dieser Arbeit möglich war.

Die Vielzahl an möglichen Ansatzpunkten verdeutlicht, dass es noch ein langer Weg ist, bis die vollständige Nachhaltigkeit von Produktionsnetzwerken erreicht wird. Die vorliegende Arbeit versucht, einen kleinen Schritt auf diesem Weg zu gehen, damit die Bedürfnisse der heutigen Generation befriedigt werden, ohne zu riskieren, dass künftige Generationen ihre eigenen Bedürfnisse nicht befriedigen werden können.

8 Literaturverzeichnis

Aamodt, A.; Nygård, M. (1995)
Different roles and mutual dependencies of data, information, and knowledge - An AI perspective on their integration - An AI perspective on their integration. In: Data & Knowledge Engineering, Nr. 3, 16. Jg., 1995, S. 191 - 222.

Aarts, B. (1999)
Ecological sustainability and biodiversity. In: International Journal of Sustainable Development & World Ecology, Nr. 2, 6. Jg., 1999, S. 89 - 102.

Abele, E.; Meyer, T.; Näher, U.; Strube, G.; Sykes, R. (2008)
Global Production, Springer Berlin Heidelberg, Berlin, Heidelberg, 2008.

Abts, D.; Mülder, W. (2017)
Grundkurs Wirtschaftsinformatik, Springer Fachmedien Wiesbaden, Wiesbaden, 2017.

Addams, L.; Boccaletti, G.; Kerlin, M.; Stuchtey, M. (2009)
Charting Our Water Future. URL: https://www.mckinsey.com/business-functions/sustainability/our-insights/charting-our-water-future, zuletzt geprüft am 06.01.2022.

Afgan, N.; Carvalho, M. (2004)
Sustainability assessment of hydrogen energy systems. In: International Journal of Hydrogen Energy, Nr. 13, 29. Jg., 2004, S. 1327 - 1342.

Aguado, S.; Alvarez, R.; Domingo, R. (2013)
Model of efficient and sustainable improvements in a lean production system through processes of environmental innovation. In: Journal of Cleaner Production, 47. Jg., 2013, S. 141 - 148.

Ahluwalia, M. (2017)
The business of pricing carbon - How companies are pricing carbon to mitigate risks and prepare for a low-carbon future. In: Center for Climate and Energy Solutions, Arlington, VA, 2017

Ahmad, S.; Wong, K.; Rajoo, S. (2018)
Sustainability indicators for manufacturing sectors. In: Journal of Manufacturing Technology Management, Nr. 2, 30. Jg., 2018, S. 312 - 334.

Ahmadi, H.; Kusi-Sarpong, S.; Rezaei, J. (2017)
Assessing the social sustainability of supply chains using Best Worst Method. In: Resources, Conservation and Recycling, 126. Jg., 2017, S. 99 - 106.

Aktas, A.; Temiz, İ. (2020)
Goal Programming Model for Production-Distribution Planning by Considering Carbon Emission. In: Gazi University Journal of Science, Nr. 1, 33. Jg., 2020, S. 135 - 150.

Alves, J.; Alves, J. (2015)
Production management model integrating the principles of lean manufacturing and sustainability supported by the cultural transformation of a company. In: International Journal of Production Research, Nr. 17, 53. Jg., 2015, S. 5320 - 5333.

Ambrosius, G. (2018)
Globalisierung - Geschichte der internationalen Wirtschaftsbeziehungen, Springer Gabler, Wiesbaden, 2018.

Aminuddin, A.; Nawawi, M.; Mohamed, N. (2014)
Analytic network process model for sustainable lean and green manufacturing performance indicator. In: SORIC (Hrsg.): Statistics and operational research - International Confernce, AIP Publishing LLC, 2014, S. 32 - 38.

Amrina, E.; Yusof, S. (2011)
Key performance indicators for sustainable manufacturing evaluation in automotive companies. In: IEEE (Hrsg.): 2011 IEEE International Conference on Industrial Engineering and Engineering Management, IEEE, 2011, S. 1093 - 1097.

Andes, L. (2019)
Methodensammlung zur Nachhaltigkeitsbewertung - Grundlagen, Indikatoren, Hilfsmittel, Karlsruhe, 2019.

Anke, J.; Bente, S. (2019)
UML in der Hochschullehre: Eine kritische Reflexion, Leipzig, 2019.

Arampantzi, C.; Minis, I. (2017)
A new model for designing sustainable supply chain networks and its application to a global manufacturer. In: Journal of Cleaner Production, 156. Jg., 2017, S. 276 - 292.

Arndt, C.; Arent, D.; Hartley, F.; Merven, B.; Mondal, A. (2019)
Faster Than You Think: Renewable Energy and Developing Countries. In: Annual Review of Resource Economics, Nr. 1, 11. Jg., 2019, S. 149 - 168.

Arndt, K.-D. (2017)
Arbeitsvorbereitung und Arbeitsplanung. In: Böge, A./Böge, W. (Hrsg.): Handbuch Maschinenbau: Grundlagen und Anwendungen der Maschinenbau-Technik, Springer Fachmedien Wiesbaden, Wiesbaden, 2017, S. 1735 - 1772.

Arzoumanidis, I.; D'Eusanio, M.; Raggi, A.; Petti, L. (2020)
Functional Unit Definition Criteria in Life Cycle Assessment and Social Life Cycle Assessment: A Discussion. In: Traverso, M./Petti, L./et al. (Hrsg.): Perspectives on Social LCA: Contributions from the 6th International Conference, Springer International Publishing, Cham, 2020, S. 1 - 10.

Ashby, M.; Jones, S.; Krieger, T.; Stoltz, P. (2015)
Circularity Indicators - An Approach to Measuring Circularity. URL: https://ellenmacarthurfoundation.org/material-circularity-indicator, zuletzt geprüft am 06.01.2022.

Ashby, W. R. (2015)
An introduction to cybernetics, Martino Publishing, Mansfield Centre, CT, 2015.

ASME (2011)
Proceedings of the ASME 2011 International Design Engineering Technical Conferences & Computers and Information in Engineering Conference,, 2011.

ASME (2012)
32nd Computers and Information in Engineering Conference - Parts A and B, ASME 2012 International Design Engineering Technical Conferences and Computers and Information in Engineering Conference, 12.08.2012 - 15.08.2012. American Society of Mechanical Engineers (2012)

Ays, J. (2021)
Gestaltung agiler Produktionsnetzwerke, Apprimus Wissenschaftsverlag, Aachen, 2021.

Azapagic, A.; Perdan, S. (2000)
Indicators of Sustainable Development for Industry. In: Process Safety and Environmental Protection, Nr. 4, 78. Jg., 2000, S. 243 - 261.

Azevedo, S.; Carvalho, H.; Duarte, S.; Cruz-Machado, V. (2012)
Influence of Green and Lean Upstream Supply Chain Management Practices on Business Sustainability. In: IEEE Transactions on Engineering Management, Nr. 4, 59. Jg., 2012, S. 753 - 765.

Baan, L. de; Alkemade, R.; Koellner, T. (2013)
Land use impacts on biodiversity in LCA: a global approach. In: The International Journal of Life Cycle Assessment, Nr. 6, 18. Jg., 2013, S. 1216 - 1230.

Baan, L. de; Mutel, C.; Curran, M.; Hellweg, S.; Koellner, T. (2013)
Land Use in Life Cycle Assessment: Global Characterization Factors Based on Regional and Global Potential Species Extinction. In: Environmental science & technology, Nr. 16, 47. Jg., 2013, S. 9281 - 9290.

Baba, A.; Ma'aram, A.; Ishak, F.; Sirat, R.; Kadir, A. (2019)
Key performance indicator of sustainability in the Malaysian food supply chain. In: IOP Conference Series: Materials Science and Engineering, 697. Jg., 2019, S. 12002.

Bachem, A.; Korte, B.; Grötschel, M. (1983)
Mathematical Programming The State of the Art - Bonn 1982, Springer Berlin Heidelberg, Berlin, Heidelberg, 1983.

Bachinger, M.; Pechlaner, H.; Widuckel, W. (2011)
Regionen und Netzwerke, Gabler Verlag, Wiesbaden, 2011.

Bana e Costa, C. (1990)
Readings in Multiple Criteria Decision Aid, Springer Berlin Heidelberg, Berlin, Heidelberg, 1990.

Barletta, I.; Despeisse, M.; Hoffenson, S.; Johansson, B. (2021)
Organisational sustainability readiness: A model and assessment tool for manufacturing companies. In: Journal of Cleaner Production, 284. Jg., 2021, S. 125404.

Barrow, M.; Cummis, C. (2013)
Technical Guidance for Calculating Scope 3 Emissions - Supplement to the Corporate Value Chain (Scope 3), 1. Aufl.; London, 2013.

Bartlett, C.; Ghoshal, S. (1986)
Tap your Subsidiaries for global reach. In: Harvard business review, Nr. 6, 64. Jg., 1986

Beamon, B. (1999)
Measuring supply chain performance. In: International Journal of Operations & Production Management, Nr. 3, 19. Jg., 1999, S. 275 - 292.

Becker, J.; Ehlers, L.; Schütte, R. (1998)
Grundsätze ordnungsmäßiger Modellierung - Konzeption, Vorgehensmodell, technische Realisierung, Nutzen. In: Grote, U. (Hrsg.): Proceedings zum Statusseminar Softwaretechnologie des BMBF - Statusseminar Softwaretechnologie des BMBF, Berlin, 1998, S. 63 - 93.

Becker, J.; Kugeler, M.; Rosemann, M. (2012)
Prozessmanagement, Springer Berlin Heidelberg, Berlin, Heidelberg, 2012.

Beekaroo, D.; Callychurn, D.; Hurreeram, D. (2019)
Developing a sustainability index for Mauritian manufacturing companies. In: Ecological Indicators, 96. Jg., 2019, S. 250 - 257.

Beemsterboer, S.; Baumann, H.; Wallbaum, H. (2020)
Ways to get work done: a review and systematisation of simplification practices in the LCA literature. In: The International Journal of Life Cycle Assessment, Nr. 11, 25. Jg., 2020, S. 2154 - 2168.

Begon, M.; Howarth, R. W.; Townsend, C. R. (2017)
Ökologie, Springer Berlin Heidelberg, Berlin, Heidelberg, 2017.

Behrens, B.-A.; Brosius, A.; Hintze, W.; Ihlenfeldt, S.; Wulfsberg, J. (2021)
Production at the leading edge of technology, Springer Berlin Heidelberg, Berlin, Heidelberg, 2021.

Behringer, S. (2021)
Controlling, Springer Fachmedien Wiesbaden, Wiesbaden, 2021.

Bekkers, E.; Schroeter, S. (2020)
An economic analysis of the US-China trade conflict, Genf, 2020.

Bell, S.; Morse, S. (2010)
Sustainability indicators - Measuring the immeasurable?, 2. ed., rev. ed., repr; Earthscan Publ, London, 2010.

Benfer, M.; Peukert, S.; Lanza, G. (2021)
A Framework for Digital Twins for Production Network Management. In: Procedia CIRP, 104. Jg., 2021, S. 1269 - 1274.

Benfer, M.; Peukert, S.; Lanza, G. (2021)
Operations Research in International Manufacturing Networks. In: Friedli, T./Lanza, G./et al. (Hrsg.): Global Manufacturing Management, Springer International Publishing, Cham, 2021, S. 219 - 231.

Benfer, M.; Ziegler, M.; Gützlaff, A.; Fränken, B.; Cremer, S.; Prote, J.-P.; Schuh, G. (2019)
Determination of the abstraction level in production network models. In: Procedia CIRP, 81. Jg., 2019, S. 198 - 203.

Benninghaus, C.; Friedli, T.; Brenner, W. (2019)
Impact of Digitalization on the Strategic Management of International Manufacturing Networks: Configurations Perspective, Universität St. Gallen, 2019.

Berg, F.; Koelbel, J.; Rigobon, R. (2019)
Aggregate Confusion: The Divergence of ESG Ratings. In: SSRN Electronic Journal, 2019

Berger, R. (2002)
Chancen und Risiken der Internationalisierung aus Sicht des Standortes Deutschland. In: Krystek, U./Zur, E. (Hrsg.): Handbuch Internationalisierung: Globalisierung — eine Herausforderung für die Unternehmensführung, Springer Berlin Heidelberg, Berlin, Heidelberg, 2002, S. 21 - 33.

Bertels, S.; Schulschenk, J.; Ferry, A.; Otto-Menz, V. (2016)
CEO decision-making for sustainability - Executive Guide, Cape Town, 2016.

Bhinge, R.; Moser, R.; Moser, E.; Lanza, G.; Dornfeld, D. (2015)
Sustainability Optimization for Global Supply Chain Decision-making. In: Procedia CIRP, 26. Jg., 2015, S. 323 - 328.

Bicalho, T.; Sauer, I.; Rambaud, A.; Altukhova, Y. (2017)
LCA data quality: A management science perspective. In: Journal of Cleaner Production, 156. Jg., 2017, S. 888 - 898.

Bickenbach, F.; Liu, W.-H. (2021)
Chinas neuer Fünfjahresplan - Wirtschaftliche Kernelemente und Implikationen für Deutschland und Europa, Kiel, 2021.

Biedermann, A.; López, N.; Sáenz, J.; Martín, J. (2022)
Sustainability improvement in complex systems composed of products and services. In: The International Journal of Life Cycle Assessment, Nr. 1, 27. Jg., 2022, S. 98 - 121.

Binder, V. A.; Kantowsky, J. (1996)
Technologiepotentiale, Deutscher Universitätsverlag, Wiesbaden, 1996.

Birkinshaw, J.; Hood, N. (1998)
Multinational Corporate Evolution and Subsidiary Development, Palgrave Macmillan UK, London, 1998.

Blaikie, N. W. H. (2006)
Designing social research - The logic of anticipation, Repr; Polity Press, Malden, MA, 2006.

Bloomberg (2021)
ESG assets may hit $53 trillion by 2025, a third of global AUM - Research and Analysis. URL: https://www.bloomberg.com/professional/blog/esg-assets-may-hit-53-trillion-by-2025-a-third-of-global-aum/, zuletzt geprüft am 12.10.2021.

Blume, S. A. (2020)
Resource Efficiency in Manufacturing Value Chains, Springer International Publishing, Cham, 2020.

BMAS (2021)
Gesetzt über die unternehmerischen Sorgfaltspflichten in Lieferketten. In: Bundesgesetzblatt, Nr. 46, 2021. Jg., 2021

BMJV (2012)
Gesetz zur Förderung der Kreislaufwirtschaft und Sicherung der umweltverträglichen Bewirtschaftung von Abfällen - KrWG, Berlin, 2012.

BMU (2021)
Gesetze, Vorschriften und Vereinbarungen. URL: https://www.bmu.de/ministerium/gesetze-und-verordnungen, zuletzt geprüft am 12.08.2021.

Böge, A.; Böge, W. (2017)
Handbuch Maschinenbau: Grundlagen und Anwendungen der Maschinenbau-Technik, Springer Fachmedien Wiesbaden, Wiesbaden, 2017.

Bond, A. (2012)
Sustainability Assessment, Routledge, New York, 2012.

Booch, G.; Rumbaugh, J.; Jacobson, I. (2004)
The unified modeling language user guide, 12. printing; Addison-Wesley, Boston, 2004.

Boronoos, M.; Mousazadeh, M.; Torabi, S. (2021)
A robust mixed flexible-possibilistic programming approach for multi-objective closed-loop green supply chain network design. In: Environment, Development and Sustainability, Nr. 3, 23. Jg., 2021, S. 3368 - 3395.

Both, G. (1997)
Betriebliche Umweltkennzahlen, Berlin, 1997.

Boulay, A.-M.; Bare, J.; Benini, L.; Berger, M.; Lathuillière, M.; Manzardo, A.; Margni, M.; Motoshita, M.; Núñez, M.; Pastor, A.; Ridoutt, B.; Oki, T.; Worbe, S.; Pfister, S. (2018)
The WULCA consensus characterization model for water scarcity footprints - Assessing impacts of water consumption based on available water remaining (AWARE). In: The International Journal of Life Cycle Assessment, Nr. 2, 23. Jg., 2018, S. 368 - 378.

Boulay, A.-M.; Bare, J.; Camillis, C. de; Döll, P.; Gassert, F.; Gerten, D.; Humbert, S.; Inaba, A.; Itsubo, N.; Lemoine, Y.; Margni, M.; Motoshita, M.; Núñez, M.; Pastor, A.; Ridoutt, B.; Schencker, U.; Shirakawa, N.; Vionnet, S.; Worbe, S.; Yoshikawa, S.; Pfister, S. (2015)
Consensus building on the development of a stress-based indicator for LCA-based impact assessment of water consumption - Outcome of the expert workshops. In: The International Journal of Life Cycle Assessment, Nr. 5, 20. Jg., 2015, S. 577 - 583.

Box, G. (1979)
Robustness in the Strategy of Scientific Model Building. In: Launer, R./Wilkinson, G. (Hrsg.): Robustness in Statistics, Academic Press, Cambridge, 1979, S. 201 - 236.

BPB (2017)
Transport- und Kommunikationskosten. URL: https://www.bpb.de/nachschlagen/zahlen-und-fakten/globalisierung/52499/transport-und-kommunikation, zuletzt geprüft am 12.10.2021.

Brahami, M.; Dahane, M.; Souier, M.; Sahnoun, M. (2020)
Sustainable capacitated facility location/network design problem: a Non-dominated Sorting Genetic Algorithm based multiobjective approach. In: Annals of Operations Research, 2020

Brandenburg, M.; Gruchmann, T.; Oelze, N. (2019)
Sustainable Supply Chain Management—A Conceptual Framework and Future Research Perspectives. In: Sustainability, Nr. 24, 11. Jg., 2019, S. 7239.

Brecher, C.; Schuh, G.; Bergs, T.; Schmidt, R.; Buchsbaum, M. (2022)
Internet of Production - Fundamentals, Applications and Proceedings, Springer, 2022.

Brodny, J.; Tutak, M.; Saki, S. A. (2020)
Forecasting the Structure of Energy Production from Renewable Energy Sources and Biofuels in Poland,, 2020.

Brundtland, G. H. (1987)
Our common future, 13. impr; Univ. Press, Oxford, 1987.

Bryman, A.; Bell, E. (2011)
Business research methods, 3. ed.; Oxford Univ. Press, Oxford, 2011.

Buchholz, M. (2016)
Energie - Wie verschwendet man etwas, das nicht weniger werden kann?, Springer-Verlag, Berlin, Heidelberg, 2016.

Bulle, C.; Margni, M.; Patouillard, L.; Boulay, A.-M.; Bourgault, G.; Bruille, V. de; Cao, V.; Hauschild, M.; Henderson, A.; Humbert, S.; Kashef-Haghighi, S.; Kounina, A.; Laurent, A.; Levasseur, A.; Liard, G.; Rosenbaum, R.; Roy, P.-O.; Shaked, S.; Fantke, P.; Jolliet, O. (2019)
IMPACT World+: a globally regionalized life cycle impact assessment method. In: The International Journal of Life Cycle Assessment, Nr. 9, 24. Jg., 2019, S. 1653 - 1674.

Büssow, C. (2004)
Prozessbewertung in der Logistik, Deutscher Universitätsverlag, Wiesbaden, 2004.

Cabral, I. (2011)
An information model for lean, agile, resilient and green supply chain management, Dissertation, Faculdade de Ciências e Tecnologia, 2011.

Cai, W.; Lai, K. (2021)
Sustainability assessment of mechanical manufacturing systems in the industrial sector. In: Renewable and Sustainable Energy Reviews, 135. Jg., 2021, S. 110169.

Carlowitz, H.-C. von (1732)
Sylvicultura Oeconomica Oder Haußwirthliche Nachricht und Naturmäßige Anweisung zur Wilden Baum-Zucht, Bey Johann Friedrich Brauns sel. Erben, 1732.

Carstensen, L.; Joynt, K.; Scheper, C.; Sinaga, H. (2016)
Die Theorie Globaler Produktionsnetzwerke. In: Peripherie–Politik• Ökonomie• Kultur, Nr. 130-131, 33. Jg., 2016

Ceglowski, J.; Golub, S. (2012)
Does China still have a labor cost advantage. In: Global Economy Journal, Nr. 3, 12. Jg., 2012, S. 1850270.

Cernicky, J.; Hartlieb, A. (2020)
Carbon border adjustment mechanism - Tax or tariff for the climate, Berlin, 2020.

Chatti, S.; Laperrière, L.; Reinhart, G.; Tolio, T. (2019)
CIRP Encyclopedia of Production Engineering, Springer Berlin Heidelberg, Berlin, Heidelberg, 2019.

Chaudhary, A.; Verones, F.; Baan, L. de; Hellweg, S. (2015)
Quantifying Land Use Impacts on Biodiversity: Combining Species-Area Models and Vulnerability Indicators. In: Environmental science & technology, Nr. 16, 49. Jg., 2015, S. 9987 - 9995.

Chen, L.; Olhager, J.; Tang, O. (2013)
Manufacturing facility location and sustainability: A literature review and research agenda. In: International Journal of Production Economics, 149. Jg., 2013, S. 154 - 163.

Chen, L.; Tang, O.; Feldmann, A. (2015)
Applying GRI reports for the investigation of environmental management practices and company performance in Sweden, China and India. In: Journal of Cleaner Production, 98. Jg., 2015, S. 36 - 46.

Chen, X.; Despeisse, M.; Johansson, B. (2020)
Environmental Sustainability of Digitalization in Manufacturing: A Review. In: Sustainability, Nr. 24, 12. Jg., 2020, S. 10298.

Chen, Z.; Cao, Y. (2020)
How 3D Printing Subverts Global Production Networks after COVID-19: Evidence from a Labor-Intensive Industry. In: Discrete Dynamics in Nature and Society, 2020. Jg., 2020, S. 1 - 10.

Cheng, Y.; Farooq, S.; Johansen, J. (2015)
International manufacturing network: past, present, and future. In: International Journal of Operations & Production Management, Nr. 3, 35. Jg., 2015, S. 392 - 429.

Chopra, S.; Meindl, P. (2016)
Supply chain management - Strategy, planning, and operation, Sixth edition; Pearson, Boston, 2016.

Christodoulou, P. (2007)
Making the right things in the right places - A structured approach to developing and exploiting 'manufacturing footprint' strategy, University of Cambridge Institute for Manufacturing, Cambridge, 2007.

Coe, N.; Dicken, P.; Hess, M. (2008)
Global production networks: realizing the potential. In: Journal of Economic Geography, Nr. 3, 8. Jg., 2008, S. 271 - 295.

Colla, V.; Cirilli, F.; Kleimt, B.; Unamuno, I.; Tosato, S.; Baragiola, S.; Klung, J.-S.; Quintero, B.; Miranda, U. de (2016)
Monitoring the environmental and energy impacts of electric arc furnace steelmaking. In: Matériaux & Techniques, Nr. 1, 104. Jg., 2016, S. 102.

Colotla, I.; Shi, Y.; Gregory, M. (2003)
Operation and performance of international manufacturing networks. In: International Journal of Operations & Production Management, Nr. 10, 23. Jg., 2003, S. 1184 - 1206.

Conrad, J.; Grothmann, T. (2015)
Soziale Diskurse und Ziele der Klimaanpassung - Arbeitspaket 5: Vernetzung von Anpassungswissen und –akteuren, politikrelevante Synthese und zielgruppenorientierte Öffentlichkeitsarbeit, Berlin, 2015.

Cooper, C. (2015)
Wiley Encyclopedia of Management, John Wiley & Sons, Ltd, Chichester, UK, 2015.

Corradi, O. (2021)
How to trace back the origin of electricity. URL: https://www.tmrow.com/blog/flow-tracing/, zuletzt geprüft am 16.10.2021.

Corsten, H.; Reiß, M. (2008)
Betriebswirtschaftslehre, Band 1, 4. Auflage; München, Wien, 2008.

Crutzen, P. (2002)
Geology of mankind. In: Nature, Nr. 6867, 415. Jg., 2002, S. 23.

Cunha, P.; Maropoulos, P. (2007)
Digital Enterprise Technology, Springer US, Boston, MA, 2007.

Czuchra, W. (2010)
UML in logistischen Prozessen - Graphische Sprache zur Modellierung der Systeme, 1. Aufl.; Vieweg + Teubner, Wiesbaden, 2010.

Czwick, C.; Kugler, S.; Anderl, R. (2020)
User-Oriented Service Systems in Resource Efficient Production Networks. In: Mrugalska, B./Trzcielinski, S./et al. (Hrsg.): Advances in Manufacturing, Production Management and Process Control, Springer International Publishing, Cham, 2020, S. 279 - 286.

Dalal-Clayton, B. (2014)
Sustainability Appraisal, Routledge, 2014.

Daniotti, B.; Pavan, A.; Lupica Spagnolo, S.; Caffi, V.; Pasini, D.; Mirarchi, C. (2020)
BIM-Based Collaborative Building Process Management, Springer International Publishing, Cham, 2020.

Dansgaard, W.; Johnsen, S.; Clausen, H.; Dahl-Jensen, D.; Gundestrup, N.; Hammer, C.; Hvidberg, C.; Steffensen, J.; Sveinbjörnsdottir, A.; Jouzel, J.; Bond, G. (1993)
Evidence for general instability of past climate from a 250-kyr ice-core record. In: Nature, Nr. 6434, 364. Jg., 1993, S. 218 - 220.

Dantzig, G. (1983)
Reminiscences About the Origins of Linear Programming. In: Bachem, A./Korte, B./et al. (Hrsg.): Mathematical Programming The State of the Art - Bonn 1982, Springer Berlin Heidelberg, Berlin, Heidelberg, 1983, S. 78 - 86.

Dantzig, G. (2016)
Linear Programming and Extensions, 11. Aufl.; Princeton University Press, Princeton, NJ, 2016.

Degischer, H. P.; Fechter, T. (2014)
Nachhaltige Produktion - Emissionen vermeiden, Ressourcen schonen. In: Skolaut, W. (Hrsg.): Maschinenbau - Ein Lehrbuch für das ganze Bachelor-Studium, Springer, Berlin, 2014, S. 1141 - 1158.

Delai, I.; Takahashi, S. (2011)
Sustainability measurement system: a reference model proposal. In: Social Responsibility Journal, Nr. 3, 7. Jg., 2011, S. 438 - 471.

Delesposte, J.; Rangel, L.; Meiriño, M.; Narcizo, R.; Alencar Junior, A. de (2021)
Use of multicriteria decision aid methods in the context of sustainable innovations: bibliometrics, applications and trends. In: Environment Systems and Decisions, Nr. 4, 41. Jg., 2021, S. 501 - 522.

Derungs, C. (2011)
Der Einfluss von Sozialkapitalstrukturen auf den Standortentscheidungsprozess von Unternehmen. In: Bachinger, M./Pechlaner, H./et al. (Hrsg.): Regionen und Netzwerke, Gabler Verlag, Wiesbaden, 2011, S. 173 - 190.

Despeisse, M. (2013)
Sustainable manufacturing tactics and improvement methodology: a structured and systematic approach to identify improvement opportunities, 2013

Dicker, R. (2021)
A smoother ride and a more detailed Map thanks to AI. URL: https://blog.google/products/maps/google-maps-101-ai-power-new-features-io-2021/, zuletzt geprüft am 09.08.2021.

DIN Deutsches Institut für Normung e. V. (2011)
ISO 26000, DIN ISO 26000 Beuth, 2011.

DIN Deutsches Institut für Normung e. V. (2012)
DIN Deutsches Institut für Normung e. V.140312012, DIN EN ISO 14031, 2012.

DIN Deutsches Institut für Normung e. V. (2013)
DIN EN 16258 - Energieverbrauch und der Treibhausgasemissionen, DIN EN 16258 Beuth, Berlin, 2013.

DIN Deutsches Institut für Normung e. V. (2013)
DIN EN 16258, DIN EN 16258 Beuth, Berlin, 2013.

DIN Deutsches Institut für Normung e. V. (2014)
DIN Deutsches Institut für Normung e. V.500062014, DIN ISO 50006, 2014.

DIN Deutsches Institut für Normung e. V. (2015)
DIN EN ISO 14001, DIN EN ISO 14001 Beuth, 2015.

DIN Deutsches Institut für Normung e. V. (2018)
Umweltmanagement - Ökobilanz, DIN EN ISO 14044 Beuth, Berlin, 2018.

Dohale, V.; Gunasekaran, A.; Akarte, M.; Verma, P. (2021)
52 Years of manufacturing strategy: an evolutionary review of literature (1969–2021). In: International Journal of Production Research, 2021, S. 1 - 26.

Domschke, W.; Drexl, A.; Klein, R.; Scholl, A. (2015)
Einführung in Operations Research, Springer Berlin Heidelberg, Berlin, Heidelberg, 2015.

Dorfleitner, G.; Halbritter, G.; Nguyen, M. (2015)
Measuring the level and risk of corporate responsibility – An empirical comparison of different ESG rating approaches. In: Journal of Asset Management, Nr. 7, 16. Jg., 2015, S. 450 - 466.

Döring, R. (2004)
Wie stark ist schwache, wie schwach starke Nachhaltigkeit?, Universität Greifswald, Rechts- und Staatswissenschaftliche Fakultät, Greifswald, 2004.

DSLV (2013)
Berechnung von Treibhausgasemissionen in Spedition und Logistik gemäß DIN EN 16258 - Begriffe, Methoden, Beispiele, Bonn, 2013.

Duden (2021)
Allokation. URL: https://www.duden.de/rechtschreibung/Allokation, zuletzt geprüft am 12.06.2021.

Dusseldorp, M. (2017)
Zielkonflikte der Nachhaltigkeit, Springer Fachmedien Wiesbaden, Wiesbaden, 2017.

DWDS (2021)
Nachhaltigkeit Verlaufskurve - Das Wortauskunftssystem zur deutschen Sprache in Geschichte und Gegenwart. URL: https://www.dwds.de/r/plot/?view=1&corpus=zeitungen&norm=date%2Bclass&smooth=spline&genres=0&grand=1&slice=1&prune=0&window=3&wbase=0&logavg=0&logscale=0&xrange=1946%3A2021&q1=Nachhaltigkeit, zuletzt geprüft am 15.06.2021.

Dyckhoff, H.; Souren, R. (2008)
Nachhaltige Unternehmensführung - Grundzüge industriellen Umweltmanagements ; mit 13 Tabellen, Springer, Berlin, 2008.

Dzhengiz, T.; Niesten, E. (2020)
Competences for Environmental Sustainability: A Systematic Review on the Impact of Absorptive Capacity and Capabilities. In: Journal of Business Ethics, Nr. 4, 162. Jg., 2020, S. 881 - 906.

Eblinghaus, H.; Stickler, A. (1998)
Nachhaltigkeit und Macht - Zur Kritik von Sustainable Development, 3. Aufl.; IKO - Verl. für Interkulturelle Kommunikation, Frankfurt am Main, 1998.

Eccles, R.; Stroehle, J. (2018)
Exploring Social Origins in the Construction of ESG Measures. In: SSRN Electronic Journal, 2018

EcoVadis (2017)
EcoVadis CSR Rating Methodology - Overview & Principles, Paris, 2017.

Efroymson, R.; Dale, V. (2015)
Environmental indicators for sustainable production of algal biofuels. In: Ecological Indicators, 49. Jg., 2015, S. 1 - 13.

Ehrenfeld, J. (2005)
The roots of sustainability. In: MIT Sloan Management Review, Nr. 2, 46. Jg., 2005, S. 23.

Ehrgott, M. (2005)
Multicriteria Optimization, Second edition; Springer Berlin · Heidelberg, Berlin, Heidelberg, 2005.

Ehrlenspiel, K. (2009)
Integrierte Produktentwicklung - Denkabläufe, Methodeneinsatz, Zusammenarbeit, 4., aktualisierte Aufl.; Hanser, München, 2009.

EIA (2020)
International Energy Outlook - Delivered energy consumption by end-use sector and fuel. URL: https://www.eia.gov/outlooks/aeo/data/browser/#/?id=15-IEO2019&region=4-0&cases=Reference&start=2010&end=2020&f=A&linechart=Reference-d080819.2-15-IEO2019.4-0&map=&sourcekey=0, zuletzt geprüft am 01.10.2021.

Elhuni, R.; Ahmad, M. (2017)
Key Performance Indicators for Sustainable Production Evaluation in Oil and Gas Sector. In: Procedia Manufacturing, 11. Jg., 2017, S. 718 - 724.

Elkington, J. (1998)
Cannibals with forks - The triple bottom line of 21st century business, New Society Publishers, Gabriola Island, BC, Stony Creek, CT, 1998.

Enquete-Kommission (1998)
Konzept Nachhaltigkeit "Schutz des Menschen und der Umwelt - Ziele und Rahmenbedingungen einer nachhaltig zukunftsverträglichen Entwicklung" - Vom Leitbild zur Umsetzung, Bonn, 1998.

Enright, M.; Subramanian, V. (2007)
An organizing framework for MNC subsidiary typology. In: Management International Review, 47. Jg., 2007, S. 895 - 924.

Eppen, G.; Martin, R.; Schrage, L. (1989)
OR Practice—A Scenario Approach to Capacity Planning. In: Operations Research, Nr. 4, 37. Jg., 1989, S. 517 - 527.

Errasti, A. (2013)
Global production networks - Operations design and management, 2. ed.; CRC Press, Boca Raton, Fla., 2013.

Escrig-Olmedo, E.; Fernández-Izquierdo, M.; Ferrero-Ferrero, I.; Rivera-Lirio, J.; Muñoz-Torres, M. (2019)
Rating the Raters: Evaluating how ESG Rating Agencies Integrate Sustainability Principles. In: Sustainability, Nr. 3, 11. Jg., 2019, S. 915.

Escrig-Olmedo, E.; Torres, M.; Izquierdo, M. (2010)
Socially responsible investing: sustainability indices, ESG rating and information provider agencies. In: International Journal of Sustainable Economy, Nr. 4, 2. Jg., 2010, S. 442.

Eskandarpour, M.; Dejax, P.; Miemczyk, J.; Péton, O. (2015)
Sustainable supply chain network design: An optimization-oriented review. In: Omega, 54. Jg., 2015, S. 11 - 32.

Eskandarpour, M.; Dejax, P.; Péton, O. (2019)
Multi-directional local search for sustainable supply chain network design. In: International Journal of Production Research, 2019, S. 1 - 17.

Eslami, Y.; Lezoche, M.; Panetto, H.; Dassisti, M. (2020)
On analysing sustainability assessment in manufacturing organisations: a survey. In: International Journal of Production Research, Nr. 1, 4. Jg., 2020, S. 1 - 32.

Esnouf, A.; Heijungs, R.; Coste, G.; Latrille, É.; Steyer, J.-P.; Hélias, A. (2019)
A tool to guide the selection of impact categories for LCA studies by using the representativeness index. In: Science of The Total Environment, 658. Jg., 2019, S. 768 - 776.

Esty, D. C.; Andonov, B.; Kim, C.; Townsend, J.; Srebotnjak, T.; Campbell, K.; Li, Q.; Zhang, B.; Goodall, M.; Gregg, K.; Martinez, M.; Levy, M.; Sherbinin, A. de; Anderson, B. (2005)
2005 Environmental Sustainability Index - Benchmarking National Environmental Stewardship,, 2005.

EU (2014)
Änderung der Richtlinie 2013/34/EU im Hinblick auf die Angabe nichtfinanzieller und die Diversität betreffender Informationen durch bestimmte große Unternehmen und Gruppen - RICHTLINIE 2014/95/EU, Brüssel, 2014.

Europäische Kommission (2019)
Der europäische Grüne Deal - Mitteilung der Kommission an das Europäische Parlament, den Europäischen Rat, den Europäischen Wirtschafts- und Sozialausschuss und den Ausschuss der Regionen, Brüssel, 2019.

European Environment Agency (2021)
Waste recycling in Europe. URL: https://www.eea.europa.eu/data-and-maps/indicators/waste-recycling-2/assessment, zuletzt geprüft am 23.09.2021.

Eurostat (2021)
Internationale Organisationen. URL: https://ec.europa.eu/eurostat/de/web/links/international-organisations, zuletzt geprüft am 09.08.2021.

Eurostat (2021)
Nationale Statistische Ämter. URL: https://ec.europa.eu/eurostat/de/web/links/national_statistical_offices, zuletzt geprüft am 09.08.2021.

Evelyn, J. (1664)
Sylva; or, A discourse of forest-trees, and the propagation of timber in His Majesties dominions - As it was deliver'd in the Royal Society, To which is annexed, Pomona; Published by express order of the Royal Society. Also, Kalendarium hortense; or, Gard'ners almanac, directing what he is to do monthly throughout the year, Printed by J. Martyn and J. Allestry, London, 1664.

Evers, M.; Newig, J. (2014)
Wasser. In: Heinrichs, H./Michelsen, G. (Hrsg.): Nachhaltigkeitswissenschaften, Springer Berlin Heidelberg, Berlin, Heidelberg, 2014, S. 475 - 500.

Eversheim, W.; Dohms, R.; Schellberg, O. (2000)
Produktion in globalen Netzwerken: Potentiale der Globalisierung im Verbund erschlieen. In: wt Werkstattstechnik online, Nr. 5, 90. Jg., 2000, S. 183 - 187.

Fantke, P.; Bijster, M.; Hauschild, M. Z.; Huijbregts, M.; Jolliet, O.; Kounina, A.; Magaud, V.; Margni, M.; McKone, T. E.; Rosenbaum, R. K.; van de Meent, D.; van Zelm, R. (2017)
USEtox 2.0 Documentation, USEtox® Team, 2017.

Feldmann, A.; Olhager, J. (2019)
A taxonomy of international manufacturing networks. In: Production Planning & Control, Nr. 2-3, 30. Jg., 2019, S. 163 - 178.

Feng, S.; Che, J. (2010)
Development Overview of Sustainable Manufacturing Metrics, 2010

Feng, S.; Joung, C.-B.; Li, G. (2009)
Development Overview of Sustainable Manufacturing Metrics. In: CIRP LCE Procedures, 2009

Ferdows, K. (1989)
Mapping international factory networks. In: Managing international manufacturing, Nr. p, 3. Jg., 1989, S. 3 - 21.

Ferdows, K. (1997)
Making the Most of Foreign Factories. In: Harvard Bus. Rev., 75. Jg., 1997

Ferdows, K. (2006)
Transfer of Changing Production Know-How - POM Forum. In: Production and Operations Management, Nr. 1, 15. Jg., 2006, S. 1 - 9.

Ferdows, K. (2018)
Keeping up with growing complexity of managing global operations. In: International Journal of Operations & Production Management, Nr. 2, 38. Jg., 2018, S. 390 - 402.

Ferstl, O. K.; Sinz, E. J. (2013)
Grundlagen der Wirtschaftsinformatik, 7., aktualisierte Aufl.; Oldenbourg, München, 2013.

Fichtner, W. (2004)
Produktionsmanagement und Nachhaltigkeit — unter besonderer Berücksichtigung industrieller Energieversorgungsstrukturen. In: Hülsmann, M./Müller-Christ, G./et al. (Hrsg.): Betriebswirtschaftslehre und Nachhaltigkeit: Bestandsaufnahme und Forschungsprogrammatik, Deutscher Universitätsverlag, Wiesbaden, 2004, S. 311 - 354.

Fink, L. (2020)
Letter to CEOs - A Fundamental Reshaping of Finance. URL: https://www.blackrock.com/ch/individual/en/larry-fink-ceo-letter, zuletzt geprüft am 01.10.2021.

Finkbeiner, M. (2016)
Special Types of Life Cycle Assessment, Springer Netherlands, Dordrecht, 2016.

Finkbeiner, M.; Schau, E.; Lehmann, A.; Traverso, M. (2010)
Towards Life Cycle Sustainability Assessment. In: Sustainability, Nr. 10, 2. Jg., 2010, S. 3309 - 3322.

Forrester, J. (1993)
System Dynamics and the Lessons of 35 Years. In: Greene, K. B. de (Hrsg.): A Systems-Based Approach to Policymaking, Springer US, Boston, MA, 1993, S. 199 - 240.

Forrester, J. W. (1972)
Grundzüge einer Systemtheorie, Gabler Verlag, Wiesbaden, 1972.

Fowler, M.; Scott, K. (1999)
UML distilled - Applying the standard object modeling language, 11. Aufl.; Addison-Wesley, Reading, Mass., 1999.

Freeman, R. E.; Wicks, A. C.; Harrison, J. S. (2007)
Managing for stakeholders - Survival, reputation, and success, Yale University Press, New Haven, 2007.

Freitas Netto, S. de; Sobral, M.; Ribeiro, A.; Soares, G. (2020)
Concepts and forms of greenwashing: a systematic review. In: Environmental Sciences Europe, Nr. 1, 32. Jg., 2020

Frenz, W.; Müggenborg, H.-J. (2016)
Recht für Ingenieure, Springer Berlin Heidelberg, Berlin, Heidelberg, 2016.

Friedli, T.; Lanza, G.; Remling, D. (2021)
Global Manufacturing Management, Springer International Publishing, Cham, 2021.

Friedli, T.; Thomas, S.; Mundt, A. (2013)
Management globaler Produktionsnetzwerke - Strategie, Konfiguration, Koordination, Hanser, München, 2013.

Frischknecht, R. (2020)
Lehrbuch der Ökobilanzierung, 1. Aufl.; Springer Spektrum, Berlin, 2020.

Frischknecht, R.; Jolliet, O. (2019)
Global Guidance on Environmental Life Cycle Impcat Assessment Indicators, New York, 2019.

Fuller, C.; Phelps, N. (2018)
Revisiting the multinational enterprise in global production networks. In: Journal of Economic Geography, Nr. 1, 18. Jg., 2018, S. 139 - 161.

Gadatsch, A. (2017)
Datenmodellierung für Einsteiger - Einführung in die Entity-Relationship-Modellierung und das Relationenmodell, Springer Fachmedien Wiesbaden, Wiesbaden, 2017.

Gaël Varoquaux; Travis Vaught; Jarrod Millman (2008)
Proceedings of the 7th Python in Science Conference, Pasadena, CA USA (2008)

Gallego-Álvarez, I.; Lozano, M.; Rodríguez-Rosa, M. (2018)
An analysis of the environmental information in international companies according to the new GRI standards. In: Journal of Cleaner Production, 182. Jg., 2018, S. 57 - 66.

Gan, X.; Fernandez, I.; Guo, J.; Wilson, M.; Zhao, Y.; Zhou, B.; Wu, J. (2017)
When to use what: Methods for weighting and aggregating sustainability indicators. In: Ecological Indicators, 81. Jg., 2017, S. 491 - 502.

Gao, L.; Ren, N.; Wang, A. (2009)
Pollution Mechanism and Control Strategies of Corn Deep Processing Industry. In: ICM (Hrsg.): 2009 International Conference on Management and Service Science, IEEE, 2009, S. 1 - 4.

Garey, M. R.; Johnson, D. S. (1979)
Computers and intractability - A guide to the theory of NP-completeness, 27. print; Freeman, New York u.a, 1979.

Garz, H.; Schnella, F. (2008)
KPIs for ESG - Key Performance Indicators for environmental, social and governance issues ; a guideline for corporates on how to report on ESG and a benchmark for investment professionals on how to integrate ESG into financial analysis, Dreieich, 2008.

Gasser, U. (1999)
Umweltgefahren von Mülldeponien, München, 1999.

Gausemeier, J.; Wiendahl, H.-P. (2011)
Wertschöpfung und Beschäftigung in Deutschland, Springer, Berlin, 2011.

Geissdoerfer, M.; Savaget, P.; Bocken, N.; Hultink, E. (2017)
The Circular Economy – A new sustainability paradigm. In: Journal of Cleaner Production, 143. Jg., 2017, S. 757 - 768.

Georgescu-Roegen, N. (1971)
The Entropy Law and the Economic Process, Harvard University Press, Boston, 1971.

Geyer, R.; Jambeck, J.; Law, K. (2017)
Production, use, and fate of all plastics ever made. In: Science Advances, Nr. 7, 3. Jg., 2017, Aufsatznr. e1700782.

Giaconi, M.; Giasanti, L.; Varva, S. (2021)
The Value of "Social" Reputation: The Protection of MNE Workers from the Consumer's Perspective. In: Global Jurist, 2021

Gibson, B. (2013)
Sustainability Assessment, Routledge, New York, 2013.

Gladen, W. (2001)
Kennzahlen- und Berichtssysteme, Gabler Verlag, Wiesbaden, 2001.

Gölzer, P.; Simon, L.; Cato, P.; Amberg, M. (2015)
Designing Global Manufacturing Networks Using Big Data. In: Procedia CIRP, 33. Jg., 2015, S. 191 - 196.

Gomory, R. (2002)
Early Integer Programming. In: Operations Research, Nr. 1, 50. Jg., 2002, S. 78 - 81.

Govindan, K.; Aditi; Dhingra Darbari, J.; Kaul, A.; Jha, P. (2021)
Structural model for analysis of key performance indicators for sustainable manufacturer–supplier collaboration: A grey-decision-making trial and evaluation laboratory-based approach. In: Business Strategy and the Environment, Nr. 4, 30. Jg., 2021, S. 1702 - 1722.

Govindan, K.; Garg, K.; Gupta, S.; Jha, P. (2016)
Effect of product recovery and sustainability enhancing indicators on the location selection of manufacturing facility. In: Ecological Indicators, 67. Jg., 2016, S. 517 - 532.

Govindan, K.; Jafarian, A.; Nourbakhsh, V. (2019)
Designing a sustainable supply chain network integrated with vehicle routing: A comparison of hybrid swarm intelligence metaheuristics. In: Computers & Operations Research, 110. Jg., 2019, S. 220 - 235.

Greco, S.; Ehrgott, M.; Figueira, J. R. (2016)
Multiple Criteria Decision Analysis, Springer New York, New York, NY, 2016.

Greene, K. de (1993)
A Systems-Based Approach to Policymaking, Springer US, Boston, MA, 1993.

Grigoryev, I. (2016)
AnyLogic 7 in three days - A quick course in simulation modeling, Third edition; Amazon, Wrocław, 2016.

Grimen, H. (2003)
Die Theorie wissenschaftlicher Revolutionen von Kuhn. In: Larsen, S. U./Zimmermann, E. (Hrsg.): Theorien und Methoden in den Sozialwissenschaften, VS Verlag für Sozialwissenschaften, Wiesbaden, 2003, S. 43 - 59.

Grimme, C.; Bossek, J. (2018)
Einführung in die Optimierung, Springer Fachmedien Wiesbaden, Wiesbaden, 2018.

Grote, U. (1998)
Proceedings zum Statusseminar Softwaretechnologie des BMBF - Statusseminar Softwaretechnologie des BMBF, Berlin, 1998.

Grunwald, A. (2017)
Bioökonomie – Schlüssel zu unbegrenztem Wirtschafts- und Konsumwachstum. In: Pietzsch, J. (Hrsg.): Bioökonomie für Einsteiger, Springer Berlin Heidelberg, Berlin, Heidelberg, 2017, S. 205 - 211.

GSSB (2019)
GRI Sustainability Reporting Standards, GRI, 2019.

GSSB (2021)
Sustainability Disclosure Database. URL: https://database.globalreporting.org/, zuletzt geprüft am 12.08.2021.

Guan, D.; Wang, D.; Hallegatte, S.; Davis, S.; Huo, J.; Li, S.; Bai, Y.; Lei, T.; Xue, Q.; Coffman, D.; Cheng, D.; Chen, P.; Liang, X.; Xu, B.; Lu, X.; Wang, S.; Hubacek, K.; Gong, P. (2020)
Global supply-chain effects of COVID-19 control measures. In: Nature human behaviour, Nr. 6, 4. Jg., 2020, S. 577 - 587.

Guba, E.; Lincoln, Y. (1994)
Competing paradigms in qualitative research. In: Handbook of qualitative research, Nr. 163-194, 2. Jg., 1994, S. 105.

Guinée, J.; Heijungs, R.; Huppes, G.; Zamagni, A.; Masoni, P.; Buonamici, R.; Ekvall, T.; Rydberg, T. (2011)
Life cycle assessment: past, present, and future. In: Environmental science & technology, Nr. 1, 45. Jg., 2011, S. 90 - 96.

Gunasekaran, A.; Kobu, B. (2007)
Performance measures and metrics in logistics and supply chain management: a review of recent literature (1995–2004) for research and applications. In: International Journal of Production Research, Nr. 12, 45. Jg., 2007, S. 2819 - 2840.

Gurobi Optimization LLC. (2021)
Gurobi Optimizer Reference Manual. URL: https://www.gurobi.com, zuletzt geprüft am 28.09.2021.

Gützlaff, A. (2022)
Entscheidungsprozess zur kontinuierlichen Gestaltung von Produktionsnetzwerken, Dissertation, RWTH Aachen, 2022.

Haeckel, E. (1866)
Generelle Morphologie der Organismen, De Gruyter, Oldenbourg, 1866.

Hagberg, A.; Schult, D.; Swart, P. (2008)
Exploring Network Structure, Dynamics, and Function using NetworkX. In: Gaël Varoquaux/Travis Vaught/et al. (Hrsg.): Proceedings of the 7th Python in Science Conference, Pasadena, CA USA, 2008, S. 11 - 15.

Hagedorn, A. (1994)
Modellgestützte Planung und Kontrolle von Produktionsstandorten, Deutscher Universitätsverlag, Wiesbaden, 1994.

Haller, K.; Lee, J.; Cheung, J. (2020)
Meet the 2020 consumers driving change - Why brands must deliver on omnipresence, agility, and sustainability, Armonk, NY, 2020.

Hanssmann, F. (2018)
Einführung in die Systemforschung, Oldenbourg Wissenschaftsverlag, München, 2018.

Harre, J. (2006)
Strategische Standortstrukturplanung für multinational produzierende Unternehmen, Shaker, Aachen, 2006.

Harrlandt, F. (2020)
Der Deutsche Nachhaltigkeitskodex - Maßstab für nachhaltiges Wirtschaften, Berlin, 2020.

Härtel, H.-H. (1996)
Grenzüberschreitende Produktion und Strukturwandel - Globalisierung der deutschen Wirtschaft, 1. Aufl.; Nomos, Baden-Baden, 1996.

Hartkopf, M.; Westkaemper, E. (2012)
A model of plant developments under changeability aspects. In: Journal of Machine Engineering, 12. Jg., 2012

Hassan, A.; Shariff Nabi Baksh, M.; Shaharoun, A. (2000)
Issues in quality engineering research. In: International Journal of Quality & Reliability Management, Nr. 8, 17. Jg., 2000, S. 858 - 875.

Hatamleh, M.; Hiyassat, M.; Sweis, G.; Sweis, R. (2018)
Factors affecting the accuracy of cost estimate: case of Jordan. In: Engineering, Construction and Architectural Management, Nr. 1, 25. Jg., 2018, S. 113 - 131.

Haubach, C. (2013)
Umweltmanagement in globalen Wertschöpfungsketten, Springer Fachmedien Wiesbaden, Wiesbaden, 2013.

Haubensak, J. (2020)
Managing Sustainability - Ramboll survey shows how companies implement sustainability, online, 2020.

Hauff, M. von (2014)
Nachhaltige Entwicklung, De Gruyter, Oldenbourg, 2014.

Hauschild, M.; Huijbregts, M.; Jolliet, O.; Macleod, M.; Margni, M.; van de Meent, D.; Rosenbaum, R.; McKone, T. (2021)
USEtox Release 2.12 - Excel-Tool. URL: https://www.usetox.org/model/download, zuletzt geprüft am 11.08.2021.

Hauschild, M. Z.; Rosenbaum, R. K.; Olsen, S. I. (2018)
Life Cycle Assessment, Springer International Publishing, Cham, 2018.

Heinrichs, H.; Michelsen, G. (2014)
Nachhaltigkeitswissenschaften, Springer Berlin Heidelberg, Berlin, Heidelberg, 2014.

Helbing, K. W. (2018)
Handbuch Fabrikprojektierung, Springer Berlin Heidelberg, Berlin, Heidelberg, 2018.

Helmig, J. (2012)
Bewertung des Einsatzes von nachhaltigen Logistikkonzepten in Unternehmensnetzwerken, 1. Aufl.; Apprimus Verlag, Aachen, 2012.

Helmke, S.; Uebel, M.; Dangelmaier, W. (2017)
Effektives Customer Relationship Management, Springer Fachmedien Wiesbaden, Wiesbaden, 2017.

Henderson, J.; Dicken, P.; Hess, M.; Coe, N.; Yeung, H. (2002)
Global production networks and the analysis of economic development. In: Review of International Political Economy, Nr. 3, 9. Jg., 2002, S. 436 - 464.

Henisz, W.; Koller, T.; Nuttaal, R. (2019)
Five ways that ESG creates value - Getting your environmental, social, and governance (ESG) proposition right links to higher value creation. URL: https://www.mckinsey.com/business-functions/strategy-and-corporate-finance/our-insights/five-ways-that-esg-creates-value, zuletzt geprüft am 06.01.2022.

Henrich, J. (2018)
Compliance im GRI-Berichtsstandard. In: Kleinfeld, A./Martens, A. (Hrsg.): CSR und Compliance, Springer Berlin Heidelberg, Berlin, Heidelberg, 2018, S. 91 - 103.

Henzler, H.; Rall, W. (1985)
Aufbruch in den Weltmarkt. In: manager magazin, Nr. 9, 15. Jg., 1985, S. 176 - 190.

Herberger, D.; Hübner, M. (2023)
Proceedings of the CPSL 2023 - Conference on Production Systems and Logistics, publish-Ing, Hannover, 2023.

Herring, H. (2000)
Is Energy Efficiency Environmentally Friendly. In: Energy & Environment, Nr. 3, 11. Jg., 2000, S. 313 - 325.

Heße, W. (2020)
Energieeffiziente Wärmeversorgung von Gebäuden, Springer Fachmedien Wiesbaden, Wiesbaden, 2020.

Heuck, K.; Dettmann, K.-D.; Schulz, D. (2010)
Elektrische Energieversorgung, Vieweg+Teubner, Wiesbaden, 2010.

Hochdörffer, J.; Arndt, T.; Buergin, J.; Moser, E.; Scherb, M. (2015)
Evaluation of global manufacturing networks – a matter of perspective, Cambridge, 2015.

Hochdörffer, J.; Klenk, F.; Lanza, G.; Fusen, T.; Häfner, B.; Lanza, G. (2021)
Approach for integrated product variant allocation and configuration adaption of global production networks featuring post-optimality analysis. In: International Journal of Production Research, 2021, S. 1 - 25.

Hofer, P.; Scheelhaase, J.; Wolff, H. (1998)
Nachhaltige Entwicklung im Energiesektor?, Physica-Verlag HD, Heidelberg, 1998.

Hofstetter, P. (1998)
Perspectives in life cycle impact assessment - A structured approach to combine models of the technosphere, ecosphere and valuesphere, Kluwer Academic, Boston, 1998.

Hörisch, J.; Wulfsberg, I.; Schaltegger, S. (2020)
The influence of feedback and awareness of consequences on the development of corporate sustainability action over time. In: Business Strategy and the Environment, Nr. 2, 29. Jg., 2020, S. 638 - 650.

Hristov, I.; Chirico, A. (2019)
The Role of Sustainability Key Performance Indicators (KPIs) in Implementing Sustainable Strategies. In: Sustainability, Nr. 20, 11. Jg., 2019

Huang, A. (2017)
A Framework and Metrics for Sustainable Manufacturing Performance Evaluation at the Production Line, Plant and Enterprise Levels, University of Kentucky, 2017.

Huang, A.; Badurdeen, F. (2017)
Sustainable Manufacturing Performance Evaluation: Integrating Product and Process Metrics for Systems Level Assessment. In: Procedia Manufacturing, 8. Jg., 2017, S. 563 - 570.

Hülsmann, M.; Müller-Christ, G.; Haasis, H.-D. (2004)
Betriebswirtschaftslehre und Nachhaltigkeit: Bestandsaufnahme und Forschungsprogrammatik, Deutscher Universitätsverlag, Wiesbaden, 2004.

Hutchins, M.; Sutherland, J. (2008)
An exploration of measures of social sustainability and their application to supply chain decisions. In: Journal of Cleaner Production, Nr. 15, 16. Jg., 2008, S. 1688 - 1698.

Huwart, J.-Y.; Verdier, L. (2013)
Economic Globalisation - Origins and consequences, OECD Publishing, Paris, 2013.

Huwart, J.-Y.; Verdier, L. (2014)
Die Globalisierung der Wirtschaft - Ursprünge und Auswirkungen, Organisation for Economic Co-operation and Development (OECD), Paris, 2014.

Hwang, C.-L.; Masud, A. S. M.; Beckmann, M.; Künzi, H. P. (1979)
Multiple Objective Decision Making — Methods and Applications, Springer Berlin Heidelberg, Berlin, Heidelberg, 1979.

ICM (2009)
2009 International Conference on Management and Service Science, 2009 International Conference on Management and Service Science (MASS), 20.09.2009 - 22.09.2009. IEEE (2009)

IEEE (2011)
2011 IEEE International Conference on Industrial Engineering and Engineering Management, 2011 IEEE International Conference on Industrial Engineering and Engineering Management (IEEM), 06.12.2011 - 09.12.2011. IEEE (2011)

IEEE Computer Society (2007)
Proceedings of the IEEE International Symposium on Electronics and the Environment, 2007. IEEE Xplore (2007)

ifeu Heidelberg; INFRAS Bern; IVE Hannover (2019)
Ecological Transport Information Tool for Worldwide Transports - Methodology and Data Update 2019, Bern, Hannover, Heidelberg, 2019.

IML (2018)
Definition WMS - Was ist ein WMS bzw. LVS. URL: http://www.warehouse-logistics.com/de/definition-wms-lvs.html, zuletzt geprüft am 05.08.2021.

Internationale Organisation für Normung (2019)
ISO 14064, DIN EN ISO 14064 Beuth, Berlin, 2019.

Internationale Organisation für Normung (2019)
ISO 15392, ISO 15392 ISO copyright office, Genf, 2019.

IPCC (2021)
Climate Change 2021 - The Physical Science Basis. Contribution of Working Group I to the Sixth Assessment Report of the Intergovernmental Panel on Climate Change, Cambridge University Press, Cambridge, 2021.

Jacob, M. (2019)
Digitalisierung & Nachhaltigkeit - Eine unternehmerische Perspektive, 1st ed. 2019; Springer Fachmedien Wiesbaden; Imprint: Springer Vieweg, Wiesbaden, 2019.

Jakhar, S. (2014)
Designing the Green Supply Chain Performance Optimisation Model. In: Global Journal of Flexible Systems Management, Nr. 3, 15. Jg., 2014, S. 235 - 259.

Jayal, A.; Badurdeen, F.; Dillon, O.; Jawahir, I. (2010)
Sustainable manufacturing: Modeling and optimization challenges at the product, process and system levels. In: CIRP Journal of Manufacturing Science and Technology, Nr. 3, 2. Jg., 2010, S. 144 - 152.

John Wiley & Sons, L. (2001)
eLS, Wiley, online, 2001.

Johnston, P.; Everard, M.; Santillo, D.; Robèrt, K.-H. (2007)
Reclaiming the definition of sustainability. In: Environmental science and pollution research international, Nr. 1, 14. Jg., 2007, S. 60 - 66.

Jonas, C.; Reinhart, G. (2000)
Konzept einer durchgängigen, rechnergestützten Planung von Montageanlagen, Utz, München, 2000.

Joung, C.; Carrell, J.; Sarkar, P.; Feng, S. (2012)
Categorization of indicators for sustainable manufacturing. In: Ecological Indicators, 24. Jg., 2012, S. 148 - 157.

Kachaner, N.; Nielsen, J.; Portafaix, A.; Rodzko, F. (2020)
The Pandemic Is Heightening Environmental Awareness. URL: https://www.bcg.com/de-de/publications/2020/pandemic-is-heightening-environmental-awareness, zuletzt geprüft am 01.10.2021.

Kafsack, H. (2020)
Die verflixte Sache mit der CO2-Grenzsteuer - Merkel und Macron. URL: https://www.faz.net/aktuell/wirtschaft/merkel-und-macron-die-verflixte-sache-mit-der-co2-grenzsteuer-16839416.html, zuletzt geprüft am 01.10.2021.

Kallrath, J. (2002)
Gemischt-ganzzahlige Optimierung: Modellierung in der Praxis, Vieweg+Teubner Verlag, Wiesbaden, 2002.

Kalusche, D. (2016)
Ökologie in Zahlen, Springer Berlin Heidelberg, Berlin, Heidelberg, 2016.

Kalverkamp, M.; Karbe, N. (2019)
Comparability of Life Cycle Assessments: Modelling and Analyzing LCA Using Different Databases. In: Pehlken, A./Kalverkamp, M./et al. (Hrsg.): Cascade Use in Technologies 2018, Springer Berlin Heidelberg, Berlin, Heidelberg, 2019, S. 51 - 63.

Kaplan, R. S.; Norton, D. P. (1996)
The balanced scorecard - Translating strategy into action, 2. Aufl.; Harvard Business School Press, Boston, Mass., 1996.

Karger, R.; Hoffmann, F. (2013)
Wasserversorgung, Springer Fachmedien Wiesbaden, Wiesbaden, 2013.

Kaza, S.; Yao, L.; Bhada-Tata, P.; van Woerden, F. (2019)
What a waste 2.0 - A Global Snapshot of Solid Waste Management to 2050, The World Bank, Washington, DC, 2019.

Khojastehpour, M.; Shams, S. (2020)
Addressing the complexity of stakeholder management in international ecological setting: A CSR approach. In: Journal of Business Research, 119. Jg., 2020, S. 302 - 309.

Kibira, D.; Brundage, M.; Feng, S.; Morris, K. (2018)
Procedure for Selecting Key Performance Indicators for Sustainable Manufacturing. In: Journal of Manufacturing Science and Engineering, Nr. 1, 140. Jg., 2018, S. 148.

Kim, D.; Leong, S.; Chen, C.-S. (2012)
An Overview of Sustainability Indicators and Metrics for Discrete Part Manufacturing. In: ASME (Hrsg.): 32nd Computers and Information in Engineering Conference - Parts A and B, American Society of Mechanical Engineers, 2012, S. 1173 - 1181.

Kim, E.; Choe, S.; Kwak, J. (2019)
Multinational companies and the corporate social responsibility at home: the stakeholder approach. In: Management Decision, Nr. 9, 57. Jg., 2019, S. 2383 - 2400.

Kim, J.; Allenby, B. (2007)
Development of Sustainability Network Theory (SNT) and Model for Managing Electronics Industrial System. In: IEEE Computer Society (Hrsg.): Proceedings of the IEEE International Symposium on Electronics and the Environment, IEEE Xplore, 2007, S. 170 - 173.

Kind, T.; Engel, K. (2018)
Rohstoffboom zwischen Gewinnen und Verlusten - Deutschlands ökologischer Fußabdruck durch Stahl und Aluminium, 1. Aufl.; Berlin, 2018.

King, M. (2009)
Special Report: Sustainability. URL: https://www.accountancysa.org.za/special-report-sustainability-2009-3/, zuletzt geprüft am 01.10.2021.

Kingsman, B.; Souza, A. de (1997)
A knowledge-based decision support system for cost estimation and pricing decisions in versatile manufacturing companies. In: International Journal of Production Economics, Nr. 2, 53. Jg., 1997, S. 119 - 139.

Kinkel, S. (2009)
Erfolgsfaktor Standortplanung, Springer Berlin Heidelberg, Berlin, Heidelberg, 2009.

Kishawy, H.; Hegab, H.; Saad, E. (2018)
Design for Sustainable Manufacturing: Approach, Implementation, and Assessment. In: Sustainability, Nr. 10, 10. Jg., 2018, S. 3604.

Kleinfeld, A.; Martens, A. (2018)
CSR und Compliance, Springer Berlin Heidelberg, Berlin, Heidelberg, 2018.

Kletti, J. (2015)
MES - Manufacturing Execution System, Springer Berlin Heidelberg, Berlin, Heidelberg, 2015.

Kletti, J.; Schumacher, J. (2014)
Die perfekte Produktion, Springer Berlin Heidelberg, Berlin, Heidelberg, 2014.

Kloepffer, W. (2008)
Life cycle sustainability assessment of products. In: The International Journal of Life Cycle Assessment, Nr. 2, 13. Jg., 2008, S. 89 - 95.

Klöpffer, W.; Grahl, B. (2009)
Ökobilanz (LCA), Wiley, Weinheim, 2009.

Klostermann, J. E. M.; Tukker, A. (1998)
Product Innovation and Eco-efficiency - Twenty-three Industry Efforts to reach the Factor 4, Springer, Dordrecht, 1998.

Koellner, T.; Baan, L. de; Beck, T.; Brandão, M.; Civit, B.; Goedkoop, M.; Margni, M.; i Canals, L.; Müller-Wenk, R.; Weidema, B.; Wittstock, B. (2013)
Principles for life cycle inventories of land use on a global scale. In: The International Journal of Life Cycle Assessment, Nr. 6, 18. Jg., 2013, S. 1203 - 1215.

Kost, C. (1997)
CO2 - Eine Herausforderung für die Menschheit, Springer, Berlin, 1997.

Krajnc, D.; Glavič, P. (2004)
A model for integrated assessment of sustainable development. In: Resources, Conservation and Recycling, Nr. 2, 43. Jg., 2004, S. 189 - 208.

Kranert, M. (2017)
Einführung in die Kreislaufwirtschaft, Springer Fachmedien Wiesbaden, Wiesbaden, 2017.

Kravchenko, M.; Pigosso, D.; McAloone, T. (2021)
A Trade-Off Navigation Framework as a Decision Support for Conflicting Sustainability Indicators within Circular Economy Implementation in the Manufacturing Industry. In: Sustainability, Nr. 1, 13. Jg., 2021, S. 314.

Krcmar, H. (2015)
Informationsmanagement, Springer Berlin Heidelberg, Berlin, Heidelberg, 2015.

Krebs, P. (2012)
Bewertung vernetzter Produktionsstandorte unter Berücksichtigung multidimensionaler Unsicherheiten, Utz, München, 2012.

Kreitlein, S.; Rackow, T.; Franke, J. (2014)
Energy KPI's, Challenges for Sustainable Manufacturing Strategies, Analysis of Existing Rules and Indicators in an Industrial Environment in Relation to the Establishment of Energy Benchmark. In: Advanced Materials Research, 1018. Jg., 2014, S. 501 - 508.

Krystek, U.; Zur, E. (2002)
Handbuch Internationalisierung: Globalisierung — eine Herausforderung für die Unternehmensführung, Springer Berlin Heidelberg, Berlin, Heidelberg, 2002.

Kubicek, H. (1976)
Heuristische Bezugsrahmen und heuristisch angelegte Forschungsdesign als Elemente einer Konstruktionsstrategie empirischer Forschung, Poeschel, Stuttgart, 1976.

Kuhn, T. S.; Dewey, J. (1994)
The Structure of scientific revolutions, 2. Aufl.; Chicago Univ. Press, Chicago, 1994.

Kühnapfel, J. B. (2021)
Scoring und Nutzwertanalysen, Springer Fachmedien Wiesbaden, Wiesbaden, 2021.

Kumar, M.; Tsolakis, N.; Agarwal, A.; Srai, J. (2020)
Developing distributed manufacturing strategies from the perspective of a product-process matrix. In: International Journal of Production Economics, 219. Jg., 2020, S. 1 - 17.

Lacy, P.; kingo, L.; Long, J.; Thomas, D.; Gupta, A. (2019)
The Decade to Deliver - CEO Study on Sustainability 2019 - A Call to business Action,, 2019.

Lakatos, I. (1974)
Falsifikation und die Methodologie wissenschaftlicher Forschungsprogramme. In: Lakatos, I./Musgrave, A. (Hrsg.): Kritik und Erkenntnisfortschritt, Vieweg+Teubner Verlag, Wiesbaden, 1974, S. 89 - 189.

Lakatos, I.; Musgrave, A. (1974)
Kritik und Erkenntnisfortschritt, Vieweg+Teubner Verlag, Wiesbaden, 1974.

Lang, D.; Rode, H.; Wehrden, H. von (2014)
Methoden und Methodologie in den Nachhaltigkeitswissenschaften. In: Heinrichs, H./Michelsen, G. (Hrsg.): Nachhaltigkeitswissenschaften, Springer Berlin Heidelberg, Berlin, Heidelberg, 2014, S. 115 - 144.

Langer, G. (2011)
Unternehmen und Nachhaltigkeit - Analyse und Weiterentwicklung aus der Perspektive der wissensbasierten Theorie der Unternehmung, 1. Aufl.; Gabler Verlag /Springer Fachmedien Wiesbaden, Wiesbaden, 2011.

Lanza, G.; Ferdows, K.; Kara, S.; Mourtzis, D.; Schuh, G.; Váncza, J.; Wang, L.; Wiendahl, H.-P. (2019)
Global production networks: Design and operation. In: CIRP Annals, Nr. 2, 68. Jg., 2019, S. 823 - 841.

Lanza, G.; Häfner, B.; Verhaelen, B.; Peukert, S. (2019)
Produktionsnetzwerke und Fabriktypen der Zukunft. In: ZWF Zeitschrift für wirtschaftlichen Fabrikbetrieb, Nr. 12, 114. Jg., 2019, S. 797 - 801.

Lanza, G.; Moser, R. (2014)
Multi-objective optimization of global manufacturing networks taking into account multi-dimensional uncertainty. In: CIRP Annals, Nr. 1, 63. Jg., 2014, S. 397 - 400.

Larsen, S.; Zimmermann, E. (2003)
Theorien und Methoden in den Sozialwissenschaften, VS Verlag für Sozialwissenschaften, Wiesbaden, 2003.

Launer, R.; Wilkinson, G. (1979)
Robustness in Statistics, Academic Press, Cambridge, 1979.

Leong, G.; Snyder, D.; Ward, P. (1990)
Research in the process and content of manufacturing strategy. In: Omega, Nr. 2, 18. Jg., 1990, S. 109 - 122.

Life Cycle Initiative (2016)
LCIA Characterization Factors. URL: https://www.lifecycleinitiative.org/applying-lca/lcia-cf/, zuletzt geprüft am 10.08.2021.

Lin, J.; Lin, T.; Cui, S. (2011)
Quantitative selection model of ecological indicators and its solving method. In: Ecological Indicators, Nr. 1, 13. Jg., 2011, S. 294 - 302.

Lindén, D.; Cinelli, M.; Spada, M.; Becker, W.; Gasser, P.; Burgherr, P. (2021)
A framework based on statistical analysis and stakeholders' preferences to inform weighting in composite indicators. In: Environmental Modelling & Software, 145. Jg., 2021, S. 105208.

Linz, M. (2004)
Weder Mangel noch Übermaß: Über Suffizienz und Suffizienzforschung, Wuppertal, 2004.

Littger, K. (1992)
Optimierung, Springer Berlin Heidelberg, Berlin, Heidelberg, 1992.

Liu, Z.; Li, B.; Huang, H.; Zhang, H. (2008)
Research on Quantitative Assessment Methods of Environmental Performance in Green Design. In: 15th CIRP International Conference on Life Cycle Engineering (2008

Loizia, P.; Voukkali, I.; Zorpas, A.; Navarro Pedreño, J.; Chatziparaskeva, G.; Inglezakis, V.; Vardopoulos, I.; Doula, M. (2021)
Measuring the level of environmental performance in insular areas, through key performed indicators, in the framework of waste strategy development. In: The Science of the total environment, 753. Jg., 2021, S. 141974.

Lotka, A. (1925)
Elements of Physical Biology, Williams and Wilkins Company, Baltimore, 1925.

Lsaputri, V.; Hisjam, M.; Sutopo, W. (2020)
A review on sustainable metrics for Sustainability Measurement in Supply Chain. In: IOP Conference Series: Materials Science and Engineering, 943. Jg., 2020, S. 12056.

MacArthur, E. (2013)
Towards the circular economy, Cowes, 2013.

MacArthur, R.; Wilson, E. (1963)
An Equilibrium Theory of Insular Zoogeography. In: Evolution, Nr. 4, 17. Jg., 1963, S. 373 - 387.

Macchi, M.; Savino, M.; Roda, I. (2020)
Analysing the support of sustainability within the manufacturing strategy through multiple perspectives of different business functions. In: Journal of Cleaner Production, 258. Jg., 2020, S. 120771.

Machiba, T. (2011)
OECD Sustainable Manufacturing Toolkit - Start-up Guide: Seven steps to environmental excellence,, 2011.

Machuca, J.; Matsui, Y.; Matsuo, H. (2022)
Proceedings of the 6th World Conference on Production and Operations Management - P & OM 2022, Japanese Operations Management and Strategy Association, Nagoya, 2022.

Manabe, S.; Wetherald, R. (1967)
Thermal Equilibrium of the Atmosphere with a Given Distribution of Relative Humidity. In: Journal of Atmospheric Sciences, Nr. 3, 24. Jg., 1967, S. 241 - 259.

Mani, M.; Madan, J.; Lee, J.; Lyons, K.; Gupta, S. (2014)
Sustainability characterisation for manufacturing processes. In: International Journal of Production Research, Nr. 20, 52. Jg., 2014, S. 5895 - 5912.

Mantel, K.; Hauff, D. (1990)
Wald und Forst in der Geschichte - Ein Lehr- und Handbuch, Schaper, Alfeld, Hannover, 1990.

Margulis, L.; Chapman, M. J. (2010)
Five Kingdoms - An illustrated guide to the phyla of life on Earth, 4th ed., repr. with corrections; Academic, Amsterdam, Heidelberg, 2010.

Martens, H. (2011)
Recyclingtechnik, Spektrum Akademischer Verlag, Heidelberg, 2011.

Matino, I.; Colla, V.; Baragiola, S. (2017)
Quantification of energy and environmental impacts in uncommon electric steelmaking scenarios to improve process sustainability. In: Applied Energy, 207. Jg., 2017, S. 543 - 552.

Mauch, C. (2014)
Mensch und Umwelt - Nachhaltigkeit aus historischer Perspektive, oekom, München, 2014.

Mavrotas, G. (2009)
Effective implementation of the ε-constraint method in Multi-Objective Mathematical Programming problems. In: Applied Mathematics and Computation, Nr. 2, 213. Jg., 2009, S. 455 - 465.

Mavrotas, G.; Georgopoulou, E.; Mirasgedis, S.; Sarafidis, Y.; Lalas, D.; Hontou, V.; Gakis, N. (2007)
An integrated approach for the selection of Best Available Techniques (BAT) for the industries in the greater Athens area using multi-objective combinatorial optimization. In: Energy Economics, Nr. 4, 29. Jg., 2007, S. 953 - 973.

May, N.; Kolditz, O.; Günther, E.; Hellweg, S. (2020)
The Role of Site-dependent Aspects in Environmental Assessment - a Look Into the Life Cycle of Three Future Technologies, Technische Universität Dresden, 2020.

Mayer, A. (2019)
Measuring Progress towards a Circular Economy - A Monitoring Framework for Economy-wide Material Loop Closing in the EU28. In: Journal of Industrial Ecology, Nr. 1, 23. Jg., 2019, S. 62 - 76.

Mayer, K. (2020)
Nachhaltigkeit: 125 Fragen und Antworten, Springer Fachmedien Wiesbaden, Wiesbaden, 2020.

McDonough, W.; Braungart, M. (2002)
Cradle to cradle - Remaking the way we make things, 1. ed.; North Point Press, New York, NY, 2002.

McKenzie, M. (2020)
The time has come - The KPMG Survey of Sustainability Reporting 2020. URL: https://home.kpmg/xx/en/home/insights/2020/11/the-time-has-come-survey-of-sustainability-reporting.html, zuletzt geprüft am 06.01.2022.

Meadows, D. L. (1972)
Die Grenzen des Wachstums - Bericht des Club of Rome zur Lage der Menschheit, 17. Aufl.; Dt. Verl.-Anst, Stuttgart, 1972.

Meijboom, B.; Voordijk, H. (2003)
International operations and location decisions: a firm level approach. In: Tijdschrift voor Economische en Sociale Geografie, Nr. 4, 94. Jg., 2003, S. 463 - 476.

Mengel, S.; Friedli, T.; Gassmann, O. (2017)
The Alignment of International Manufacturing Networks: Towards a Fit Between Strategy, Configuration, and Coordination, Universität St. Gallen, 2017.

Merchiers, A. (2008)
Bewertung globaler Standortstrukturalternativen im Maschinenbau, Apprimus-Verl., Aachen, 2008.

Merino-Saum, A.; Halla, P.; Superti, V.; Boesch, A.; Binder, C. (2020)
Indicators for urban sustainability: Key lessons from a systematic analysis of 67 measurement initiatives. In: Ecological Indicators, 119. Jg., 2020, S. 106879.

Mesa, J.; Esparragoza, I.; Maury, H. (2018)
Developing a set of sustainability indicators for product families based on the circular economy model. In: Journal of Cleaner Production, 196. Jg., 2018, S. 1429 - 1442.

Meyer, T. (2006)
Globale Produktionsnetzwerke - Ein Modell zur kostenoptimierten Standortwahl, Shaker, Aachen, 2006.

Miller, G. T.; Spoolman, S. (2008)
Living in the Environment - Concepts, Connections, and Solutions, 16. Aufl.; Brooks Cole, Belmont, 2008.

Miltenburg, J. (2009)
Setting manufacturing strategy for a company's international manufacturing network. In: International Journal of Production Research, Nr. 22, 47. Jg., 2009, S. 6179 - 6203.

Mishra, S.; Singh, S.; Johansen, J.; Cheng, Y.; Farooq, S. (2019)
Evaluating indicators for international manufacturing network under circular economy. In: Management Decision, Nr. 4, 57. Jg., 2019, S. 811 - 839.

Moldavska, A. (2016)
Model-based Sustainability Assessment – An Enabler for Transition to Sustainable Manufacturing. In: Procedia CIRP, 48. Jg., 2016, S. 413 - 418.

Moldavska, A.; Welo, T. (2015)
On the Applicability of Sustainability Assessment Tools in Manufacturing. In: Procedia CIRP, 29. Jg., 2015, S. 621 - 626.

Moldavska, A.; Welo, T. (2016)
Development of Manufacturing Sustainability Assessment Using Systems Thinking. In: Sustainability, Nr. 1, 8. Jg., 2016, S. 5.

Moldavska, A.; Welo, T. (2019)
A Holistic approach to corporate sustainability assessment: Incorporating sustainable development goals into sustainable manufacturing performance evaluation. In: Journal of Manufacturing Systems, 50. Jg., 2019, S. 53 - 68.

Möller, K.; Klatt, T.; Drees, A. (2011)
Heutige und zukünftige Paradigmen des Produktionsstandorts Deutschland. In: Gausemeier, J./Wiendahl, H.-P. (Hrsg.): Wertschöpfung und Beschäftigung in Deutschland, Springer, Berlin, 2011, S. 19 - 33.

Montecchi, M.; Plangger, K.; West, D. (2021)
Supply chain transparency: A bibliometric review and research agenda. In: International Journal of Production Economics, 238. Jg., 2021, S. 108152.

Moon, I.; Lee, G.; Park, J.; Kiritsis, D.; Cieminski, G. von (2018)
Advances in Production Management Systems. Production Management for Data-Driven, Intelligent, Collaborative, and Sustainable Manufacturing, Springer International Publishing, Cham, 2018.

Moraga, G.; Huysveld, S.; Mathieux, F.; Blengini, G.; Alaerts, L.; van Acker, K.; Meester, S. de; Dewulf, J. (2019)
Circular economy indicators: What do they measure. In: Resources, Conservation and Recycling, 146. Jg., 2019, S. 452 - 461.

Morrison-Saunders, A.; Pope, J.; Bond, A. (2015)
Handbook of Sustainability Assessment, Edward Elgar Publishing, 2015.

Mourtzis, D.; Doukas, M. (2012)
Decentralized manufacturing systems review: challenges and outlook. In: Logistics Research, Nr. 3, 5. Jg., 2012, S. 113 - 121.

Mourtzis, D.; Doukas, M.; Psarommatis, F. (2015)
A toolbox for the design, planning and operation of manufacturing networks in a mass customisation environment. In: Journal of Manufacturing Systems, 36. Jg., 2015, S. 274 - 286.

Moynihan, B.; Schwab, K. (2020)
Measuring Stakeholder Capitalism - Towards Common Metrics and Consistent Reporting of Sustainable Value Creation, Davos, 2020.

Mrugalska, B.; Trzcielinski, S.; Karwowski, W.; Di Nicolantonio, M.; Rossi, E. (2020)
Advances in Manufacturing, Production Management and Process Control, 2020. Springer International Publishing, Cham (2020)

Muchna, C.; Brandenburg, H.; Fottner, J.; Gutermuth, J. (2021)
Grundlagen der Logistik, Springer Fachmedien Wiesbaden, Wiesbaden, 2021.

Mujkic, Z.; Qorri, A.; Kraslawski, A. (2018)
Sustainability and Optimization of Supply Chains: a Literature Review. In: Operations and Supply Chain Management: An International Journal, 2018, S. 186 - 199.

Müller, K.-P. (1999)
Umweltschutz in der metallverarbeitenden Industrie, Vieweg+Teubner Verlag, Wiesbaden, 1999.

Mundt, A. (2012)
The Architecture of Manufacturing Networks - Integrating the Coordination Perspective, St. Gallen, 2012.

Neitzel, D. (2017)
Die wichtigsten Zertifizierungen für Lieferanten. URL: https://www.technik-einkauf.de/einkauf/uebersicht-wichtigste-zertifizierungen-lieferanten-einkauf-137.html, zuletzt geprüft am 05.08.2021.

Nentwig, W.; Bacher, S.; Brandl, R. (2017)
Ökologie kompakt, Springer Berlin Heidelberg, Berlin, Heidelberg, 2017.

Ness, B.; Urbel-Piirsalu, E.; Anderberg, S.; Olsson, L. (2007)
Categorising tools for sustainability assessment. In: Ecological Economics, Nr. 3, 60. Jg., 2007, S. 498 - 508.

Neugebauer, S.; Bolz, M.; Mankaa, R.; Traverso, M. (2020)
How sustainable are sustainability conferences? – Comprehensive Life Cycle Assessment of an international conference series in Europe. In: Journal of Cleaner Production, 242. Jg., 2020, S. 118516.

Neuhausen, J. (2001)
Methodik zur Gestaltung modularer Produktionssysteme für Unternehmen der Serienproduktion, Bibliothek der RWTH Aachen, 2001.

Nilsson, F. (2019)
A complexity perspective on logistics management. In: The International Journal of Logistics Management, Nr. 3, 30. Jg., 2019, S. 681 - 698.

Nowak, A. (2018)
Soziale Nachhaltigkeit. In: Gabler Wirtschaftslexikon, 2018

Nyhuis, P.; Kolakowski, M.; Heger, C. (2006)
Evaluation of factory transformability - a systematic approach, Production Engineering. Research and Development. In: Production Engineering, Nr. 1, 13. Jg., 2006, S. 147 - 152.

Object Management Group (2017)
Unified Modeling Language Version 2.5.1, OMG Publication OMG® Unified Modeling Language® Publication, 2017.

OECD (2021)
OECD Economic Outlook, Volume 2021 Issue 1, OECD, 2021.

Olhager, J.; Rudberg, M.; Wikner, J. (2001)
Long-term capacity management: Linking the perspectives from manufacturing strategy and sales and operations planning. In: International Journal of Production Economics, Nr. 2, 69. Jg., 2001, S. 215 - 225.

Olson, D.; Dinerstein, E.; Wikramanayake, E.; Burgess, N.; Powell, G.; Underwood, E.; D'amico, J.; Itoua, I.; Strand, H.; Morrison, J.; Loucks, C.; Allnutt, T.; Ricketts, T.; Kura, Y.; Lamoreux, J.; Wettengel, W.; Hedao, P.; Kassem, K. (2001)
Terrestrial Ecoregions of the World - A New Map of Life on Earth. In: BioScience, Nr. 11, 51. Jg., 2001, S. 933 - 938.

Olugu, E.; Wong, K.; Shaharoun, A. (2011)
Development of key performance measures for the automobile green supply chain. In: Resources, Conservation and Recycling, Nr. 6, 55. Jg., 2011, S. 567 - 579.

O'Riordan, T. (1993)
The politics of sutainability. In: Turner, K. (Hrsg.): Sustainable Environment Economics and Management: Principles and Practice, Belhaven Press, London, 1993, S. 37 - 69.

Ostertag, M. P. (2000)
Globalisierung unter Aspekten der Wirtschaftsgeographie, Wirtschafts- und Sozialgeographisches Inst. Univ, Erlangen-Nürnberg, 2000.

Ostgathe, M. (2012)
System zur produktbasierten Steuerung von Abläufen in der auftragsbezogenen Fertigung und Montage, Utz, München, 2012.

Pampanelli, A.; Found, P.; Bernardes, A. (2014)
A Lean & Green Model for a production cell. In: Journal of Cleaner Production, 85. Jg., 2014, S. 19 - 30.

Papetti, A.; Marconi, M.; Rossi, M.; Germani, M. (2019)
Web-based platform for eco-sustainable supply chain management. In: Sustainable Production and Consumption, 17. Jg., 2019, S. 215 - 228.

Pardalos, P. M.; Hearn, D. W.; Lotov, A. V.; Bushenkov, V. A.; Kamenev, G. K. (2004)
Interactive Decision Maps, Springer US, Boston, MA, 2004.

Park, K.; Kremer, G. (2017)
Text mining-based categorization and user perspective analysis of environmental sustainability indicators for manufacturing and service systems. In: Ecological Indicators, 72. Jg., 2017, S. 803 - 820.

Patzak, G. (1982)
Systemtechnik - Planung komplexer innovativer Systeme, Springer Berlin Heidelberg, Berlin, Heidelberg, 1982.

Pehlken, A.; Kalverkamp, M.; Wittstock, R. (2019)
Cascade Use in Technologies 2018, 2019. Springer Berlin Heidelberg, Berlin, Heidelberg (2019)

Pehnt, M.; Detzel, A.; Eisenmann, L. (2020)
IFEU Broschüre, Heidelberg, 2020.

Pelte, D. (2010)
Die Zukunft unserer Energieversorgung, Vieweg+Teubner, Wiesbaden, 2010.

Pietrobelli, C.; Sverrisson, Å. (2003)
Linking Local and Global Economies, Routledge, 2003.

Pietzsch, J. (2017)
Bioökonomie für Einsteiger, Springer Berlin Heidelberg, Berlin, Heidelberg, 2017.

Poll, D. (2020)
Das sind die Produktions- und Logistiknetzwerke der Zukunft - Beispiele von VW, BASF und Schenker. URL: https://www.produktion.de/technik/das-sind-die-produktions-und-logistiknetzwerke-der-zukunft-123.html, zuletzt geprüft am 01.10.2021.

Polt, W.; Gassler, H. (2014)
Technisierung und Industrialisierung des Krieges. Der Erste Weltkrieg als erster „moderner" Maschinenkrieg. In: Soziale Technik, 2014. Jg., 2014, S. 5 - 7.

Popper, K. (1962)
Die Logik der Sozialwissenschaften. In: KZfSS Kölner Zeitschrift für Soziologie und Sozialpsychologie, Nr. 2, 69. Jg., 1962, S. 233 - 245.

Porter, M. (1986)
Changing Patterns of International Competition. In: California Management Review, Nr. 2, 28. Jg., 1986, S. 9 - 40.

Porter, M. E. (1998)
Competitive strategy - Techniques for analyzing industries and competitors ; with a new introduction, Free Press, New York, NY, 1998.

Posluschny, P. (2007)
Die wichtigsten Kennzahlen, Redline Wirtschaft, Heidelberg, 2007.

Prabhu, T.; Vizayakumar, K. (2001)
Technology choice using FHDM: a case of iron-making technology. In: IEEE Transactions on Engineering Management, Nr. 2, 48. Jg., 2001, S. 209 - 222.

Pradinaud, C.; Núñez, M.; Roux, P.; Junqua, G.; Rosenbaum, R. (2019)
The issue of considering water quality in life cycle assessment of water use. In: The International Journal of Life Cycle Assessment, Nr. 3, 24. Jg., 2019, S. 590 - 603.

Prinz, A. (2016)
Mathematische Modellierung zur Optimierung der Wertschöpfungsverteilung nach quantitativen und qualitativen Kriterien in Produktionsnetzwerken der diskreten Fertigung, Dissertation, Universität Stuttgart, 2016.

Probst, G. J. B.; Gomez, P. (1991)
Vernetztes Denken, Gabler Verlag, Wiesbaden, 1991.

Prote, J.-P. (2017)
Verursachungsgerechte Bewertung von Standortalternativen in Produktionsnetzwerken, Dissertation, RWTH Aachen, 2017.

Pucker, K. (2021)
Overselling Sustainability Reporting. URL: https://hbr.org/2021/05/overselling-sustainability-reporting, zuletzt geprüft am 19.02.2022.

Ramade, F. (1995)
Qualitative and Quantitative Criteria Defining a "Healthy" Ecosystem. In: Rapport, D. J./Gaudet, C. L./et al. (Hrsg.): Evaluating and Monitoring the Health of Large-Scale Ecosystems, Springer Berlin Heidelberg, Berlin, Heidelberg, 1995, S. 43 - 61.

Randøy, T.; Li, J. (1998)
Global Resource Flows and MNE Network Integration. In: Birkinshaw, J./Hood, N. (Hrsg.): Multinational Corporate Evolution and Subsidiary Development, Palgrave Macmillan UK, London, 1998, S. 76 - 101.

Rapport, D.; Gaudet, C.; Calow, P. (1995)
Evaluating and Monitoring the Health of Large-Scale Ecosystems, Springer Berlin Heidelberg, Berlin, Heidelberg, 1995.

Reich-Weiser, C.; Dornfeld, D. (2009)
A discussion of greenhouse gas emission tradeoffs and water scarcity within the supply chain. In: Journal of Manufacturing Systems, Nr. 1, 28. Jg., 2009, S. 23 - 27.

Remmert, H. (1984)
Ökologie - Ein Lehrbuch, Dritte, neubearbeitete und erweiterte Auflage; Springer Berlin Heidelberg, Berlin, Heidelberg, 1984.

Ren, X. (2000)
Development of environmental performance indicators for textile process and product. In: Journal of Cleaner Production, Nr. 6, 8. Jg., 2000, S. 473 - 481.

Reuter, C.; Hausberg, C. (2014)
Industrie 4.0 im Management. In: ZWF Zeitschrift für wirtschaftlichen Fabrikbetrieb, Nr. 12, 109. Jg., 2014, S. 960 - 963.

Reuter, C.; Hausberg, C. (2015)
An IT Driven Approach for Global Production Network Design. In: Lecture Notes in Engineering and Computer Science, 2. Jg., 2015, S. 888 - 893.

Reuter, C.; Prote, J.; Stöwer, M. (2015)
Aggregation of Production Data for the Strategic Planning of Global Production Networks. In: Applied Mechanics and Materials, 794. Jg., 2015, S. 461 - 469.

Rittstieg, M. (2018)
Einflussfaktoren der Leistungsfähigkeit von Produktionsstandorten in globalen Produktionsnetzwerken, Dissertation, RWTH Aachen, 2018.

Rockström, J.; Steffen, W.; Noone, K.; Persson, Å.; Chapin, F.; Lambin, E.; Lenton, T.; Scheffer, M.; Folke, C.; Schellnhuber, H.; Nykvist, B.; Wit, C. de; Hughes, T.; van der Leeuw, S.; Rodhe, H.; Sörlin, S.; Snyder, P.; Costanza, R.; Svedin, U.; Falkenmark, M.; Karlberg, L.; Corell, R.; Fabry, V.; Hansen, J.; Walker, B.; Liverman, D.; Richardson, K.; Crutzen, P.; Foley, J. (2009)
A safe operating space for humanity. In: Nature, Nr. 7263, 461. Jg., 2009, S. 472 - 475.

Rockström, J.; Steffen, W.; Noone, K.; Persson, Å.; Chapin III, F.; Lambin, E.; Lenton, T.; Scheffer, M.; Folke, C.; Schellnhuber, H. (2009)
Planetary boundaries - exploring the safe operating space for humanity. In: Ecology and Society, Nr. 2, 14. Jg., 2009

Rodemann, N.; Niederau, M.; Thomas, K.; Gützlaff, A.; Schuh, G. (2021)
Systematization of Adaptation Needs in the Design of Global Production Networks. In: Behrens, B.-A./Brosius, A./et al. (Hrsg.): Production at the leading edge of technology, Springer Berlin Heidelberg, Berlin, Heidelberg, 2021, S. 650 - 659.

Rodrigues, V.; Pigosso, D.; McAloone, T. (2016)
Process-related key performance indicators for measuring sustainability performance of ecodesign implementation into product development. In: Journal of Cleaner Production, 139. Jg., 2016, S. 416 - 428.

Rogall, H. (2008)
Ökologische Ökonomie, VS Verlag für Sozialwissenschaften, Wiesbaden, 2008.

Ropohl, G. (2009)
Allgemeine Technologie : eine Systemtheorie der Technik, KIT Scientific Publishing, Karlsruhe, 2009.

Rösch, C.; Schaldach, R.; Göpel, J. (2020)
Bioökonomie im Selbststudium: Nachhaltigkeit und ökologische Bewertung, Springer Berlin Heidelberg, Berlin, Heidelberg, 2020.

Rosemann, M.; Schwegmann, A.; Delfmann, P. (2012)
Vorbereitung der Prozessmodellierung. In: Becker, J./Kugeler, M./et al. (Hrsg.): Prozessmanagement, Springer Berlin Heidelberg, Berlin, Heidelberg, 2012, S. 47 - 111.

Rosenbaum, R.; Bachmann, T.; Gold, L.; Huijbregts, M.; Jolliet, O.; Juraske, R.; Koehler, A.; Larsen, H.; MacLeod, M.; Margni, M.; McKone, T.; Payet, J.; Schuhmacher, M.; van de Meent, D.; Hauschild, M. (2008)
USEtox – the UNEP-SETAC toxicity model - Recommended characterisation factors for human toxicity and freshwater ecotoxicity in life cycle impact assessment. In: The International Journal of Life Cycle Assessment, Nr. 7, 13. Jg., 2008, S. 532 - 546.

Roy, B. (1990)
Decision-Aid and Decision-Making. In: Bana e Costa, C. A. (Hrsg.): Readings in Multiple Criteria Decision Aid, Springer Berlin Heidelberg, Berlin, Heidelberg, 1990, S. 17 - 35.

Rudberg, M.; Olhager, J. (2003)
Manufacturing networks and supply chains: an operations strategy perspective. In: Omega, Nr. 1, 31. Jg., 2003, S. 29 - 39.

Rumpe, B. (2011)
Modellierung mit UML, Springer Berlin Heidelberg, Berlin, Heidelberg, 2011.

Saad, M.; Nazzal, M.; Darras, B. (2019)
A general framework for sustainability assessment of manufacturing processes. In: Ecological Indicators, 97. Jg., 2019, S. 211 - 224.

Sadrnia, A.; Ismail, N.; Zulkifli, N.; Ariffin, M.; Nezamabadi-pour, H.; Mirabi, H. (2013)
A Multiobjective Optimization Model in Automotive Supply Chain Networks. In: Mathematical Problems in Engineering, 2013. Jg., 2013, Aufsatznr. 823876.

Sager, B. (2019)
Konfiguration globaler Produktionsnetzwerke, Utzverlag, München, 2019.

Sala, S.; Ciuffo, B.; Nijkamp, P. (2015)
A systemic framework for sustainability assessment. In: Ecological Economics, 119. Jg., 2015, S. 314 - 325.

Sala, S.; Farioli, F.; Zamagni, A. (2013)
Progress in sustainability science: lessons learnt from current methodologies for sustainability assessment: Part 1. In: The International Journal of Life Cycle Assessment, Nr. 9, 18. Jg., 2013, S. 1653 - 1672.

Sanchez, R.; Mahoney, J. (1996)
Modularity, flexibility, and knowledge management in product and organization design. In: Strategic Management Journal, Nr. S2, 17. Jg., 1996, S. 63 - 76.

Sandrock, J. (2006)
System Dynamics in der strategischen Planung, DUV, Wiesbaden, 2006.

Sangwan, K.; Bhakar, V.; Digalwar, A. (2018)
A sustainability assessment framework for cement industry – a case study. In: Benchmarking: An International Journal, Nr. 2, 26. Jg., 2018, S. 470 - 497.

Sansone, C.; Hilletofth, P.; Eriksson, D. (2017)
Critical operations capabilities for competitive manufacturing: a systematic review. In: Industrial Management & Data Systems, Nr. 5, 117. Jg., 2017, S. 801 - 837.

Santis, M. de; Eichfelder, G.; Niebling, J.; Rocktäschel, S. (2020)
Solving Multiobjective Mixed Integer Convex Optimization Problems. In: SIAM Journal on Optimization, Nr. 4, 30. Jg., 2020, S. 3122 - 3145.

Sarkar, P.; Joung, C.-B.; Carrell, J.; Feng, S. (2011)
Sustainable Manufacturing Indicator Repository. In: ASME (Hrsg.): Proceedings of the ASME 2011 International Design Engineering Technical Conferences & Computers and Information in Engineering Conference,, 2011

Saxena, P.; Stavropoulos, P.; Kechagias, J.; Salonitis, K. (2020)
Sustainability Assessment for Manufacturing Operations,, 2020.

Schaefer, M. (2012)
Wörterbuch der Ökologie, Spektrum Akademischer Verlag, Heidelberg, 2012.

Schebek, L.; Bräutigam, K.-R. (2007)
Von der Wiege bis zur Bahre. In: TATuP - Zeitschrift für Technikfolgenabschätzung in Theorie und Praxis, Nr. 3, 16. Jg., 2007, S. 4 - 9.

Schmidt, W.-P. (2009)
Ford of Europe's Product Sustainability Index, Köln, 2009.

Schneider, A.; Schmidpeter, R. (2015)
Corporate Social Responsibility - Verantwortungsvolle Unternehmensführung in Theorie und Praxis, 2. Aufl.; Springer, Berlin, 2015.

Schneider, M. (2020)
Dekarbonisierung von Zement und Beton - Minderungspfade und Handlungsstrategien, Düsseldorf, 2020.

Schneidewind, U.; Santarius, T.; Humburg, A. (2014)
Economy of sufficiency - Essays on wealth in diversity, enjoyable limits and creating commons, Wuppertal Inst. for Climate Environment and Energy, Wuppertal, 2014.

Scholz, D. (2018)
Optimierung interaktiv - Grundlagen verstehen, Modelle erforschen und Verfahren anwenden, Springer Berlin Heidelberg, Berlin, Heidelberg, 2018.

Schönsleben, P. (2020)
Integrales Logistikmanagement, Springer Berlin Heidelberg, Berlin, Heidelberg, 2020.

Schönsleben, P. (2020)
Supply Chain Design: Standortplanung und Nachhaltigkeit. In: Schönsleben, P. (Hrsg.): Integrales Logistikmanagement, Springer Berlin Heidelberg, Berlin, Heidelberg, 2020, S. 121 - 174.

Schönwiese, C.-D. (1997)
Globale Klimaänderungen aufgrund des anthropogenen Treibhauseffektes und konkurrierender Einflüsse. In: Kost, C. (Hrsg.): CO2 - Eine Herausforderung für die Menschheit, Springer, Berlin, 1997, S. 1 - 14.

Schreiber, W. (2000)
Vom Imperium Romanum zum Global Village - "Globalisierungen" im Spiegel der Geschichte, Ars Una Verl.-Ges, Neuried, 2000.

Schuh, G. (2006)
Produktionsplanung und -steuerung, Springer Berlin Heidelberg, Berlin, Heidelberg, 2006.

Schuh, G. (2014)
Produktkomplexität managen - Strategien ; Methoden ; Tools, 1. Aufl.; Carl Hanser Fachbuchverlag, München, 2014.

Schuh, G.; Dölle, C. (2021)
Sustainable Innovation, Springer Berlin Heidelberg, Berlin, Heidelberg, 2021.

Schuh, G.; Gützlaff, A.; Rodemann, N.; Pütz, S.; Linnartz, M.; Kim, S.-Y.; Schlosser, T.; Schupp, S.; Welsing, M.; Millan, M. (2022)
Long-term Production Management - Sustainable Footprint Design App. In: Brecher, C./Schuh, G./et al. (Hrsg.): Internet of Production - Fundamentals, Applications and Proceedings, Springer, 2022, S. 10 - 12.

Schuh, G.; Gützlaff, A.; Schlosser, T.; Welsing, M.; Balgar, L. (2022)
How to measure ecological sustainability in manufacturing? - A literature review of indicator frequency and relevance. In: Machuca, J./Matsui, Y./et al. (Hrsg.): Proceedings of the 6th World Conference on Production and Operations Management - P & OM 2022, Japanese Operations Management and Strategy Association, Nagoya, 2022, S. 1 - 10.

Schuh, G.; Gützlaff, A.; Schlosser, T.; Welsing, M.; Schollemann, A. (2022)
Nachhaltigkeitsgetriebene Transformation von globalen Produktionsnetzwerken. In: ZWF Zeitschrift für wirtschaftlichen Fabrikbetrieb, Nr. 9, 117. Jg., 2022, S. 532 - 536.

Schuh, G.; Gützlaff, A.; Thomas, K.; Ays, J.; Brinkmann, H. (2020)
Flexibilitätssteigerungen im Produktionsnetzwerk. In: ZWF Zeitschrift für wirtschaftlichen Fabrikbetrieb, Nr. 9, 115. Jg., 2020, S. 581 - 584.

Schuh, G.; Potente, T.; Kupke, D.; Varandani, R. (2013)
Innovative Approaches for Global Production Networks. In: Windt, K. (Hrsg.): Robust Manufacturing Control, Springer Berlin Heidelberg, Berlin, Heidelberg, 2013, S. 385 - 397.

Schuh, G.; Potente, T.; Kupke, D.; Varandani, R.; Hausberg, C. (2012)
An Evolutionary Approach for Global Production Network Optimisation. In: Procedia CIRP, 3. Jg., 2012, S. 382 - 387.

Schuh, G.; Potente, T.; Varandani, R.; Klein, A.; Timm, H. (2012)
Die Welt als grüne Wiese - Ermittlung des optimalen Produktionsnetzwerks mit „evolutionären Algorithmen". In: VDI Z-Integrierte Produktion, Nr. 5, 154. Jg., 2012, S. 36 - 39.

Schuh, G.; Prote, J.-P.; Fränken, B.; Dany, S.; Gützlaff, A. (2018)
Reduction of Decision Complexity as an Enabler for Continuous Production Network Design. In: Moon, I./Lee, G. M./et al. (Hrsg.): Advances in Production Management Systems. Production Management for Data-Driven, Intelligent, Collaborative, and Sustainable Manufacturing, Springer International Publishing, Cham, 2018, S. 246 - 253.

Schuh, G.; Prote, J.-P.; Gützlaff, A.; Ays, J.; Donner, A. (2019)
Fixed Cost Management as an Enabler for Agile Manufacturing Networks. In: Procedia Manufacturing, 39. Jg., 2019, S. 625 - 634.

Schuh, G.; Prote, J.-P.; Gützlaff, A.; Rodemann, N. (2019)
Gestaltung von Produktionsnetzwerken. In: ZWF Zeitschrift für wirtschaftlichen Fabrikbetrieb, Nr. 1-2, 114. Jg., 2019, S. 7 - 10.

Schuh, G.; Schmidt, C. (2014)
Grundlagen des Produktionsmanagements. In: Schuh, G./Schmidt, C. (Hrsg.): Produktionsmanagement - Handbuch Produktion und Management 5, 2. Aufl.; Springer, Berlin, 2014, S. 1 - 62.

Schuh, G.; Schmidt, C. (2014)
Produktionsmanagement - Handbuch Produktion und Management 5, 2. Aufl.; Springer, Berlin, 2014.

Schuh, G.; Schmitz, S.; Schlosser, T.; Welsing, M. (2023)
Evaluating The Ecological Sustainability Of Production Networks - A Databased Approach. In: Herberger, D./Hübner, M. (Hrsg.): Proceedings of the CPSL 2023 - Conference on Production Systems and Logistics, publish-Ing, Hannover, 2023

Schuh, G.; Stich, V. (2012)
Produktionsplanung und -steuerung 1, Springer Berlin Heidelberg, Berlin, Heidelberg, 2012.

Schulte, P. (20114)
Corporate Water Disclosure Guidelines - Toward a Common Approach to Reporting Water Issues, New York, 20114.

Schulz, O. (2015)
Nachhaltige ganzheitliche Wertschöpfungsketten. In: Schneider, A./Schmidpeter, R. (Hrsg.): Corporate Social Responsibility - Verantwortungsvolle Unternehmensführung in Theorie und Praxis, 2. Aufl.; Springer, Berlin, 2015, S. 325 - 338.

Scrucca, F.; Baldassarri, C.; Baldinelli, G.; Bonamente, E.; Rinaldi, S.; Rotili, A.; Barbanera, M. (2020)
Uncertainty in LCA: An estimation of practitioner-related effects. In: Journal of Cleaner Production, 268. Jg., 2020, S. 122304.

Semmling, E.; Marth, H.; Kahlenborn, W.; Haan, P. de (2015)
Rebound-Effekte: Wie können sie effektiv begrenzt werden?, Umweltbundesamt, Dessau-Roßlau, 2015.

Sendler, U. (2009)
Das PLM-Kompendium, Springer Berlin Heidelberg, Berlin, Heidelberg, 2009.

Shahbazi, S.; Jönsson, C.; Wiktorsson, M.; Kurdve, M.; Bjelkemyr, M. (2018)
Material efficiency measurements in manufacturing: Swedish case studies. In: Journal of Cleaner Production, 181. Jg., 2018, S. 17 - 32.

Shane, A.; Graedel, T. (2000)
Urban Environmental Sustainability Metrics: A Provisional Set. In: Journal of Environmental Planning and Management, Nr. 5, 43. Jg., 2000, S. 643 - 663.

Shi, Y. (2015)
Global Manufacturing Network. In: Cooper, C. L. (Hrsg.): Wiley Encyclopedia of Management, John Wiley & Sons, Ltd, Chichester, UK, 2015, S. 1 - 2.

Shi, Y.; Gregory, M. (1998)
International manufacturing networks to develop global competitive capabilities. In: Journal of Operations Management, Nr. 2-3, 16. Jg., 1998, S. 195 - 214.

Siegwart, E.; Trautmann, H. (2000)
Leitfaden zur Auslegung von lufttechnischen Anlagen, Friedrichsthal, 2000.

Sierksma, G.; Zwols, Y. (2015)
Linear and Integer Optimization - Theory and Practice, Third Edition, 3rd ed.; CRC Press, Boca Raton, 2015.

Sihag, N.; Leiden, A.; Bhakar, V.; Thiede, S.; Sangwan, K.; Herrmann, C. (2019)
The Influence of Manufacturing Plant Site Selection on Environmental Impact of Machining Processes. In: Procedia CIRP, 80. Jg., 2019, S. 186 - 191.

Sikdar, S. (2003)
Sustainable Development and Sustainability Metrics. In: AIChE Journal, 2003

Simsion, G. C.; Witt, G. C. (2009)
Data modeling essentials, 3. ed., 6. pr; Morgan Kaufmann Publ, San Francisco, Calif., 2009.

Singh, R.; Murty, H.; Gupta, S.; Dikshit, A. (2007)
Development of composite sustainability performance index for steel industry. In: Ecological Indicators, Nr. 3, 7. Jg., 2007, S. 565 - 588.

Sirilertsuwan, P.; Thomassey, S.; Zeng, X. (2020)
A Strategic Location Decision-Making Approach for Multi-Tier Supply Chain Sustainability. In: Sustainability, Nr. 20, 12. Jg., 2020, S. 8340.

Skolaut, W. (2014)
Maschinenbau - Ein Lehrbuch für das ganze Bachelor-Studium, Springer, Berlin, 2014.

Slack, N.; Lewis, M.; Lewis, M. (2011)
Operations Strategy, 3rd ed.; Pearson Education UK, Old Tappan, 2011.

Smith, B. (2004)
The greenhouse gas protocol - A corporate accounting and reporting standard, Rev. ed.; World Resources Institute; World Business Council for Sustainable Development, Washington, DC, Conches-Geneva, 2004.

Sohn, J.; Bisquert, P.; Buche, P.; Hecham, A.; Kalbar, P.; Goldstein, B.; Birkved, M.; Olsen, S. (2020)
Argumentation Corrected Context Weighting-Life Cycle Assessment: A Practical Method of Including Stakeholder Perspectives in Multi-Criteria Decision Support for LCA. In: Sustainability, Nr. 6, 12. Jg., 2020

SORIC (2014)
Statistics and operational research - International Confernce, 3–5 December 2013. AIP Publishing LLC (2014)

Spiller, P. (2021)
Making supply-chain decarbonization happen. URL: https://www.mckinsey.com/business-functions/operations/our-insights/making-supply-chain-decarbonization-happen, zuletzt geprüft am 05.01.2022.

Srebotnjak, T.; Carr, G.; Sherbinin, A. de; Rickwood, C. (2012)
A global Water Quality Index and hot-deck imputation of missing data. In: Ecological Indicators, 17. Jg., 2012, S. 108 - 119.

Sreekar, R.; Huang, G.; Zhao, J.-B.; Pasion, B.; Yasuda, M.; Zhang, K.; Peabotuwage, I.; Wang, X.; Quan, R.-C.; Ferry Slik, J.; Corlett, R.; Goodale, E.; Harrison, R. (2015)
The use of species-area relationships to partition the effects of hunting and deforestation on bird extirpations in a fragmented landscape. In: Diversity and Distributions, Nr. 4, 21. Jg., 2015, S. 441 - 450.

Stachowiak, H. (1973)
Allgemeine Modelltheorie, Springer, Wien, 1973.

Staud, J. L. (2019)
Unternehmensmodellierung, Springer Berlin Heidelberg, Berlin, Heidelberg, 2019.

Steffen, W.; Crutzen, P.; McNeill, J. (2007)
The Anthropocene: Are Humans Now Overwhelming the Great Forces of Nature. In: Ambio, Nr. 8, 36. Jg., 2007, S. 614 - 621.

Steffen, W.; Richardson, K.; Rockström, J.; Cornell, S.; Fetzer, I.; Bennett, E.; Biggs, R.; Carpenter, S.; Vries, W. de; Wit, C. de; Folke, C.; Gerten, D.; Heinke, J.; Mace, G.; Persson, L.; Ramanathan, V.; Reyers, B.; Sörlin, S. (2015)
Sustainability. Planetary boundaries: guiding human development on a changing planet. In: Science (New York, N.Y.), Nr. 6223, 347. Jg., 2015, S. 1259855.

Steinhöfel, E.; Galeitzke, M.; Kohl, H.; Orth, R. (2019)
Sustainability Reporting in German Manufacturing SMEs. In: Procedia Manufacturing, 33. Jg., 2019, S. 610 - 617.

Sterman, J. D. (2000)
Business dynamics - Systems thinking and modeling for a complex world, Irwin/McGraw-Hill, Boston, 2000.

Stocker, T. F.; Qin, D.; Plattner, G.-K.; Tignor, M.; Allen, S. K.; Boschung, J.; Nauels, A.; Xia, Y.; Bex, V.; Midgle, P. M. (2013)
Climate Change 2013: The Physical Science Basis - Contribution of Working Group I to the Fifth Assessment Report of the Intergovernmental Panel on Climate Change, Cambridge University Press, Cambridge, 2013.

Stoll, B.; Schrader, C.; Deinert, S. (2015)
Corporate social responsibility - Die Richtlinie 2014/95 EU - Chancen und Herausforderungen, Kassel University Press, München, 2015.

Stremme, U. (2000)
Internationales strategisches Produktionsmanagement, Lang, Frankfurt am Main, 2000.

Sudhoff, W. (2008)
Methodik zur Bewertung standortübergreifender Mobilität in der Produktion, Utz, München, 2008.

Sureeyatanapas, P.; Yang, J.-B.; Bamford, D. (2014)
Evaluation of Corporate Sustainability. In: Frontiers of Engineering Management, Nr. 2, 1. Jg., 2014, S. 176.

Sverrisson, Å. (2003)
Local and global commodity chains. In: Pietrobelli, C./Sverrisson, Å. (Hrsg.): Linking Local and Global Economies, Routledge, 2003

Tagliari, L.; Pandolfo, A.; Zeilmann, R. (2020)
Developing a specific structured procedure to assess sustainability performance in manufacturing processes. In: Journal of Cleaner Production, 2020, S. 122404.

Tauterat, T.; Schmeinck, N.; Keckl, S.; Mikusz, M. (2014)
Further Development of the Stuttgart Enterprise Model in Terms of the Applicability to Global Manufacturing Networks. In: Procedia CIRP, 19. Jg., 2014, S. 45 - 50.

Thomas, S.; Friedli, T.; Rüegg-Stürm, J. (2013)
Produktionsnetzwerksysteme: ein Weg zu effizienten Produktionsnetzwerken, Difo-Druck GmbH, Bamberg, 2013.

Tjørve, E.; Tjørve, K. (2001)
Species–Area Relationship. In: John Wiley & Sons, L. (Hrsg.): eLS, Wiley, online, 2001, S. 1 - 9.

Tokarska, K.; Gillett, N.; Weaver, A.; Arora, V.; Eby, M. (2016)
The climate response to five trillion tonnes of carbon. In: Nature Climate Change, Nr. 9, 6. Jg., 2016, S. 851 - 855.

Tomczak, T. (1992)
Forschungsmethoden in der Marketingwissenschaft. Ein Plädoyer für den qualitativen Forschungsansatz. In: Marketing ZFP, Nr. 2, 14. Jg., 1992, S. 77 - 87.

Townsend, C. R.; Begon, M.; Harper, J. L. (2009)
Ökologie, Springer Berlin Heidelberg, Berlin, Heidelberg, 2009.

Traverso, M.; Petti, L.; Zamagni, A. (2020)
Perspectives on Social LCA: Contributions from the 6th International Conference, Springer International Publishing, Cham, 2020.

Tremmel, J. (2004)
"Nachhaltigkeit" – definiert nach einem kriteriengebundenen Verfahren. In: GAIA - Ecological Perspectives for Science and Society, Nr. 1, 13. Jg., 2004, S. 26 - 34.

Turken, N.; Carrillo, J.; Verter, V. (2017)
Facility location and capacity acquisition under carbon tax and emissions limits: To centralize or to decentralize. In: International Journal of Production Economics, 187. Jg., 2017, S. 126 - 141.

Turner, K. (1993)
Sustainable Environment Economics and Management: Principles and Practice, Belhaven Press, London, 1993.

UBA (2020)
Verwertung und Entsorgung ausgewählter Abfallarten. URL: https://www.umweltbundesamt.de/daten/ressourcen-abfall/verwertung-entsorgung-ausgewaehlter-abfallarten, zuletzt geprüft am 05.08.2021.

Ude, J. (2010)
Entscheidungsunterstützung für die Konfiguration globaler Wertschöpfungsnetzwerke - Ein Bewertungsansatz unter Berücksichtigung multikriterieller Zielsysteme, Dynamik und Unsicherheit, Shaker, Aachen, 2010.

Ulrich, H.; Dyllick, T.; Probst, G. J. B. (1984)
Management - Hrsg. von Thomas Dyllick u. Gilbert J. B. Probst, Haupt, Bern & Stuttgart, 1984.

Ulrich, H.; Schwaninger, M. (2001)
Systemorientiertes Management - Das Werk von Hans Ulrich, Studienausg; Haupt, Bern, 2001.

Ulrich, P.; Hill, W. (1976)
Wissenschaftstheoretische Grundlagen der Betriebswirtschaftslehre. In: Wirtschaftswissenschaftliches Studium: Zeitschrift für Ausbildung und Hochschulkontakt, Nr. 7+8, 5. Jg., 1976, S. 304 - 309.

UN General Assembly (1992)
Report of the United Nations Conference on Environment and Development, Rio de Janeiro, 1992.

UN General Assembly (2015)
Transforming our world: the 2030 Agenda for Sustainable Development - Resolution adopted by the General Assembly on 25 September 2015, New York City, 2015.

UNCTAD (2020)
World Investment Report - International Production Beyond the pandemic, United Nations Publications, New York, 2020.

UNEP (2021)
AWARE Factors. URL: https://wulca-waterlca.org/aware/download-aware-factors/, zuletzt geprüft am 06.01.2022.

UNESCO (2020)
Water and Climate Change - The United Nations World Water Development Report 2020, Paris, 2020.

UNFCCC (1997)
Kyoto Protocol to the United Nations Framework Convention on Climate Change, Kyoto, 1997.

United Nations (2014)
Global Compact - Guide to corporate sustainability, New York, 2014.

United Nations (2015)
Adoption of the Paris Agreement - Proposal by the President, Paris, 2015.

United Nations (2020)
Paris Pledge for Action. URL: http://www.parispledgeforaction.org/read/, zuletzt geprüft am 12.08.2021.

United Nations Environment Programme (UNEP); **Basel Convention (1989)**
Basel Convention on the Control of Transboundary Movements of Hazardous Wastes and Their Disposal, Basel, 1989.

Valderrama, C.; Granados, R.; Cortina, J.; Gasol, C.; Guillem, M.; Josa, A. (2012)
Implementation of best available techniques in cement manufacturing: a life-cycle assessment study. In: Journal of Cleaner Production, 25. Jg., 2012, S. 60 - 67.

van de Schoot, R.; Bruin, J. de; Schram, R.; Zahedi, P.; Boer, J. de; Weijdema, F.; Kramer, B.; Huijts, M.; Hoogerwerf, M.; Ferdinands, G.; Harkema, A.; Willemsen, J.; Ma, Y.; Fang, Q.; Hindriks, S.; Tummers, L.; Oberski, D. (2021)
An open source machine learning framework for efficient and transparent systematic reviews. In: Nature Machine Intelligence, Nr. 2, 3. Jg., 2021, S. 125 - 133.

van der Spiegel, D.; Linke, B.; Stauder, J.; Buchholz, S. (2015)
Sustainability strategies of manufacturing companies on corporate, business and operational level. In: International Journal of Strategic Engineering Asset Management, Nr. 3, 2. Jg., 2015, S. 270.

van Randen, H. J.; Bercker, C.; Fieml, J. (2016)
Einführung in UML, Springer Fachmedien Wiesbaden, Wiesbaden, 2016.

van Zanten, J.; van Tulder, R. (2018)
Multinational enterprises and the Sustainable Development Goals: An institutional approach to corporate engagement. In: Journal of International Business Policy, Nr. 3, 1. Jg., 2018, S. 208 - 233.

Váncza, J. (2019)
Production Networks. In: Chatti, S./Laperrière, L./et al. (Hrsg.): CIRP Encyclopedia of Production Engineering, Springer Berlin Heidelberg, Berlin, Heidelberg, 2019, S. 1 - 8.

Varandani, R. M. (2014)
Managementkomplexität als Gestaltungsgröße kostenoptimierter globaler Produktionsnetzwerke, 1. Aufl.; Apprimus Verlag, Aachen, 2014.

VDI (2012)
VDI 4600 Kumulierter Energieaufwand, VDI 4600 Beuth, Berlin, 2012.

VDI (2015)
VDI 3790 - Umweltmeteorologie, VDI 3790 Beuth, Berlin, 2015.

VDI (2017)
VDI 4605 Nachhaltigkeitsbewertung, VDI 4605 Beuth, Berlin, 2017.

Veleva, V.; Ellenbecker, M. (2001)
Indicators of sustainable production: framework and methodology. In: Journal of Cleaner Production, Nr. 6, 9. Jg., 2001, S. 519 - 549.

Verband Europäischer Übertragungsnetzbetreiber (2021)
Power Statistics. URL: https://www.entsoe.eu/data/power-stats/, zuletzt geprüft am 05.08.2021.

Verhaelen, B.; Peukert, S.; Lanza, G. (2021)
Site Selection Processes in Global Production Networks. In: Friedli, T./Lanza, G./et al. (Hrsg.): Global Manufacturing Management, Springer International Publishing, Cham, 2021, S. 101 - 115.

Verhaelen, B.; Thomas, K.; Häfner, B.; Lanza, G.; Schuh, G. (2019)
Potenziale datenbasierter Produktallokationen. In: ZWF Zeitschrift für wirtschaftlichen Fabrikbetrieb, Nr. 3, 114. Jg., 2019, S. 96 - 100.

Verones, F.; Bare, J.; Bulle, C.; Frischknecht, R.; Hauschild, M.; Hellweg, S.; Henderson, A.; Jolliet, O.; Laurent, A.; Liao, X.; Lindner, J.; Souza, D. de; Michelsen, O.; Patouillard, L.; Pfister, S.; Posthuma, L.; Prado, V.; Ridoutt, B.; Rosenbaum, R.; Sala, S.; Ugaya, C.; Vieira, M.; Fantke, P. (2017)
LCIA framework and cross-cutting issues guidance within the UNEP-SETAC Life Cycle Initiative. In: Journal of Cleaner Production, 161. Jg., 2017, S. 957 - 967.

Verrier, B.; Rose, B.; Caillaud, E. (2016)
Lean and Green strategy: the Lean and Green House and maturity deployment model. In: Journal of Cleaner Production, 116. Jg., 2016, S. 150 - 156.

Vielma, J. (2015)
Mixed Integer Linear Programming Formulation Techniques. In: SIAM Review, Nr. 1, 57. Jg., 2015, S. 3 - 57.

Vörösmarty, C.; McIntyre, P.; Gessner, M.; Dudgeon, D.; Prusevich, A.; Green, P.; Glidden, S.; Bunn, S.; Sullivan, C.; Liermann, C.; Davies, P. (2010)
Global threats to human water security and river biodiversity. In: Nature, Nr. 7315, 467. Jg., 2010, S. 555 - 561.

Vuori, V. (2006)
Employees as a Source of External Business Information. In: European Productivity Conference, 2006

Walther, G. (2010)
Nachhaltige Wertschöpfungsnetzwerke, Gabler, Wiesbaden, 2010.

Wannenwetsch, H. (2021)
Integrierte Materialwirtschaft, Logistik, Beschaffung und Produktion, Springer Berlin Heidelberg, Berlin, Heidelberg, 2021.

Watson, R.; Zakri, A. (2005)
Ecosystems and Human Well-Being - Biodiversity Synthesis, World Resources Institute (WRI), Washington, DC, 2005.

Weizsäcker, E. U. von (2009)
Factor five - Transforming the global economy through 80% improvements in resource productivity, Earthscan/The Natural Edge Project, London, 2009.

Weizsäcker, E. U. von; Seiler-Hausmann, J.-D. (1999)
Ökoeffizienz, Birkhäuser Basel, Basel, 1999.

Wellbrock, W.; Ludin, D.; Krauter, S. (2020)
Nachhaltigkeitscontrolling - Instrumente und Kennzahlen für die strategische und operative Unternehmensführung, Springer Gabler, Wiesbaden Germany, 2020.

Wendling, Z. A.; Emerson, J. W.; Sherbinin, A. de; Etsy, D. a. (2021)
Environmental Performance Index 2020, New Haven, CT, 2021.

Westkämper, E. (2007)
Digital Manufacturing In The Global Era. In: Cunha, P. F./Maropoulos, P. G. (Hrsg.): Digital Enterprise Technology, Springer US, Boston, MA, 2007, S. 3 - 14.

White, R.; Poynter, T. (1984)
Strategies for Foreign-Owned Subsidiaries in Canada. In: Business Quarterly, 49. Jg., 1984

WHO (2017)
Guidelines for drinking-water quality - Fourth edition incorporating the first addendum., Genf, 2017.

Wicher, P.; Zapletal, F.; Lenort, R. (2019)
Sustainability performance assessment of industrial corporation using Fuzzy Analytic Network Process. In: Journal of Cleaner Production, 241. Jg., 2019, S. 118132.

Wiendahl, H.-P.; ElMaraghy, H.; Nyhuis, P.; Zäh, M.; Wiendahl, H.-H.; Duffie, N.; Brieke, M. (2007)
Changeable Manufacturing - Classification, Design and Operation. In: CIRP Annals, Nr. 2, 56. Jg., 2007, S. 783 - 809.

Wietschel, L.; Messmann, L.; Thorenz, A.; Tuma, A. (2020)
Environmental benefits of large-scale second-generation bioethanol production in the EU : An integrated supply chain network optimization and life cycle assessment approach. In: Journal of Industrial Ecology, 2020

Wiktionary (2021)
Allokation. URL: https://de.wiktionary.org/wiki/Allokation, zuletzt geprüft am 14.06.2021.

Windt, K. (2013)
Robust Manufacturing Control, Springer Berlin Heidelberg, Berlin, Heidelberg, 2013.

Winroth, M.; Almström, P.; Andersson, C. (2016)
Sustainable production indicators at factory level. In: Journal of Manufacturing Technology Management, Nr. 6, 27. Jg., 2016, S. 842 - 873.

Witthohn, C. (2019)
Konfiguration globaler Produktionsnetzwerke im Spannungsfeld von Kosten- und Risikominimierung, Apprimus Wissenschaftsverlag, Aachen, 2019.

World Bank (2020)
State and Trends of Carbon Pricing 2020, Washington, DC., 2020.

WTO (2021)
The GATT years - from Havana to Marrakesh. URL: https://www.wto.org/english/thewto_e/whatis_e/tif_e/fact4_e.htm, zuletzt geprüft am 10.06.2021.

Zelewski, S. (2008)
Grundlagen. In: Corsten, H./Reiß, M. (Hrsg.): Betriebswirtschaftslehre, Band 1, 4. Auflage; München, Wien, 2008, S. 1 - 97.

Zhang, X.; Ming, X.; Liu, Z.; Qu, Y.; Yin, D. (2019)
General reference model and overall frameworks for green manufacturing. In: Journal of Cleaner Production, 237. Jg., 2019, S. 117757.

Zimmer, K. (2016)
Entscheidungsunterstützung zur Auswahl und Steuerung von Lieferanten und Lieferketten unter Berücksichtigung von Nachhaltigkeitsaspekten, KIT Scientific Publishing, Karlsruhe, 2016.

Zimmermann, H.-J.; Gutsche, L. (1991)
Multi-Criteria Analyse, Springer Berlin Heidelberg, Berlin, Heidelberg, 1991.

Betreute studentische Arbeiten

Während der Erstellung der Dissertation hat der Autor unter wissenschaftlicher und inhaltlicher Leitung verschiedene studentische Arbeiten betreut, die Teilaspekte dieser Arbeit untersucht haben. Die gemeinsam mit den Abschlussarbeitenden erarbeiteten Erkenntnisse wurden im Rahmen der vorliegenden Dissertation an unterschiedlichen Stellen aufgegriffen:

Agapov, Artem

Untersuchung und Bewertung der ökologischen Nachhaltigkeit von Produktionsnetzwerken am Beispiel eines Elektrogeräteherstellers, Masterarbeit, 2021. Erkenntnisse sind in Kapitel 5.2.2 und 6.1 eingeflossen

Avci, Alper

Entwicklung eines Datenmodells zur Bewertung der sozialen Nachhaltigkeit von globalen Produktionsnetzwerken, Bachelorarbeit, 2021. Erkenntnisse sind in Kapitel 2.2.2 eingeflossen

Balgar, Lisa

Untersuchung des Einflusses von Produktionsnetzwerkkonfigurationen auf ökologische Nachhaltigkeitsziele, Masterarbeit, 2021. Erkenntnisse sind in Kapitel 5.1.1, 5.1.2 und 5.1.3 eingeflossen.

Baumann, Paula

Datenbasierte Beschreibung und Modellierung von Circular Economy Aktivitäten in globalen Produktionsnetzwerken, Bachelorarbeit, 2021. Erkenntnisse sind in Kapitel 5.2.1 und 5.2.3 eingeflossen

Fössing, Andreas

Datenmodellierung zur Analyse und Gestaltung der ökologischen Nachhaltigkeit globaler Produktionsnetzwerke, Masterarbeit, 2021. Erkenntnisse sind in Kapitel 5.2.1 und 5.2.3 eingeflossen.

Wunn, Henrik

Entwicklung eines mathematischen Modells zur Optimierung der ökologischen Nachhaltigkeit in globalen Produktionsnetzwerken, Masterarbeit, 2021. Erkenntnisse sind in Kapitel 5.3.2 eingeflossen.

9 Anhang

9.1 Details zur Auswahl relevanter Ansätze

Die bei der Literaturrecherche verwendeten Stichwörter können Tabelle 9.1 entnommen werden. Das Zeichen „*“ wurde genutzt um mehrere Variationen eines Begriffs abzudecken. Stichwörter in einer Reihe aus einem Bereich wurden stets mit Anführungszeichen zusammengefasst, wie z.B. „Supply Chain“. Zudem wurden stets drei Stichwörter aus den drei Bereichen verwendet. Diese wurden mit einer Oder-Bedingung in der Suche verknüpft. Ein Beispiel hierfür wäre: „Supply Chain“ OR „Model*” OR „Green”. Somit ergeben sich vier mal vier mal vier Kombinationen für die Suche in vier Quellen. Insgesamt wurden also 256 strukturierte Suchvorgänge durchgeführt. Zudem weitere Suchen zur Erprobung von Stichwörtern und als Teil der freien Literaturexploration. Bei der Suche nach deutschen Quellen in der Bibliothek der RWTH Aachen und WZLs wurden zudem die gleichen Begriffe in Deutsch verwendet. Bei der Suche im Web of Science wurden die Filter für die Domänen Manufacturing Engineering, Industrial Engineering, Operations Research Management, Engineering Environmental und Management gesetzt. In der Datenbank Scopus wurde Engineering und Environmental Science als Filter gesetzt. Suchergebnisse wurden nach Relevanz sortiert und die ersten 1000 Ergebnisse für die Analyse mit ASReview gespeichert.

Tabelle 9.1: Vorstellung der verwendetet Stichwörter

Objektbereich	Methodenbereich	Zielbereich
(Global) Production Network	Assess*	Sustainabil*
(International) Manufacturing Network	Optimization	Eco*
Supply Chain	Model*	Green
Production	Analy*	Environment*

Die gespeicherten Veröffentlichungen wurden vor der Analyse noch hinsichtlich Duplikaten und unvollständigen Daten gefiltert. Das finale Set für ASReview beinhaltete deshalb 39.768 Veröffentlichungen. Davon wurden 582 Titel und Abstracts gelesen. Aufgrund der vielversprechenden Inhalte wurde wiederum 120 Veröffentlichungen gelesen. Als vorläufig relevant wurden abschließend 57 von den 582 Veröffentlichungen markiert. Der Verlauf der Auswertung kann Abbildung 9.1 entnommen werden. Die Suche nach weiteren relevanten Quellen mit ASReview wurde abgebrochen, nachdem über 100 Veröffentlichung hintereinander als nicht relevant markiert wurden. Für die finale Auswahl von bestehenden Ansätzen erfolgte auf Basis einer manuellen Durchsicht und Entscheidung des Autors.

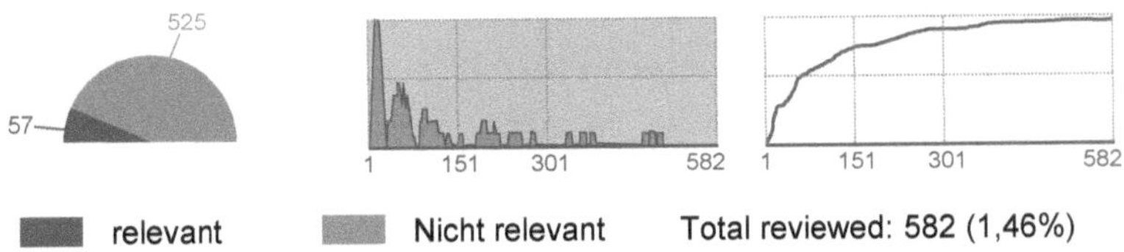

Abbildung 9.1: Auswertung der Literaturrecherche mit AS Review

9.2 Details zur Analyse der Einflussbeziehungen

9.2.1 Quellenbezug der Shortlisten

Tabelle 9.2: Shortlist für emissionsbezogene Indikatoren

Indikator-Code	Einheit.	Anzahl	Beschreibung	Quellen
Feinstaub-Emissionen	kg (für die jeweilige Substanz)	19	Gesamtpartikelmasse mit einem Durchmesser von weniger als 10 mm (PM10) oder mit einem Durchmesser von weniger als 2,5 mm (PM2,5) Vgl. Efroymson und Dale (2014), S.4	Afgan und Carvalho (2004), Ahmad et al. (2018), Efroymson und Dale (2014), GRI (2016), Huang (2017), Kim et al. (2012), Mani et al. (2015), Mavrotas et al. (2007), Mesa et al. (2018), Sangwan et al. (2018), Sihag et al. (2019), Singh et al. (2007), Valderrama et al. (2012), Wendling et al. (2020)
CO2-Emissionen	t CO_2	19	"is obtained as the sum of Direct CO2 emissions, Indirect CO2 emissions and Upstream CO2 emissions" Colla et al. (2016), S. 6	Afgan und Carvalho (2004), Ahmad et al. (2018), Colla et al. (2016), Feng und Joung (2009), Gallego-Álvarez et al. (2018), Gao et al. (2009), Kibira et al. (2018), Mani et al. (2014), Mesa et al. (2018), Mujkić et al. (2018), Park und Kremer (2017), Sangwan et al. (2018), Sikdar (2013), Valderrama et al. (2012), Wendling et al. (2020)
THG-Emissionen	t CO_2e	16	"Mass of anthropogenic emissions of CO2, CH4, N2O, HFCs, PFCs, SF6, CFCs, HCFC5, NO, CO, and NMVOCs" Vgl. Parker und Kremer (2017), S. 817	Beekaroo et al. (2018), Delai and Takahashi (2011), Efroymson und Dale (2014), Elhuni und Ahmad (2017), Feng et al. (2010), ESI (2005), Gallego-Álvarez et al. (2018), Garz und Schnella (2008), Hristov et al. (2019), Jakhar et al. (2014), Mani et al. (2015), Moynihan und Schwab (2020), Mujkić et al. (2018), Park und Kremer (2017), VDI 4605 (2017), Winroth et al. (2016)
NOX-Emissionen	kg (für die jeweilige Substanz)	16	*keine explizite Beschreibung in den Quellen*	Ahmad et al. (2018), Feng und Joung (2009), Gallego-Álvarez et al. (2018), Gao et al. (2009), GRI (2016), Hristov et al. (2019), Kim et al. (2012), Mani et al. (2015), Mesa et al. (2018), Mujkić et al. (2018),

Indikator-Code	Einheit.	Anzahl	Beschreibung	Quellen
				Sangwan et al. (2018), Valderrama et al. (2012), Wendling et al. (2020)
spezifische THG-Emissionen	CO_2e/ kg Produkteinheit	15	"Die THG-Emissionsintensität gibt die Menge der THG-Emissionen pro Aktivitäts- oder Produktionseinheit oder einem anderen organisationsspezifischen Parameter an." GRI 305: Emissionen (2016), S.13	Arampantzi und Minis (2017), Garz und Schnella (2008), GRI (2016), Huanga und Badurdeen (2016), Machiba et al. (2011), Wendling et al. (2020)
SOX-Emissionen	kg (für die jeweilige Substanz)	12	*keine explizite Beschreibung in den Quellen*	Ahmad et al. (2018), Feng und Joung (2009), Gallego-Álvarez et al. (2018), Gao et al. (2009), GRI (2016), Hristov et al. (2019), Kim et al. (2012), Mani et al. (2015), Mesa et al. (2018), Mujkić et al. (2018), Sangwan et al. (2018), Valderrama et al. (2012), Wendling et al. (2020)
Luftemissionen	kg (für die jeweilige Substanz)	10	*keine explizite Beschreibung in den Quellen*	Ahmad et al. (2018), Amrina und Yusof (2011), Beekaroo et al. (2018), Delai and Takahashi (2011), Despeisse et al. (2010), DIN EN ISO 14031, GRI (2016), Jayal et al. (2010), Kim et al. (2012), Sarkar et al. (2011)
Erderwärmungs-potenzial	t CO_2e	10	"Calculate the global warming potential for each of the above sources in tons of CO2 equivalent per year, using the conversion factors and sources of information provided " Veleva und Ellenbecker (2001), S.535	GRI (2016), Liu et al. (2008), Matino et al. (2017), Mujkić et al. (2018), Neugebauer et al. (2020), Schmidt (2009), Valderrama et al. (2012), Veleva und Ellenbecker (2001)

Tabelle 9.3: Shortlist für energiebezogen Indikatoren

Indika-tor-Code	Einheit.	An-zahl	Beschreibung	Quellen
Spezifischer Energiever-brauch	kWh/kg Produkti-ons-ein-heit	40	"Divide total energy used by the measure of production to calculate energy intensity." Veleva und Ellenbecker (2001)	Azapagic und Perdan (2000), Beekaroo et al. (2018), DIN EN ISO 14031, DIN ISO 50006:2017-04, Garz und Schnella (2008), GRI (2016), Hristov et al. (2019), Huanga und Badurdeen (2016), Kibira et al. (2018), Kim et al. (2012), Kreitlein et al. (2014), Machiba et al. (2011), Park und Kremer (2017), Ren (2000), Sangwan et al. (2018), Singh et al. (2007), Veleva und Ellenbecker (2001)
Energie-verbrauch	kWh	25	absolute Zahl, Systemgrenzen (bspw für Beleuchtung, Produktion, Verwaltung, etc.) und Einheit wählbar	Ahmad et al. (2018), Amrina und Yusof (2011), DIN ISO 50006:2017-04, Feng und Joung (2009), Gallego-Álvarez et al. (2018), Garz und Schnella (2008), GRI (2016), Huanga und Badurdeen (2016), Jakhar et al. (2014), Jayal et al. (2010), Krajnc und Glavicˇ (2004), Liu et al. (2008), Mani et al. (2014), Park und Kremer (2017), Ramsha Prabhu und Vizayakumar (2001), Sangwan et al. (2018), Sarkar et al. (2011), Tagliari et al. (2020), Veleva und Ellenbecker (2001), Winroth et al. (2016)
Rate an erneuerbaren Energien	%	16	Anteil am gesamten Energieverbrauch	ESI (2005), Garz und Schnella (2008), Hristov et al. (2019), Huang (2017), Huanga und Badurdeen (2016), Kim et al. (2012), Kishaway et al. (2018), Machiba et al. (2011), Sangwan et al. (2018), Veleva und Ellenbecker (2001), Winroth et al. (2016)
Energie-effizienz	*(nicht der Quellen zu entnehmen)*	13	"Useful equivalent energy output from the process/total energy input" Kishaway et al. (2018) S.9	Despeisse et al. (2010), DIN ISO 50006:2017-04, ESI (2005), Feng et al. (2010), Govindan et al. (2016), Huanga und Badurdeen (2016), Kibira et al. (2018), Kim et al. (2012), Kishaway et al. (2018), Kreitlein et al. (2014), Mani et al. (2015), Matino et al. (2017), VDI 4605 (2017)
Stromver-brauch	kWh	12	absolute Zahl, Systemgrenzen und Einheit wählbar	Ahmad et al. (2018), Amrina and Yulianto (2018), Bhinge et al. (2015), Chen et al. (2013), GRI (2016), Huanga und Badurdeen (2016), Kim et al. (2012), Kishaway et al. (2018), Mani et al. (2015), Veleva und Ellenbecker (2001), Van der Spiegel et al. (2014)

Tabelle 9.4: **Shortlist für wasserbezogene Indikatoren**

Indikator-Code	Einheit.	Anzahl	Beschreibung	Quellen
Wasserverbrauch	m^3	15	"Volume of water used for withdrawal, consumptive, and non-withdrawal" Park und Kremer 2017, S. 819	Ahmad et al. (2018), Amrina and Yulianto (2018), Amrina und Yusof (2011), Bhinge et al. (2015), Feng et al. (2010), Feng und Joung (2009), Gallego-Álvarez et al. (2018), GRI (2016), Kim et al. (2012), Mani et al. (2015), Mujkić et al. (2018), Park und Kremer (2017), Sangwan et al. (2018), Sarkar et al. (2011), Winroth et al. (2016)
spezifischer Wasserverbrauch	m^3/kg Produkteinheit	11	"Total water intake / Normalisation factor" Machiba (2011), S.50	Alves & Alves (2015), Beekaroo et al. (2018), DIN EN ISO 14031, Hristov et al. (2019), Huanga und Badurdeen (2016), Krajnc and Glavicˇ (2004), Machiba et al. (2011), Park und Kremer (2017), Ren (2000), Singh et al. (2007), VDI 4605 (2017)
Abwasser	m^3	9	*keine explizite Beschreibung in den Quellen*	Ahmad et al. (2018), Amrina und Yusof (2011), Gallego-Álvarez et al. (2018), Gao et al. (2009), Krajnc and Glavicˇ (2004), Mani et al. (2015), Sarkar et al. (2011), Wendling et al. (2020)
Anteil von aufbereitetem/ wiederverwendetem Wasser	%	8	*keine explizite Beschreibung in den Quellen*	Despeisse et al. (2010), Huanga und Badurdeen (2016), Sangwan et al. (2018), VDI 4605 (2017), Veleva und Ellenbecker (2001), Winroth et al. (2016)
Wiederaufbereitetes Wasser	m^3	7	*keine explizite Beschreibung in den Quellen*	Delai and Takahashi (2011), DIN EN ISO 14031 (2012), Gallego-Álvarez et al. (2018), GRI (2016), Kim et al. (2012), Wendling et al. (2020)

Tabelle 9.5: Shortlist für material- und abfallbezogene Indikatoren

Indikator-Code	Einheit.	Anzahl	Beschreibung	Quellen
Anteil des wiederverwendbaren/ wiederaufbereiteten/ recycelten Materials	%	36	Prozentsatz der recycelten Ausgangsstoffe, die zur Herstellung der wichtigsten Produkte und Dienstleistungen der Organisation verwendet wurden. (Vgl. GRI 2016)	Beekaroo et al. (2018), Govindan et al. (2016), GRI (2016), Hristov et al. (2019), Huang (2017), Huanga und Badurdeen (2016), Kishaway et al. (2018), Liu et al. (2008), Machiba et al. (2011), Sangwan et al. (2018), Shahbazi et al. (2018), VDI 4605 (2017), Winroth et al. (2016)
Gefährlicher Abfall	kg	14	keine explizite Beschreibung in den Quellen	Ahmad et al. (2018), Amrina und Yusof (2011), Delai and Takahashi (2011), Gallego-Álvarez et al. (2018), Huang (2017), Jayal et al. (2010), Mesa et al. (2018), Sangwan et al. (2018), Shahbazi et al. (2018), Veleva und Ellenbecker (2001), Winroth et al. (2016)
Feststoffabfall	kg	13	keine explizite Beschreibung in den Quellen	Amrina und Yusof (2011), Azapagic und Perdan (2000), Bhinge et al. (2015), Feng et al. (2010), Feng und Joung (2009), Gao et al. (2009), Lsaputri et al. (2020), Park und Kremer (2017), Ren (2000), Sangwan et al. (2018), Sarkar et al. (2011), Valderrama et al. (2012), VDI 4605 (2017), Wendling et al. (2020)
Spezifisch eingesetzte Materialmenge	kg/EUR	13	"Mengenangabe der eingesetzten Materialien und Rohstoffe (inklusive biotischer Stoffe) in kg; klassische Effizienzbetrachtung, als Ergänzung zur Absolutbetrachtung; sinnvolle Wichtung des Materialeinsatzes, bezogen auf die produktspezifische Funktionalität" VDI 4605, S.12	Azapagic und Perdan (2000), Feng et al. (2010), Huanga und Badurdeen (2016), Joung et al. (2012), Kim et al. (2012), Shahbazi et al. (2018), Sikdar (2003), VDI 4605 (2017), Veleva und Ellenbecker (2001), Winroth et al. (2016)
Abfallmenge	kg	12	"Describes the waste generated by production/transportation process" Parker und Kremer 2017, S. 819	Ahmad et al. (2018), Amrina und Yusof (2012), Chen et al. (2013), Delai and Takahashi (2011), Gallego-Álvarez et al. (2018), Olugu et al. (2011), Park und Kremer (2017), Shahbazi et

Indikator-Code	Einheit.	Anzahl	Beschreibung	Quellen
				al. (2018), Van der Spiegel et al. (2015), Verrier et al. (2016)
Recycling-Rate	%	10	"Number (or volume, or mass) fraction of resource recovery involving collection and treatment of a waste product for use as a raw material". Parker und Kremer 2017, S. 818	Despeisse et al. (2010), ESI (2005), Gallego-Álvarez et al. (2018), Hristov et al. (2019), Jakhar et al. (2014), Kim et al. (2012), Park und Kremer (2017)

Tabelle 9.6: Shortlist für biodiversitätsbezogene Indikatoren

Indikator-Code	Einheit.	Anzahl	Beschreibung	Quellen
Flächen-inanspruchnahme	km^2	15	"benutzte Fläche (Boden und Wasser) in m^2 pro Zeiteinheit" VDI4605, S.12	Amrina and Yulianto (2018), Amrina und Yusof (2011), Baba et al. (2019), Beekaroo et al. (2018), Delai and Takahashi (2011), DIN EN ISO 14031, Feng et al. (2010), GRI (2016), Machiba et al. (2011), Park und Kremer (2017), Sangwan et al. (2018), Sarkar et al. (2011), Valderrama et al. (2012), VDI 4605 (2017), Wendling et al. (2020), Winroth et al. (2016)
Artenvielfalt	*(nicht der Quellen zu entnehmen)*	4	*keine explizite Beschreibung in den Quellen*	Aminuddin et al. (2014), ESI (2005), Lsaputri et al. (2020), Sarkar et al. (2011)
Menschliche Gesundheit	DALY 10^7	3	*keine explizite Beschreibung in den Quellen*	Mujkić et al. (2018), Valderrama et al. (2012), Veleva und Ellenbecker (2001)

9.2.2 Vollständiger Wirkungsgraph

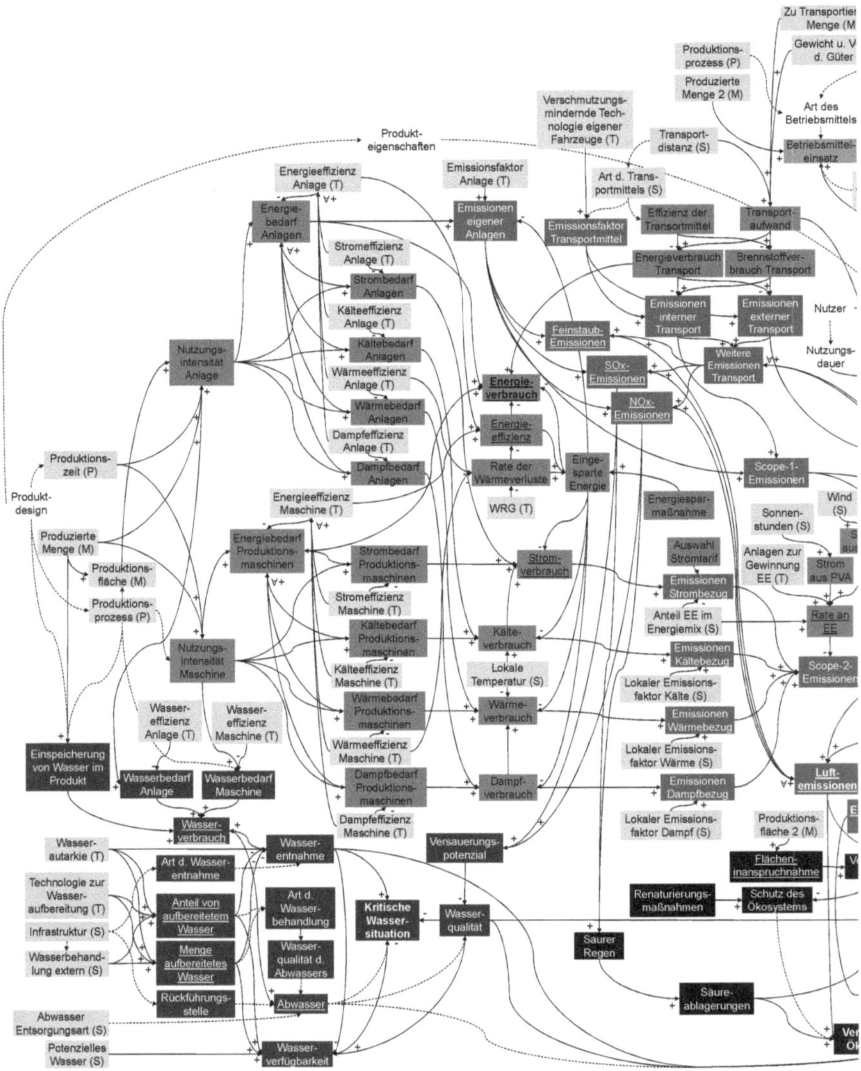

Abbildung 9.2: Darstellung aller identifizierten Wirkungsbeziehungen (I/II)

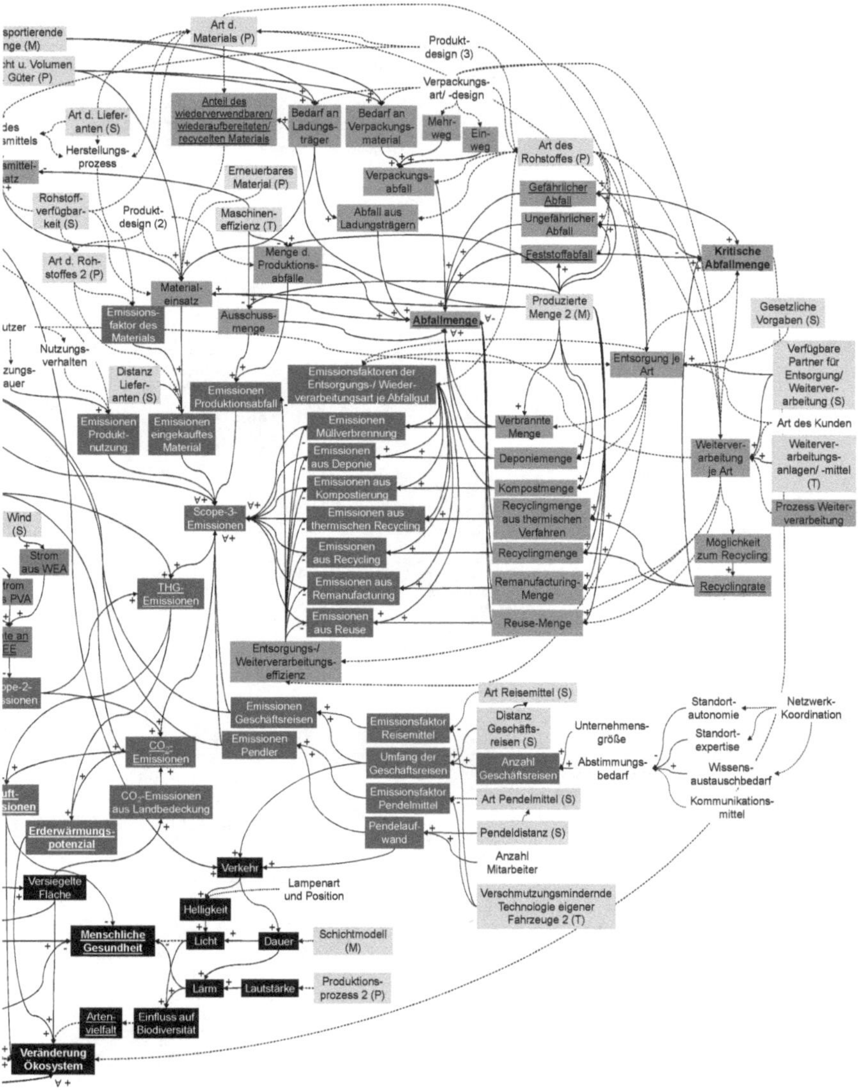

Abbildung 9.3: Darstellung aller identifizierten Wirkungsbeziehungen (II/II)

9.3 Fortführende Informationen zur Modellierung

9.3.1 Details zur Informationsbeschaffung

Interne wissensträgerbasierte Informationsquellen							
Modellebene	F&E	Controlling	Produktion	Vertrieb	Logistik	Facility Mgmt.	Beschaffung
Netzwerk-ebene	-	▪TRk, TRs ▪TSe	▪LTa, LTg, LTw ▪VPa, VPw	▪VPa, VPg, VPm, VPw	▪LRh, LTz, LTd, LTk, LTs, LTp ▪TSd, TSr, TSt, TSl, TSv, TSe ▪LTa, LTg, LTm, LTn, LTw ▪VPa, VPg, VPm, VPn, VPw ▪TMn, TMl, TMd, TMd, TMs, TMe ▪EAn, EAe, EAf	▪EAn, EAe, EAf	▪TMn, TMe ▪LTw ▪VPw
Standort-ebene	-	▪VRn, VRa, VRl ▪LSn, LSl, LSb, LSz ▪PSn, PSl, PSb, PSs, PSg, PSk, PSo ▪EPn ▪WPn ▪CPn	▪PSn, PSl, PSb, PSs, PSf, PSj, PSk, PSo, PSt, PSe, PSc, PSw, PSz ▪STs, STw, STj	▪VRn, VRa, VRl, VRb	▪VRn, VRl, VRb ▪LSn, LSl, LSb, LSf ▪PSn, PSl, PSb	▪PSe, PSc, PSw, PSz ▪CPn, CPrb, CPrl, CPrv, CPrp, CPsl, CPsv, CPsp... ▪EPn, EPe, EPw, EPk, EPd ▪WPn, WPoi, WPgi, WPmi, WPpi, WPsi, WPni...	▪LSn, LSa, LSl, LSb, LSf, LSc, LSz ▪ZTn, TZw, Zk
System-ebene	-	▪ANs, ANw, ANz ▪ATs	▪MAn, MAps, MAt, MAf, MAo, MAr, MAp, MAq, MAl, MAk ▪MTn, MTe, MTr, MTp, MTw, MTb, MTf, MTh, MTt, MTs ▪ANn, ANps, ANa, ANz, ANs, ANw ▪ATn, ATs, ATp, ATe, ATv, ATa, ATw, ATf ▪BTa, BTn, BTe, BTm	-	▪ANps, ANa, ANs, ANw, ANz ▪ATn, ATv, ATa,	▪MAn, MAps, MAf ▪MTe, MTr, MTp, MTw, MTb, MTf ▪ANn, ANps, ANa, ANs, ANw, ANz ▪ATn, ANp, ANe, ANv, ANa, ANw, ANf	-
Prozess-ebene	▪PZm ▪PRa, PRm, PRn, PRg, PRl ▪MYn, MYk, MYg, Myh, MYr, MYc, MYv ▪SLp, PLz, SLa, SLb	▪BAu, BAp, BAt, BAm, BAt, BAv ▪MYk, MYg, ▪SLp, SLz, SLa, SLb ▪PKn, PKp, PKs, ▪PZn, PZm, PZa	▪BAu, BAp, BAz, BAp, BAm ▪PKn, PKp, PKs, PKt ▪PZe, PZn, PZm, PZa, PZl, PZr, PZp ▪PRa, PRg, PRl ▪SLp, PSz, SLa	▪BAm, BAu, BAz, BAt, BAv	▪BAu, BAz ▪PKt	-	▪MYk

Abbildung 9.4: Zuordnung der internen, wissensträgerbasierten Quellen

Tabelle 9.7: Auswahl an externen datenträgerbasierten Quellen

Art	Name
LCA Datenbanken	EcoInvent
	GABi
	ELCD (European Reference Life Cycle Database)
	GEMIS (Globales Emissions-Modell Integrierter Systeme)
	NEEDS (New Energy Externalities Development for Sustainability)
	Netzwerk Lebenszyklusdaten,
	NREL (National Renewable Energy Laboratory)
	Ökobau.dat
	ÖkoPro
	ReCiPe 2016
	ProBas (prozessorientierte Basisdaten für Umweltmanagement-Instrumente)
	U.S. Life Cycle Inventory Database
	Wecobis - Ökologisches Baustoffinformationssystem
	WULCA - AWARE Modell
	Global Potential Species Loss (PSLglo)
Amtliche Statistiken	„BUWAL" (Schweizerisches Bundesamt für Umwelt, Wald und Landschaft)
	Online Plattform für nachhaltige Entwicklung in Deutschland (Destatis)
	Energy Information Administration (USA)
	U.S. Geological Survey
NGO/IGO Datenbanken	World Bank Database
	OECD Database
	GRI Database
	WWF Eco Regions
	Food and Agriculture Organization Corporate Statistical Database (FAOSTAT)
	WaterStat - water footprint statistics
Normen	DIN16258
	VDI 4600
Sonstige	Wirkungskategorien
	DSLV Anwendungshandbuch
	Google Maps

Externe datenträgerbasierte Informationsquellen					
Modellebene	LCA Datenbanken	Amtliche Statistiken	NGO/IGO Datenbanken	Normen	Sonstige Veröffentlichungen
Netzwerk-ebene	▪ TRd, TRs ▪ TMn, TMl, TMs, Tme ▪ Ean, Eae, Eaf ▪ LTm, LTn ▪ VPm, VTn	▪ TRh, TRz, TRd, TRs, TRp	-	▪ EAn, EAe, EAf	▪ TSd, TSr, TSt, TSl, TSv ▪ TMn, TMl, TMs, Tme
Standort-ebene	▪ Pse, PSc, PSw, PSd, PSr, PSz ▪ ZTn, ZTw, ZTk ▪ WPoi, WPgi, WPmi, WPpi ▪ CPrp, CPkp, CPvp, CPsp	▪ EPe, PEw, EPk, EPd ▪ WPoi, WPgi, WPmi, WPpi ▪ STs, STw, STj ▪ CPrp, CPkp, CPvp, CPsp	▪ EPe, PEw, EPk, EPd ▪ WPoi, WPgi, WPmi, WPpi ▪ CPrp, CPkp, CPvp, CPsp	-	▪ Pse, PSc, PSw, PSd, PSr, PSz ▪ EPe, PEw, EPk, EPd ▪ WPoi, WPgi, WPmi, WPpi ▪ CPrp, CPkp, CPvp, CPsp
System-ebene	▪ BTn, BTm ▪ ATp, ATe, ATv, ATa, ATW, ATf ▪ MTp, MTb, MTf, MTh, MTs	-	-	-	▪ ATp, ATe, ATv, ATa, ATW, ATf ▪ MTp, MTb, MTf, MTh, MTs ▪ MAo, MAq
Prozess-ebene	▪ MYg, MYh, MYr, MYc, MYv	▪ BAz	▪ MYk, MYg, MYh, Myr, MYc, MYv	▪ MYg	▪ PKt,

Abbildung 9.5: Zuordnung der externen, datenträgerbasierten Quellen

Externe wissensträgerbasierte Informationsquellen						
Modellebene	Wissenschaft	NGOs/IGOs	Berater	Verbände	Benchmarking	Stakeholder
Netzwerk-ebene	▪ EAn, EAe, EAf ▪ LTm, LTw ▪ VPm, VPw ▪ TMl, TMd, TMs, TMe	▪ EAn, EAe, EAf ▪ TRh, TRz, TRd	▪ TMl, TMd, TMs, TMe ▪ EAn, EAe, EAf	▪ TRd, TRk ▪ TSd, TSt, TSl, TSv ▪ TMl, TMd, TMs, TMe ▪ EAn, EAe, EAf	▪ LTg, LTm, LTn, LTw ▪ VPg, VPm, VPn, VPw ▪ TRd, TRk, TRs ▪ TSd, TSr, TSt, TSl, TSv	-
Standort-ebene	▪ PSc, PSw, PSe, PSd, PSr ▪ ZTn, ZTw, TZk ▪ EPe, EPw, EPk, EPd	▪ ZTn, ZTw, TZk ▪ CPrp, CPsp, CPkp, CPvp ▪ EPe, EPw, EPk, EPd ▪ WPoi, WPgi, WPmi, WPpi, WPsi, WPni, WPoo, WPgo, WPmo, WPso, WPno	▪ ZTn, ZTw, TZk ▪ LSl, LSb, LSf, LSc, LSz ▪ CPrp, CPsp, CPkp, CPvp ▪ EPe, EPw, EPk, EPd ▪ WPoi, WPgi, WPmi, WPpi, WPsi, WPni, WPoo, WPgo, WPmo, WPso, WPno	▪ ZTn, ZTw, TZk	▪ PSf, PSj, PSt, PSe, PSc, PSw, ▪ STs, STw, STj	▪ ZTn, ZTw, TZk ▪ LSl, LSb, LSf, LSc, LSz ▪ CPrp, CPsp, CPkp, CPvp ▪ EPe, EPw, EPk, EPd ▪ WPoi, WPgi, WPmi, WPpi, WPsi, WPni, WPoo, WPgo, WPmo, WPso, WPno
System-ebene	▪ ATp, ATe, ATv, ATa, ATw, ATf ▪ MTe, MTr, MTp, MTw, MTb, MTf, MTh, MTt, MTs ▪ BTa, BTm, BTn	-	▪ MAr, MAp, MAq, MAo ▪ MTr, MTp, MTw, MTb, MTf, MTh, MTt, MTs ▪ ATp, ATe, ATv, ATa, ATw, ATf	-	▪ MTr, MTp, MTw, MTb, MTf, MTh, MTt, MTs ▪ ATp, ATe, ATv, ATa, ATw, ATf	-
Prozess-ebene	▪ MYk, MYg, MYh, MYr, MYc, mYv	▪ BAt ▪ MYg	▪ PZn, PZa, PZl, PZr, PZp	-	-	-

Abbildung 9.6: Zuordnung der externen, wissensträgerbasierten Quellen

9.3.2 Formeln für die Bilanzierung von Energie und Emissionen

Formel 9.1: Berechnung des Sendungsgewichts

$$G_{TR,TS,PR} = \left(PRg_{PR} + \sum_{VP} Vb_{TR,TS,PR,VP} * VPg_{VP} + \sum_{VP} Lb_{TR,TS,PR,LT} * LTg_{LT} * \frac{1}{PRl_{PR,LT}} \right) * BAm_{TR,PR}$$

mit
- PRg_{PR} Gewicht des Produktes *PR* in kg
- $BAm_{TR,PR}$ Benötigte Stückzahl des Bedarfes für das Produkt *PR* auf der Route *TR*
- $Vb_{TR,TS,PR,VP}$ Boolesche Variable, die angibt, ob eine Verpackung *VP* auf der-Strecke *TS* und der Route *TR* für das Produkt *PR* eingesetzt wird
- VPg_{VP} Gewicht der Verpackung *VP* in kg
- $Lb_{TR,TS,PR,LT}$ Boolesche Variable, die angibt, ob ein Ladungsträger *LT* auf der Strecke *TS* und der Route *TR* für das Produkt *PR* eingesetzt wird
- LTg_{LT} Gewicht des Ladungsträgers *LT*
- $PRl_{PR,LT}$ Transportfaktor und Menge des Produktes *PR* pro Ladungsträger *LT*

Formel 9.2: Berechnung der Prozesszeit je Maschine

$$MAp_{MA,PS} = \sum_{PR} \sum_{PK} \sum_{PZ} \sum_{BA} \frac{PZp_{PR,PK,PZ} * BAm_{PS,PK,BA}}{MAo_{MA,PS}}$$

mit
- $PZp_{PR,PK,PZ}$ Prozesszeit des Prozessschritts *PZ* der Prozesskette *PK* für die Bearbeitung eines Produktes *PR*
- $BAm_{PS,PK,BA}$ Benötigte Stückzahl des Bedarfs *BA* für die Prozesskette *PK* am Produktionsstandort *PS*
- $MAo_{MA,PS}$ OEE Faktor der Maschine *MA* am Standort *PS*

Formel 9.3: Berechnung der Rüstzeit je Maschine

$$MAr_{MA,PS} = \sum_{PR} \sum_{PK} \sum_{PZ} \sum_{BA} \frac{PZr_{PR,PK,PZ} * \frac{BAm_{PS,PK,BA}}{PZl_{PR,PK,PZ}}}{MAo_{MA,PS}}$$

mit $PZr_{PR,PK,PZ}$ Rüstzeitzeit des Prozessschritts *PZ* der Prozesskette *PK* für Bearbeitung eines Produktes *PR* in Stunden

$PZl_{PR,PK,PZ}$ Losgröße des Prozessschritts *PZ* der Prozesskette *PK* für Bearbeitung eines Produktes *PR*

Formel 9.4: Nebenbedingung der Booleschen Operatoren zur Skalierung

$$1 = S_k + S_{PSf} + S_{PSfp} + S_{PSfb} + S_{PSfte} + S_{PSfted} + S_{PSftei} + S_{PSmz} + S_{PSma} + S_{PSpp}$$

mit S_k Boolescher Operator falls keine Skalierung stattfindet

S_{PSf} Boolescher Operator falls mit der Gesamtfläche skaliert wird

S_{PSfp} Boolescher Operator falls mit der Produktionsfläche skaliert wird

S_{PSfb} Boolescher Operator falls mit der Bürofläche skaliert wird

S_{PSfte} Boolescher Operator falls mit der FTE Anzahl skaliert wird

S_{PSfted} Boolescher Operator falls mit der direkten FTE Anzahl skaliert wird

S_{PSftei} Boolescher Operator falls mit der indirekten FTE Anzahl skaliert wird

S_{PSmz} Boolescher Operator falls mit den Maschinenstunden skaliert wird

S_{PSma} Boolescher Operator falls mit der Anzahl der Maschinen skaliert wird

S_{PSpp} Boolescher Operator falls mit der Anzahl der produzierten Produkten skaliert wird

Formel 9.5: Skalierungsfaktor für Anlagen

$$ANs_{PS,AN} := \begin{cases} 1, & für\ S_k = 1 \\ \dfrac{PSf_{PS}}{ANw_{PS,AN}}, & für\ S_{PSf} = 1, mit\ ANw_{PS,AN} > 0 \\ \dfrac{PSfp_{PS}}{ANw_{PS,AN}}, & für\ S_{PSfp} = 1, mit\ sANw_{PS,AN} > 0 \\ \dfrac{PSfb_{PS}}{ANw_{PS,AN}}, & für\ S_{PSfb} = 1, mit\ ANw_{PS,AN} > 0 \\ \dfrac{PSfte_{PS}}{ANw_{PS,AN}}, & für\ S_{PSfte} = 1, mit\ ANw_{PS,AN} > 0 \\ \dfrac{PSfted_{PS}}{ANw_{PS,AN}}, & für\ S_{PSfted} = 1, mit\ ANw_{PS,AN} > 0 \\ \dfrac{PSftei_{PS}}{ANw_{PS,AN}}, & für\ S_{PSftei} = 1, mit\ ANw_{PS,AN} > 0 \\ \dfrac{PSmz_{PS}}{ANw_{PS,AN}}, & für\ S_{PSmz} = 1, mit\ ANw_{PS,AN} > 0 \\ \dfrac{PSma_{PS}}{ANw_{PS,AN}}, & für\ S_{PSma} = 1, mit\ ANw_{PS,AN} > 0 \\ \dfrac{PSpp_{PS}}{ANw_{PS,AN}}, & für\ S_{PSpp} = 1, mit\ ANw_{PS,AN} > 0 \end{cases}$$

mit $ANw_{PS,AN}$ Skalierungsschwelle der Anlage *AN* am Standort *PS*
PSf_{PS} Gesamte Fläche am Standort *PS*
$PSfp_{PS}$ Produktionsfläche am Standort *PS*
$PSfb_{PS}$ Bürofläche am Standort *PS*

Formel 9.6: Berechnung der Anzahl an FTE

$$PSfte_{PS} = PSfted_{PS} + PSftei_{PS}$$

mit $PSfte_{PS}$ Anzahl an FTE am Standort *PS*
$PSfted_{PS}$ Anzahl an direkten FTE am Standort *PS*
$PSftei_{PS}$ Anzahl an indirekten FTE am Standort *PS*

Formel 9.7: Berechnung der Anzahl an direkten FTE

$$PSfted_{PS} = \frac{\sum_{MA} \frac{MAr_{MA,PS} + MAp_{MA,PS}}{MAq_{MA,PS}}}{PSj_{PS}}$$

mit $MAq_{MA,PS}$ Mitarbeitermaschinenquote für die Maschine *MA* am Standort *PS*

PSj_{PS} Verfügbare Arbeitszeit je FTE am Standort *PS* pro Periode

Formel 9.8: Berechnung der Anzahl an indirekten FTE

$$PSftei_{PS} = \frac{PSfteif_{PS}}{PSfteiw_{PS}}$$

mit $PSfteif_{PS}$ Ausprägung des Skalierungseinheit für indirekte FTE am Standort *PS*

$PSfteiw_{PS}$ Skalierungsschwelle für indirekte FTE am Standort *PS*

Formel 9.9: Berechnung der Maschinenstunden pro Standort

$$PSmz_{PS} = \sum_{MA} MAp_{MA,PS} + MAr_{MA,PS}$$

mit $PSmz_{PS}$ Anzahl der Gesamtmaschinenstunden am Standort *PS*

Formel 9.10: Berechnung der Anzahl an Maschinen pro Standort

$$PSma_{PS} = \sum_{MA} \frac{MAp_{MA,PS} + MAr_{MA,PS}}{STs_{PS,MA,ST} * STw_{PS,MA,ST} * STj_{PS,MA,ST}}$$

mit $PSma_{PS}$ Anzahl der Maschinen am Standort *PS*

$STs_{PS,MA,ST}$ Anzahl an Stunden pro Schicht an der Maschine *MA* am Standort *PS* mit dem Schichtprofil *ST*

$STw_{PS,MA,ST}$ Anzahl der Schichten pro Arbeitswoche an der Maschine *MA* am Standort *PS* mit dem Schichtprofil *ST*

$STj_{PS,MA,ST}$ Anzahl der Arbeitswochen pro Periode an der Maschine *MA* am Standort *PS* mit dem Schichtprofil *ST*

Formel 9.11: Berechnung der Anzahl produzierter Produkte je Standort

$$PSpp_{PS} = \sum_{PR} \sum_{PK} \sum_{BA} BAm_{PS,PK,BA}$$

mit $PSpp_{PS}$ Anzahl an produzierten Produkten am Standort *PS*

9.3.3 Formeln für die Bilanzierung von Wasser

Formel 9.12: Formel zur Berechnung des Wasserbedarfs für Anlagen

$$Wai_{PS} = \sum_{AN} ANs_{PS,AN} * ATw_{PS,AN}$$

mit $ATw_{PS,AN}$ Wasserbedarf der Anlage *AN* am Standort *PS*

Formel 9.13: Nebenbedingung der Wasserquellen eines Standorts

$$1 = WPoi_{PS,WP} + WPgi_{PS,WP} + WPmi_{PS,WP} + WPpi_{PS,WP}$$

mit $WPoi_{PS,WP}$ Anteil Oberflächenwasser an Standort *PS* mit Wasserprofil *WP*
$WPgi_{PS,WP}$ Anteil Grundwasser an Standort *PS* mit Wasserprofil *WP*
$WPmi_{PS,WP}$ Anteil Meerwasser an Standort *PS* mit Wasserprofil *WP*
$WPpi_{PS,WP}$ Anteil produziertes Wasser an Standort *PS* mit Wasserprofil *WP*

Formel 9.14: Nebenbedingung der Wasserqualität eines Standorts

$$1 = WPsi_{PS,WP} + WPni_{PS,WP}$$

mit $WPsi_{PS,WP}$ Anteil Süßwasserzuführung an Standort *PS* mit Wasserprofil *WP*
$WPni_{PS,WP}$ Anteil Zuführung sonstiges Wasser an Standort *PS* mit Wasserprofil *WP*

Formel 9.15: Menge an zugeleiteten Grundwasser im Netzwerk

$$W_{Rein,g} = \sum_{PS} WPgi_{PS,WP} * (Wmi_{PS} + Wai_{PS})$$

mit $W_{Rein,g}$ Gesamtmenge an zugeführtem Grundwasser

Formel 9.16: Menge an zugeleiteten Meerwasser im Netzwerk

$$W_{Rein,m} = \sum_{PS} WPmi_{PS,WP} * (Wmi_{PS} + Wai_{PS})$$

mit $W_{Rein,m}$ Gesamtmenge an zugeführtem Meerwasser

Formel 9.17: Menge an zugeleiteten produziertem Wasser im Netzwerk

$$W_{Rein,p} = \sum_{PS} WPpi_{PS,WP} * (Wmi_{PS} + Wai_{PS})$$

mit $W_{Rein,p}$ Gesamtmenge an produziertem Wasser, das zugeführt wird

Formel 9.18: Menge an zugeleiteten Süßwasser im Netzwerk

$$W_{Rein,s} = \sum_{PS} WPsi_{PS,WP} * (Wmi_{PS} + Wai_{PS})$$

mit $W_{Rein,s}$ Gesamtmenge an zugeführtem Süßwasser

Formel 9.19: Menge an zugeleiteten sonstigem Wasser im Netzwerk

$$W_{Rein,n} = \sum_{PS} WPni_{PS,WP} * (Wmi_{PS} + Wai_{PS})$$

mit $W_{Rein,n}$ Gesamtmenge an sonstigem Wasser, das zugeführt wird

Formel 9.20: Definition des Wasserverbrauchsfaktor eines Anlagentyps

$$ATf_{AN,AT} := \frac{Wao_{AN,AT}}{Wai_{AN,AT}}, 0 \leq ATf \leq 1$$

mit $ATf_{AN,AT}$ Wasserverbrauchsfaktor für eine Anlage AN des Typs AT
$Wao_{AN,AT}$ Gesamtabwasser für eine Anlage AN des Typs AT
$Wai_{AN,AT}$ Gesamtwasserbedarf für eine Anlage AN des Typs AT

Formel 9.21: Berechnung des Oberflächenabwassers im Netzwerk

$$W_{Raus,o} = \sum_{PS} WPoo_{PS,WP} * \ (Wmo_{PS} + Wao_{PS})$$

mit $W_{Raus,o}$ Menge an Abwasser, das ins Oberflächenwasser ausgeleitet wird
$WPoo_{PS,WP}$ Anteil Oberflächenabwasser an Standort *PS* mit Wasserprofil *WP*
Wmo_{PS} Gesamtabwasser für alle Maschinen am Standort *PS*
Wao_{PS} Gesamtabwasser für alle Anlagen am Standort *PS*

Formel 9.22: Berechnung des in Grundwasser ausgeleiteten Abwassers

$$W_{Raus,o} = \sum_{PS} WPgo_{PS,WP} * \ (Wmo_{PS} + Wao_{PS})$$

mit $W_{Raus,o}$ Menge an Abwasser, das ins Grundwasser ausgeleitet wird
$WPgo_{PS,WP}$ Anteil Abwasser, das ins Grundwasser ausgeleitet wird, an Standort *PS* mit Wasserprofil *WP*

Formel 9.23: Berechnung des in Meerwasser ausgeleiteten Abwassers

$$W_{Raus,m} = \sum_{PS} WPmo_{PS,WP} * \ (Wmo_{PS} + Wao_{PS})$$

mit $W_{Raus,m}$ Menge an Abwasser, das ins Meerwasser ausgeleitet wird
$WPmo_{PS,WP}$ Anteil Abwasser, das ins Meerwasser ausgeleitet wird, an Standort *PS* mit Wasserprofil *WP*

Formel 9.24: Berechnung des ausgeleiteten Süßwasser-Abwassers

$$W_{Raus,s} = \sum_{PS} WPso_{PS,WP} * \ (Wmo_{PS} + Wao_{PS})$$

mit $W_{Raus,s}$ Menge an Abwasser, das als Süßwasser ausgeleitet wird
$WPso_{PS,WP}$ Anteil Abwasser, das als Süßwasser ausgeleitet, an Standort *PS* mit Wasserprofil *WP*

Formel 9.25: Berechnung des ausgeleiteten sonstigen Abwassers

$$W_{Raus,n} = \sum_{PS} WPno_{PS,WP} * \ (Wmo_{PS} + Wao_{PS})$$

mit $W_{Raus,n}$ Menge an Abwasser, das als sonstiges Wasser ausgeleitet wird

$WPno_{PS,WP}$ Anteil Abwasser, das als sonstiges Wasser ausgeleitet, an Standort *PS* mit Wasserprofil *WP*

Formel 9.26: Nebenbedingungen der Wasserausleitung eines Standorts

$$1 = WPso_{PS,WP} + WPno_{PS,WP}$$

$$1 = WPoo_{PS,WP} + WPgo_{PS,WP} + WPmo_{PS,WP}$$

9.3.4 Formeln für die Bilanzierung von Materialien und Abfällen

Formel 9.27: Berechnung des Materialbedarfs je Standort und Produkt

$$M_{MY,PS,PR} = \sum_{BA} \sum_{PK} \sum_{PR} BAm_{PK,PR,PS} * \ PRg_{PR} * \ PRn_{PR,MY}$$

$$\forall \ SLb_{PR,SL} = 0$$

mit $BAm_{PK,PR,PS}$ Benötigte Stückzahl für das Produkt *PR* aus der Prozesskette *PK* am Standort *PS*

PRg_{PR} Gewicht des Produktes *PR*

$PRn_{PR,MY}$ Anteil des Materials *MY* am Produkt *PR*

$SLb_{PR,SL}$ Produkte, die gemäß Stückliste *SL* im Produkt *PR* allokiert werden

Formel 9.28: Berechnung des Materialbedarfs je Standort und Verpackung

$$M_{MY,PS,VP} = \sum_{TR}\sum_{TS}\sum_{BA}\sum_{PK}\sum_{VP} BAm_{PS,PK,TR,TS} * VPg_{VP} * VPn_{VP,MY} * (1 - VPw_{VP})$$

$$\forall\, TRh_{TR} = PS,\ TSr_{TS,TR} = 1$$

mit VPg_{VP} Gewicht der Verpackung *VP*

$VPn_{VP,MY}$ Anteil des Materials *MY* an der Verpackung *VP*

VPw_{VP} Wiederverwendungsfaktor der Verpackung *VP*

Formel 9.29: Berechnung des Materialbedarfs für Betriebsstoffe je Standort

$$M_{MY,PS,BT} = \sum_{MA}\sum_{BT}\left(MAr_{MA,PS} * MTt_{MA,PS,BT} + MAp_{MA,PS} * MTs_{MA,PS,BT}\right) * BTn_{BT,MY}$$

mit $MTt_{MA,PS,BT}$ Betriebsstoffverbrauch der Art *BT* der Maschine *MA* am Standort *PS* während der Rüstprozesse

$MTs_{MA,PS,BT}$ Betriebsstoffverbrauch der Art *BT* der Maschine *MA* am Standort *PS* während der Produktionsprozesse

$BTn_{BT,MY}$ Materialanteil des Materials *MY* am Betriebsstoff *BT*

Formel 9.30: Berechnung des Materialmenge aus Recyclingquellen

$$M_{Ges.,MY,Re} = \sum_{PS} M_{MY,PS,Re}$$

mit $M_{Ges.,MY,Re}$ Gesamtmenge an Material *MY* aus Recyclingquellen

$M_{MY,PS,Re}$ Gesamtmenge an Material *MY* aus Recyclingquellen am Standort *PS*

Formel 9.31: Produktmaterialmenge von zertifizierten Lieferanten

$$M_{MY,ZT} = \sum_{LS}\sum_{BA}\sum_{PK}\sum_{PR} BAm_{PK,PR,BA} * PRg_{PR} * PRn_{PR,MY}$$

$$\forall\ BAu_{PK,PR,BA} = LS\ , LSz_{LS} = ZT$$

mit $M_{MY,ZT}$ Menge an Material *MY* in Produkten, welches von Lieferanten mit der Zertifizierung *ZT* stammt

$BAm_{PK,PR,BA}$ Menge des Bedarfs *BA* der Prozesskette *PK* für das Produkt *PR*

$BAu_{PK,PR,BA}$ Ursprungsort des Bedarfs *BA* für die Prozesskette *PK* und das Produkt *PR*

LSz_{LS} Zertifizierung des Lieferantenstandort *LS*

Formel 9.32: Recycelte Abfallmenge am Produktionsstandort

$$A_{Re,PS} = \sum_{PR} A_{ReP,PS,PR} * CPrp_{CP,PS} + \sum_{LT} A_{ReP,PS,LT} * CPrl_{CP,PS} + \sum_{VP} A_{ReP,PS,VP} * CPrv_{CP,PS} + \sum_{BT} A_{ReP,PS,BT} * CPrb_{CP,PS}$$

mit $A_{ReP,PS,PR}$ Menge an recyclingfähigen Produktabfällen des Produktes *PR* am Standort *PS*

$CPrp_{CP,PS}$ Anteil an recyclingfähigen Produktabfällen, die recycelt werden, am Standort *PS* mit dem Circularityprofil *CP*

$A_{ReP,PS,LT}$ Menge an recyclingfähigen Abfällen des Ladungsträgers *LT* am Standort *PS*

$CPrl_{CP,PS}$ Anteil an recyclingfähigen Ladungsträgerabfällen, die recycelt werden, am Standort *PS* mit dem Circularityprofil *CP*

$A_{ReP,PS,VP}$ Menge an recyclingfähigen Abfällen der Verpackung *VP* am Standort *PS*

$CPrv_{CP,PS}$ Anteil an recyclingfähigen Verpackungsabfällen, die recycelt werden, am Standort *PS* mit dem Circularityprofil *CP*

$A_{ReP,PS,BT}$ Menge an recyclingfähigen Abfällen des Betriebsstoffs *BT* am Standort *PS*

$CPrb_{CP,PS}$ Anteil an recyclingfähigen Betriebsstoffabfällen, die recycelt werden, am Standort *PS* mit dem Circularityprofil *CP*

Formel 9.33: **Berechnung des recyclingfähigen Produktabfalls**

$$A_{ReP,PS,PR} = \sum_{BA}\sum_{PZ}\sum_{MY}(BAm_{PZ,PR,PS} * PRg_{PR} * PRn_{PR,MY} * MYr_{MY}) * \left(\frac{1}{MAo_{MA,PS,PZ}} - 1\right) * PZa_{PS,PZ}$$

mit $BAm_{PZ,PR,PS}$ Benötigte Stückzahl für das Produkt *PR* in dem Prozessschritt *PZ* am Standort *PS*

MYr_{MY} Maximal möglicher Recyclingfaktor für das Material *MY*

$MAo_{MA,PS,PZ}$ OEE Faktor der Maschine *MA* an Standort *PS* für Schritt *PZ*

$PZa_{PS,PZ}$ Ausschussanteil am OEE Faktor an Standort *PS* für Schritt *PZ*

Formel 9.34: **Berechnung des recyclingfähigen Ladungsträgerabfalls**

$$A_{ReP,PS,LT} = \sum_{TR}\sum_{TS}\sum_{BA}\sum_{PK}\sum_{MY} BAm_{PS,PK,TR,TS} * LTg_{LT} * LTn_{LT,MY} * (1 - LTw_{LT}) * \frac{1}{PKt_{PS,PK,TR}} * MYr_{MY}$$

$$\forall\, TRz_{TR} = PS,\ TSr_{TS,TR} = n$$

mit TRz_{TR} Zielort der Transportroute *TR*

Formel 9.35: **Berechnung des recyclingfähigen Verpackungsabfalls**

$$A_{ReP,PS,VP} = \sum_{TR}\sum_{TS}\sum_{BA}\sum_{PK}\sum_{MY} BAm_{PS,PK,TR,TS} * VPg_{VP} * VPn_{LT,MY} * (1 - VPw_{VP}) * * MYr_{MY}$$

$$\forall\, TRz_{TR} = PS,\ TSr_{TS,TR} = n$$

Formel 9.36: **Berechnung der recyclingfähigen Betriebsstoffabfälle**

$$A_{ReP,PS,BT} = \sum_{MA}\sum_{BT}\sum_{MY}(MAr_{MA,PS} * MTt_{MA,PS,BT} + MAp_{MA,PS} * MTs_{MA,PS,BT}) * BTn_{BT,MY} * MYr_{MY}$$

Formel 9.37: Kompostierte Abfallmenge am Produktionsstandort

$$A_{Ko,PS} = \sum_{PR} A_{KoP,PS,PR} * CPkp_{CP,PS} + \sum_{LT} A_{KoP,PS,LT} * CPkl_{CP,PS} + \sum_{VP} A_{KoP,PS,VP} * CPkv_{CP,PS} + \sum_{BT} A_{KoP,PS,BT} * CPkb_{CP,PS}$$

mit $A_{KoP,PS,PR}$ Menge an kompostierfähigen Produktabfällen des Produktes *PR* am Standort *PS*

$CPkp_{CP,PS}$ Anteil an kompostierfähigen Produktabfällen, die kompostiert werden, am Standort *PS* mit dem Circularityprofil *CP*

$A_{KoP,PS,LT}$ Menge an kompostierfähigen Abfällen des Ladungsträger *LT* am Standort *PS*

$CPkl_{CP,PS}$ Anteil an kompostierfähigen Ladungsträgerabfällen, die kompostiert werden, am Standort *PS* mit dem Circularityprofil *CP*

$A_{KoP,PS,VP}$ Menge an kompostierfähigen Abfällen der Verpackung *VP* am Standort *PS*

$CPkv_{CP,PS}$ Anteil an kompostierfähigen Verpackungsabfällen, die kompostiert werden, am Standort *PS* mit dem Circularityprofil *CP*

$A_{KoP,PS,BT}$ Menge an kompostierfähigen Abfällen des Betriebsstoffs *BT* am Standort *PS*

$CPkb_{CP,PS}$ Anteil an kompostierfähigen Betriebsstoffabfällen, die kompostiert werden, am Standort *PS* mit dem Circularityprofil *CP*

Formel 9.38: Berechnung des kompostierfähigen Produktabfalls

$$A_{KoP,PS,PR} = \sum_{BA} \sum_{PZ} \sum_{MY} (BAm_{PK,PZ,PS} * PRg_{PR} * PRn_{PR,MY} * MYk_{MY}) * \left(\frac{1}{MAo_{MA,PS,PZ}} - 1\right) * PZa_{PS,PZ}$$

mit MYk_{MY} Maximal möglicher Kompostierfaktor für das Material *MY*

Formel 9.39: Berechnung des kompostierfähigen Ladungsträgerabfalls

$$A_{KoP,PS,LT} = \sum_{TR}\sum_{TS}\sum_{BA}\sum_{PK}\sum_{MY} BAm_{PS,PK,TR,TS} * LTg_{LT} * LTn_{LT,MY} * (1 - LTw_{LT}) * \frac{1}{PKt_{PS,PK,TR}} * MYk_{MY}$$

$$\forall\, TRz_{TR} = PS,\ TSr_{TS,TR} = n$$

Formel 9.40: Berechnung des kompostierfähigen Verpackungsabfalls

$$A_{KoP,PS,VP} = \sum_{TR}\sum_{TS}\sum_{BA}\sum_{PK}\sum_{MY} BAm_{PS,PK,TR,TS} * VPg_{VP} * VPn_{LT,MY} * (1 - VPw_{VP}) * * MYk_{MY}$$

$$\forall\, TRz_{TR} = PS,\ TSr_{TS,TR} = n$$

Formel 9.41: Berechnung der kompostierfähigen Betriebsstoffabfälle

$$A_{KoP,PS,BT} = \sum_{MA}\sum_{BT}\sum_{MY}\left(MAr_{MA,PS} * MTt_{MA,PS,BT} + MAp_{MA,PS} * MTs_{MA,PS,BT}\right) * BTn_{BT,MY} * MYk_{MY}$$

Formel 9.42: Thermisch verwertete Abfallmenge am Produktionsstandort

$$A_{Ve,PS} = \sum_{PR} A_{VeP,PS,PR} * CPvp_{CP,PS} + \sum_{LT} A_{VeP,PS,LT} * CPvl_{CP,PS} + \sum_{VP} A_{VeP,PS,VP} * CPvv_{CP,PS} + \sum_{BT} A_{VeP,PS,BT} * CPvb_{CP,PS}$$

mit $A_{VeP,PS,PR}$ Menge an thermisch verwertbaren Produktabfällen des Produktes *PR* am Standort *PS*

$CPvp_{CP,PS}$ Anteil an thermisch verwertbaren Produktabfällen, die thermisch verwertet werden, am Standort *PS* mit dem Circularityprofil *CP*

$A_{VeP,PS,LT}$ Menge an thermisch verwertbaren Abfällen des Ladungsträger *LT* am Standort *PS*

$CPvl_{CP,PS}$ Anteil an thermisch verwertbaren Ladungsträgerabfällen, die thermisch verwertet werden, am Standort *PS* mit dem Circularityprofil *CP*

$A_{VeP,PS,VP}$ Menge an thermisch verwertbaren Abfällen der Verpackung *VP* am Standort *PS*

$CPvv_{CP,PS}$ Anteil an thermisch verwertbaren Verpackungsabfällen, die thermisch verwertet werden, am Standort *PS* mit dem Circularityprofil *CP*

$A_{VeP,PS,BT}$ Menge an thermisch verwertbaren Abfällen des Betriebsstoffs *BT* am Standort *PS*

$CPvb_{CP,PS}$ Anteil an thermisch verwertbaren Betriebsstoffabfällen, die thermisch verwertet werden, am Standort *PS* mit dem Circularityprofil *CP*

Formel 9.43: Berechnung des thermisch verwertbaren Produktabfalls

$$A_{VeP,PS,PR} = \sum_{BA} \sum_{PZ} \sum_{MY} (BAm_{PK,PZ,PS} * PRg_{PR} * PRn_{PR,MY} * MYv_{MY}) * \left(\frac{1}{MAo_{MA,PS,PZ}} - 1\right) * PZa_{PS,PZ}$$

mit MYv_{MY} Maximal möglicher Verwertungsfaktor für das Material *MY*

Formel 9.44: Berechnung des thermisch verwertbaren Ladungsträgerabfalls

$$A_{VeP,PS,LT} = \sum_{TR}\sum_{TS}\sum_{BA}\sum_{PK}\sum_{MY} BAm_{PS,PK,TR,TS} * LTg_{LT} * LTn_{LT,MY} * (1 - LTw_{LT}) * \frac{1}{PKt_{PS,PK,TR}} * MYv_{MY}$$

$$\forall\, TRz_{TR} = PS,\ TSr_{TS,TR} = n$$

Formel 9.45: Berechnung des thermisch verwertbaren Verpackungsabfalls

$$A_{VeP,PS,VP} = \sum_{TR}\sum_{TS}\sum_{BA}\sum_{PK}\sum_{MY} BAm_{PS,PK,TR,TS} * VPg_{VP} * VPn_{LT,MY} * (1 - VPw_{VP}) * * MYv_{MY}$$

$$\forall\, TRz_{TR} = PS,\ TSr_{TS,TR} = n$$

Formel 9.46: Berechnung der thermisch verwertbaren Betriebsstoffabfälle

$$A_{VeP,PS,BT} = \sum_{MA}\sum_{BT}\sum_{MY}\left(MAr_{MA,PS} * MTt_{MA,PS,BT} + MAp_{MA,PS} * MTs_{MA,PS,BT}\right) * BTn_{BT,MY} * MYv_{MY}$$

Formel 9.47: Deponierte Abfallmenge am Produktionsstandort

$$A_{De,PS} = \sum_{PR} A_{De,PS,PR} + \sum_{LT} A_{De,PS,LT} + \sum_{VP} A_{De,PS,VP} + \sum_{BT} A_{De,PS,BT}$$

mit $A_{De,PS,PR}$ Menge an deponierten Abfällen des Produktes *PR* am Standort *PS*

$A_{De,PS,LT}$ Menge an deponierten Abfällen des Ladungsträgers *LT* am Standort *PS*

$A_{De,PS,VP}$ Menge an deponierten Abfällen der Verpackung *VP* am Standort *PS*

$A_{De,PS,BT}$ Menge an deponierten Abfällen des Betriebsstoffs *BT* am Standort *PS*

Formel 9.48: **Berechnung der deponierten Ladungsträgerabfälle**

$$A_{De,PS,LT} = \sum_{TR}\sum_{TS}\sum_{BA}\sum_{PK}\left(BAm_{PS,PK,TR,TS} * LTg_{LT} * (1 - LTw_{LT}) * \frac{1}{PKt_{PS,PK,TR}}\right) - A_{ReP,PS,LT} * CPrl_{CP,PS} - A_{KoP,PS,LT} * CPkl_{CP,PS} - A_{VeP,PS,LT} * CPvl_{CP,PS}$$

$$\forall\ TRz_{TR} = PS,\ TSr_{TS,TR} = n$$

Formel 9.49: **Berechnung der deponierten Verpackungsabfälle**

$$A_{De,PS,VP} = \sum_{TR}\sum_{TS}\sum_{BA}\sum_{PK}\left(BAm_{PS,PK,TR,TS} * VPg_{VP} * (1 - VPw_{VP})\right) - A_{ReP,PS,VP} * CPrv_{CP,PS} - A_{KoP,PS,VP} * CPkv_{CP,PS} - A_{VeP,PS,VP} * CPvv_{CP,PS}$$

$$\forall\ TRz_{TR} = PS,\ TSr_{TS,TR} = n$$

Formel 9.50: **Berechnung der deponierten Betriebsstoffabfälle**

$$A_{De,PS,BT} = \sum_{MA}\sum_{BT}\left(MAr_{MA,PS} * MTt_{MA,PS,BT} + MAp_{MA,PS} * MTs_{MA,PS,BT}\right) - A_{ReP,PS,BT} * CPrb_{CP,PS} - A_{KoP,PS,BT} * CPkb_{CP,PS} - A_{VeP,PS,BT} * CPvb_{CP,PS}$$

9.4 Faktoren zur Berechnung von Bewertungskennzahlen

9.4.1 Global Warming Potential von ausgewählten Treibhausgasen

Tabelle 9.8: GWP100 von ausgewählten THG[557]

Name	Chemische Formel	GWP100
Kohlenstoffdioxid	CO_2	1
Methan	CH_4	28
Distickstoffoxid	N_2O	264
Hydrofluorkarbonat	CHF_3	10.800
Perflourkohlenwasserstoff	C_2F_6	8.210
Schwefelhexafluorid	SF_6	17.500

[557] vgl. Stocker, T. et al. (2013) Climate Change Physical Science Basis, S. 731.

9.4.2 Charakterisierungsfaktoren des AWARE-Modells für ausgewählte Länder

Tabelle 9.9: Ausgewählte Charakterisierungsfaktoren des AWARE-Modells[558]

Land	Charakterisierungsfaktoren AWARE
China	27,671376
Deutschland	1,24182254
Island	0,59782352
Italien	17,7518601
Marokko	56,6575229
Mexiko	20,1559036
Österreich	1,19229944
Polen	1,94057135
Qatar	80,9122206
Russland	3,92938175
Schweden	4,0265173
Schweiz	0,8213372
Spanien	31,4912796
Ungarn	1,164123
USA	9,51395936

[558] vgl. UNEP (2021) AWARE Factors.

9.4.3 Charakterisierungsfaktoren des PSL-Modells für ausgewählte Ökoregionen

Tabelle 9.10: Ausgewählte Charakterisierungsfaktoren des PSL-Modells[559]

Code	Name	Beschreibung	CF [PSL/m2]
Globaler Mittelwert	-	-	2,4455E-15
PA0445	Westeuropäische Laubwälder	Enthält u.a. große Teile der südlichen Hälfte Deutschlands	4,35585E-16
PA0402	Atlantische Mischwälder	Enthält u.a. Nordwestdeutschland	5,11685E-16
PA0405	Baltische Mischwälder	Enthält u.a. Nordostdeutschland	4,1672E-16
PA0412	Mitteleuropäische Mischwälder	Enthält u.a. Ostdeutschland und einen großen Teil Polens	4,56596E-16
PA0424	Mischwälder in der Huang He Ebene	Enthält Teile Nordostchinas mit u.a. Peking	1,23059E-15
AT0127	Tropische Trockenwälder der Marianen (Ozeanien)	Terrestrische Ökoregion mit dem größten CFPSL	2,47239E-13

559 vgl. Life Cycle Initiative (2016) LCIA Characterization Factors.

9.5 Inhalte zur Darstellung des Optimierungsmodells

9.5.1 Indexmenge des Optimierungsmodells

Tabelle 9.11: Indexsätze des Optimierungsmodells

	Indexmenge	Beschreibung
Netzwerkebene	*TR(i,j) ∈ TransportRouten*	Mögliche Transportverbindungen zwischen Standorten i und j mit i, j ∈ Standort
	TS ∈ TransportStrecken	Teilabschnitte von Transportverbindungen zwischen Standorten
	TM ∈ TransportMittel	Transportmittel zur Benutzung auf Routenabschnitten
	LT ∈ Ladungsträger	Ladungsträger zur Verwendung für mehrere Produkte auf Routenabschnitten
	VP ∈ Verpackungen	Verpackungen einzelner Produkte auf den Transportrouten
	ZF ∈ Zielfunktionen	Menge der Zielfunktionen
	PRl ∈ Ladungsarten	Volumengut, Durchschnittsgut, Massengut
	EA ∈ EnergieArten	Energiearten zur Verwendung von Fahrzeugen, Maschinen und Anlagen
Standortebene	*SA ∈ Standorte*	Mögliche Produktionsstandorte, Lieferantenstandorte oder Verkaufsregionen
	PS ∈ ProduktionsStandorte	Mögliche Produktionsstandorte und Teilmenge von *SA ∈ Standorte*
	IF ∈ indirekte Funktionen	Funktion für die Modellierung der benötigten indirekten Mitarbeitenden
	ST ∈ SchichtProfile	Schichtprofile an jedem Standort mit Stunden pro Schicht, Anzahl Schichten und produktive Wochen pro Jahr
Systemebene	*AN ∈ Anlagen*	Stationäre Verbraucher an Standorten
	ATs ∈ Skalierungmethoden	Für Analgen und indirekte Funktionen wird jeweils eine Skalierungsmethode ausgewählt
	MT ∈ MaschinenTyp	Maschinentypen zum Einsatz als Maschine *MA*
	MA ∈ Maschinen	Maschinentypen zur Durchführung der *ProzessSchritte*
	BT ∈ BetriebsstoffTypen	Betriebsstoffe, die von Maschinen benötigt werden
Prozessebene	*PR ∈ Produkte*	Zwischen- und Endprodukte des GPN, die Outputs von Prozessketten entsprechen
	PZ ∈ ProzessSchritte	Einzelne Operation in einer *ProzessKette*
	PK ∈ ProzessKetten	Zusammensetzung von *ProzessSchritten* um ein *Produkt* zu fertigen

Indexmenge	Beschreibung
MY ∈ *MaterialTypeb*	Materialien aus denen Produkte, Verpackungen und Ladungsträger bestehen

9.5.2 Variablen des Optimierungsmodells

Tabelle 9.12: Hilfsvariablen des Optimierungsmodells

Variable	Wertebereich	Einheit	Beschreibung
$BAl_{PR,TR(i,j)}$	$\in \mathbb{N}_0$	LT	Anzahl der transportierten Ladungsträger des Produktes *PR* auf der Route *TR* von *i* nach *j*
$MAd_{PS,MA,ST}$	$\in \mathbb{Q}_0^+$	FTE	Anzahl der direkten Mitarbeitenden an Maschine *MA* im Schichtmodell *ST* am Standort *PS*
$IFz_{PS,IF}$	$\in \mathbb{Q}_0^+$	$indFTE$	Anzahl indirekte Mitarbeitende mit der Funktion *IF* am Standort *PS*
$BAmi_{PS,PR}$	$\in \mathbb{N}_0$	*Produkt-einheiten*	Anzahl der eingehenden Produkte *PR* in eine Prozesskette am Standort *PS*
$MAr_{MA,PS}$	$\in \mathbb{Q}_0^+$	h	Benötigte Rüstzeit der Maschine *MA* am Standort *PS*
$MAp_{MA,PS}$	$\in \mathbb{Q}_0^+$	h	Benötigte Prozesszeit der Maschine *MA* am Standort *PS*
$MAh_{MA,PS}$	$\in \mathbb{Q}_0^+$	h	Maschinenzeit von Maschine *MA* am Standort *PS* als Summe aus Rüst- und Prozesszeit
MAh_{PS}	$\in \mathbb{Q}_0^+$	h	Summe der Maschinenzeiten am Standort *PS*
$BAmo_{PS}$	$\in \mathbb{Q}_0^+$	*Produkt-einheiten*	Gesamte Produktionsmenge am Standort *PS*
DFz_{PS}	$\in \mathbb{Q}_0^+$	FTE	Summe direkte Mitarbeitende am Standort *PS*
$PSfm_{PS}$	$\in \mathbb{Q}_0^+$	m^2	Fläche für Maschinen am Standort *PS*
$PSfb_{PS}$	$\in \mathbb{Q}_0^+$	m^2	Bürofläche für indirekte Mitarbeitende am Standort *PS*
$PSfg_{PS}$	$\in \mathbb{Q}_0^+$	m^2	Tatsächlich genutzte Gesamtfläche am Standort *PS*
$ANs_{PS,AN}$	$\in \mathbb{Q}_0^+$	*Anlagen-einheiten*	Skalierung der Anlage *AN* am Standort *PS*

9.5.3 Parameter des Optimierungsmodells

Formel 9.51: Emissionen einer Route

$$TRc_{PK,TR(i,j)} = \sum_{TS} TSc_{PK,TR(i,j)}$$
$$= \sum_{TS}\sum_{TM}\sum_{PRb} EAe_{TM,PRb} * PRl_{PR,PRb} * TMbi_{TR(i,j),TS,PK,TM}$$
$$* TSg_{TR(i,j),TS.PK}/1000 * TSd_{PK,TR(i,j),TS}$$

Formel 9.52: Transportiertes Gewicht auf einem Abschnitt

$$TSg_{TR(i,j),TS.PK} = \sum_{LT}\sum_{MY} LTgm_{PR,TR(i,j),MY,LT} * LTbi_{PK,TR(i,j),TS,LT}$$
$$+ \left(\sum_{VP}\sum_{MY} VPg_{VP,MY,PR,TR(i,j)} * VPbi_{VP,PR,TR(i,j),TS} \quad + PRg_{PR}\right) * PKt_{PR,TR(i,j)}$$

Formel 9.53: Transportiertes Gewicht ohne Produkt auf einer Route

$$TRg_{PK,TR(i,j),MY}$$
$$= \sum_{TS}\left(\sum_{LT} LTgm_{PR,TR(i,j),MY,LT} * LTbi_{PK,TR(i,j),TS,LT}\right.$$
$$\left. + \sum_{VP} VPg_{VP,MY,PR,TR(i,j)} * VPbi_{VP,PR,TR(i,j),TS} * PKt_{PR,TR(i,j)}\right)$$

Tabelle 9.13: Parameter der Netzwerkebene

Parameter	Einheit	Bezug	Beschreibung
$TRk_{PK,TR(i,j)}$	EUR/LT	K	Kosten für den Transport eines Ladungsträger in der Prozesskette *PK* auf der Route *TR*
$BAt_{PK,TR(i,j)}$	$\frac{EUR}{Produkteinheit}$	K	Kosten für Zölle der Route *TR* für eine Einheit eines Produktes der Prozesskette *PK*
$TRc_{PK,TR(i,j)}$	$\frac{kgCO_2e}{LT}$	E	THG Emissionen für einen Ladungsträger der Prozesskette *PK* auf der Route *TR*
$TRg_{PK,TR(i,j),MY}$	$\frac{kg}{LT}$	M	Masse des Materials *MY* in Ladungsträgern und Verpackungen beim Transport eines vollen Ladungsträgers der Prozesskette *PK* auf einer Route *TR* von *i* nach *j*
$CPsv_{PS,TR(i,j),MY}$	$\frac{kg_{erneuerbar}}{kg}$	M	Prozentsatz des Verpackungsmaterials *MY*, das aus Recycling stammt und von Standort *PS* über die Route *TR* geliefert wird
$CPrv_{PS,TR(i,j),MY}$	$\frac{kg_{recycelt}}{kg}$	M	Recyclingquote des Verpackungsmaterials *MY*, das an Standort *PS* über die Route *TR* geliefert wird
$LTgm_{PR,TR(i,j),MY,LT}$	$\frac{kg}{LT}$	N	Gewicht des Materials *MY* in den Ladungsträgern *LT* zum Transport von Produkt *PR* auf Route *TR*
$TSd_{PK,TR(i,j),TS}$	km	N	Länge eines Abschnitts *TS* der Route *TR* für die Prozesskette *PK*
$LTbi_{PK,TR(i,j),TS,LT}$	$\in \{0,1\}$	N	Wenn Ladungsträger *LT* auf dem Routenabschnitt *TS* von Route *TR* und Prozesskette *PK* verwendet wird: 1; sonst: 0
$EAe_{TM,PRb}$	$\frac{kgCO_2e}{tkm}$	E	THG-Emissionen je Tonnenkilometer des Transportmittels *TM*, je Güterart *PRb*
EAe_{EA}	$\frac{kgCO_2e}{unit}$	E	THG-Emissionen je *unit* der EnergieArt *EA*
$TMbi_{TR(i,j),TS,PK,TM}$	$\in \{0,1\}$	N	Wenn Transportmittel *TM* auf dem Routenabschnitt *TS* von Route *TR* und Prozesskette *PK* verwendet wird: 1; sonst 0

Tabelle 9.14: **Parameter der Systemebene**

Parameter	Einheit	Bezug	Beschreibung
$ATv_{PS,AN,EA}$	$\frac{kWh}{Anlageneinheit}$	E	Energieverbrauch der Energieart *EA* einer Anlage *AN* am Standort *PS*
$ATw_{PS,AN}$	$\frac{l_{Wasserinput}}{Anlageneinheit}$	W	Wasserinput einer Anlage *AN* am Standort *PS*
$ATf_{PS,AN}$	$\frac{l_{Abwasser}}{l_{Wasserinput}}$	W	Verhältnis aus Abwassermenge und eingeleitetem Wasser der Anlage *AN* am Standort *PS*
$ATb_{PS,AN}$	$\frac{l_{nF}}{l_{Abwasser}}$	W	Verhältnis aus nicht frischem Abwasser und frischem Abwasser an Anlage *AN* am Standort *PS*
$ATs_{PS,AT,ANs}$	$\in \{0,1\}$	N	Skalierungsmethode zur Bestimmung der benötigten Einheiten des Anlagentyps *AT* am Standort *PS* mit der Skalierung *ANs*
$ANsf_{PS,AN}$	$\frac{unit}{Anlageneinheit}$	N	Faktor zur Skalierung der Anlage *AN* am Standort *PS* $unit$ ist abhängig von Skalierungstyp
$ANsw_{PS,AN}$	$unit$	N	Bezugsschwelle für den Faktor zur Skalierung der Anlage *AN* am Standort *PS*
$MAl_{PS,MA}$	EUR/h	K	Personalkosten der direkten Mitarbeitenden am Maschinentyp *MA* am Standort *PS*
$MAa_{PS,MA}$	$\frac{\text{EUR}}{Maschineneinheit}$	K	Abschreibungen der Maschine *MA* eines Maschinentyps in einer Periode am Standort *PS*
$MTr_{PS,MA,EA}$	kW	E	Verbrauch von Energie *EA* in der Rüstzeit von Maschine *MA* am Standort *PS*
$MTp_{PS,MA,EA}$	kW	E	Verbrauch von Energie *EA* in der Prozesszeit von Maschine *MA* am Standort *PS*
$MTw_{PS,MA}$	$\frac{l_{Wasserinput}}{h}$	W	Wasserinput in der Rüstzeit von Maschine *MA* am Standort *PS*
$MTb_{PS,MA}$	$\frac{l_{Wasserinput}}{h}$	W	Wasserinput in der Prozesszeit von Maschine *MA* am Standort *PS*
$MTf_{PS,MA}$	$\frac{l_{Abwasser}}{l_{Wasserinput}}$	W	Verhältnis aus Abwassermenge und eingeleitetem Wasser der Maschine *MA* am Standort *PS*
$MTa_{PS,MA}$	$\frac{l_{nF}}{l_{Abwasser}}$	W	Verhältnis aus nicht frischem Abwasser und frischem Abwasser der Maschine *MA* am Standort *PS*
$MTt_{PS,MA,MY}$	$unit/h$	M	Verbrauch des Betriebsstoffmaterials *MY* von der Maschine *MA* am Standort *PS* in der Rüstzeit. *Unit* kann *kg* oder *l* sein.

Parameter	Einheit	Bezug	Beschreibung
$MTs_{PS,MA,MY}$	$unit/h$	M	Verbrauch des Betriebsstoffmaterials *MY* von der Maschine *MA* am Standort *PS* in der Prozesszeit. *Unit* kann *kg* oder *l* sein.
$MAo_{PS,MA}$	%	N	OEE der Maschine *MA* am Standort *PS*
$MAq_{PS,MA}$	$\frac{1}{Maschineneinheit}$	N	Anzahl der direkten Mitarbeitenden, die zum Betrieb der Maschine *MA* am Standort *PS* benötigt werden
$MAf_{PS,MA}$	$\frac{m^2}{Maschineneinheit}$	N	Benötigte Fläche für Maschine *MA* an Standort *PS*

Tabelle 9.15: Parameter der Prozessebene

Parameter	Einheit	Bezug	Beschreibung
$PKk_{PS,PR,PK}$	$\frac{EUR}{Produkteinheit}$	K	Materialkosten je hergestellter Einheit in der Prozesskette *PK* für Produkt *PR* am Standort *PS*
$PRmg_{PR,MY}$	$\frac{kg}{Produkteinheit}$	M	Masse des Material *MY* im Produkt *PR*
$PZg_{PS,PR}$	%	M, N	Anteil des Outputs einer Prozesskette für Produkt *PR* am Standort *PS* der weiterverarbeitet oder verkauft werden kann
$PKm_{PR,PK,MY}$	$\frac{kg}{Produkteinheit}$	M	In einer Prozesskette *PK* für Produkt *PR* hinzugefügtes Gewicht des Materials *MY*
$SLa_{PR',PR}$	$\frac{Produkteinheiten}{Produkteinheit}$	N	Anzahl der Einheiten des Vorproduktes *PR'* die direkt in das Produkt *PR* einfließen.
$PZp_{PS,MT,PR}$	$\frac{min}{Produkteinheit}$	N	Prozesszeit für die Produktion einer Einheit des Produktes *PR* auf dem Maschinentyp *MT* am Standort *PS*
$PZr_{PS,MT,PR}$	$\frac{min}{Los}$	N	Rüstzeit für die Produktion eines Loses des Produktes *PR* auf dem Maschinentyp *MT* am Standort *PS*
$PZl_{PS,MT,PR}$	$\frac{Produkteinheiten}{Los}$	N	Losgröße für die Produktion des Produktes *PR* auf dem Maschinentyp *MT* am Standort *PS*
PRg_{PR}	$\frac{kg}{Produkteinheit}$	N	Gewicht einer Einheit des Produktes *PR*
PRb_{PR}	$\in \{0,1\}$	N	Boolesche Variable für die Güterart des Produktes *PR*
$VPg_{VP,MY,PR,TR(i,j)}$	$\frac{kg}{Produkteinheit}$	N	Gewicht des Materials *MY* in Verpackung *VP* zum Transport von Produkt *PR* auf der Transportroute *TR*
$VPbi_{VP,PR,TR(i,j),TS}$	$\in \{0,1\}$	N	Wenn Verpackung *VP* auf einem Abschnitt *TS* von Route *TR* für Produkt *PR* verwendet wird: 1; sonst: 0
$PKt_{PR,TR(i,j)}$	$\frac{Produkteinheiten}{LT}$	N	Anzahl der Einheiten des Produktes *PR*, die auf Route *TR* auf einen Ladungsträger passen
MYd_{MY}	$\frac{kg}{Einheit}$	N	Masse des Materials *MY* in Bezug zur Einheit in der das Material gemessen wird. kg/kg, falls Material in kg gemessen wird; sonst Dichte (z.B. kg/l)

Parameter	Einheit	Bezug	Beschreibung
$IFsw_{PS,IF}$	$\frac{unit}{indFTE}$	N	Faktor zur Berechnung der FTEs mit der indirekten Funktion *IF* am Standort *PS*. *Unit* ist abhängig von der Skalierungsmethode
M	$\in \mathbb{N}$	N	BigM: Ausreichend großer Zahlenwert (Größer als größter sinnvoller Variablenwert)

9.5.4 Zielfunktionen des Optimierungsmodells

Formel 9.54: Zielfunktion in Bezug auf Emissionen

$$\min \sum_{TR(i,j)} \sum_{PR} BAl_{PR,TR(i,j)} * TRc_{PK,TR(i,j)}$$
$$+ \sum_{PS} \sum_{MA} \sum_{EA} \left(MAp_{MA,PS} * MTp_{PS,MA,EA} + MAr_{MA,PS} * MTr_{PS,MA,EA} \right) * EAe_{PS,EA}$$
$$+ \sum_{PS} \sum_{AN} \sum_{EA} ANsf_{PS,AN} * ATv_{PS,AN,EA} * EAe_{PS,EA}$$

Formel 9.55: Zielfunktion in Bezug auf die Biodiversität

$$\min \sum_{PS} PSfg_{PS} * PSr_{PS}$$

Formel 9.56: Zielfunktion in Bezug auf Wassermangel

$$\min \sum_{PS} PSd_{PS} * \left(\sum_{MA} MAp_{MA,PS} * MTb_{PS,MA} + MAr_{MA,PS} * MTw_{PS,MA} + \sum_{AN} ANsf_{PS,AN} * ATw_{PS,AN} \right)$$

Formel 9.57: Zielfunktion in Bezug auf Abwasser

$$\min \sum_{PS} (1 - WPaa_{PS}) * \left(\sum_{MA} MTa_{PS,MA} * MTf_{PS,MA} * \left(MAp_{MA,PS} * MTb_{PS,MA} + MAr_{MA,PS} * MTw_{PS,MA} \right) + \sum_{AN} ANsf_{PS,AN} * ATw_{PS,AN} * ATb_{PS,AN} * ATf_{PS,AN} \right) /1000 \left[\frac{l_{nF}}{m_{nF}^3} \right]$$

Formel 9.58: Zielfunktion in Bezug auf Materialien

$$min \sum_{PS} \sum_{MY} \sum_{MA} \left(MAr_{MA,PS} * MTt_{PS,MA,MY} + MAp_{MA,PS} * MTs_{PS,MA,MY} \right) * (1 - CPem_{PS,MY}) + \sum_{PS} \sum_{PR} \sum_{MY} \left(1 - CPem_{PS,MY}\right) * BAmo_{PS,PR} * PKm_{PR,PK,MY} + \sum_{TR(i,j)} \sum_{MY} \sum_{PR} TRg_{PK,TR(i,j),MY} * BAl_{PR,TR(i,j)} * (1 - CPsv_{PS,TR(i,j),MY})$$

Formel 9.59: Zielfunktion in Bezug auf Abfall

$$min \sum_{PS} \sum_{MY} \sum_{MA} \left(MAr_{MA,PS} * MTt_{PS,MA,MY} + MAp_{MA,PS} * MTs_{PS,MA,MY} \right) * \left(1 - CPrm_{PS,MY}\right) + \sum_{PS} \sum_{PR} \sum_{MY} BAmo_{PS,PR} * \left(\frac{1}{PZg_{PS,PR}} - 1 \right) * \left(1 - CPrm_{PS,MY}\right) * PRmg_{PR,MY} + \sum_{TR(i,j)} \sum_{MY} \sum_{PR} TRg_{PK,TR(i,j),MY} * BAl_{PR,TR(i,j)} * (1 - CPrm_{PS,MY})$$

9.5.5 Nebenbedingungen des Optimierungsmodells

Tabelle 9.16: Weitere Nebenbedingungen des Optimierungsmodells

Formel	Bedingung	Gültigkeit
Formel 9.60:	**Bestimmung der Anzahl der Produkte auf einem Maschinentyp:**	
	$BAmo_{PS,PR} \leq BAm_{PS,PR,MA}$	$\forall\ PS \in$ ProduktionsStandorte, $PR \in$ Produkte, $MA \in$ Maschinen
Formel 9.61:	**Mindestens eine Maschine für Standorteröffnung:**	
	$\sum_{MA}\sum_{ST} MAz_{PS,MA,ST} \geq PSbi_{PS}$	$\forall\ PS \in$ ProduktionsStandorte
Formel 9.62:	**Produktionsprozesszeit auf einer Maschine für alle Produkte:**	
	$MAp_{MA,PS} = \sum_{PR} BAm_{PS,PR,MA} * PZp_{PS,MT,PR}/(MAo_{PS,MA} * 60\frac{min}{h})$	$\forall\ PS \in$ ProduktionsStandorte, $MA \in$ Maschinen
Formel 9.63:	**Rüstzeit auf einer Maschine für alle Produkte:**	
	$MAr_{MA,PS} = \sum_{PR} (\frac{BAm_{PS,PR,MA}}{PZl_{PS,MT,PR}}) * PZr_{PS,MT,PR}/(MAo_{PS,MA} * 60\frac{min}{h})$	$\forall\ PS \in$ ProduktionsStandorte, $MA \in$ Maschinen
Formel 9.64:	**Gesamte Produktionszeit eines Maschinentyps je Standort:**	
	$MAh_{MA,PS} = MAr_{MA,PS} + MAp_{MA,PS}$	$\forall\ PS \in$ ProduktionsStandorte, $MA \in$ Maschinen
Formel 9.65:	**Kapazität im Schichtmodell größer als Produktionszeit:**	
	$\sum_{ST} MAz_{PS,MA,ST} * STh_{ST} \geq MAh_{MA,PS}$	$\forall\ PS \in$ ProduktionsStandorte, $MA \in$ Maschinen
Formel 9.66:	**Anzahl der direkten Mitarbeitenden bestimmen:**	
	$\sum_{ST} MAd_{PS,MA,ST} \geq \left(\frac{MAq_{PS,MA}}{PSj_{PS}}\right) * \sum_{ST}(MAz_{PS,MA,ST} * STh_{ST})$	$\forall\ PS \in$ ProduktionsStandorte, $MA \in$ Maschinen
Formel 9.67:	**Maschinen nur mit einem Schichtmodell:**	
	$MAz_{PS,MA,ST} \leq M * STbi_{PS,MA,ST}$	$\forall\ PS \in$ ProduktionsStandorte, $ST \in$ SchichtProfile, $MA \in$ Maschinen
Formel 9.68:	**Berechnung Gesamtfläche des Standorts:**	
	$PSfg_{PS} = PSfm_{PS} + PSfb_{PS}$	$\forall\ PS \in$ ProduktionsStandorte
Formel 9.69:	**Die maximale Fläche des Standorts muss eingehalten werden.**	
	$PSfg_{PS} \leq PSf_{PS}$	$\forall\ PS \in$ ProduktionsStandorte

Formel 9.70:	**Berechnung gesamte Produktionszeit am Standort:**
$MAh_{PS} = \sum_{MA} MAh_{MA,PS}$	$\forall\, PS \in$ ProduktionsStandorte
Formel 9.71:	**Berechnung gesamte direkte Mitarbeitende am Standort:**
$DFz_{PS} = \sum_{MA} \sum_{ST} MAd_{PS,MA,ST}$	$\forall\, PS \in$ ProduktionsStandorte
Formel 9.72:	**Berechnung direkte Fläche des Standorts:**
$PSfm_{PS} = \sum_{MA} \sum_{ST} MAz_{PS,MA,ST} * MAf_{PS,MA}$	$\forall\, PS \in$ ProduktionsStandorte
Formel 9.73:	**Nur eröffnete Standorte haben ausgehende Transporte:**
$\sum_{j \in \delta^{+}(PS)} BAm_{PR,TR(PS,j)} \leq M * PSbi_{PS}$	$\forall\, PS \in$ ProduktionsStandorte, $PR \in$ Produkte
Formel 9.74:	**Anzahl Ladungsträger ist größer als Transportmenge:**
$BAl_{PR,TR(i,j)} \geq \frac{BAm_{PR,TR(i,j)}}{PKt_{PR,TR(i,j)}}$	$\forall\, TR(i,j) \in$ TransportRouten, PR $\in$ Produkte

Tabelle 9.17: Nebenbedingungen zum Skalieren der Anlagen und FTE

Skalierungsmethode	Nebenbedingung
Anlagen	
Formel 9.75: Keine Skalierung	$ANsf_{PS,AN} = PSbi_{PS}$
Formel 9.76: Direkte Fläche	$ANsf_{PS,AN} = \frac{PSfm_{PS}}{ANsw_{PS,AN}}$
Formel 9.77: Indirekte Fläche	$ANsf_{PS,AN} = \frac{PSfb_{PS}}{ANsw_{PS,AN}}$
Formel 9.78: Gesamtfläche	$ANsf_{PS,AN} = \frac{PSfg_{PS}}{ANsw_{PS,AN}}$
Formel 9.79: Direkte FTEs	$ANsf_{PS,AN} = \frac{DFz_{PS}}{ANsw_{PS,AN}}$
Formel 9.80: Indirekte FTEs	$ANsf_{PS,AN} = \frac{\sum_{IF} IFz_{PS,IF}}{ANsw_{PS,AN}}$
Formel 9.81: Gesamte FTEs	$ANsf_{PS,AN} = \frac{DFz_{PS} + \sum_{IF} IFz_{PS,IF}}{ANsw_{PS,AN}}$
Formel 9.82: Produktionszeit	$ANsf_{PS,AN} = \frac{MAh_{PS}}{ANsw_{PS,AN}}$
Formel 9.83: Anzahl Produkte	$ANsf_{PS,AN} = \frac{BAmo_{PS}}{ANsw_{PS,AN}}$
Formel 9.84: Anzahl Maschinen	$ANsf_{PS,AN} = \frac{\sum_{MA} \sum_{SP} MAz_{PS,MA,ST}}{ANsw_{PS,AN}}$
Indirekte Funktionen	

Formel 9.85: Keine Skalierung	$IFz_{PS,IF} = PSbi_{PS} * IFsw_{PS,IF}$
Formel 9.86: Direkte Fläche	$IFz_{PS,IF} = \frac{PSfm_{PS}}{IFsw_{PS,IF}}$
Formel 9.87: Produktionszeit	$IFz_{PS,IF} = \frac{MAh_{PS}}{IFsw_{PS,IF}}$
Formel 9.88: Anzahl Produkte	$IFz_{PS,IF} = \frac{BAmo_{PS}}{IFsw_{PS,IF}}$
Formel 9.89: Direkte FTEs	$IFz_{PS,IF} = \frac{DFz_{PS}}{IFsw_{PS,IF}}$

9.5.6 Umsetzung des Optimierungsmodells als Code

Vorbereitung: Import Bibliotheken und Daten

```
from gurobipy import *
import pandas as pd
import numpy as np
import networkx as nx
import matplotlib.axes
import matplotlib.pyplot as plt
import matplotlib.ticker as tkr
from matplotlib.cm import ScalarMappable
from tqdm.notebook import trange, tqdm
import pickle
from IPython.display import display, clear_output
from itertools import permutations
import os.path
import seaborn as sns
import sys
import time
from IPython.display import clear_output
import functions as func
import graphFunctions as gfunc
import locale
locale.setlocale(locale.LC_NUMERIC, "de_DE")
pd.set_option('display.float_format', lambda x: '%.2f' % x)
clear_output(wait=False)
```

Daten einlesen und vorbereiten

```
##### Daten einlesen aus Excel #####
filename= '04_data/DatenInput.xlsx'

df_locations = pd.read_excel(filename, "locations", index_col=1,
    header=0,skiprows=[1],decimal=',',keep_default_na=True, engine='openpyxl')
df_transport = pd.read_excel(filename, 'transportRoutes', index_col=0,
    header=0,skiprows=[1],decimal=',',keep_default_na=True, engine='openpyxl')
df_processChain = pd.read_excel(filename, 'processChain', in-
    dex_col=0,header=0,skiprows=[1],decimal=',',keep_default_na=False, engine='openpyxl')
df_globalDemands = pd.read_excel(filename, 'globalDemands', index_col=0,
    header=0,skiprows=[1],decimal=',',keep_default_na=True, engine='openpyxl')
df_processSteps = pd.read_excel(filename, "processSteps", index_col=None,
    header=0,skiprows=[1],decimal=',',keep_default_na=False, engine='openpyxl')
df_billOfMaterials = pd.read_excel(filename, "billOfMaterials", index_col=0,
    header=0,skiprows=[1],decimal=',',keep_default_na=True, engine='openpyxl')
df_machines = pd.read_excel(filename, "machines", index_col=None,
    header=0,skiprows=[1],decimal=',',keep_default_na=True, engine='openpyxl')
df_shifts = pd.read_excel(filename, "shiftModels", index_col=0, header=0,skiprows=[1],dec-
    imal=',',keep_default_na=False, engine='openpyxl')
df_locationShifts = pd.read_excel(filename, "costFactorShifts", index_col=0,
    header=0,skiprows=[1],decimal=',',keep_default_na=True, engine='openpyxl')
df_indirectFunctionsData = pd.read_excel(filename, "indirectFunctionsData", in-
    dex_col=None, header=0,skiprows=[1],decimal=',',keep_default_na=False, engine='open-
    pyxl')
df_indirectFunctionsProject = pd.read_excel(filename, "indirectFunctionsProject", in-
    dex_col=None, header=0,skiprows=[1],decimal=',',keep_default_na=False, engine='open-
    pyxl')
df_vehicles = pd.read_excel(filename, "vehicles", index_col=0, header=0,skiprows=[1],dec-
    imal=',',keep_default_na=False, engine='openpyxl')
```

```
df_emissionfactors = pd.read_excel(filename, "emissionfactor", index_col=0,
    header=0,skiprows=[1,2],decimal=',',keep_default_na=True, engine='openpyxl')
df_materials = pd.read_excel(filename, 'materials', index_col=0, header=0, skiprows=[1],
    decimal=',', keep_default_na=False, engine='openpyxl')
df_facilities = pd.read_excel(filename, 'facilities', index_col=0,
    header=0,skiprows=[1],decimal=',',keep_default_na=True, engine='openpyxl')
df_matRenew = pd.read_excel(filename, 'matRenew', index_col=0, header=0,skiprows=[1],dec-
    imal=',',keep_default_na=True, engine='openpyxl')
df_matRecycle = pd.read_excel(filename, 'matRecycle', index_col=0,
    header=0,skiprows=[1],decimal=',',keep_default_na=True, engine='openpyxl')
df_carriers = pd.read_excel(filename, 'carriers', index_col=0, header=0,skiprows=[1],dec-
    imal=',',keep_default_na=False, engine='openpyxl')
df_packagings = pd.read_excel(filename, 'packagings', index_col=0,
    header=0,skiprows=[1],decimal=',',keep_default_na=False, engine='openpyxl')
df_traMatRenew = pd.read_excel(filename, 'traMatRenew', index_col=[0,1],
    header=0,skiprows=[1],decimal=',',keep_default_na=True, engine='openpyxl')
df_traMatRecycle = pd.read_excel(filename, 'traMatRecycle', index_col=[0,1],
    header=0,skiprows=[1],decimal=',',keep_default_na=True, engine='openpyxl')
df_traMats = pd.read_excel(filename, 'traMats', index_col=0, header=0,skiprows=[1],deci-
    mal=',',keep_default_na=False, engine='openpyxl')
### Datenvorbereitung ###
#locations

df_locations.columns = df_locations.columns.str.replace(' ', '_')
df_locations.fillna(0, inplace=True)
locations_production_list=df_locationShifts.index.values.tolist() ## Produktionsstandorte
location_list = df_locations.index.values.tolist()

#Transportdaten

df_transport.columns = df_transport.columns.str.replace(' ','_')
df_transport = df_transport.applymap(lambda x: x.replace(' ', '_') if type(x)==str else x)
df_transport_multi = df_transport.set_index(['production_site', 'destination', 'pro-
    cess_chain'])
df_transport_simple=df_transport[['production_site', 'destination', 'transportCost']]

#Produktinfos

df_processChain.columns = df_processChain.columns.str.replace(' ', '_')
df_processChain.index = df_processChain.index.str.replace(' ','_')
df_processChain['Name'] = df_processChain['Name'].str.replace(' ', '_')
df_processChain['Name'] = df_processChain['Name'].apply(lambda x: x[-3:])
df_processChain_multi = df_processChain.set_index('Name', append=True)
prod_list = df_processChain[~df_processChain.index.duplicated(keep='first')].index.val-
    ues.tolist()
transportFactor = df_processChain['productTransportFactor'].to_dict()
#Nachfrage

df_globalDemands = df_globalDemands.applymap(lambda x: x.replace(' ', '_') if type(x)==str
    else x)
df_globalDemands.fillna(0, inplace=True)
df_globalDemands["product"] = df_globalDemands['process chain'].apply(lambda x: x[:-4])
df_globalDemands['origin'] =df_globalDemands['process chain'].apply(lambda x: x[-3:])
df_globalDemands.columns = df_globalDemands.columns.str.replace(' ', '_')

df_demand = df_globalDemands[['destination','product','quantity']].reset_index(drop=True)

df_globalDemands_multi = df_globalDemands.set_index(['origin','destination','product'])
df_demand_multi = df_demand.set_index(['destination','product'], append=False)
df_demand_multi = df_demand_multi.groupby(level=[0,1]).sum()
df_transportAmount = df_globalDemands[['origin', 'destination', 'product', 'quantity']]
transport_arcs = [tuple(l) for l in df_transport_simple[['production_site', 'destination',
    'transportCost']].values.tolist()]
```

```
#Prozessschritte

df_processSteps['product'] = df_processSteps['Process chain'].apply(lambda x: x[:-4])
df_processSteps['Production site'] = df_processSteps['Process chain'].apply(lambda x: x[-
    3:])
df_processSteps.columns = df_processSteps.columns.str.replace(' ', '_')
df_processSteps = df_processSteps.applymap(lambda x: x.replace(' ', '_') if type(x)==str
    else x)
df_processSteps = df_processSteps.drop('Process_chain', axis=1)
df_processSteps = df_processSteps.drop_duplicates()
df_processSteps_multi    =    df_processSteps.set_index(['Production_site','product','Ma-
    chine_type'],append=False)
df_processSteps_multi.sort_index(inplace=True)

# Materialkosten per piece und transportfaktor in dictionary überführen
mat_cost_dict={}
productTransportFactor_dict={}

for p in prod_list:
    for location in location_list:
        if (p,location) in df_processChain_multi.index:
            temp=df_processChain_multi.loc[(p,location), 'materialCost']
            temp2=df_processChain_multi.loc[(p,location), 'productTransportFactor']
        mat_cost_dict[(p,location)] = temp
        productTransportFactor_dict[(p,location)] = temp2
df_processChain_multi.groupby(level=0).mean()

#Bill of Materials

df_billOfMaterials.columns = df_billOfMaterials.columns.str.replace(' ', '_')
df_billOfMaterials  =  df_billOfMaterials.applymap(lambda  x:  x.replace('  ',  '_')  if
    type(x)==str else x)
df_billOfMaterials.index = df_billOfMaterials.index.str.replace(' ','_')
endproducts_list = []
endproducts_list   =   df_billOfMaterials[df_billOfMaterials['allocated_to'].isnull()].in-
    dex.values.tolist()
df_billOfMaterials.fillna(0, inplace=True)
mid_product = list(set(list(filter(lambda x: x!=0 ,df_billOfMaterials['allocated_to'].val-
    ues.tolist()))))

preProducts = {}
for prod in mid_product:
    temp_dict={}
    for row in df_billOfMaterials.itertuples(index=True):
        if row[1]==prod:
            temp_dict.update({row[0]:row[2]})
    preProducts[prod] = temp_dict

#Machines
df_machines.fillna(0, inplace=True)
df_machines.columns = df_machines.columns.str.replace(' ', '_')
df_machines = df_machines.applymap(lambda x: x.replace(' ', '_') if type(x)==str else x)
machines_list  =  df_machines[~df_machines['Machine_type'].duplicated(keep='first')]['Ma-
    chine_type'].values.tolist()
df_machines = df_machines.set_index(['Production_site', 'Machine_type'])
df_mach_cost = df_machines.groupby(level=1).mean()
machine_fixed_dict= df_mach_cost['MachineDepreciation'].to_dict()

#Schichtpläne

df_shifts.columns = df_shifts.columns.str.replace(' ', '_')
```

```
df_shifts.index = df_shifts.index.str.replace(' ','_')
df_shifts['capacityShiftModel']                                                =
    df_shifts['hours_per_shift']*df_shifts['shifts_per_week']*df_shifts['produc-
    tive_weeks']
df_shifts['capacityShiftModel'] = df_shifts['capacityShiftModel'].round(decimals=0)

df_locationShifts.columns = df_locationShifts.columns.str.replace(' ', '_')
df_locationShifts.fillna(0, inplace=True)

#Indirekte Funktionen
df_indirectFunctionsData.columns = df_indirectFunctionsData.columns.str.replace(' ','_')
df_indirectFunctionsData = df_indirectFunctionsData.applymap(lambda x: x.replace(' ', '_')
    if type(x)==str else x)
df_indirectFunctionsProject = df_indirectFunctionsProject.applymap(lambda x: x.replace('
    ', '_') if type(x)==str else x)

df_indirectFunctionsData_multi      =      df_indirectFunctionsData.set_index(['produc-
    tion_site','indirect_function'])
indirect_functions     =     list(set(df_indirectFunctionsData['indirect_function'].val-
    ues.tolist()))
scalingMethods = list(set(df_indirectFunctionsData['scalingMethod'].values.tolist()))
df_shifts.sort_values(by='capacityShiftModel', inplace=True)

# Facilities
df_facilities.columns = df_facilities.columns.str.replace(' ', '_')
df_facilities = df_facilities.applymap(lambda x: x.replace(' ', '_') if type(x)==str else
    x)
df_facilities_multi = df_facilities.reset_index().set_index(['production_site', 'facili-
    ty'])
df_facilities_multi.fillna(0, inplace=True)

# Renew and Recycle
df_matRecycle.fillna(0, inplace=True)
df_matRenew.fillna(0, inplace=True)
df_traMatRenew.fillna(0, inplace=True)
df_traMatRecycle.fillna(0, inplace=True)

df_carriers.columns = df_carriers.columns.str.replace(' ','_')
df_packagings.columns = df_packagings.columns.str.replace(' ','_')

# Ökologische Listen
df_emissionfactors.fillna(0, inplace=True)
df_emissionfactors.drop([0], inplace=True)
# Arten von Energie: Strom, Hitze, Kälte, Dampf
#energyTypes = ['electricity', 'heat', 'cool', 'steam']

# Verflechtungsmatrix für die Berechnung des Gesamtgewichts der Produkte auf Basis der
    Stückliste
# Gozintograph
indices   =   [mat   for   mat   in   df_materials.index   if   mat   in   df_billOfMateri-
    als.to_string(header=True)]
for prod in df_billOfMaterials.index:
    if not prod in mid_product:
        indices.append(prod)
for midProd in mid_product:
    indices.append(midProd)
df_Verflechtung = pd.DataFrame(0, index=indices, columns=indices)

for index in df_Verflechtung.index:
    if index in df_billOfMaterials.columns:
        for prod in df_billOfMaterials.index:
            df_Verflechtung.loc[index, prod] = df_billOfMaterials.loc[prod, index]
```

```
    elif index not in endproducts_list:
        df_Verflechtung.loc[index,   df_billOfMaterials.loc[index,   'allocated_to']]   =
    df_billOfMaterials.loc[index, 'NumPreProducts']
data = [0 for mat in df_materials.index if mat in df_billOfMaterials.columns]

Gesamtbedarfsmatrix   =   pd.DataFrame(data=np.identity(len(df_Verflechtung.index)),   in-
    dex=df_Verflechtung.index, columns=df_Verflechtung.columns)-df_Verflechtung
inv_Gesamtbedarf    =    pd.DataFrame(np.linalg.pinv(Gesamtbedarfsmatrix.values),    col-
    umns=Gesamtbedarfsmatrix.columns, index=Gesamtbedarfsmatrix.index)
for index in df_Verflechtung.index:
    nachfrage = pd.Series(0, df_Verflechtung.index)
    nachfrage.loc[index]=1
    df_bedarf=inv_Gesamtbedarf.dot(nachfrage)
    if index in df_billOfMaterials.index:
        for mat in df_materials.index:
            if mat in df_billOfMaterials.columns:
                df_billOfMaterials.loc[index, 'total_'+mat] = df_bedarf[mat]

# Weight TransportMaterials en route and routeEmissions
for i,j,p in df_transport_multi.index:
    for traMat in df_traMats.index:
        df_transport_multi.loc[(i,j,p), 'traMatWeight_'+traMat]=(sum(
            df_carriers.loc[df_transport_multi.loc[(i,j,p),'leg'+k+'_carrier'],'carrier-
    Weight']
            * int(traMat==df_carriers.loc[df_transport_multi.loc[(i,j,p),'leg'+k+'_carri-
    er'],'carrier_material'])
            for         k          in          ['1','2','3','4']          if          not
    pd.isnull(df_transport_multi.loc[(i,j,p),'leg'+k+'_carrier']))
            + sum(df_packagings.loc[df_transport_multi.loc[(i,j,p), 'leg'+str(k)+'_pack-
    aging'], 'packagingWeight']
            *productTransportFactor_dict[p,i]*int(traMat==df_packag-
    ings.loc[df_transport_multi.loc[(i,j,p),'leg'+str(k)+'_packaging'],'packaging_materi-
    al'])
            for          k          in          range(1,4)          if          not
    pd.isnull(df_transport_multi.loc[(i,j,p),'leg'+str(k)+'_packaging']))
        )
# routeEmissions[r,p]
for i,j,p in df_transport_multi.index:
    legEmissions=0
    for leg in range(1,5):
        if not pd.isnull(df_transport_multi.loc[(i,j,p), 'leg'+str(leg)+'_vehicle']):
            for y in range(leg):
                if not pd.isnull(df_transport_multi.loc[(i,j,p), 'leg'+str(leg-y)+'_car-
    rier']):
                    legCarrierWeight  =  df_carriers.loc[df_transport_multi.loc[(i,j,p),
    'leg'+str(leg-y)+'_carrier'],'carrierWeight']
                    break
            for y in range(leg):
                if not pd.isnull(df_transport_multi.loc[(i,j,p), 'leg'+str(leg-y)+'_pack-
    aging']):
                    legPackagingWeight                    =                    df_packag-
    ings.loc[df_transport_multi.loc[(i,j,p),     'leg'+str(leg-y)+'_packaging'],'packag-
    ingWeight']
                    break

            typeGood = df_processChain_multi.loc[(p,i), 'typeGood']
            emissionsVehicle      =      df_vehicles.loc[df_transport_multi.loc[(i,j,p),
    'leg'+str(leg)+'_vehicle'], 'emissionsVehicle_'+typeGood+'_good']
            legWeight = (
                df_processChain_multi.loc[(p,i),    'productWeight']    *    df_process-
    Chain_multi.loc[(p,i),'productTransportFactor']
                +    legCarrierWeight    +    legPackagingWeight    *    df_process-
    Chain_multi.loc[(p,i),'productTransportFactor']
```

```
            )
        legEmissions     +=     (emissionsVehicle     *     legWeight/1000     *
    float(df_transport_multi.loc[(i,j,p),'leg'+str(leg)+'_km']))

    df_transport_multi.loc[(i,j,p), 'routeEmissions'] = legEmissions

''' Gerichteten Graph mit networkx erstellen'''
G = nx.DiGraph() # gerichteten Graphen erstellen
G.add_nodes_from(df_locations.index)
for location in G.nodes():
    temp_dict = {}
    for prod in prod_list:
        if (location, prod) in df_demand_multi.index and prod in endproducts_list:
            temp_dict[prod] = df_demand_multi.loc[(location,prod), 'quantity']
        else: temp_dict[prod] = 0
    G.nodes()[location]['demandEndINT'] = temp_dict
G.add_weighted_edges_from(transport_arcs, weight='Cost')
```

Build Optimierungsmodell

```
# ####### Optimierungsmodell ######
def build(G):
    model = Model("Optimierungsmodell ökologische Nachhaltigkeit")
    model.modelSense = GRB.MINIMIZE

    BigM = 100000
    # Binary
    locationBIN, shiftModelBIN = dict(), dict()
    # Integer
    palletINT, transportINT, productionInINT, productionOutINT, productOnMachineINT, ma-
    chineINT=dict(), dict(), dict(), dict(), dict(), dict()
    # Continuous
    scaleFacility,   indirectFTE,   machineFTE,   totalArea,totalManuHours,   totalproduc-
    tionOutINT, manuHoursMachine, directArea, totalDirectFTE,indirectArea, processTime,
    setupTime = dict(), dict(), dict(), dict(), dict(), dict(), dict(), dict(), dict(),
    dict(), dict(),dict()

    ############# Variablen ############

    for location in G.nodes():
        locationBIN[location]  =  model.addVar(name='locationBIN_%s'  %location,  obj=0  ,
    vtype=GRB.BINARY)
        ### Indirekte Kosten ###
        if location in locations_production_list:
            #ScalingBase Variablen
            totalproductionOutINT[location] = model.addVar(name='totalproduction_%s'%lo-
    cation, vtype=GRB.CONTINUOUS, obj=0)
            totalArea[location]       =       model.addVar(name='totalArea_%s'%location,
    vtype=GRB.CONTINUOUS, obj=0, ub=df_locations.loc[location, 'MaxArea'])
            totalManuHours[location]   =  model.addVar(name='totalManuHours_%s'%location,
    vtype=GRB.CONTINUOUS, obj=0)
            totalDirectFTE[location]     =     model.addVar(name='totalDirectFTE_%s'%loca-
    tion,vtype=GRB.CONTINUOUS,obj=0)

            #MachineArea
            directArea[location]    =    model.addVar(name='directArea_%s'    %location,
    vtype=GRB.CONTINUOUS, obj=df_locations.loc[location, 'RatePerMachineSqMeter'])
            # Office area
            indirectArea[location]   =   model.addVar(name='indirectArea_%s'   %location,
    vtype=GRB.CONTINUOUS, obj=0)
            #Produktionsvariablen
            for p in prod_list:
```

```
            productionOutINT[location,p] = model.addVar(name='productionOutINT_%s_%s'
%(location,p), obj=mat_cost_dict[(p,location)], vtype=GRB.INTEGER)
            productionInINT[location,p]  =  model.addVar(name='productionInINT_%s_%s'
%(location,p), obj=0, vtype=GRB.INTEGER)
# Modul Indirekte Funktionen + Anlagen
for (location, indFunc) in df_indirectFunctionsData_multi.index:
    indirectFTE[location,  indFunc]  =  model.addVar(name='indirectFTE_%s_%s'%(loca-
tion,indFunc), vtype=GRB.CONTINUOUS, obj=0)
for (location, facility) in df_facilities_multi.index:
    scaleFacility[location, facility] = model.addVar(name='scaleFacility_%s_%s' %(lo-
cation, facility), obj=0, vtype=GRB.CONTINUOUS)

# Modul Maschinen
for (location, p, mach) in df_processSteps_multi.index:
    productOnMachineINT[location,   mach,   p]   =   model.addVar(name='productOnMa-
chine_%s_%s_%s' %(location, mach,p), obj=0, vtype=GRB.CONTINUOUS)

for (location,mach) in df_machines.index:
    setupTime[location, mach] = model.addVar(name='setupTime_%s_%s' %(location, mach),
obj=0, vtype=GRB.CONTINUOUS)
    processTime[location, mach] = model.addVar(name='processTime_%s_%s' %(location,
mach), obj=0, vtype=GRB.CONTINUOUS)
    manuHoursMachine[location,mach] = model.addVar(name='manuHoursMachine%s_%s' %(lo-
cation,mach),obj=0,vtype=GRB.CONTINUOUS)

    for shift in df_shifts.index.values.tolist() :
        machineINT[location, mach, shift] = model.addVar(name='machineINT_%s_%s_%s'
%(location, mach, shift), obj=machine_fixed_dict[mach], vtype=GRB.INTEGER)
        shiftModelBIN[location,   mach,   shift]   =   model.addVar(name='shiftMod-
elBIN_%s_on_machine_%s_%s'%(shift,location,mach), obj=0,vtype=GRB.BINARY)
        machineFTE[location, mach, shift] = model.addVar(name='machineFTEs_%s_%s_%s'
%(location,mach,shift), vtype=GRB.INTEGER, obj=0)

# Modul Transporte
for i,j,p in df_transport_multi.index:
    #for p in prod_list:
    palletINT[i,   j,   p]   =   model.addVar(name='palletINT_%s_%s_%s'   %(i,j,p),
vtype=GRB.INTEGER, obj=df_transport_multi.loc[(i,j,p), 'transportCost'])
    if (i,j,p) in df_globalDemands_multi.index: #Zoll nach Transportroute und Produkt
        duty=float(df_globalDemands_multi.loc[(i,j,p),'duty'])
    else:
        duty=0
    transportINT[i,  j,  p]  =  model.addVar(name='transportINT_%s_%s_%s'  %(i,j,p),
vtype=GRB.INTEGER, obj=duty)
    model.addConstr(palletINT[i,j,p]  >=  transportINT[i,j,p]  /  productTransportFac-
tor_dict[p,i], name='NB1.1_Palleten_%s_%s_%s' %(i,j,p))
model.update()

##### Nebenbedingungen #####

for location in G.nodes():
    if location in locations_production_list:
        # area
        model.addConstr(indirectArea[location]    ==    quicksum(indirectFTE[location,
indFunc]*df_locations.loc[location, 'SquaremetersPerIndFTE']
            for indFunc in df_indirectFunctionsProject['name'].values.tolist() if (lo-
cation, indFunc) in df_indirectFunctionsData_multi.index))
        model.addConstr(totalArea[location]   ==   directArea[location]   +   indirec-
tArea[location], name='totalArea_%s'%location)
        #Scaling # [area, Manuhours, products, direct FTE, no scaling]
        model.addConstr(totalproductionOutINT[location]      ==      quicksum(produc-
tionOutINT[location,p] for p in prod_list),name='NB2.8_%s'%location)
        model.addConstr(directArea[location]       ==       quicksum(machineINT[loca-
tion,mach,shift] * df_machines.loc[(location,mach), 'areaMachine']
```

```
                              for mach in machines_list if (location,mach) in df_ma-
chines.index for shift in df_shifts.index), name='NB2.1_directArea_%s' %location)
        model.addConstr(totalManuHours[location] == quicksum(manuHoursMachine[loca-
tion,mach] for mach in machines_list if (location, mach) in df_machines.index),
name='NB2.6_%s'%location)
        model.addConstr(totalDirectFTE[location]    ==    quicksum(machineFTE[loca-
tion,mach,shift] for mach in machines_list if (location, mach) in df_machines.index
for shift in df_shifts.index),name='NB2.10_%s'%location)

        for p in prod_list:
            # Transport nur zu und von Standorten, die eröffnet wurden
            model.addConstr(quicksum(transportINT[i,location,p] for i in G.predeces-
sors(location) if (i,location,p) in transportINT)<=BigM*locationBIN[location])
            model.addConstr(quicksum(transportINT[location,j,p] for j in G.succes-
sors(location) if (location,j,p) in transportINT)<=BigM*locationBIN[location])
            ### Flussgleichung ###
            model.addConstr(0 == quicksum(transportINT[i,location,p] for i in G.pre-
decessors(location) if (i,location,p) in transportINT)
                              +productionOutINT[location,p]  -  productionInINT[loca-
tion,p]

                              -quicksum(transportINT[location, j, p] for j in G.succes-
sors(location) if (location, j, p) in transportINT), name='Flussgleichung_%s_%s' %(lo-
cation,p))

            if p in mid_product: ### Produktionsfluss ###
                for preProd in preProducts[p].items():
                    model.addConstr(productionOutINT[location,p]*preProd[1]/df_pro-
cessChain_multi.loc[(p,location),      'goodPieces']<=productionInINT[location,pre-
Prod[0]], name='Produktion_%s_%s_%s' %(location, p, preProd[0]))

            model.addConstr(
                quicksum(machineINT[location,mach,shift] for mach in machines_list
                if (location, mach) in df_machines.index for shift in df_shifts.index)
                >= locationBIN[location])

    else: ### Flussgleichung Costumer standorte ###
        for p in prod_list:
                model.addConstr(0 == quicksum(transportINT[i,location,p] for i in
G.predecessors(location) if (i,location,p) in transportINT)
                                -G.nodes()[location]['de-
mandEndINT'][p],name='Flussgleichung_%s_%s' %(location,p))

# Berechnung der indirekten FTE je nach scaling methode
for (location, indFunc) in df_indirectFunctionsData_multi.index:

    # [area, Manuhours, products, direct FTE, no scaling]
    if df_indirectFunctionsData_multi.loc[(location, indFunc), 'scalingMethod'] ==
'scale_with_area':
        model.addConstr(indirectFTE[location, indFunc] >= directArea[location]/df_in-
directFunctionsData_multi.loc[(location,      indFunc),      'scalingFactor'],
name='NB2.4_%s_%s'%(location,indFunc))
    elif df_indirectFunctionsData_multi.loc[(location, indFunc), 'scalingMethod'] ==
'scale_with_manufacturing_hours':
        model.addConstr(indirectFTE[location,indFunc]    >=    totalManuHours[loca-
tion]/df_indirectFunctionsData_multi.loc[(location,   indFunc),   'scalingFactor'],
name='NB2.5_%s_%s'%(location,indFunc))
    elif df_indirectFunctionsData_multi.loc[(location, indFunc), 'scalingMethod'] ==
'scale_with_products_at_location':
        model.addConstr(indirectFTE[location,indFunc] >= totalproductionOutINT[loca-
tion]/df_indirectFunctionsData_multi.loc[(location,   indFunc),   'scalingFactor'],
name='NB2.7_%s_%s'%(location,indFunc))
    elif df_indirectFunctionsData_multi.loc[(location, indFunc), 'scalingMethod'] ==
'scale_with_direct_Staff':
```

```
        model.addConstr(indirectFTE[location,indFunc]      >=      totalDirectFTE[loca-
tion]/df_indirectFunctionsData_multi.loc[(location,    indFunc),    'scalingFactor'],
name='NB2.9_%s_%s'%(location,indFunc))
    elif df_indirectFunctionsData_multi.loc[(location, indFunc), 'scalingMethod'] ==
'no_scaling':
        model.addConstr(indirectFTE[location,indFunc] >= locationBIN[location]/df_in-
directFunctionsData_multi.loc[(location, indFunc), 'scalingFactor'])

# Berechnung Skalierungsfaktoren für Anlagen
for (l, f) in df_facilities_multi.index:
    if 'no_scaling' in df_facilities_multi.loc[(l,f), 'scalingMethod']:
        model.addConstr(scaleFacility[l,f]         ==         locationBIN[l]*df_facili-
ties_multi.loc[(l,f), 'scalingFactor'])
    elif 'machine_Area' in df_facilities_multi.loc[(l, f), 'scalingMethod']:
        model.addConstr(scaleFacility[l,f]          ==          directArea[l]/df_facili-
ties_multi.loc[(l,f), 'scalingFactor'])
    elif 'office_Area' in df_facilities_multi.loc[(l, f), 'scalingMethod']:
        model.addConstr(scaleFacility[l,f]         ==         indirectArea[l]/df_facili-
ties_multi.loc[(l,f), 'scalingFactor'])
    elif 'total_Area' in df_facilities_multi.loc[(l, f), 'scalingMethod']:
        model.addConstr(scaleFacility[l,f]          ==          totalArea[l]/df_facili-
ties_multi.loc[(l,f), 'scalingFactor'])
    elif 'direct_FTE' in df_facilities_multi.loc[(l, f), 'scalingMethod']:
        model.addConstr(scaleFacility[l,f]        ==        totalDirectFTE[l]/df_facili-
ties_multi.loc[(l,f), 'scalingFactor'])
    elif 'indirect' in df_facilities_multi.loc[(l, f), 'scalingMethod']:
        model.addConstr(scaleFacility[l,f] == quicksum(indirectFTE[location,indFunc]
for (location, indFunc) in df_indirectFunctionsData_multi.index if location==l)/df_fa-
cilities_multi.loc[(l,f), 'scalingFactor'])
    elif 'total_FTE' in df_facilities_multi.loc[(l, f), 'scalingMethod']:
        model.addConstr(scaleFacility[l,f]  ==  (totalDirectFTE[l]+quicksum(indirect-
FTE[location,indFunc] for (location, indFunc) in df_indirectFunctionsData_multi.index
if location==l))/df_facilities_multi.loc[(l,f), 'scalingFactor'])
    elif 'manufacturing' in df_facilities_multi.loc[(l, f), 'scalingMethod']:
        model.addConstr(scaleFacility[l,f]        ==        totalManuHours[l]/df_facili-
ties_multi.loc[(l,f), 'scalingFactor'])
    elif 'products' in df_facilities_multi.loc[(l, f), 'scalingMethod']:
        model.addConstr(scaleFacility[l,f]   ==   totalproductionOutINT[l]/df_facili-
ties_multi.loc[(l,f), 'scalingFactor'])
    elif 'machines' in df_facilities_multi.loc[(l, f), 'scalingMethod']:
        model.addConstr(scaleFacility[l,f] == quicksum(machineINT[l,m,s] for m in ma-
chines_list  if  (l,m)  in  df_machines.index  for  s  in  df_shifts.index)/df_facili-
ties_multi.loc[(l,f), 'scalingFactor'])

#Maschinen
for (location, p, mach) in df_processSteps_multi.index:
    model.addConstr(productionOutINT[location,p]<=productOnMachineINT[location, mach,
p], name='%s_linking_%s_with_%s'%(location,p,mach))

for (location,mach) in df_machines.index:
    model.addConstr(manuHoursMachine[location, mach] == setupTime[location, mach] +
processTime[location, mach])
    model.addConstr(setupTime[location,         mach]         >=         quicksum((df_pro-
cessSteps_multi.loc[(location,p,mach),'setupTimeLot']
                    / df_processSteps_multi.loc[(location,p,mach),'lotSize'])
                    *productOnMachineINT[location,mach,p]
                    / (((df_machines.loc[(location, mach),'oeeFactor']/100))*60) for
p  in  prod_list  if  (location,p,mach)  in  df_processSteps_multi.index),  name='set-
upTime_%s_%s' %(location, mach))
    model.addConstr(processTime[location,         mach]         >=         quicksum(df_pro-
cessSteps_multi.loc[(location, p, mach), 'processTimeProd']
        *productOnMachineINT[location, mach, p]
        /(((df_machines.loc[(location, mach),'oeeFactor']/100))*60)
```

```
        for p in prod_list if (location, p, mach) in df_processSteps_multi.index),
name='processTime_%s_%s' %(location, mach))
    # Schichtmodell und Anzahl der Maschinen auswählen
    model.addConstr(lhs=quicksum(machineINT[location,mach,shift]                    *
df_shifts.loc[shift,'capacityShiftModel'] for shift in df_shifts.index) # capac-
ityshiftModelBIN
                    , sense=GRB.GREATER_EQUAL, rhs=manuHoursMachine[location,mach],
name='Bilinear_Constraint_%s_%s' %(location,mach))
    #Nur ein Schichtmodell
    model.addConstr(quicksum(shiftModelBIN[location,mach,shift]    for    shift    in
df_shifts.index) <= 1, name='Nur_ein_Schichtmodell_für_%s_%s' %(location,mach))
    # Anzahl direct FTE
    model.addConstr(quicksum(machineFTE[location,mach,shift]     for     shift     in
df_shifts.index)>=
                    df_machines.loc[(location,mach), 'operatorMachineRatio'] / df_lo-
cations.loc[location,'capacityPerDirectFTE']
                    *        quicksum(machineINT[location,mach,shift]               *
df_shifts.loc[shift,'capacityShiftModel'] for shift in df_shifts.index),
                    name='Anzahl_MaschinenFTE_%s_%s' %(location,mach)
                    )
    for shift in df_shifts.index:
        model.addConstr(machineFTE[location,mach,shift]  <=  BigM*shiftModelBIN[loca-
tion,mach,shift])
        model.addConstr(machineINT[location,mach,shift]  <=  BigM*shiftModelBIN[loca-
tion,mach,shift])

        model.addConstr(shiftModelBIN[location,mach,shift] <= locationBIN[location])
        # Nur erlaubte Schichtmodelle
        if df_locationShifts.loc[location, shift] == 0:
            model.addConstr(shiftModelBIN[location, mach, shift] == 0)
model.update()

##### Zielfunktionen #####

### Zielfunktion: Kosten ###
exprKosten = LinExpr(
    #Standorte
    quicksum(locationBIN[location]*df_locations.loc[location, 'fixedCostPerSite']
            +      directArea[location]*df_locations.loc[location,      'RatePerMa-
chineSqMeter'] for location in locations_production_list)
    + quicksum(productionOutINT[location,p] * mat_cost_dict[(p,location)] for location
in locations_production_list for p in prod_list)
    + quicksum(indirectFTE[location, indFunc]
              *  df_indirectFunctionsData_multi.loc[(location,indFunc),'indFuncFTE-
Cost'] for (location, indFunc) in df_indirectFunctionsData_multi.index)
    +  quicksum(machineINT[location,mach,shift]*df_machines.loc[(location,mach), 'Ma-
chineDepreciation']
              for (location,mach) in df_machines.index for shift in df_shifts.index)
    +  quicksum(indirectArea[location]  *  df_locations.loc[location,  'RatePerOffic-
eSqMeter'] for location in locations_production_list)
    # direkte Personalkosten
    + quicksum(df_locations.loc[location,'capacityPerDirectFTE']
              *   df_machines.loc[(location,mach),    'HourlyWageDirectFTE']*    ma-
chineFTE[location,mach,shift]
    #* shiftModelBIN[location,mach,shift]
    * df_locationShifts.loc[location,shift] for (location, mach) in df_machines.index
for shift in df_shifts.index)
    # Transport
    + quicksum(palletINT[i,j,p]*df_transport_multi.loc[(i,j,p), 'transportCost'] for
i,j,p in df_transport_multi.index)
    +                    quicksum(transportINT[i,j,p]*model.getVarByName('transport-
INT_%s_%s_%s'%(i,j,p)).obj for i,j,p in df_transport_multi.index))

### Zielfunktion: Biodiversität ###
```

```
Skalierung = 1000000000
exprBio = LinExpr(quicksum(df_locations.loc[location, 'CF_GLO']
    * totalArea[location] * Skalierung for location in locations_production_list))

### Zielfunktion: THG Emissionen ###
exprTHG = LinExpr(
    quicksum(palletINT[i,j,p] * df_transport_multi.loc[(i,j,p),'routeEmissions'] for
(i,j,p) in df_transport_multi.index)
    + quicksum(((processTime[location, mach]*df_machines.loc[(location, mach), 'pro-
cess_'+e]
                +setupTime[location,     mach]*df_machines.loc[(location,     mach),
'setup_'+e]))
                *df_emissionfactors.loc[location, e] for (location, mach) in df_ma-
chines.index
                for e in df_emissionfactors.columns if e in str(df_machines.columns))
    +  quicksum(scaleFacility[l,f]*df_facilities_multi.loc[(l,f),  e]*df_emissionfac-
tors.loc[l, e]
                for  (l,f)  in  df_facilities_multi.index  for  e  in  df_emissionfac-
tors.columns if e in str(df_facilities_multi.columns))
)
### Zielfunktion: Wassermangel ###
exprWater = LinExpr(
    quicksum(df_locations.loc[l,   'CF_AWARE']*(df_machines.loc[(l,m),   'setupWater-
In']*setupTime[l,m]
    +  df_machines.loc[(l,m),'processWaterIn']*processTime[l,m])/1000  for  (l,m)  in
df_machines.index)
    + quicksum(df_locations.loc[l, 'CF_AWARE']*df_facilities_multi.loc[(l,f), 'water-
In']/1000*scaleFacility[l,f] for (l,f) in df_facilities_multi.index)
)
### Zielfunktion: Abwasser ###
exprEffl = LinExpr(
    quicksum((1-df_locations.loc[l, 'waterTreatment'])*(df_machines.loc[(l,m), 'set-
upWaterIn']*setupTime[l,m]+df_machines.loc[(l,m),'processWaterIn']*process-
Time[l,m])/1000*df_machines.loc[(l,m), 'nonFreshWater']*df_machines.loc[(l,m), 'con-
sumptionfactorWater'] for (l,m) in df_machines.index)
    +          quicksum((1-df_locations.loc[l,          'waterTreatment'])*df_facili-
ties_multi.loc[(l,f),                    'waterIn']*scaleFacility[l,f]/1000*df_facili-
ties_multi.loc[(l,f), 'consumptionfactorWater']*df_facilities_multi.loc[(l,f), 'non-
FreshWater'] for (l,f) in df_facilities_multi.index)
)
### Zielfunktion: Materialien ###
exprMat = LinExpr(
    quicksum((setupTime[l,m]*df_machines.loc[(l,m),            'setup_'+mat]+process-
Time[l,m]*df_machines.loc[(l,m), 'process_'+mat])
    *df_materials.loc[mat, 'density']*(1-df_matRenew.loc[l,mat])
    for (l,m) in df_machines.index for mat in df_materials.index if mat in df_ma-
chines.to_string(header=True))
    +  quicksum((1-df_matRenew.loc[l,   mat])*productionOutINT[l,p]*df_billOfMateri-
als.loc[p,mat]
        for l in locations_production_list for p in df_billOfMaterials.index for mat
in df_materials.index if mat in df_billOfMaterials.columns)
    + quicksum(palletINT[i,j,p]*df_transport_multi.loc[(i,j,p), 'traMatWeight_'+tra-
Mat]*(1-df_traMatRenew.loc[(i,j), traMat]) for (i,j,p) in df_transport_multi.index for
traMat in df_traMats.index)
)
### Zielfunktion: Abfall ###
exprDisp = LinExpr(
    quicksum((setupTime[l,m]*df_machines.loc[(l,m), 'setup_'+mat]+processTime[l,m]
                *df_machines.loc[(l,m), 'process_'+mat])*df_materials.loc[mat, 'den-
sity']
                *(1-df_matRecycle.loc[l,mat]) for (l,m) in df_machines.index for mat
in df_materials.index if mat in df_machines.to_string(header=True))
    + quicksum((1-df_matRecycle.loc[l,mat]) * productionOutINT[l,p] * (1/df_process-
Chain_multi.loc[(p,l),'goodPieces']-1)
```

```
                * df_billOfMaterials.loc[p, 'total_'+mat] for l in locations_produc-
tion_list for p in prod_list
                for mat in df_materials.index if mat in df_billOfMaterials.columns)
    +  quicksum(palletINT[i,j,p]*df_transport_multi.loc[(i,j,p), 'traMatWeight_'+tra-
Mat]
                *(1-df_traMatRecycle.loc[(i,j),     traMat])     for     (i,j,p)     in
df_transport_multi.index for traMat in df_traMats.index)
)

model.update()

model.Params.MIPFocus = 3
model.Params.Threads = 2
model.Params.MIPGap = 0.01
model.Params.LogToConsole = 0
model.Params.TimeLimit = 600
model.update()

return model, Skalierung, exprKosten, exprBio, exprTHG, exprWater, exprEffl, exprMat,
exprDisp
```

Solve Optimierungsmodell

```
def  solve(model,  Skalierung,  G,  optiType,  prio,  objective1,  objective2,  relativeTol,
    df_obj_payoff, exprKosten, exprBio, exprTHG, exprWater, exprEffl, exprMat, exprDisp):

    if optiType=='Pareto': # Hinweisdatei einlesen, falls diese existiert.
        if float(relativeTol) > 0:
            try:
                model.read('02_hints/solve'+objective1+'_'+objective2+'.hnt')
            except:
                pass
        elif os.path.exists('02_hints/solve'+objective2+'_'+objective1+'.hnt'):
            try:
                model.read('02_hints/solve'+objective2+'_'+objective1+'.hnt')
            except:
                pass
        model.update()

    ### Festlegen der Ausgangssituation für Kapitel 6 ###
    if optiType=='Ausgangslage':
        df_ProduktionAusgangslage = df_globalDemands_multi.groupby(level=[0,2]).sum()
        for l in locations_production_list:
            for p in prod_list:
                if (l,p) in df_ProduktionAusgangslage.index:
                    model.addConstr(model.getVarByName('productionOutINT_%s_%s'%(l,p))
                                >=0.99999*df_ProduktionAusgangslage.loc[(l,p), 'quan-
    tity'])
                else:
                    model.addConstr(model.getVarByName('produc-
    tionOutINT_%s_%s'%(l,p))==0)
        model.setObjective(objective1)
        model.update()

    ### Pareto Objective ###
    if optiType=='Pareto':
        if objective1=='Kosten':
            model.setObjectiveN(exprKosten,   index=0,   priority=10,   reltol=relativeTol,
    name='Optimierung Kosten')
        if objective2=='Kosten':
            model.setObjectiveN(exprKosten, index=1, priority=5, reltol=0, name='Optimi-
    erung Kosten')
```

```
    if objective1=='Biodiversität':
        model.setObjectiveN(exprBio,    index=0,    priority=10,    reltol=relativeTol,
name='Optimierung Biodiversitätsverlust')
    if objective2=='Biodiversität':
        model.setObjectiveN(exprBio, index=1, priority=5, reltol=0, name='Optimierung
Biodiversitätsverlust')

    if objective1=='THG_Emissionen':
        model.setObjectiveN(exprTHG,    index=0,    priority=10,    reltol=relativeTol,
name='Optimierung THG Emissionen')
    if objective2=='THG_Emissionen':
        model.setObjectiveN(exprTHG, index=1, priority=5, reltol=0, name='Optimierung
THG Emissionen')

    if objective1=='Wassermangel':
        model.setObjectiveN(exprWater,   index=0,   priority=10,   reltol=relativeTol,
name='Optimierung Einfluss auf Wassermangel')
    if objective2=='Wassermangel':
        model.setObjectiveN(exprWater,  index=1,  priority=5,  reltol=0,  name='Optimi-
erung Einfluss auf Wassermangel')

    if objective1=='Abwasser':
        model.setObjectiveN(exprEffl,    index=0,    priority=10,    reltol=relativeTol,
name='Optimierung Abwasser')
    if objective2=='Abwasser':
        model.setObjectiveN(exprEffl,  index=1,  priority=5,  reltol=0,  name='Optimi-
erung Abwasser')

    if objective1=='Materialien':
        model.setObjectiveN(exprMat,    index=0,    priority=10,    reltol=relativeTol,
name='Optimierung Materialverwendung')
    if objective2=='Materialien':
        model.setObjectiveN(exprMat, index=1, priority=5, reltol=0, name='Optimierung
Materialverwendung')

    if objective1=='Abfall':
        model.setObjectiveN(exprDisp,    index=0,    priority=10,    reltol=relativeTol,
name='Optimierung Abfallmenge')
    if objective2=='Abfall':
        model.setObjectiveN(exprDisp,  index=1,  priority=5,  reltol=0,  name='Optimi-
erung Abfallmenge')
    model.update()

### Optimierung für Payoff Tabelle ###

if optiType=='Payoff':
    model.setObjectiveN(exprKosten,   index=0,   priority=prio['Kosten'],   reltol=0,
name='Optimierung Kosten')
    model.setObjectiveN(exprBio, index=1, priority=prio['Biodiversität'], reltol=0,
name='Optimierung Biodiversitätsverlust')
    model.setObjectiveN(exprTHG, index=2, priority=prio['THG_Emissionen'], reltol=0,
name='Optimierung THG Emissionen')
    model.setObjectiveN(exprWater, index=3, priority=prio['Wassermangel'], reltol=0,
name='Optimierung Einfluss auf Wassermangel')
    model.setObjectiveN(exprEffl,   index=4,   priority=prio['Abwasser'],   reltol=0,
name='Optimierung Abwasser')
    model.setObjectiveN(exprMat,  index=5,  priority=prio['Materialien'],  reltol=0,
name='Optimierung Materialverwendung')
    model.setObjectiveN(exprDisp,   index=6,   priority=prio['Abfall'],   reltol=0,
name='Optimierung Abfallmenge')
    model.update()
```

```
### Multikriterielle Zielfunktion: Global Criterion ###

if optiType=='Global':

    exprGloKosten=((exprKosten-min(df_obj_payoff['Kos-
ten']))*100/(max(df_obj_payoff['Kosten'])-min(df_obj_payoff['Kosten'])))
    exprGloBio=((exprBio-min(df_obj_payoff['Biodiversi-
tät']))*100/(max(df_obj_payoff['Biodiversität'])-min(df_obj_payoff['Biodiversi-
tät'])))
    exprGloTHG=((exprTHG-
min(df_obj_payoff['THG_Emissionen']))*100/(max(df_obj_payoff['THG_Emissionen'])-
min(df_obj_payoff['THG_Emissionen'])))
    exprGloWater=((exprWater-min(df_obj_payoff['Wasserman-
gel']))*100/(max(df_obj_payoff['Wassermangel'])-min(df_obj_payoff['Wassermangel'])))
    exprGloEffl=((exprEffl-min(df_obj_payoff['Abwas-
ser']))*100/(max(df_obj_payoff['Abwasser'])-min(df_obj_payoff['Abwasser'])))
    exprGloMat=((exprMat-min(df_obj_payoff['Materia-
lien']))*100/(max(df_obj_payoff['Materialien'])-min(df_obj_payoff['Materialien'])))
    exprGloDisp=((exprDisp-min(df_obj_payoff['Abfall']))*100/(max(df_obj_payoff['Ab-
fall'])-min(df_obj_payoff['Abfall'])))
    qexpr=QuadExpr(exprGloTHG*exprGloTHG+  exprGloMat*exprGloMat  +  exprGloWater*ex-
prGloWater
                +   exprGloKosten*exprGloKosten   +   exprGloBio*exprGloBio   +   ex-
prGloEffl*exprGloEffl + exprGloDisp*exprGloDisp )
    model.setObjective(qexpr)
    model.Params.MIPFocus = 1
    model.Params.TimeLimit = 3600
    model.update()

model.optimize()

### Ausgabe der Lösung ###
### Berechnung aller Zielfunktionswerte
model.update()
if model.status ==GRB.OPTIMAL or model.status==GRB.TIME_LIMIT:

    obj_values = {}
    obj_values['Kosten'] = exprKosten.getValue()
    obj_values['Biodiversität'] = exprBio.getValue()
    obj_values['THG_Emissionen'] = exprTHG.getValue()
    obj_values['Wassermangel'] = exprWater.getValue()
    obj_values['Abwasser'] = exprEffl.getValue()
    obj_values['Materialien'] = exprMat.getValue()
    obj_values['Abfall'] = exprDisp.getValue()

    ### Produktionsvolumen je Standort ausgeben
    productionVolumeInH,prodVolINT, NumOfMachines = {},{},{}
    for l in locations_production_list:
        productionVolumeInH[l] = model.getVarByName("totalManuHours_{}".format(l)).x
        prodVolINT[l]  =  [model.getVarByName('productionOutINT_{}_{}'.format(l, p)).x
for p in prod_list] # Produktionsmengen

    df_prodINT = pd.DataFrame.from_dict(prodVolINT, orient='index', columns=[p for p
in prod_list])
    for l in locations_production_list:
        for m in machines_list:
            if (l,m) in df_machines.index:
                mach_temp     =     sum(model.getVarByName('machineINT_{}_{}_{}'.for-
mat(l,m,s)).x for s in df_shifts.index)
            NumOfMachines[(l,m)] = mach_temp
    df_NumOfMachines = pd.Series(NumOfMachines).unstack(fill_value=0)

if model.status == GRB.TIME_LIMIT:
```

```
        return obj_values, productionVolumeInH, df_prodINT, df_NumOfMachines
    if model.status == GRB.OPTIMAL:
        for v in model.getVars():
            v.VarHintVal = v.x
            if v.x==1:
                v.VarHintPri = 10
            if (v.x % 1 ==0):
                v.varHintPri = 5
        if not optiType=='Ausgangslage':
            model.write('02_hints/solve'+objective1+'_'+objective2+'.hnt')

        return obj_values, productionVolumeInH, df_prodINT, df_NumOfMachines
    else:
        return None
```

Algorithmus Abweichung vom Optimalwert

```
### Abweichung vom Optimalwert###

objective=['Kosten', 'Biodiversität', 'THG_Emissionen', 'Wassermangel', 'Abwasser', 'Ma-
    terialien', 'Abfall']

prio, relativeTol, obj_value_dict, payoff, prodVolInH, prodVolInNum, min_values,
    payoff_dict_min, payoff_dict_max = {},{},{},{},{},{},{},{},{}
counter=0
# Optimierungsmodell aufbauen
model, Skalierung, exprKosten, exprBio, exprTHG, exprWater, exprEffl, exprMat, exprDisp =
    build(G)
clear_output(wait=True)
df_prodVol = pd.DataFrame()
with tqdm(total=len(objective)**2, desc='Overall Progress') as pbar: # Progressbar erstel-
    len
    for obj1 in objective: # hierarchische Optimierung f1
        for obj2 in objective: # hierarchische Optimierung f2

            for key in objective:
                prio[key]=0
            relativeTol=0

            prio[obj1]=10
            prio[obj2]=9

            obj_values, productionVolInH, df_prodVolINT, df_NumOfMachines = solve(model,
    Skalierung, G, 'Payoff', prio, obj1, obj2, relativeTol, None, exprKosten, exprBio,
    exprTHG, exprWater, exprEffl, exprMat, exprDisp)
            payoff[(obj1, counter)] = obj_values # Speichern der Zielfunktionswerte
            prodVolInH[(obj1, counter)] = productionVolInH # Speichern Produktionszeit
            prodVolInNum[(obj1, counter)] = df_prodVolINT # Speichern Produktionsvolumen
            pbar.update(1) # update Progressbar
            counter+=1
df=pd.DataFrame.from_dict(payoff, orient='index')

df_min=df.groupby(level=0, sort=False).min() # Minimale Werte bei der Optimierung nach f1
df_nadir = df.groupby(level=0, sort=False).max() # Maximale Werte bei der Optimierung nach
    f2
# Speichern Min und Max Werte
func.pickleDump(df_nadir, 'df_nadir')
func.pickleDump(df_min, 'df_min')
for key in objective: # Min und Max als Prozentwerte
    payoff_dict_min[(key, df_min.loc[key,key].round(2))]={j: ((df_min.loc[key,
    j]/df_min.loc[j,j]-1)).round(4) for j in objective}
```

```
    payoff_dict_max[(key,     df_min.loc[key,key].round(2))]={j:     ((df_nadir.loc[key,
    j]/df_min.loc[j,j]-1)).round(4) for j in objective}
# Minimale Abweichungen speichern (Opportunitätskosten)
df_oppCost = pd.DataFrame.from_dict(payoff_dict_min, orient='index')
df_oppCost.index.set_names(['Optimierung', 'Value'], inplace=True)
func.pickleDump(df_oppCost, 'oppCost')
# Maximale Abweichungen speichern
df_max_OppCost=pd.DataFrame.from_dict(payoff_dict_max, orient='index')
df_max_OppCost.index.set_names(['Optimierung', 'Value'], inplace=True)
func.pickleDump(df_max_OppCost, 'max_oppCost')
# Speichern Produktionszeit
df_prodVolinH = pd.DataFrame.from_dict(prodVolInH, orient='index')
func.pickleDump(df_prodVolinH, 'ProduktionszeitGlobalCriterion')
```

Pareto Optimierung

```
### Pareto Optimierung
objective=['Kosten', 'Biodiversität', 'THG_Emissionen', 'Wassermangel', 'Abwasser', 'Ma-
    terialien', 'Abfall']

prio, ParetoValues={},{}
# Modell aufbauen
model, Skalierung, exprKosten, exprBio, exprTHG, exprWater, exprEffl, exprMat, exprDisp =
    build(G)
clear_output(wait=True)
with tqdm(total=len(objective)**2, desc='Overall Progress') as pbar: # Progressbar
    for i in trange(len(objective), desc='First Loop', position=0): # f1
        for j in range(len(objective)): # f2
            if i!=j:
                for key in objective:
                    prio[key]=0
                relativeTol=0
                prio[objective[i]]=10

                # Erster Durchlauf der Optimierung ohne Toleranz
                obj_value,   productionVolInH,   df_prodVolINT,   df_NumOfMachines     =
    solve(model, Skalierung, G, 'Pareto', prio, objective[i]
                                                                                    , ob-
    jective[j], relativeTol, None, exprKosten, exprBio
                                                                                    , ex-
    prTHG, exprWater, exprEffl, exprMat, exprDisp)

                temp_list=[] # Liste zur Speicherung der Toleranz und Zielfunktionswerte
                temp_list = [(0, obj_value[objective[i]], obj_value[objective[j]])]

                func.pickleLoad('max_oppCost')
                maxTol = max(df_max_OppCost.loc[objective[j], objective[i]]) # Maximale
    Toleranz für die erste Zielfunktion
                steps=50
                jump = max([maxTol/steps, 0.01]) # Maximale Abweichung des Zielfunktions-
    wert teilen, um Schritte der Iterationen zu bestimmen
                start = time.time() # Aktuelle Zeit für Berechnung der durchschnittlichen
    Laufzeit
                limit=0 # Zählen wenn sich Zielfunktionswert nicht ändert
                counter=0 # Iterationen zählen

                while (relativeTol <= maxTol+jump) and (limit<5) and counter < 300:
                    relativeTol += jump # Erhöhen der erlaubten Toleranz

                    print('\rObj1:  '+str(objective[i])+';  Obj2:  '+str(objective[j])+';
    Iteration: '+str(counter)
```

```
                    +'; limit: '+str(limit)+'; relTol: '+str(round(relativeTol,3))+';
MaxTol: '+str(maxTol)+'; jump: '+str(jump)
                    +'    Average    Time:    '+str(round((time.time()-start)/(coun-
ter+1),2))+'s', end="")

                # Durchführung Optimierung
                obj_value,  productionVolInH,  df_prodVolINT,  df_NumOfMachines  =
solve(model, Skalierung, G, 'Pareto', prio
                                                                            , ob-
jective[i], objective[j], relativeTol, None, exprKosten
                                                                            , ex-
prBio, exprTHG, exprWater, exprEffl, exprMat, exprDisp)

                if ((round(obj_value[objective[j]],1)>=round(temp_list[-1][2],1))):
                    limit+=1
                    relativeTol+=jump*(limit**2)
                else:
                    temp_list.append((round(relativeTol,2),    round(obj_value[objec-
tive[i]],2), round(obj_value[objective[j]],2)))
                    limit=0
                counter+=1

            func.pickleDump(temp_list,                  'ParetoValues'+'Obj1_'+objec-
tive[i]+'_Obj2_'+objective[j]) # Speichern Zielfunktionswerte
        pbar.update(1)
```

Darstellung der Ergebnisse

```
# Eine einzelne Kurve
import Paretokurven
obj1='Wassermangel'
obj2='Materialien'
Paretokurven.eineKurve(obj1,obj2, '{}_{}_Paretokurve_v02'.format(obj1, obj2))

### Paretokurven

import Paretokurven
objective=['Kosten', 'Biodiversität', 'THG_Emissionen']#, 'Wassermangel', 'Abwasser', 'Ma-
    terialien', 'Abfall']
Paretokurven.MiniMatrixPareto(objective, 'Paretokurven_3x3_v01')
Paretokurven.paretoCurves(objective, 'Paretokurven_v01')
```

Heatmap

```
### Heatmap
#with open('Opportunitätskosten_v01.pickle', 'rb') as f:
unit_formatter = {
    'Kosten': "$€$",
    'Biodiversität': "$*10^{-9} PLNS$",
    'Wassermangel': '$m^3$',
    'THG_Emissionen': '$kg CO_2 e$',
    'Abwasser': "$m^3$",
    'Materialien': '$kg$',
    'Abfall': '$kg$'
}
locale.setlocale(locale.LC_ALL, "de")
data=func.pickleLoad("oppCost")
data2=data.reset_index().set_index('Optimierung').drop(labels='Value', axis=1)
```

```
plt.rcParams['axes.formatter.use_locale'] = True
my_cmap=plt.get_cmap('Greys').copy()
my_cmap.set_under('white')

fig, ax = plt.subplots(figsize=(16,8))
sns.set(font_scale=1.5)
ax = sns.heatmap(data2, vmin=0.01, vmax=data.stack().nlargest(4).iloc[-1], annot=True,
    cmap=my_cmap, fmt='.0%', linewidths=2, linecolor='black', label='Abweichung',an-
    not_kws={'size': 15})
ax.set_title('Abweichung vom Idealwert', fontsize=20, fontweight='bold', pad=20)

yticklabels=['{}: {} {}'.format(ix[0], locale.format('%.1f',ix[1],1), unit_format-
    ter[ix[0]]) for ix in data.index]
ax.set_yticklabels(yticklabels)

plt.ylabel("")
ax.tick_params(axis='x', labelrotation=30)
cbarloc= np.arange(0.1, round(data.max().max(),-1)+0.1, 5)
cbarLabels = [str(int(i*100))+'%' for i in np.arange(0, round(data.max().max(),-1),5)]
cbar = ax.collections[0].colorbar
#cbar.outline.set_visible(True)


cbar.set_ticks(cbarloc)
cbar.set_ticklabels(cbarLabels)
#cbar.ax.yaxis.set_major_formatter(tkr.PercentFormatter(1, 0))
cbar.outline.set_edgecolor('black')
cbar.outline.set_linewidth(2)
plt.tight_layout()
plt.savefig('Heatmap_Grey_v04', dpi=300, transparent=False, facecolor='white')
```

Netzwerkbetrachtung

```
# Excel Tabelle für Netzwerkdiagramm in Thinkcell
df_Netzwerk = df_prodVolinH.groupby(level=0, sort=False).median()
df_ausgangslage=pd.DataFrame.from_dict(func.pickleLoad('ProduktionszeitAusgangslage'),
    orient='index')
df_ausgangslage = df_ausgangslage.T
df_ausgangslage.rename(index={0:'Ausgangslage'}, inplace=True)
df_GlobalCriterion=pd.DataFrame.from_dict(func.pickleLoad('ProduktionszeitGlobalCriteri-
    on'), orient='index')
df_GlobalCriterion = df_GlobalCriterion.T
df_GlobalCriterion.rename(index={0:'Global Criterion'}, inplace=True)
df_Netzwerk = pd.concat([df_ausgangslage, df_GlobalCriterion, df_Netzwerk])
with pd.ExcelWriter('Netzwerk_ProduktionsvolumenH_v02.xlsx') as writer:
    df_Netzwerk.to_excel(writer)
df_Netzwerk
```

Paretokurven.py

```
from IPython.core.display import clear_output
import matplotlib.pyplot as plt
import matplotlib.ticker as tkr
import pandas as pd
import numpy as np
import functions as func
import pickle
```

```
def eineKurve(objective1, objective2, filename):
    objective = [objective1,objective2]

    ParetoDataframes = {}

    with open('ParetoValues'+'Obj1_'+objective1+'_Obj2_'+objective2+'.pickle', 'rb') as
    f:
            temp_list = pickle.load(f)
    pareto_list=[]
    pareto_list.append(temp_list[0])
    for k in range(1, len(temp_list)):
        if temp_list[k][2]<min(pareto_list, key=lambda t:t[2])[2]:
            pareto_list.append(temp_list[k])
    ParetoDataframes[objective1+objective2] = pd.DataFrame.from_records(pareto_list)
    ParetoData = ParetoDataframes

    fig, ax = plt.subplots(1, 1, figsize=(6,4))
    globalCritData = func.pickleLoad('obj_values_global')
    startData = func.pickleLoad('ZielfunktionswerteAusgangslage')

    i=0
    j=1
    ax.set_xlabel(objective[j], fontsize=14, labelpad=10, fontweight='bold', rotation=0)
    ax.set_ylabel(objective[i],    fontsize=14,    labelpad=len(objective[i])+20,    font-
    weight='bold', rotation=90)
    ax.yaxis.set_label_coords(-0.2,0.3)
    ax.set_facecolor('white')

    if i!=j:

        # Plotten der Pareto Kurven
        df_plot=ParetoData[objective[i]+objective[j]]
        for k in df_plot.index:
            df_plot.loc[k,3]=(df_plot.loc[k,1]/min(df_plot.loc[:,1]))*100
            df_plot.loc[k,4]=(df_plot.loc[k,2]/min(df_plot.iloc[:,2]))*100
        ax.plot(df_plot[4], df_plot[3], linestyle='-', marker='o',mfc='dimgray', mew=0,
   color='dimgray', label='Paretomenge')

        # Plotten Global Criterion
        xGlobal = (globalCritData[objective[j]]/min(df_plot[2]))*100
        yGlobal = (globalCritData[objective[i]]/min(df_plot[1]))*100
        globalMarker  =  ax.plot(xGlobal,  yGlobal,  marker='D',  mfc='black',mec='black',
   ms=10, lw=0, label='Global Criterion')

        # Plotten Ausgangslage
        xStart = (startData[objective[j]]/min(df_plot[2]))*100
        yStart = (startData[objective[i]]/min(df_plot[1]))*100
        StartMarker = ax.plot(xStart, yStart, marker='o', mfc='black', mec='black', ms=10,
   lw=0, label='Ausgangslage')

        # if (max(df_plot[4])-min(df_plot[4]))<5:
        #                                   ax.set_xticks(np.arange(round(min(df_plot[4])-
   10,0),round(max(df_plot[4])+11,0),5))
        # else:
        xticks = ax.get_xticks()
        #print(max(yticks))
        maxX=max(xticks)
        if maxX>=800:
            maxX=np.ceil(maxX/1000)*1000
            stepsX=maxX/5
        elif maxX>=200:
```

```
        maxX=np.ceil(maxX/100)*100
        stepsX=np.ceil((maxX-100)/50)*10
    elif maxX>=150:
        stepsX=20
    elif maxX<150:
        stepsX=5
    xticks = np.arange(100, maxX, stepsX)
    ax.set_xticks(xticks)
    # if (max(df_plot[3])-min(df_plot[3]))<5:
    #                                   ax.set_yticks(np.arange(round(min(df_plot[3])-
10,0),round(max(df_plot[3]),0)+11,5))
    # else:
    yticks = ax.get_yticks()
    #print(max(yticks))
    maxY=max(yticks)
    if maxY>=800:
        maxY=np.ceil(maxY/1000)*1000
        stepsY=maxY/5
    elif maxY>=200:
        maxY=np.ceil(maxY/100)*100
        stepsY=np.ceil((maxY-100)/50)*10
    elif maxY>=150:
        stepsY=20
    else:
        stepsY=5
    yticks = np.arange(100, maxY, stepsY)
    ax.set_yticks(yticks)

    for spine in ax.spines.values():
        spine.set_edgecolor('black')
        spine.set_visible(True)
    ax.tick_params(color='lightgrey', labelcolor='black', length=2, direction='out',
bottom=True, left=True, right=False)
    ax.yaxis.set_ticks_position('left')
    ax.grid(True, which='major', axis='both', color='lightgrey', linestyle='-', lin-
ewidth=1, zorder=0)
    handles, labels = ax.get_legend_handles_labels()

    ## Arrows
    ax.arrow(100,        yticks[1],        0,        -stepsY*2/3,        length_in-
cludes_head=True,head_width=stepsX/10,    head_length=stepsY/5,    fc='k',    ec='k',
zorder=10)
    ax.arrow(xticks[1],        100,        -stepsX*2/3,        0,        length_in-
cludes_head=True,head_width=stepsY/10,    head_length=stepsX/5,    fc='k',    ec='k',
zorder=10)

elif i==j:

    ax.tick_params(colors='white', length=5, bottom=True, left=True)
    for spine in ax.spines.values():
        spine.set_edgecolor('white')
        spine.set_visible(True)


ax.tick_params(axis='x', labelrotation=30)

ax.yaxis.set_major_formatter(tkr.PercentFormatter())
ax.xaxis.set_major_formatter(tkr.PercentFormatter())
ax.legend(handles,  labels,  loc='upper  right',  fontsize=11,  markerscale=1,  ti-
tle='Legende', bbox_to_anchor=(-0.2, 1), title_fontsize=15,)

#plt.setp()
```

```
    plt.tight_layout()
    plt.rcParams['figure.facecolor'] = 'white'
    clear_output(wait=False)
    plt.savefig('{}.png'.format(filename), dpi=300, transparent=False, facecolor='white')
    plt.show()
    return None

    return None
def paretoCurves(obj, filename):

    objective=obj

    ParetoDataframes = {}
    for obj1 in objective:
        for obj2 in objective:
            if not obj1==obj2:
                with open('ParetoValues'+'Obj1_'+obj1+'_Obj2_'+obj2+'.pickle', 'rb') as
    f:
                    temp_list = pickle.load(f)
                pareto_list=[]
                pareto_list.append(temp_list[0])
                for k in range(1, len(temp_list)):
                    if temp_list[k][2]<min(pareto_list, key=lambda t:t[2])[2]:
                        pareto_list.append(temp_list[k])
                ParetoDataframes[obj1+obj2] = pd.DataFrame.from_records(pareto_list)
    ParetoData = ParetoDataframes
    #### Pareto-kurven Matrix ####


    fig, axs = plt.subplots(len(objective), len(objective), figsize=(30,30))
    globalCritData = func.pickleLoad('obj_values_global')
    startData = func.pickleLoad('ZielfunktionswerteAusgangslage')

    for i in range(len(objective)):
        for j in range(len(objective)):
            axs[len(objective)-1,j].set_xlabel(objective[j], fontsize=30, labelpad=30,
    fontweight='bold', rotation=150)
            axs[i,len(objective)-1].set_ylabel(objective[i], fontsize=30, labelpad=60,
    fontweight='bold', rotation=60)
            axs[i,len(objective)-1].yaxis.set_label_position('right')
            axs[i,0].set_ylabel(objective[i], fontsize=30, labelpad=70, font-
    weight='bold', rotation=60)
            axs[i,j].set_facecolor('white')
            axs[0,j].set_xlabel(objective[j], fontsize=30, labelpad=30, font-
    weight='bold', rotation=150)
            axs[0,j].xaxis.set_label_position('top')
            if i!=j:

                # Plotten der Pareto Kurven
                df_plot=ParetoData[objective[i]+objective[j]]
                for k in df_plot.index:
                    df_plot.loc[k,3]=(df_plot.loc[k,1]/min(df_plot.loc[:,1]))*100
                    df_plot.loc[k,4]=(df_plot.loc[k,2]/min(df_plot.iloc[:,2]))*100
                axs[i,j].plot(df_plot[4], df_plot[3], linestyle='-',
    marker='o',mfc='dimgray', mew=0, color='dimgray', label='Paretomenge')

                # Plotten Global Criterion
                xGlobal = (globalCritData[objective[j]]/min(df_plot[2]))*100
                yGlobal = (globalCritData[objective[i]]/min(df_plot[1]))*100
                globalMarker = axs[i,j].plot(xGlobal, yGlobal, marker='D',
    mfc='black',mec='black', ms=10, lw=0, label='Global Criterion')
```

```
            # Plotten Ausgangslage
            xStart = (startData[objective[j]]/min(df_plot[2]))*100
            yStart = (startData[objective[i]]/min(df_plot[1]))*100
            StartMarker = axs[i,j].plot(xStart, yStart, marker='o', mfc='black', mec='black', ms=10, lw=0, label='Ausgangslage')

            # if (max(df_plot[4])-min(df_plot[4]))<5:
            #                    axs[i,j].set_xticks(np.arange(round(min(df_plot[4])-10,0),round(max(df_plot[4])+11,0),5))
            # else:
            xticks = axs[i,j].get_xticks()
            #print(max(yticks))
            maxX=max(xticks)
            if maxX>=800:
                maxX=np.ceil(maxX/1000)*1000
                stepsX=maxX/5
            elif maxX>=200:
                maxX=np.ceil(maxX/100)*100
                stepsX=np.ceil((maxX-100)/50)*10
            elif maxX>=150:
                stepsX=20
            elif maxX<150:
                stepsX=5
            xticks = np.arange(100, maxX, stepsX)
            axs[i,j].set_xticks(xticks)
            # if (max(df_plot[3])-min(df_plot[3]))<5:
            #                    axs[i,j].set_yticks(np.arange(round(min(df_plot[3])-10,0),round(max(df_plot[3]),0)+11,5))
            # else:
            yticks = axs[i,j].get_yticks()
            #print(max(yticks))
            maxY=max(yticks)
            if maxY>=800:
                maxY=np.ceil(maxY/1000)*1000
                stepsY=maxY/5
            elif maxY>=200:
                maxY=np.ceil(maxY/100)*100
                stepsY=np.ceil((maxY-100)/50)*10
            elif maxY>=150:
                stepsY=20
            else:
                stepsY=5
            yticks = np.arange(100, maxY, stepsY)
            axs[i,j].set_yticks(yticks)

            for spine in axs[i,j].spines.values():
                spine.set_edgecolor('black')
                spine.set_visible(True)
            axs[i,j].tick_params(color='lightgrey', labelcolor='black', length=5, direction='out', bottom=True, left=False, right=True)
            axs[i,j].yaxis.set_ticks_position('right')
            axs[i,j].grid(True, which='major', axis='both', color='lightgrey', linestyle='-', linewidth=1, zorder=0)
            handles, labels = axs[i,j].get_legend_handles_labels()

            ## Arrows
            axs[i,j].arrow(100, yticks[1], 0, -stepsY*2/3, length_includes_head=True,head_width=stepsX/10, head_length=stepsY/5, fc='k', ec='k', zorder=10)
            axs[i,j].arrow(xticks[1], 100, -stepsX*2/3, 0, length_includes_head=True,head_width=stepsY/10, head_length=stepsX/5, fc='k', ec='k', zorder=10)
```

```
            elif i==j:
                axs[i,j].tick_params(colors='white', length=5, bottom=True, left=True)
                for spine in axs[i,j].spines.values():
                    spine.set_edgecolor('white')
                    spine.set_visible(True)
            axs[i,j].tick_params(axis='both', labelrotation=60)

            axs[i,j].yaxis.set_major_formatter(tkr.PercentFormatter())
            axs[i,j].xaxis.set_major_formatter(tkr.PercentFormatter())
    axs[0,0].legend(handles, labels, loc='center left', fontsize=20, markerscale=1.5, ti-
    tle='Legende', borderaxespad=0, title_fontsize=30)

    #plt.setp()
    plt.tight_layout()
    plt.rcParams['figure.facecolor'] = 'white'

    plt.savefig('{}.png'.format(filename), dpi=300, transparent=False, facecolor='white')
    plt.show()
    return None

def MiniMatrixPareto(obj, filename):

    objective=obj

    ParetoDataframes = {}
    for obj1 in objective:
        for obj2 in objective:
            if not obj1==obj2:
                with open('ParetoValues'+'Obj1_'+obj1+'_Obj2_'+obj2+'.pickle', 'rb') as
    f:
                        temp_list = pickle.load(f)
                pareto_list=[]
                pareto_list.append(temp_list[0])
                for k in range(1, len(temp_list)):
                    if temp_list[k][2]<min(pareto_list, key=lambda t:t[2])[2]:
                        pareto_list.append(temp_list[k])
                ParetoDataframes[obj1+obj2] = pd.DataFrame.from_records(pareto_list)
    ParetoData = ParetoDataframes
    #### Pareto-kurven Matrix ####


    fig, axs = plt.subplots(len(objective), len(objective), figsize=(7.08,6))
    globalCritData = func.pickleLoad('obj_values_global')
    startData = func.pickleLoad('ZielfunktionswerteAusgangslage')

    for i in range(len(objective)):
        for j in range(len(objective)):
            axs[len(objective)-1,j].set_xlabel(objective[j], fontsize=12, labelpad=10,
    fontweight='bold', rotation=0)
            axs[i,len(objective)-1].set_ylabel(objective[i], fontsize=12, labelpad=15,
    fontweight='bold', rotation=90)
            axs[i,len(objective)-1].yaxis.set_label_position('right')
            axs[i,0].set_ylabel(objective[i], fontsize=12, labelpad=15, font-
    weight='bold', rotation=90)
            axs[i,j].set_facecolor('white')
            axs[0,j].set_xlabel(objective[j], fontsize=12, labelpad=10, font-
    weight='bold', rotation=0)
            axs[0,j].xaxis.set_label_position('top')
            if i!=j:

                # Plotten der Pareto Kurven
```

```
        df_plot=ParetoData[objective[i]+objective[j]]
        for k in df_plot.index:
            df_plot.loc[k,3]=(df_plot.loc[k,1]/min(df_plot.loc[:,1]))*100
            df_plot.loc[k,4]=(df_plot.loc[k,2]/min(df_plot.iloc[:,2]))*100
        axs[i,j].plot(df_plot[4],          df_plot[3],          linestyle='-',
marker='o',mfc='dimgray', mew=0, ms=5, color='dimgray', label='Paretomenge')

        # Plotten Global Criterion
        xGlobal = (globalCritData[objective[j]]/min(df_plot[2]))*100
        yGlobal = (globalCritData[objective[i]]/min(df_plot[1]))*100
        globalMarker    =    axs[i,j].plot(xGlobal,    yGlobal,    marker='D',
mfc='black',mec='black', ms=5, lw=0, label='Global Criterion')

        # Plotten Ausgangslage
        xStart = (startData[objective[j]]/min(df_plot[2]))*100
        yStart = (startData[objective[i]]/min(df_plot[1]))*100
        StartMarker  =  axs[i,j].plot(xStart,  yStart,  marker='o',  mfc='black',
mec='black', ms=5, lw=0, label='Ausgangslage')

        # if (max(df_plot[4])-min(df_plot[4]))<5:
        #                  axs[i,j].set_xticks(np.arange(round(min(df_plot[4])-
10,0),round(max(df_plot[4])+11,0),5))
        # else:
        xticks = axs[i,j].get_xticks()
        #print(max(yticks))
        maxX=max(xticks)
        if maxX>=800:
            maxX=np.ceil(maxX/1000)*1000
            stepsX=maxX/5
        elif maxX>=200:
            maxX=np.ceil(maxX/100)*100
            stepsX=np.ceil((maxX-100)/50)*10
        elif maxX>=150:
            stepsX=20
        elif maxX<150:
            stepsX=5
        xticks = np.arange(100, maxX, stepsX)
        axs[i,j].set_xticks(xticks)
        # if (max(df_plot[3])-min(df_plot[3]))<5:
        #                  axs[i,j].set_yticks(np.arange(round(min(df_plot[3])-
10,0),round(max(df_plot[3]),0)+11,5))
        # else:
        yticks = axs[i,j].get_yticks()
        #print(max(yticks))
        maxY=max(yticks)
        if maxY>=800:
            maxY=np.ceil(maxY/1000)*1000
            stepsY=maxY/5
        elif maxY>=200:
            maxY=np.ceil(maxY/100)*100
            stepsY=np.ceil((maxY-100)/50)*10
        elif maxY>=150:
            stepsY=20
        else:
            stepsY=5
        yticks = np.arange(100, maxY, stepsY)
        axs[i,j].set_yticks(yticks)

        for spine in axs[i,j].spines.values():
            spine.set_edgecolor('black')
            spine.set_visible(True)
```

```
            axs[i,j].tick_params(color='lightgrey', labelcolor='black', length=2, di-
rection='out', bottom=True, left=False, right=True)
            axs[i,j].yaxis.set_ticks_position('left')
            axs[i,j].grid(True, which='major', axis='both', color='lightgrey', lin-
estyle='-', linewidth=1, zorder=0)
            handles, labels = axs[i,j].get_legend_handles_labels()

            ## Arrows
            axs[i,j].arrow(100, yticks[1], 0, -stepsY*2/3, length_in-
cludes_head=True,head_width=stepsX/10, head_length=stepsY/5, fc='k', ec='k',
zorder=10)
            axs[i,j].arrow(xticks[1], 100, -stepsX*2/3, 0, length_in-
cludes_head=True,head_width=stepsY/10, head_length=stepsX/5, fc='k', ec='k',
zorder=10)

        elif i==j:

            axs[i,j].tick_params(colors='white', length=2, bottom=True, left=True)
            for spine in axs[i,j].spines.values():
                spine.set_edgecolor('white')
                spine.set_visible(True)


        axs[i,j].tick_params(axis='x', labelrotation=30, labelsize=9)
        axs[i,j].tick_params(axis='y', labelsize=9)

        axs[i,j].yaxis.set_major_formatter(tkr.PercentFormatter())
        axs[i,j].xaxis.set_major_formatter(tkr.PercentFormatter())
axs[0,0].legend(handles, labels, loc='center left', fontsize=9, markerscale=1.2, ti-
tle='Legende', borderaxespad=0, title_fontsize=12)

#plt.setp()

plt.rcParams['figure.facecolor'] = 'white'
fig.tight_layout(pad=0.5, h_pad=0.3, w_pad=0.3)
fig.savefig('{}.png'.format(filename), dpi=300, transparent=False, facecolor='white')
fig.show()
return None
```

9.6 Details zur Validierung

9.6.1 Details zum Softwaredemonstrator

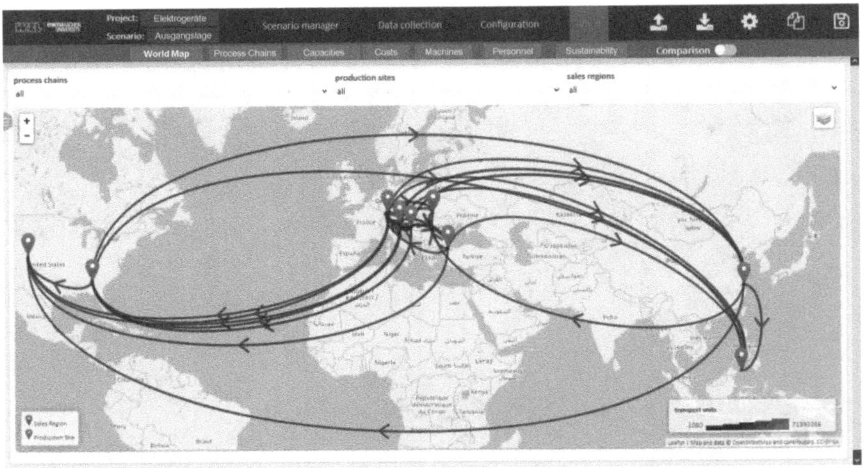

Abbildung 9.7: Screenshot des Softwaredemonstrators mit Transportrouten

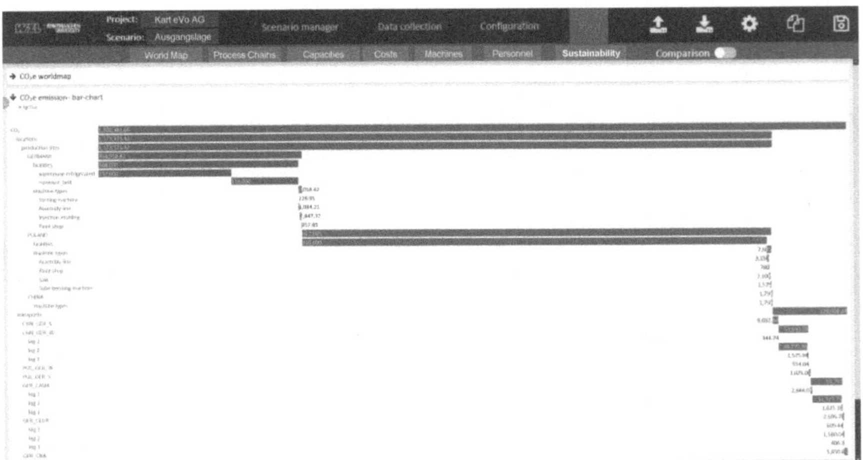

Abbildung 9.8: Screenshot des Softwaredemonstrators mit Emissionen

9.6.2 Verwendete Soft- und Hardware

Software/Bibliothek/Hardware	Versionsnummer/Leistung
Intel(R) Core(TM) i7-6500U CPU	4 Kerne. Max Geschwindigkeit: 2.5 GHZ
RAM	8 GB
OS	Windows 10 Enterprise: Version 10.0.19042
Python	3.7.6 64-bit
Visual Studio Code	1.59.0
Gurobi	9.0.2
networkx	2.4
matplotlib	3.4.2
Jupyter Notebook	6.0.3
openpyxl	3.0.7
pandas	1.0.3
seaborn	0.10.0
tqdm	4.45.1
conda	4.10.1
ipython	7.13.0
numpy	1.18.1
pickleshare	0.7.5

9.6.3 Validierung des Optimierungsmodells

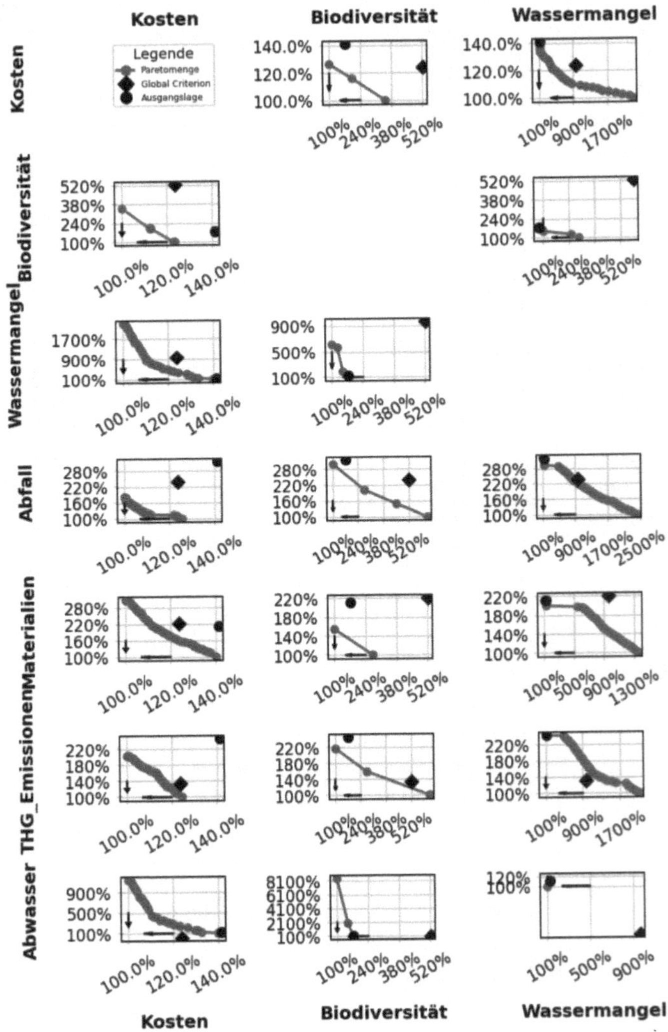

Abbildung 9.9: Darstellung der Pareto-Kurven von allen Zielgrößen (I/II)

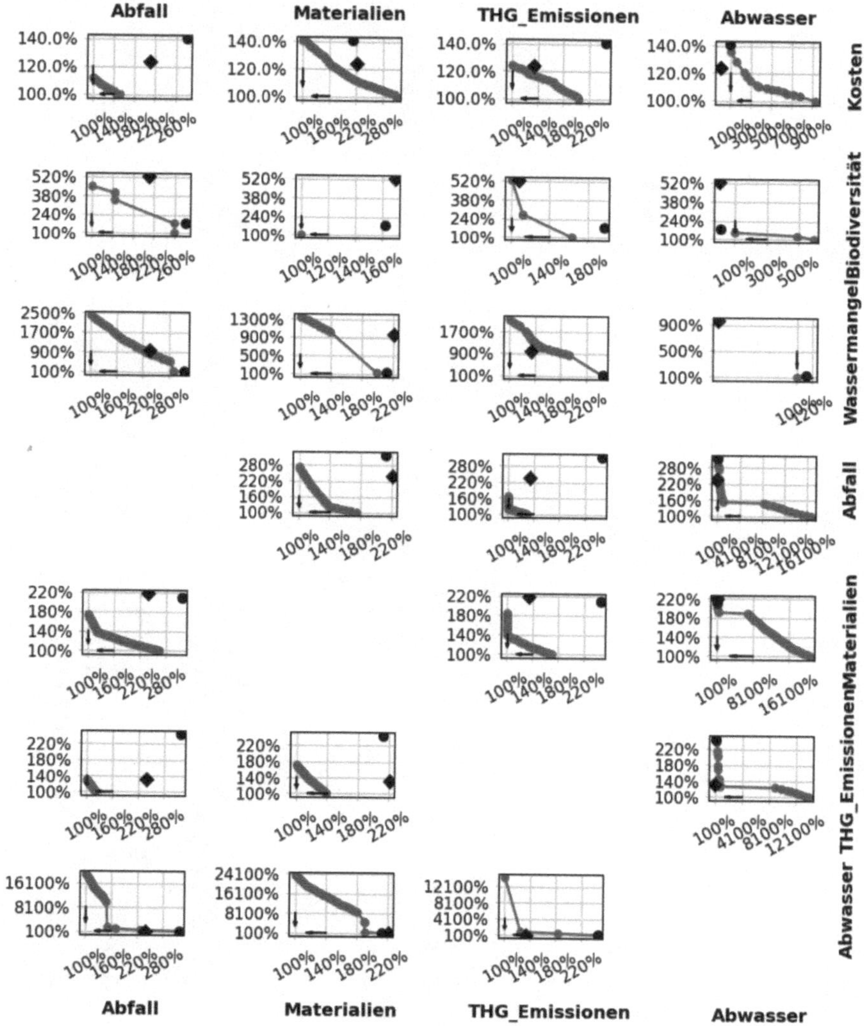

Abbildung 9.10: Darstellung der Pareto-Kurven von allen Zielgrößen (II/II)

In der Reihe **Ergebnisse aus der Produktionstechnik** zuletzt erschienen:

Welsing, Martin:
Bewertung der ökologischen Nachhaltigkeit von Produktionsnetzwerkkonfigurationen
ISBN: 978-3-98555-155-2
Erscheinungsdatum: 19.04.2023

Beckers, Alexander:
Auslegung wirtschaftlich-technologisch optimierter Fertigungsprozessfolgen mittels prozessübergreifender Modellierung
ISBN: 978-3-98555-154-5
Erscheinungsdatum: 18.04.2023

Gipperich, Marius:
Untersuchung eines Zweistrahlprozesses als Ansatz zur Prozessstabilitätserhöhung des drahtbasierten Laserauftragschweißens
ISBN: 978-3-98555-151-4
Erscheinungsdatum: 15.03.2023

Motschke, Tobias:
Analyse und Modellierung der Dämpfungseigenschaften von Spindellagern
ISBN: 978-3-98555-148-4
Erscheinungsdatum: 06.03.2023

Frye, Maik:
Recommending Data Preprocessing Pipelines for Machine Learning Applications in Production
ISBN: 978-3-98555-147-7
Erscheinungsdatum: 15.02.2023

Troß, Nico:
Mehrskalenmodellierung der thermomechanischen Werkzeugbelastung beim Trockenwälzfräsen
ISBN: 978-3-98555-158-3
Erscheinungsdatum: 19.04.2023

Nicksch, Christoph:
Konfiguration verteilter Large-Scale Metrology Systeme in rekonfigurierbaren Montageumgebungen
ISBN: 978-3-98555-152-1
Erscheinungsdatum: 20.03.2023

Ahmad, Mubarik:
Anregungsgerechte Auslegung und Tolerierung schnelllaufender Getriebe unter Berücksichtigung kurz- und langwelliger Verzahnungsabweichungen
ISBN: 978-3-98555-130-9
Erscheinungsdatum: 06.03.2023

Priwisch, Martin:
Kontaktfreie Bahnlaufregelung zur Herstellung funktionaler Mehrlagensysteme in einem kontinuierlichen Laminierprozess
ISBN: 978-3-98555-139-2
Erscheinungsdatum: 27.02.2023

Cremer, Sven:
Controlling der Migration in Produktionsnetzwerken
ISBN: 978-3-98555-145-3
Erscheinungsdatum: 09.02.2023

Edition Wissenschaft
Apprimus

Schmidhuber, Matthias:
Sozio-technische Problemlösungsfähigkeit von PPS-Systemen
ISBN: 978-3-98555- 143-9
Erscheinungsdatum: 07.02.2023

Ohlert, Marius:
Contact between Abrasive Media and Workpiece in Robot-guided Centrifugal Finishing
ISBN: 978-3-98555- 144-6
Erscheinungsdatum: 07.02.2023

Schwarberg, Thomas:
Bestimmung der Logik von Innovationsideen für technische Systeme
ISBN: 978-3-98555- 142-2
Erscheinungsdatum: 07.02.2023

Graberg, Tim:
Operationalisierung von digitalen Schatten im Werkzeugbau
ISBN: 978-3-98555-141-5
Erscheinungsdatum: 06.02.2023

Nienheysen, Philipp:
Werkstattgerechte Schadensanalyse in CFK-Strukturbauteilen mit optisch georteter Ultraschallmesstechnik
ISBN: 978-3-98555-136-1
Erscheinungsdatum: 30.01.2023

Müller, Tobias:
Modellbildung mittels Symbolischer Regression zur Messunsicherheits-bestimmung komplexer Messprozesse
ISBN: 978-3-98555-146-0
Erscheinungsdatum: 30.01.2023

Behrens, Jan:
Selbstkalibrierung von 5-Achs-Bearbeitungszentren mit Dreh-/Schwenktisch
ISBN: 978-3-98555-124-8
Erscheinungsdatum: 24.01.2023

Kreß, Julian Maximilian:
Erbringung hybrider Leistungsangebote in Wertschöpfungsnetzwerken
ISBN: 978-3-98555-128-6
Erscheinungsdatum: 24.01.2023

Bickendorf, Philipp:
Tribologische und geometrische Auslegung von additiv hergestellten Werkzeug-einsätzen zur Feinblech-umformung
ISBN: 978-3-98555-133-0
Erscheinungsdatum: 24.01.2023

Vierschilling, Sebastian Patrick:
Automatisierung der Standortauswahl in der Fabrikplanung
ISBN: 978-3-98555-134-7
Erscheinungsdatum: 09.01.2023

Helbig, Jens:
Typisierung und Auswahl von Referenzstrategien für den Werkzeugeinkauf
ISBN: 978-3-98555-122-4
Erscheinungsdatum: 19.12.2022

Wenning, Marius:
Kontextabhängige Anomaliedetektion zur visuellen Hinderniserkennung für automatisierte PKW im End-of-Line-Bereich
ISBN: 978-3-98555-121-7
Erscheinungsdatum: 19.12.2022

Edition Wissenschaft
Apprimus

FSC
www.fsc.org
MIX
Papier | Fördert
gute Waldnutzung
FSC® C083411

Zeitfracht Medien GmbH
Ferdinand-Jühlke-Straße 7
99095 Erfurt, Deutschland
produktsicherheit@kolibri360.de